EMIL@Astat

T0222117

U. Genschel • C. Becker

Schließende Statistik

Grundlegende Methoden

 Springer

Ulrike Genschel
Fachbereich Statistik
Universität Dortmund
Vogelpothsweg 87
44221 Dortmund
e-mail: ulrike.genschel@udo.edu

Claudia Becker
Fakultät Wirtschaftswissenschaften
Martin-Luther-Universität Halle-Wittenberg
Große Steinstraße 73
06099 Halle
e-mail: c.becker@wiwi.uni-halle.de

Bibliografische Information Der Deutschen Bibliothek
Die Deutsche Bibliothek verzeichnet diese Publikation in der Deutschen Nationalbibliografie;
detaillierte bibliografische Daten sind im Internet über <http://dnb.ddb.de> abrufbar.

Mathematics Subject Classification (2000): 62-01

ISBN 3-540-21838-6 Springer Berlin Heidelberg New York

Springer ist ein Unternehmen von Springer Science+Business Media

springer.de

© Springer-Verlag Berlin Heidelberg 2005
Printed in Germany

Innentypografie: deblik, Berlin
Einbandgestaltung: *design & production,* Heidelberg
Datenerstellung durch den Autor unter Verwendung eines Springer LATEX-Makropakets
Herstellung: LE-TEX Jelonek, Schmidt & Vöckler GbR, Leipzig

Gedruckt auf säurefreiem Papier   40/3142YL - 543210

Vorwort

EMILeA-stat (www.emilea.de) ist eine interaktive Lehr- und Lernumgebung der angewandten Statistik, deren Entwicklung vom Bundesministerium für Bildung und Forschung im Rahmen des Projekts „Neue Medien in der Bildung" gefördert wurde. Unter Federführung von Prof. Dr. Ursula Gather entstanden im Zeitraum von Juni 2001 bis März 2004 Inhalte zur Schätz- und Testtheorie (siehe auch http://emilea-stat.uni-oldenburg.de/), die die Grundlage für dieses Buch sind.

Schließende Statistik. Grundlegende Methoden gibt eine Einführung in die Verfahren der Schätz-und Testtheorie, die sich an Studierende verschiedenster Fachrichtungen wendet. Das Buch spricht zwei Gruppen von Personen an. Für Studierende, die im Rahmen des Grundstudiums etwa der Wirtschafts- oder Sozialwissenschaften, Medizin, Biologie oder Psychologie eine grundlegende Statistik-Vorlesung besuchen, sind insbesondere der erste Teil der Kapitel 3 und 4 sowie Kapitel 5 gedacht. In diesen Teilen des Buches werden grundlegende Konzepte der Schätz- und Testtheorie als zentrale Bereiche der schließenden Statistik erläutert. Mit zahlreichen Beispielen wird die Anwendung der vermittelten Methoden illustriert. Mit dem zweiten Teil der Kapitel 3 und 4 wenden wir uns vor allem an Studierende der Fachrichtung Statistik bzw. Mathematik mit Nebenfach Statistik, sowie an Studierende anderer Fachrichtungen, die das Fach Statistik im Rahmen des Hauptstudiums vertiefen. In diesen Kapiteln werden die Grundlagen zur Schätz- und Testtheorie ausgebaut und vertieft. Das Buch kann sowohl begleitend zu Vorlesungen eingesetzt werden als auch als Nachschlagewerk dienen.

Für das Verständnis des Buches setzen wir gewisse Kenntnisse voraus. Auf Methoden und Begriffe der deskriptiven Statistik gehen wir nicht ein. Die für das Verständnis des Buches benötigten Voraussetzungen werden als komprimierter Abriss in Kapitel 2 dargestellt. Grundkenntisse der Wahrscheinlichkeitstheorie mit den Konzepten des Wahrscheinlichkeitsbegriffs, des Zufallsexperiments und der Wahrscheinlichkeit von Ereignissen setzen wir dabei voraus. Hierzu sei auch auf einschlägige Lehrbücher verwiesen, beispielsweise Dehling, Haupt (2003) oder Mosler, Schmid (2004). Die Inhalte der weiteren Kapitel sind jedoch so gestaltet, dass sie auch mit einem subjektiven, nicht formalen Verständnis von Wahrscheinlichkeiten zu erarbeiten sind.

Unser Buch fokussiert auf Elemente der Schätz- und Testtheorie, deren Konzepte sehr ausführlich besprochen werden. Es geht hier primär um die grundlegenden Methoden der schließenden Statistik, nicht um Stochastik. Für solche Konzepte verweisen wir auf andere Literatur sowie auf die Inhalte von

EMILeA-stat. Auch haben wir uns entschlossen, auf die sonst üblichen um-
fangreichen Verteilungs- und Quantiltabellen, die sich in der Regel in Lehrbü-
chern zu diesem Thema finden, zu verzichten. Durch die heutzutage zum
Standard gewordenen Angebote von statistischer Software und Tabellen-
kalkulationsprogrammen sind derartige Tabellen verzichtbar geworden. An
das Projekt EMILeA-stat angegliedert ist als statistische Software das Programmpaket R, ein kostenloses Open Source Produkt (siehe http://www.R-
project.org). Wo die Berechnung von Quantilen etwa zur Durchführung eines
statistischen Tests notwendig ist, zeigen wir beispielhaft, wie die entsprechenden Rechenvorschriften in R aussehen.

Angelehnt an die in der internetbasierten Lehr- und Lernumgebung EMILeA-
stat zur besseren Orientierung gesetzten Links erscheinen auch in unseren
Texten Verweise auf die Stellen, an denen Begriffe bereits einmal erklärt
wurden. Diese **Verweise** ►51 sind durch eine Schriftumstellung und das hier
gezeigte Symbol dargestellt, wobei jedem Verweis die zugehörige Seitenzahl
nachgestellt ist. Wir verweisen auch auf die Inhalte von EMILeA-stat, wobei
das **Symbol** ►e zur Anwendung kommt.

Schließende Statistik. Grundlegende Methoden erscheint in der Reihe *EMILeA-
stat: Medienreihe zur angewandten Statistik*. Dieses Buch ist die Fortsetzung
des Bandes *Beschreibende Statistik. Grundlegende Methoden* von M. Burkschat, E. Cramer und U. Kamps (Springer, 2003, ISBN 3-540-03239-8). Der
Stil des Buches ist daher an den des Vorgängerbandes angelehnt, um den für
die Leser vertrauten Stil beizubehalten. Möglich wurde dies durch die Bereit-
stellung der Style-Files und die Unterstützung bei der notwendigen Farba-
daption der Grafiken durch die Arbeitsgruppe in Oldenburg. Dafür unseren
herzlichen Dank!

Danken möchten wir vor allem auch Herrn Udo Kamps und Frau Ursula
Gather, die den Anstoß zu diesem Buch gaben, sowie Herrn Clemens Heine
vom Springer-Verlag, der durch seine Unterstützung die Entstehung dieses
Buches ermöglicht hat.

Dieses Buch wäre ohne die Unterstützung von Kolleginnen und Kollegen
des Lehrstuhls Mathematische Statistik und Industrielle Anwendungen des
Fachbereichs Statistik der Universität Dortmund nicht möglich gewesen. Wir
möchten besonders Anita Busch, Thomas Fender, Roland Fried, Sonja Kuhnt,
Vivian Lanius, Christoph Schürmann sowie Thorsten Ziebach danken für ihre zahl- und hilfreichen Beiträge, insbesondere bei der kreativen Entwicklung
interessanter Beispiele, und für ihre Korrekturvorschläge zu den frühen Ver-
sionen des Buches. Für die engagierte Unterstützung bei der Umsetzung un-
serer Ideen danken wir den studentischen Mitarbeitern des Lehrstuhls. Der

Kampf mit unverträglichen PostScript-Formaten konnte dank Uwe Ligges und Matthias Schneider gewonnen werden. Für das sorgfältige Durchlesen des Manuskriptes und die damit verbundenen Anregungen und Korrekturen geht unser herzlicher Dank an Martina Erdbrügge, Dan Nordman und Sebastian Paris Scholz.

Dortmund, Halle   *Ulrike Genschel, Claudia Becker*
Juni 2004

Inhaltsverzeichnis

1	**Einleitung**	**3**
2	**Überblick über die benötigten Grundlagen**	**9**
2.1	Grundgesamtheit und Stichprobe	9
2.2	Zufallsvariable und Merkmal	10
2.3	Verteilung und Empirische Verteilung	12
2.4	Dichte und Häufigkeitsverteilung	14
2.5	Erwartungswert und Varianz	24
2.6	Abhängigkeit	31
2.7	Gängige Verteilungen und ihre Erwartungswerte und Varianzen	37
3	**Philosophie des Schätzens**	**51**
3.1	„Auf den Punkt gebracht"oder „Grenzen setzen"	51
3.2	Grundlagen zur Punktschätzung	54
3.3	Beispiele	59
3.4	Was ist ein guter Punktschätzer?	61
	Erwartungstreue und asymptotische Erwartungstreue	63
	Der mittlere quadratische Fehler (MSE)	71
	Effizienz	76
	Konsistenz	86
	Asymptotische Normalverteilung	92
	Weiterführende Konzepte: Suffizienz, Vollständigkeit und Exponentialfamilien	93
3.5	Wie kommt man zu einer Schätzfunktion?	106
	Momentenmethode	107
	Maximum-Likelihood-Methode	115
	Methode der kleinsten Quadrate	134

Weitere Schätzverfahren **146**

3.6 Intervallschätzung................................ **147**

Übersicht über Konfidenzintervalle in verschiedenen
Situationen **151**

Konfidenzintervalle bei Normalverteilung **151**

Konfidenzintervalle bei Binomialverteilung **156**

Approximative Konfidenzintervalle bei beliebiger Verteilung **159**

Konfidenzintervalle im linearen Regressionsmodell.... **162**

4   **Philosophie des Testens**   **171**

4.1 „Unschuldig bis zum Beweis des Gegenteils" **171**

4.2 Beispiele **173**

4.3 Grundlagen des Testens **174**

Was ist ein guter Test?................................. **193**

Güte... **193**

Beste Tests **198**

4.4 Wie kommt man zu einem Test? **205**

Zusammenhang zwischen Konfidenzintervall und Test **205**

Likelihood-Quotienten-Test.............................. **210**

5   **Verschiedene Situationen –
verschiedene Tests**   **217**

5.1 Situationen...................................... **217**

5.2 Parametrische Tests **222**

Der Gauß-Test **222**

Der t-Test.. **236**

Der F-Test **260**

Der exakte Binomialtest................................. **278**

Der approximative Binomialtest 285

Der χ^2-Anpassungstest.................................... 290

Der χ^2-Unabhängigkeitstest............................. 300

Tests im linearen Regressionsmodell 309

5.3 Nichtparametrische Tests..................................... 314

Der Vorzeichen-Test 317

Der Wilcoxon-Rangsummen-Test....................... 324

Der Kruskal-Wallis-Test 335

Literaturverzeichnis 348

Index 349

Kapitel 1
Einleitung

1

1

1 Einleitung

Die Analyse empirischer Daten ist für die Gewinnung neuer Erkenntnisse in der Wissenschaft unerlässlich. In wissenschaftlichen Versuchen und Studien werden Daten mit dem Ziel gesammelt, die darin enthaltene Information zu extrahieren. Unter Daten wird dabei eine Stichprobe aus n Beobachtungen verstanden, die für eine gewisse Grundgesamtheit repräsentativ ist. Basierend auf der Analyse und Interpretation ausreichenden Datenmaterials ist es somit möglich, anhand einer Stichprobe auf die Grundgesamtheit zu schließen. Dieses Vorgehen wird als **induktive Statistik** bezeichnet. Im Gegensatz zur beschreibenden Statistik sind die auf diese Weise gewonnenen Erkenntnisse mit einer gewissen Unsicherheit behaftet, die aus der Verallgemeinerung der Information resultiert. Diese Unsicherheit lässt sich mit Hilfe von Wahrscheinlichkeiten modellieren und wird auf diese Weise kontrollierbar.

Induktive Methoden sind insbesondere erforderlich, wenn die Untersuchung aller in einer Grundgesamtheit enthaltenen Elemente bezüglich eines oder mehrerer Merkmale nicht möglich ist. Dies ist der Fall, wenn die Grundgesamtheit zu groß ist oder die Untersuchungseinheiten durch die Datenerhebung zerstört werden, wie die folgenden Beispiele illustrieren:

— In einem schwer zugänglichen Gebiet des Regenwaldes in Französisch-Guayana haben Forscher 1999 eine bislang unbekannte Art von Gottesanbeterinnen entdeckt. Die Forscher sind an phänotypischen Merkmalen wie Körperlänge, Gewicht, Farbe sowie Geschlechterverteilung dieser Insekten interessiert. Eine Untersuchung aller lebenden Exemplare, eine Totalerhebung der Population, ist nicht realisierbar.

— In der Qualitätskontrolle von industriell gefertigten Produkten kann die Qualität häufig nur überprüft werden, wenn dabei die Zerstörung des Produktes in Kauf genommen wird. Die Ermittlung der Waschkraft eines Waschmittels oder die Reißfestigkeit von Kletterseilen sind Beispiele dafür.

— Fernsehsender entscheiden über die Fortsetzung von Sendungen anhand von Einschaltquoten. Bringt eine Sendung nicht die gewünschte Einschaltquote, so wird sie abgesetzt. Dazu werden die Quoten basierend auf einer repräsentativen Gruppe von wenigen tausend Zuschauern bestimmt. Alle Zuschauer einzubeziehen, würde einen zu hohen Aufwand bedeuten.

Aus diesen Beispielen wird ebenfalls ersichtlich, dass die interessierende Information von verschiedenem Typ sein kann. Man unterscheidet in der induktiven Statistik zwischen Methoden des **Schätzens** und des **Testens**. Während die beim Schätzen erhaltene Information in der Regel in numerischer Form vorliegt, zum Beispiel die erwartete Dauer in Stunden, bis ein Seil bei Belastung reißt, liegt beim Testen die Information immer in Form einer Entscheidung zwischen zwei sich widersprechenden Thesen oder Vermutungen vor. So erhält man beispielsweise die Information, ob die Einschaltquote einer neuen Fernsehshow höher als 10% oder niedriger als 10% ist.

Innerhalb des Schätzens wird zwischen **Punktschätzung** und **Intervallschätzung** unterschieden. Während bei der Punktschätzung immer ein einzelner Wert als Schätzung angegeben wird, liefert eine Intervallschätzung, wie aus der Bezeichnung schon hervor geht, ein ganzes Intervall von Werten. Das Intervall ist mit einer so genannten Vertrauenswahrscheinlichkeit verknüpft, die angibt, mit welcher Wahrscheinlichkeit das Intervall die gesuchte Größe überdeckt. Die Bezeichnung **Konfidenzintervall** leitet sich hieraus ab (Konfidenz=Vertrauen). Zur weiteren Veranschaulichung dieser Ideen dienen die folgenden Beispiele.

Beispiel Klinischer Versuch

Einen umfangreicheren Ausblick auf die Möglichkeiten, die statistische Verfahren aus der Schätz- und Testtheorie bieten, gibt folgendes Beispiel:

In einem klinischen Versuch soll die Wirksamkeit eines Medikaments gegen eine Erkrankung erprobt werden. Dazu wird in einer Stichprobe von n Patienten bei jedem dieser Patienten festgestellt, ob er am Ende der Behandlung geheilt ist oder nicht. Das Ergebnis des Versuchs wird dargestellt durch die Angabe des Heilungserfolgs in der Form

$$x_i = \begin{cases} 1 & \quad i\text{-ter Patient geheilt ist} \\ & \text{falls} \hspace{4em} \hspace{4em} \text{für } i = 1, \ldots, n. \\ 0 & \quad i\text{-ter Patient nicht geheilt ist} \end{cases}$$

Die wahre Heilungswahrscheinlichkeit bei Anwendung des Medikaments ist eine Zahl $p \in [0; 1]$. Sie bezieht sich auf die Menge aller an dieser Erkrankung leidenden Patienten (auch auf zukünftige), nicht nur auf die, die an der Studie teilnehmen. Aus den erhaltenen Beobachtungen der n Patienten kann diese Wahrscheinlichkeit geschätzt werden. Je besser eine solche Studie geplant und angelegt ist und je mehr Patienten teilnehmen, desto besser wird die Schätzung der wahren Heilungswahrscheinlichkeit entsprechen.

Bei dieser Problemstellung ist es sinnvoll anzunehmen, dass die Patienten mit Wahrscheinlichkeit p geheilt und mit Wahrscheinlichkeit $1 - p$ nicht geheilt werden. Diese Annahme lässt sich durch eine **Bernoulliverteilung** ▶38 beschrieben.

Der Parameter, der eine Bernoulliverteilung eindeutig beschreibt, ist die so genannte Erfolgswahrscheinlichkeit $p \in [0; 1]$, die im Beispiel der Medikamentenstudie der Heilungswahrscheinlichkeit entspricht.

In dieser Studie kann die Analyse von Daten unter den folgenden drei Aspekten erfolgen:

1. Basierend auf den Heilungsergebnissen der n Patienten in der Studie soll auf den wahren Parameter, die Heilungswahrscheinlichkeit in der Grundgesamtheit aller Erkrankten, geschlossen werden. Das heißt, es soll eine Schätzung für den Parameter $p \in [0; 1]$ der Bernoulliverteilung angegeben werden. Dies wird als **Punktschätzproblem** bezeichnet.

2. Da man zur Schätzung von p nicht alle Erkrankten heran ziehen kann, ist die Angabe eines geschätzten Werts für p mit einer gewissen Unsicherheit verbunden. Zusätzlich zum Punktschätzer wird daher häufig ein Intervall angegeben, das diese Unsicherheit berücksichtigt. Das Intervall wird so bestimmt, dass der wahre Wert (in diesem Fall die Heilungswahrscheinlichkeit) mit einer vorgegebenen Wahrscheinlichkeit (zum Beispiel 95% oder 99%) in diesem Intervall enthalten ist. Der untere Wert des Konfidenzintervalls wird mit p_u, der obere mit p_o bezeichnet. Basierend auf den Beobachtungen an den Patienten sollen dann p_u und p_o so bestimmt werden, dass das Intervall $[p_u; p_o]$ den wahren Wert von p mit der vorgegebenen Wahrscheinlichkeit überdeckt. Dabei ist $p_u < p_o$. Ein solches Verfahren wird als **Intervallschätzverfahren** bezeichnet und das so erhaltene Intervall als **Konfidenzintervall**.

3. Ein älteres Medikament gegen die gleiche Erkrankung hat eine Heilungswahrscheinlichkeit von $\frac{1}{2}$. Ist das neue Medikament besser? Das heißt, man möchte wissen, ob der Parameter p größer als $\frac{1}{2}$ ist. Die Entscheidung ist wiederum auf Basis der beobachteten Daten für die Patienten zu treffen. Dabei soll die getroffene Aussage, die mit einer Unsicherheit behaftet ist, höchstens mit einer festgelegten Wahrscheinlichkeit falsch sein. Dies stellt ein **Testproblem** dar.

Beispiel Kletterseile

Eine Kletterseilfirma prüft, ob ihre Seile geeignet sind, Stürze von Kletterern auszuhalten. Dazu werden extreme Stürze mit Gewichten von 150 kg aus 30 m Höhe nachgeahmt. Reißen Fasern des Seils, ist die Prüfung nicht bestanden. Übersteht das Seil den Test ohne Risse, hätten auch Kletterer einen Sturz überstanden.

Das Ergebnis des Versuchs kann in der folgenden Form dargestellt werden

$$x_i = \begin{cases} 1 \\ 0 \end{cases} \text{falls} \quad \begin{matrix} i\text{-tes Seil gerissen ist} \\ i\text{-tes Seil nicht gerissen ist} \end{matrix} \quad \text{für } i = 1, \ldots, n.$$

Durch die Untersuchung einer Zufallsstichprobe von n Seilen aus der Produktion soll nun herausgefunden werden, wie groß die Wahrscheinlichkeit p ist, dass ein beliebiges Seil aus der gesamten produzierten Charge unter der Beanspruchung reißt. Ziel ist also wieder die Schätzung des Parameters p einer Bernoulliverteilung, und somit handelt es sich hierbei wieder um ein **Punktschätzproblem**.

Es gibt viele Unsicherheitsquellen, die die Güte der Schätzung eines Parameters beeinflussen. Zu den häufigsten zählen die

– **Qualität der Stichprobe**

Ist der Stichprobenumfang ausreichend groß? Ist die Stichprobe repräsentativ für die zu untersuchende Grundgesamtheit? Im Beispiel der Kletterseilfirma: Ist die Stichprobe aus der Menge der Seile groß genug, um eine Aussage über die Grundgesamtheit zu machen? Eine Überprüfung von nur zwei Seilen auf deren Reißfestigkeit liefert sicherlich unzuverlässige Aussagen.

– **Qualität der Modellannahmen**

Sind die idealisierenden Annahmen gerechtfertigt, die für das statistische Modell gemacht werden? Können die Daten durch dieses Modell adäquat beschrieben werden?

Ist es beispielsweise realistisch, dass jeder erkrankte Patient die gleiche Heilungschance bei Einnahme eines bestimmten Medikamentes besitzt? Wahrscheinlich sollte bei einer solchen Studie auch ein möglicher Einfluss von Alter oder Geschlecht berücksichtigt werden. Ebenso sollte man sich fragen, ob die Annahme, dass alle Kletterseile mit derselben Wahrscheinlichkeit reißen, realistisch ist.

Kapitel 2

Überblick über die benötigten Grundlagen

2

2

2	**Überblick über die benötigten Grundlagen**	9
2.1	Grundgesamtheit und Stichprobe	9
2.2	Zufallsvariable und Merkmal	10
2.3	Verteilung und Empirische Verteilung	12
2.4	Dichte und Häufigkeitsverteilung	14
2.5	Erwartungswert und Varianz	24
2.6	Abhängigkeit	31
2.7	Gängige Verteilungen und ihre Erwartungswerte und Varianzen	37

2 Überblick über die benötigten Grundlagen

2.1 Grundgesamtheit und Stichprobe

Mit Methoden der induktiven Statistik sollen Aussagen über Mengen von Personen oder Objekten getroffen werden. Wie bereits aus der deskriptiven Statistik bekannt, bezeichnet man solche Mengen oder Massen als Grundgesamtheiten (vergleiche auch Lehrbücher zur deskriptiven Statistik, etwa Burkschat et al. (2003), Mosler, Schmid (2003) oder in Teilen Fahrmeir et al. (2003)). Die Mehrzahl statistischer Analysen stützt sich bei ihren Aussagen jedoch nicht auf die komplette Grundgesamtheit, sondern wählt nach geeigneten Methoden Teilmengen aus Grundgesamtheiten aus. Diese so genannten Stichproben werden dann analysiert, und auf Basis der aus ihnen erhaltenen Ergebnisse werden Schlüsse auf die Grundgesamtheit gezogen.

Definition Grundgesamtheit   ◄

Eine **Grundgesamtheit** ist eine Menge von Personen oder Objekten, über die im Rahmen einer statistischen Untersuchung eine Aussage getroffen werden soll. Dabei ist die zu untersuchende Menge nach räumlichen, zeitlichen und sachlichen Kriterien genau einzugrenzen. Die Kriterien, nach denen eine Grundgesamtheit eingegrenzt wird, hängen vom Ziel der Untersuchung ab.
Die Elemente einer Grundgesamtheit heißen auch **Untersuchungseinheiten**.

Beispiel Grundgesamtheit   B

Zur besseren Planung von Wohnhausabrissen und -neubauten soll für die Bundesrepublik Deutschland eine nach Bundesländern gestaffelte regionale Wohnbedarfsprognose für die nächsten zehn Jahre erstellt werden. Es interessiert, wie viele Haushalte (man rechnet eine Wohnung pro Haushalt, gestaffelt nach Haushaltsgrößen) es in den einzelnen Bundesländern im Zeitraum der nächsten zehn Jahre geben wird. Die zu betrachtende Grundgesamtheit für jedes einzelne Bundesland ist daher – abgegrenzt nach den oben genannten Kriterien – die Menge aller in den nächsten zehn Jahren (zeitlich) in Haushalten zusammen lebender Personen (sachlich) in diesem Bundesland (räumlich).   ◄B

Definition Stichprobe

Eine Teilmenge, die aus einer Grundgesamtheit zur statistischen Untersuchung einer interessierenden Fragestellung ausgewählt wird, heißt **Stichprobe**. Die Elemente einer Stichprobe werden auch **Erhebungseinheiten** genannt, die Stichprobe selbst die **Erhebungsgesamtheit**.

B

Beispiel Stichprobe

Im Beispiel ▶9 der Wohnbedarfsprognose ist die Grundgesamtheit eine sich in die Zukunft entwickelnde Masse. Als Stichprobe kann eine Auswahl der in einem Bundesland in Haushalten zusammen lebenden Personen an einem Stichtag der Gegenwart dienen. Anhand einer Befragung dieser Personen und zusätzlicher Information über Zu- und Abwanderung sowie die Bevölkerungsentwicklung der Vergangenheit können dann Aussagen über die zu erwartende Entwicklung getroffen werden.   ◀B

Im Rahmen diese Buches werden wir nicht darauf eingehen, wie man zu guten Stichproben kommt. Die Stichprobentheorie ▶e ist Inhalt eigener Veröffentlichungen (etwa Levy, Lemeshow (1999)). Gute Stichproben zeichnen sich dadurch aus, dass in ihnen die Grundgesamtheit bezüglich des interessierenden Untersuchungsziels im Kleinen abgebildet wird. Diese Eigenschaft nennt man Repräsentativität ▶e einer Stichprobe. Wir gehen im Folgenden stets davon aus, dass die realisierten Stichproben für die interessierenden Grundgesamtheiten repräsentativ sind, so dass Schlüsse von der Stichprobe auf die Grundgesamtheit zulässig sind.

2.2 Zufallsvariable und Merkmal

Aus der deskriptiven Statistik ist bekannt, dass in einer statistischen Untersuchung in der Regel nicht die Untersuchungseinheiten selbst von Interesse sind, sondern sie auszeichnende Eigenschaften. Man spricht von der Erhebung so genannter **Merkmale**. Obwohl ein Merkmal bestimmte, in der Regel bekannte, Ausprägungen annehmen kann, weiß man vor der konkreten Durchführung einer Untersuchung nicht, welche Werte die einzelnen Erhebungseinheiten aufweisen. Man kann sich die Erhebung eines Merkmals an den Objekten einer Stichprobe daher auch vorstellen als die Durchführung eines (Zufalls-)Experiments, dessen Ausgang vorab nicht bekannt ist. Die hier enthaltene Zufallskomponente hat dazu geführt, dass man statt von einem Merkmal auch von einer **Zufallsvariable** spricht.

Betrachtet wird eine Grundgesamtheit Ω, bestehend aus Untersuchungseinheiten, an denen ein Merkmal X interessiert. Dieses Merkmal X kann aufgefasst werden als eine **Zufallsvariable** $X : \Omega \to \mathbb{R}$, das heißt als eine Abbildung der Grundgesamtheit auf die reellen Zahlen. Jedem Ereignis $\omega \in \Omega$ wird durch X genau eine Zahl zugeordnet. Der Wertebereich der Zufallsvariablen X (das heißt die Menge aller möglichen Ausprägungen ▶e des Merkmals X) sei mit $\mathcal{X}$ bezeichnet.

Ist der Wertebereich $\mathcal{X}$ abzählbar, so heißt X eine **diskrete** Zufallsvariable, enthält der Wertebereich $\mathcal{X}$ ein ganzes Intervall aus den reellen Zahlen, so heißt X eine **stetige** Zufallsvariable.

Die Zufallsvariable selbst ist also eine fest definierte Funktion und daher eigentlich nicht zufällig. Dadurch, dass man bei einer statistischen Untersuchung aber vorher nicht weiß, mit welchen Elementen der Grundgesamtheit man es zu tun bekommt, sind die Werte, die X an einer Stichprobe annehmen wird, nicht vorher bekannt. Dies macht die Zufälligkeit hier aus.

So wie der Begriff der Zufallsvariable definiert ist, sind zunächst nur Merkmale X zugelassen, die reelle Zahlen als Ausprägungen liefern. Natürlich ist dies nicht immer unmittelbar gegeben, denn ein Merkmal, das beispielsweise nominal oder ordinal ▶e skaliert ist, kann als Ausprägungen auch verbale Begriffe annehmen (männlich, weiblich oder schlecht, mittel, gut). Um der Definition ▶11 zu genügen, wendet man bei solchen Merkmalen einen Trick an: man transformiert die verbalen Ausprägungen in Zahlen, das heißt man kodiert die Ausprägungen in Zahlenwerte um. Am ursprünglichen Skalenniveau ▶e des Merkmals ändert sich dadurch aber nichts!

In einer Untersuchung zu Fernsehgewohnheiten von Erstklässlern interessiert es, wie lange die Kinder täglich durchschnittlich fernsehen. Die betrachtete Grundgesamtheit ist die Menge aller in Deutschland lebenden Schulkinder in der ersten Klasse in einem ausgewählten Stichschuljahr. Das interessierende Merkmal X ist die durchschnittlich pro Tag vor dem Fernseher verbrachte Zeit. Die Zufallsvariable X ordnet jedem Erstklässler diese Zeit zu:

$X :$ Erstklässler $\omega \to$ durchschnittliche tägliche Fernsehzeit von ω.

◀B

Liegt eine Stichprobe aus der Grundgesamtheit vor, so ist es Aufgabe der deskriptiven Statistik, die Häufigkeitsverteilung des interessierenden Merkmals zu beschreiben. Befasst man sich dagegen mit der Häufigkeitsverteilung des Merkmals in der Grundgesamtheit, so spricht man auch von der **Verteilung** oder **Wahrscheinlichkeitsverteilung** der Zufallsvariablen X.

2.3 Verteilung und Empirische Verteilung

Zur Untersuchung, mit welchen Anteilen welche Ausprägungen eines Merkmals in einer Stichprobe vorkommen, benutzt man in der deskriptiven Statistik die `empirische Verteilungsfunktion` ▶e. Diese gibt zu jedem beliebigen Wert x an, wie hoch der Anteil der Erhebungseinheiten in der Stichprobe ist, deren Ausprägungen höchstens einen Wert von x besitzen. Analog definiert man die Verteilungsfunktion einer Zufallsvariablen X. Sie gibt zu jedem beliebigen Wert x an, wie hoch der Anteil der Untersuchungseinheiten in der Grundgesamtheit ist, deren Ausprägungen kleiner oder gleich x sind. Dabei setzt man die Anteile (`relativen Häufigkeiten` ▶e) in der Grundgesamtheit gleich mit Wahrscheinlichkeiten. Dahinter steht die Vorstellung, dass bei zufälliger Ziehung aus einer Grundgesamtheit mit N Elementen, in der k Stück eine interessierende Eigenschaft besitzen, die Wahrscheinlichkeit, eine Untersuchungseinheit mit der interessierenden Eigenschaft zu erhalten, gerade $\frac{k}{N}$ beträgt. Diese Umsetzung der relativen Häufigkeiten in Wahrscheinlichkeiten wird in der `Wahrscheinlichkeitsrechnung` ▶e besprochen.

▶ Definition Verteilungsfunktion

Gegeben sei eine Zufallsvariable X. Die Funktion F^X, die die Wahrscheinlichkeit dafür beschreibt, dass X einen Wert annimmt, der kleiner oder gleich einer vorgegebenen Schranke x ist, heißt **Verteilungsfunktion** von X

$$F^X(x) = P(X \leq x),$$

wobei $F^X(x) \in [0; 1]$, $x \in \mathbb{R}$ und $\lim_{x \to -\infty} F^X(x) = 0$, $\lim_{x \to \infty} F^X(x) = 1$.

▶ Definition Parameter

Wird eine Verteilung eindeutig durch eine Kennzahl oder eine Gruppe (so genanntes Tupel) von Kennzahlen charakterisiert in dem Sinne, dass die gleiche Verteilung immer zu den gleichen Kennzahlen führt und dieselben Kennzahlen immer zu derselben Verteilung, so nennt man diese Kennzahlen **Parameter** der Verteilung. Zur

Verdeutlichung schreibt man für eine solche Verteilung statt $F^X(x)$ häufig auch $F^X(x; \vartheta)$, wobei ϑ für den oder die Parameter steht.

Ein Verteilungsmodell, das auf einer solchen Parametrisierung beruht, nennt man auch **parametrisches Modell**. Andernfalls spricht man von einem **nichtparametrisches Modell**.

Wir betrachten zunächst parametrische Modelle.

Häufig benutzt man die Verteilungsfunktion, um die so genannten **Quantile** anzugeben.

Definition Quantil ◄

Gegeben sei eine Zufallsvariable X mit Verteilungsfunktion F^X und eine Zahl $p \in (0; 1)$.

1. Für eine diskrete Zufallsvariable X heißt eine Zahl x_p^* **(theoretisches) p-Quantil**, wenn gilt:

$$P(X < x_p^*) \leq p \quad \text{und} \quad P(X > x_p^*) \leq 1 - p.$$

Falls x_p^* aus dieser Beziehung nicht eindeutig bestimmbar ist, wählt man den kleinsten Wert, der diese Bedingung erfüllt.

2. Für eine stetige Zufallsvariable X heißt eine Zahl x_p^* **(theoretisches) p-Quantil**, wenn gilt:

$$F^X(x_p^*) = p.$$

Auch hier wählt man gegebenenfalls den kleinsten Wert x_p^*, der dies erfüllt.

Analog zur Definition der Quantile ►e aus der deskriptiven Statistik spricht man auch hier für $p = 0,5$ vom **Median** und für $p = 0,25$ bzw. $p = 0,75$ vom **unteren** bzw. **oberen Quartil**.

2.4 Dichte und Häufigkeitsverteilung

In engem Zusammenhang mit der Verteilungsfunktion steht die **Dichtefunktion** (kurz: **Dichte**), die das Pendant zur relativen Häufigkeitsverteilung ▶e darstellt. Wir unterscheiden bei der Definition der Dichte den Fall der diskreten und der stetigen Zufallsvariablen.

▶

Definition Dichtefunktion

1. Es sei X eine diskrete Zufallsvariable mit endlichem oder abzählbar unendlichem Wertebereich $\mathcal{X} = \{x_1, x_2, x_3, \ldots\}$. Die **diskrete Dichte** von X ist die Funktion f^X, so dass für die Verteilungsfunktion F^X von X gilt

$$\mathrm{F}^X(x) = \sum_{x_i \leq x} f^X(x_i).$$

Dabei kann man die Funktionswerte der diskreten Dichte angeben als

$$f^X(x_i) = \mathrm{P}(X = x_i) \quad \text{für } i = 1, 2, \ldots.$$

Es gilt $f^X(x_i) \geq 0$ für alle i und $\sum_{x_i} f^X(x_i) = 1$. Daraus folgt sofort, dass $f^X(x_i) \leq 1$ ist für alle i.

Zur Berechnung der Wahrscheinlichkeit für ein Ereignis $\{X \in A\}$ für $A \subseteq \mathbb{R}$, verwendet man

$$\mathrm{P}(X \in A) = \sum_{x_i \in A} f^X(x_i) = \sum_{x_i \in A} \mathrm{P}(X = x_i).$$

2. Es sei X eine stetige Zufallsvariable mit Wertebereich $\mathcal{X} = \mathbb{R}$. Die **stetige Dichte** von X ist die Funktion f^X, so dass für die Verteilungsfunktion F^X von X gilt

$$\mathrm{F}^X(x) = \int_{-\infty}^{x} f^X(t)\, dt.$$

Dabei gilt $f^X(x) \geq 0$ für alle x und $\int_{-\infty}^{\infty} f^X(x)\, dx = 1$. Daraus folgt **nicht**, dass immer $f^X(x) \leq 1$ sein muss.

Die Wahrscheinlichkeit eines Ereignisses $\{X \in A\}$ mit $A \subseteq \mathbb{R}$ errechnet sich dann als

$$\mathrm{P}(X \in A) = \int_{A} f^X(x)\, dx.$$

Beispiel Diskrete Dichte und Verteilungsfunktion

In manchen Fantasy-Spielen wird statt des üblichen sechsseitigen Würfels ein Würfel mit zwölf Seiten benutzt, der die Zahlen von 1 bis 12 als Ergebnis zeigen kann. Wirft man einen solchen Würfel einmal, so kann man die gewürfelte Augenzahl als Zufallsvariable X auffassen. Der Wertebereich von X ist dann $\mathcal{X} = \{x_1, \ldots, x_{12}\} = \{1, \ldots, 12\}$ und $P(X = x_i) = 1/12$ für $i = 1, \ldots, 12$. Dabei gehen wir von einem so genannten fairen Würfel aus, der nicht zu Gunsten einer Zahl manipuliert wurde. Die diskrete Dichte von X ist damit gegeben als

$$f^X(x_i) = \frac{1}{12} \quad i = 1, \ldots, 12.$$

Weiterhin lassen sich die Werte der Verteilungsfunktion bestimmen als

x_i	1	2	3	4	5	6	7	8	9	10	11	12
$f^X(x_i)$	$\frac{1}{12}$	$\frac{1}{12}$	$\frac{1}{12}$	$\frac{1}{12}$	$\frac{1}{12}$	$\frac{1}{12}$	$\frac{1}{12}$	$\frac{1}{12}$	$\frac{1}{12}$	$\frac{1}{12}$	$\frac{1}{12}$	$\frac{1}{12}$
$F^X(x_i)$	$\frac{1}{12}$	$\frac{2}{12}$	$\frac{3}{12}$	$\frac{4}{12}$	$\frac{5}{12}$	$\frac{6}{12}$	$\frac{7}{12}$	$\frac{8}{12}$	$\frac{9}{12}$	$\frac{10}{12}$	$\frac{11}{12}$	$\frac{12}{12}$

Damit kann man zum Beispiel die Wahrscheinlichkeit bestimmen, bei einem Wurf eine Zahl größer als 1, aber kleiner oder gleich 3 zu werfen

$$P(1 < X \leq 3) = P(X \in (1; 3]) = \sum_{x_i \in (1;3]} = f^X(2) + f^X(3) = \frac{1}{12} + \frac{1}{12} = \frac{2}{12}$$

oder

$$P(1 < X \leq 3) = P(X \leq 3) - P(X \leq 1) = F^X(3) - F^X(1) = \frac{3}{12} - \frac{1}{12} = \frac{2}{12}.$$

◀B

Beispiel Stetige Dichte und Verteilungsfunktion   B

Gegeben sei eine stetige Zufallsvariable mit folgender Dichtefunktion

$$f^X(x) = \begin{cases} 1 & \text{für} \quad 0{,}5 \leq x < 1 \\ 0{,}5 & \text{für} \quad 0 \leq x < 0{,}5 \text{ oder } 1 \leq x \leq 1{,}5 \\ 0 & \text{sonst.} \end{cases}$$

Wollen wir überprüfen, ob es sich bei f tatsächlich um eine Dichtefunktion handelt, müssen wir dazu feststellen, ob $f^X(x) \geq 0$ und ob $\int_{-\infty}^{\infty} f^X(x)\,dx = 1$ gilt. Offensichtlich ist $f^X(x) \geq 0$, außerdem

$$
\int_{-\infty}^{\infty} f^X(x)\,dx = \int_0^{1,5} f^X(x)\,dx = \int_0^{0,5} 0,5\,dx + \int_{0,5}^1 1\,dx + \int_1^{1,5} 0,5\,dx
$$

$$
= \; 0,5 \cdot x \Big|_0^{0,5} + 1 \cdot x \Big|_{0,5}^1 + 0,5 \cdot x \Big|_1^{1,5}
$$

$$
= \; (0,5 \cdot 0,5 - 0) + (1 \cdot 1 - 1 \cdot 0,5) + (0,5 \cdot 1,5 - 0,5 \cdot 1)
$$

$$
= \; 0,25 + 0,5 + 0,25 = 1.
$$

Damit handelt es sich um eine Dichtefunktion. Die Verteilungsfunktion F^X lässt sich damit herleiten als

$$
F^X(x) = \int_{-\infty}^{x} f^X(t)\,dt = \begin{cases} 0 & \text{für } x < 0 \\[2mm] \int_0^x 0,5\,dt & \text{für } 0 \leq x < 0,5 \\[2mm] \int_0^{0,5} 0,5\,dt + \int_{0,5}^x 1\,dt & \text{für } 0,5 \leq x < 1 \\[2mm] \int_0^{0,5} 0,5\,dt + \int_{0,5}^1 1\,dt + \int_1^x 0,5\,dt & \text{für } 1 \leq x \leq 1,5 \\[2mm] 1 & \text{für } x > 1,5 \end{cases}
$$

$$
= \begin{cases} 0 & \text{für } x < 0 \\[1mm] \frac{x}{2} & \text{für } 0 \leq x < 0,5 \\[1mm] x - \frac{1}{4} & \text{für } 0,5 \leq x < 1 \\[1mm] \frac{1}{4} + \frac{x}{2} & \text{für } 1 \leq x \leq 1,5 \\[1mm] 1 & \text{für } x > 1,5. \end{cases}
$$

Weiterhin ist zum Beispiel

$$
P(0,6 < X \leq 0,8) = \int_{0,6}^{0,8} f^X(x)\,dx = \int_{0,6}^{0,8} 1\,dx = 1 \cdot x \Big|_{0,6}^{0,8} = 0,8 - 0,6 = 0,2
$$

oder

$$P(0,6 < X \leq 0,8) = F^X(0,8) - F^X(0,6) = 0,55 - 0,35 = 0,2.$$

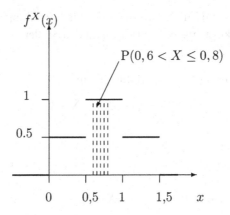

Man beachte außerdem, dass aus der Verteilungsfunktion auf die Dichte-funktion rückgeschlossen werden kann. Dazu wird die Ableitung von $F^X(x)$ bestimmt

$$\frac{\partial F^X(x)}{\partial x} = \begin{cases} 0 & \text{für} \quad x < 0 \text{ oder } x > 1,5 \\ 0,5 & \text{für} \quad 0 < x < 0,5 \text{ oder } 1 < x < 1,5 \\ 1 & \text{für} \quad 0,5 < x < 1. \end{cases}$$

Die Ableitung existiert nicht an den Stellen $x = 0;\ 0,5;\ 1;\ 1,5$; an diesen Stellen unterscheiden sich die linksseitigen Ableitungen von den rechtsseitigen. Davon abgesehen, stimmen die Ableitung von F^X und die Dichte f^X überein. Es gilt also, von den genannten vier Ausnahmen abgesehen, dass

$$\frac{\partial F^X(x)}{\partial x} = f^X(x).$$

◀B

Rechenregeln für Dichtefunktionen und Verteilungsfunktionen

1. Die Verteilungsfunktion ist das Gegenstück zur empirischen Verteilungsfunktion ▶e.

2. Für eine diskrete Zufallsvariable sieht die Verteilungsfunktion wie eine Treppenfunktion aus mit Sprüngen an den Stellen x_i und Sprunghöhen $f^X(x_i) = P(X = x_i)$.

3. Für eine diskrete Zufallsvariable X gilt

$$P(a < X \leq b) = \sum_{a < x_i \leq b} P(X = x_i)$$

und

$$P(a < X \leq b) = P(X \leq b) - P(X \leq a) = F^X(b) - F^X(a).$$

4. Für eine stetige Zufallsvariable X gilt:

  — Der Wert der Verteilungsfunktion F^X an einer Stelle x entspricht der Fläche unter der Kurve der stetigen Dichtefunktion f^X bis zur Stelle x.

  — $P(X = x) = 0$ für $x \in \mathbb{R}$ fest. Das heißt, für eine stetige Zufallsvariable ist die Wahrscheinlichkeit, einen bestimmten Wert anzunehmen, gleich Null.

  — Weiter ist

$$P(a < X \leq b) \;=\; \int_a^b f^X(x)\,dx$$

und

$$P(a < X < b) = P(a \leq X < b) = P(a < X \leq b)$$
$$= \; P(a \leq X \leq b) = P(X \leq b) - P(X \leq a) = F^X(b) - F^X(a).$$

  — Die stetige Dichte f^X lässt sich als Ableitung der Verteilungsfunktion F^X schreiben

$$f^X(x) = \frac{\partial F^X(x)}{\partial x},$$

vorausgesetzt, die Ableitung existiert für fast alle x. Dabei ist es zulässig, dass die Ableitung für eine endliche Menge einzelner Werte x nicht existiert (vergleiche Beispiel ▶15).

Betrachtet man nicht nur ein Merkmal alleine, sondern interessiert sich dafür, wie sich zwei Merkmale gemeinsam verhalten, so geht man über zur Betrachtung gemeinsamer Dichten und gemeinsamer Verteilungen.

Definition   Gemeinsame Dichte für zwei Zufallsvariablen X und Y ◄

1. Für zwei diskrete Zufallsvariablen X und Y mit Verteilungsfunktionen F^X und F^Y schreibt man die gemeinsame Dichtefunktion als

$$f^{X;Y}(x_i; y_j) = P(X = x_i; Y = y_j) \quad i,j = 1, 2, \dots,$$

wobei

$$f^{X;Y}(x_i; y_j) \geq 0 \quad \text{und} \quad \sum_{(x_i; y_j)} f^{X;Y}(x_i; y_j) = 1 \quad \text{gilt.}$$

2. Für zwei stetige Zufallsvariablen X und Y schreibt man die gemeinsame Dichtefunktion als

$$f^{X;Y}(x; y), \quad x \in \mathbb{R}, y \in \mathbb{R},$$

wobei

$$f^{X;Y}(x; y) \geq 0 \quad \text{und} \quad \int_{-\infty}^{\infty} \int_{-\infty}^{\infty} f^{X;Y}(x; y) \, dx \, dy = 1 \quad \text{gilt.}$$

Rechenregeln

Für eine Teilmenge $R \subseteq \mathbb{R}^2$ der xy-Ebene lässt sich die Wahrscheinlichkeit für $\{(X; Y) \in R\}$ wie folgt berechnen.

1. Falls X und Y diskrete Zufallsvariablen sind, ist

$$P((X; Y) \in R) = \sum_{(x_i; y_j) \in R} f^{X;Y}(x_i; y_j).$$

2. Falls X und Y stetige Zufallsvariablen sind, ist

$$P((X; Y) \in R) = \int\int_R f^{X;Y}(x; y) \, dx \, dy.$$

Aus der gemeinsamen Dichte von zwei Merkmalen kann auf die beiden Dichten der einzelnen Merkmale rückgeschlossen werden. Beschäftigt man sich im

Zusammenhang der gemeinsamen Betrachtung zweier Zufallsvariablen mit den Dichten der beiden einzelnen Variablen, so spricht man auch von den **Randdichten**.

Definition Randdichten

Seien X und Y Zufallsvariablen mit gemeinsamer Dichtefunktion $f^{X;Y}$. Die **Randdichten** von X und Y sind in der folgenden Weise definiert.

— Im diskreten Fall sind die Randdichten von X bzw. Y gegeben durch

$$f^X(x_i) \;=\; \mathrm{P}(X = x_i) = \sum_{y_j} f^{X;Y}(x_i; y_j), \quad i = 1, 2, \ldots,$$

$$f^Y(y_j) \;=\; \mathrm{P}(Y = y_j) = \sum_{x_i} f^{X;Y}(x_i; y_j), \quad j = 1, 2, \ldots.$$

Es wird also über diejenige Variable summiert, deren Randdichte nicht von Interesse ist, das heißt für die Randdichte von X wird über alle y_j summiert und umgekehrt.

— Im stetigen Fall sind die Randdichten von X bzw. Y gegeben durch

$$f^X(x) \;=\; \int_{-\infty}^{\infty} f^{X;Y}(x; y)\, dy, \quad x \in \mathbb{R},$$

$$f^Y(y) \;=\; \int_{-\infty}^{\infty} f^{X;Y}(x; y)\, dx, \quad y \in \mathbb{R}.$$

Für stetige Zufallsvariablen muss zur Berechnung der jeweiligen Randdichte die entsprechende andere Variable herausintegriert werden.

Beispiel Gemeinsame Dichte und Randdichten im diskreten Fall

Seien X und Y diskrete Zufallsvariablen. Ihre gemeinsame Dichtefunktion sei gegeben als

	$f^{X,Y}(x,y)$	0	1	2	4	$f^X(x)$
			y			
x	1	$0,1$	$0,2$	0	$0,3$	$0,6$
	2	$0,1$	$0,1$	$0,2$	0	$0,4$
	$f^Y(y)$	$0,2$	$0,3$	$0,2$	$0,3$	$1,0$

Aus der Tabelle werden die jeweiligen Randdichten von X und Y gut sichtbar. Gesucht sei die Wahrscheinlichkeit dafür, dass die Summe $X + Y \leq 2$ ist

$$
\begin{aligned}
\mathrm{P}(X + Y \leq 2) &= \sum_{(x_i;y_j),\, x_i+y_j \leq 2} f^{X;Y}(x_i; y_j) \\
&= f^{X;Y}(1;0) + f^{X;Y}(1;1) + f^{X;Y}(2;0) \\
&= 0,1 + 0,2 + 0,1 = 0,4.
\end{aligned}
$$

Seien weiter die Randdichten von X an der Stelle $x = 1$ und von Y an der Stelle $y = 2$ zu bestimmen

$$
\begin{aligned}
f^X(1) &= \sum_{y_j} f^{X;Y}(1; y_j) = f^{X;Y}(1;0) + f^{X;Y}(1;1) \\
&\qquad\qquad + f^{X;Y}(1;2) + f^{X;Y}(1;4) = 0,6 \\
f^Y(2) &= \sum_{x_i} f^{X;Y}(x_i; 2) = f^{X;Y}(1;2) + f^{X;Y}(2;2) = 0,2.
\end{aligned}
$$

◀B

Beispiel Gemeinsame Dichte und Randdichten im stetigen Fall   B

Seien X und Y stetige Zufallsvariablen. Ihre gemeinsame Dichtefunktion sei gegeben als

$$
f^{X;Y}(x; y) = \exp\{-x\} \cdot \exp\{-y\}, \qquad x > 0,\ y > 0.
$$

Berechnen wir die Wahrscheinlichkeit, dass sich X auf dem Intervall $(-\infty; 1]$ realisiert und Y auf dem Intervall $[1; \infty)$

$$
\begin{aligned}
\mathrm{P}(X \leq 1; Y \geq 1) &= \int_1^\infty \int_{-\infty}^1 f^{X;Y}(x; y)\, dx\, dy \\
&= \int_1^\infty \exp\{-y\} \cdot \left(\int_0^1 \exp\{-x\}\, dx \right) dy \\
&= \int_1^\infty \exp\{-y\} \cdot \left[-\exp\{-x\} \Big|_0^1 \right] dy
\end{aligned}
$$

$$= (1 - \exp\{-1\}) \cdot \int_1^\infty \exp\{-y\}\, dy = -(1 - \exp\{-1\}) \cdot \exp\{-y\}\Big|_1^\infty$$

$$= (1 - \exp\{-1\}) \cdot \exp\{-1\}.$$

Ebenso erhalten wir die Randdichte von X durch Herausintegrieren von y

$$f^X(x) \;=\; \int_{-\infty}^\infty f^{X;Y}(x;y)\, dy = \begin{cases} 0 & \text{für } x \le 0 \\ \exp\{-x\} & \text{für } x > 0, \end{cases}$$

da gilt

$$\int_{-\infty}^\infty f^{X;Y}(x;y)\, dy = \int_0^\infty \exp\{-x\} \cdot \exp\{-y\}\, dy = \exp\{-x\}.$$

Analog kann die Randdichte von Y hergeleitet werden

$$f^Y(y) \;=\; \int_{-\infty}^\infty f^{X;Y}(x;y)\, dx = \begin{cases} 0 & \text{für } y \le 0 \\ \exp\{-y\} & \text{für } y > 0. \end{cases}$$

◀B

Ist schon bekannt, dass die Zufallsvariable Y einen bestimmten Wert angenommen hat, dann kann man sich dafür interessieren, wie die Wahrscheinlichkeitsverteilung von X unter dieser **Bedingung** aussieht.

Definition   Bedingte Dichte

Seien X und Y Zufallsvariablen mit gemeinsamer Dichtefunktionfunktion $f^{X;Y}(x;y)$ und zugehörigen Randdichten $f^X(x)$ und $f^Y(y)$. Die **bedingte Dichte** von X für gegebenes $Y = y$ ist definiert als

$$f^{X|Y}(x|y) = \frac{f^{X;Y}(x;y)}{f^Y(y)} \quad \text{für } f^Y(y) \ne 0.$$

Für $f^Y(y) = 0$ ist $f^{X|Y}(x|y)$ nicht definiert.

Umgekehrt ist die **bedingte Dichte** von Y gegeben $X = x$ definiert als

$$f^{Y|X}(y|x) = \frac{f^{X;Y}(x;y)}{f^X(x)} \quad \text{für } f^X(x) \ne 0.$$

Die obige Definition kann sowohl für diskrete als auch stetige Zufallsvariablen angewendet werden. Sind X und Y diskret, so entspricht die bedingte Dichte von X gegeben $Y = y$ der Wahrscheinlichkeit, dass X den Wert x annimmt, wenn sich Y als y realisiert hat, also $f^{X|Y}(x|y) = \mathrm{P}(X = x \mid Y = y)$.

Beispiel Bedingte Dichte   B

Seien X und Y zwei stetige Zufallsvariablen mit gemeinsamer Dichtefunktion

$$f^{X;Y}(x;y) = \begin{cases} 2 & \text{für } x > 0, y > 0, x + y < 1 \\ 0 & \text{sonst.} \end{cases}$$

Zur Bestimmung der bedingten Dichte $f^{Y|X}(y|x)$ benötigen wir zunächst die Randdichte von X. Diese erhält man durch Herausintegrieren der Variable Y aus der gemeinsamen Dichtefunktion von X und Y

$$f^X(x) = \int_{-\infty}^{\infty} f^{X;Y}(x;y)\, dy = \begin{cases} \int_0^{1-x} 2\, dy = 2 \cdot (1 - x) & \text{für } 0 < x < 1 \\ 0 & \text{sonst.} \end{cases}$$

Für gegebenes $0 < x < 1$ berechnet sich die bedingte Dichte nun zu

$$f^{Y|X}(y|x) = \frac{f^{X;Y}(x;y)}{f^X(x)} = \begin{cases} \frac{2}{2 \cdot (1-x)} = \frac{1}{1-x} & \text{für } y > 0, y < 1 - x \\ 0 & \text{sonst.} \end{cases}$$

Interessant ist, dass für festes x die bedingte Verteilung von Y eine Rechteck-verteilung ▶42 auf dem Intervall $(0; 1 - x)$ ist.   ◀B

Definition Bedingte Verteilung   ◀

Seien X und Y Zufallsvariablen mit gemeinsamer Dichtefunktion $f^{X;Y}(x;y)$ und zugehörigen Randdichten $f^X(x)$ und $f^Y(y)$. Die bedingte Verteilung von X für gegebenes $Y = y$ ist,

— wenn X und Y diskret sind, definiert als

$$\mathrm{F}^{X|Y}(x|y) = \sum_{x_i \leq x} f^{X|Y}(x_i|y).$$

— wenn X und Y stetig sind, definiert als

$$\mathrm{F}^{X|Y}(x|y) = \int_{-\infty}^{x} f^{X|Y}(t|y)\, dt.$$

Die in der deskriptiven Statistik benutzten Kenngrößen für die Häufigkeits-verteilungen von Merkmalen finden ihre Gegenstücke in den entsprechenden Größen für Zufallsvariablen.

2.5 Erwartungswert und Varianz

Zur zusammenfassenden Beschreibung von Datensätzen werden in der de-skriptiven Statistik unter Anderem Maße für die Lage und die Streuung ▶e von Daten berechnet. Üblich sind das arithmetische Mittel ▶46 ▶e zur Charakterisierung der Lage und die empirische Varianz (Stichproben-varianz) und Standardabweichung (Stichprobenstandardabweichung) ▶46 ▶e zur Charakterisierung der Variabilität. Als Lage- und Streuungsmaße für Wahrscheinlichkeitsverteilungen dienen die entsprechenden theoretischen Konstrukte Erwartungswert ▶24 und Varianz bzw. Standardabweichung ▶26.

▶   Definition Erwartungswert

Betrachtet wird eine Zufallsvariable X mit Dichtefunktion f^X.

1. Ist X diskrete Zufallsvariable, so ist der **Erwartungswert** $E[X]$ von X das gewichtete Mittel

$$E[X] = \sum_{x_i} x_i \cdot f^X(x_i) = x_1 \cdot f^X(x_1) + x_2 \cdot f^X(x_2) + \ldots$$

2. Ist X stetige Zufallsvariable, so ist der **Erwartungswert** $E[X]$ von X definiert als

$$E[X] = \int_{-\infty}^{\infty} x \cdot f^X(x)\, dx.$$

B   Beispiel (Fortsetzung ▶15) Diskrete Dichte

Für die diskrete Zufallsvariable aus Beispiel ▶15 errechnet sich der Erwar-tungswert wie folgt

$$E[X] = \sum_{i=1}^{12} x_i \cdot f^X(x_i) = \frac{1}{12} \cdot (1 + 2 + \ldots + 12) = \frac{78}{6} = 6,5.$$

◀B

Beispiel (Fortsetzung ▶15) Stetige Dichte   B

Für die stetige Zufallsvariable aus **Beispiel** ▶15 errechnet sich der Erwartungswert wie folgt

$$\mathrm{E}[X] \;=\; \int_{-\infty}^{\infty} x \cdot f^X(x)\,dx = \int_{0}^{0,5} x \cdot 0,5\,dx + \int_{0,5}^{1} x \cdot 1\,dx + \int_{1}^{1,5} x \cdot 0,5\,dx$$

$$=\; \frac{x^2}{2}\cdot 0,5\Big|_{0}^{0,5} + \frac{x^2}{2}\cdot 1\Big|_{0,5}^{1} + \frac{x^2}{2}\cdot 0,5\Big|_{1}^{1,5}$$

$$=\; 0,0625 + 0,375 + 0,3125 = 0,75.$$

◀B

Eigenschaften und Rechenregeln zum Erwartungswert

— Der Erwartungswert existiert nicht immer. Es kann Dichten geben, so dass die Summe bzw. das Integral von $x \cdot f^X(x)$ nicht endlich ist. In diesem Fall sagt man, dass $\mathrm{E}[X]$ nicht existiert.

— Der Erwartungswert ist das theoretische Gegenstück zum arithmetischen Mittel ▶46 ▶e. Man kann $\mathrm{E}[X]$ interpretieren als den „Schwerpunkt" der Dichte, das heißt als die Stelle, an der man die Dichtefunktion unterstützen müsste, um sie im Gleichgewicht zu halten.

— Ist die Dichtefunktion f^X von X symmetrisch um eine Stelle a, das heißt $f^X(a+x) = f^X(a-x)$ für alle x, dann ist $\mathrm{E}[X] = a$.

— Transformiert man die Zufallsvariable X linear, das heißt man betrachtet $Y = a \cdot X + b$ für Konstanten a, b, so gilt

$$\mathrm{E}[Y] = \mathrm{E}[a \cdot X + b] = a \cdot \mathrm{E}[X] + b.$$

Dies ist die so genannte **Linearität des Erwartungswerts**.

— Transformiert man die Zufallsvariable X mit einer beliebigen Funktion g, das heißt man betrachtet $Y = g(X)$, so gilt

$$E[Y] = E[g(X)] = \sum_{x_i} g(x_i) \cdot f^X(x_i),$$

falls X eine diskrete Zufallsvariable, bzw.

$$E[Y] = E[g(X)] = \int_{-\infty}^{\infty} g(x) \cdot f^X(x)\, dx,$$

falls X eine stetige Zufallsvariable ist.

▶ **Definition** Varianz und Standardabweichung

Sei X eine Zufallsvariable mit Dichtefunktion f^X, und der Erwartungswert $E[X]$ existiere. Die **Varianz** von X ist definiert durch

$$\mathrm{Var}[X] = E\left[(X - E[X])^2\right].$$

Die Größe $\mathrm{Std}[X] = \sqrt{\mathrm{Var}[X]}$ heißt **Standardabweichung** von X.

1. Ist X diskret, so rechnet man

$$\mathrm{Var}[X] = \sum_{x_i} (x_i - E[X])^2 \cdot f^X(x_i).$$

2. Ist X stetig, so rechnet man

$$\mathrm{Var}[X] = \int_{-\infty}^{\infty} (x - E[X])^2 \cdot f^X(x)\, dx.$$

Eigenschaften und Rechenregeln zur Varianz

— Die Varianz ist das theoretische Gegenstück zur `Stichprobenvarianz`
▶e.

— Die Varianz kann alternativ über den **Verschiebungssatz** berechnet
werden

$$\text{Var}[X] = \text{E}[X^2] - (\text{E}[X])^2,$$

wobei im diskreten Fall $\text{E}[X^2] = \sum_{x_i} x_i^2 \cdot f^X(x_i)$, im stetigen Fall
$\text{E}[X^2] = \int_{-\infty}^{\infty} x^2 \cdot f^X(x)\,dx$ ist.

— Transformiert man die Zufallsvariable X linear, das heißt man betrachtet $Y = a \cdot X + b$ für Konstanten a, b, so gilt

$$\text{Var}[Y] = \text{Var}[a \cdot X + b] = a^2 \cdot \text{Var}[X]$$

und für die Standardabweichung

$$\text{Std}[Y] = |a| \cdot \text{Std}[X].$$

Beispiel Varianz einer diskreten Zufallsvariable   B

Sei X eine diskrete Zufallsvariable mit Dichtefunktion

$$f^X(x) = \begin{cases} p & \text{für} \quad x = 2 \\ \frac{1-p}{2} & \text{für} \quad x \in \{1; 3\} \end{cases} \quad \text{für } p \in (0; 1).$$

Zu berechnen sei die Varianz. Dazu berechnen wir zunächst den Erwartungswert von X

$$\begin{aligned} \text{E}[X] &= \sum_{x_i} x_i \cdot f^X(x_i) = 1 \cdot f^X(1) + 2 \cdot f^X(2) + 3 \cdot f^X(3) \\ &= 1 \cdot \frac{1-p}{2} + 2 \cdot p + 3 \cdot \frac{1-p}{2} = 2. \end{aligned}$$

Nun lässt sich die Varianz wie folgt berechnen

$$\begin{aligned} \text{Var}[X] &= \sum_{x_i} (x_i - \text{E}[X])^2 \cdot f^X(x_i) \\ &= (1-2)^2 \cdot f^X(1) + (2-2)^2 \cdot f^X(2) + (3-2)^2 \cdot f^X(3) \end{aligned}$$

$$= \frac{1-p}{2} + \frac{1-p}{2} = 1 - p.$$

Die Berechnung der Varianz mit Hilfe des `Verschiebungssatzes` ►27 führt zum gleichen Ergebnis: Dazu berechnen wir zunächst $E[X^2]$

$$E[X^2] = \sum_{x_i} x_i^2 \cdot f^X(x_i) = 1^2 \cdot f^X(1) + 2^2 \cdot f^X(2) + 3^2 \cdot f^X(3) = 5 - p.$$

Die Anwendung des Verschiebungssatzes ergibt dann

$$\text{Var}[X] = E[X^2] - (E[X])^2 = 5 - p - 4 = 1 - p.$$

◄B

Für zwei Merkmale X und Y gemeinsam können ebenfalls Erwartungswerte bestimmt werden.

Rechenregeln für den Erwartungswert diskreter Zufallsvariablen

- Der Erwartungswert einer beliebigen Funktion $g(X;Y)$ ist definiert als

$$E[g(X;Y)] = \sum_{(x_i;y_j)} g(x_i;y_j) \cdot f^{X;Y}(x_i;y_j).$$

- Insbesondere gilt, wenn $g(x;y) = x \cdot y$

$$E[X \cdot Y] = \sum_{(x_i;y_j)} x_i \cdot y_j \cdot f^{X;Y}(x_i;y_j).$$

Rechenregeln für den Erwartungswert stetiger Zufallsvariablen

- Für eine beliebige Funktion $g(X;Y)$ von X und Y ist der Erwartungswert definiert als

$$E[g(X;Y)] = \int_{-\infty}^{\infty} \int_{-\infty}^{\infty} g(x;y) \cdot f^{X;Y}(x;y)\, dx\, dy.$$

— Insbesondere gilt, wenn $g(x; y) = x \cdot y$

$$E(X \cdot Y) = \int\limits_{-\infty}^{\infty} \int\limits_{-\infty}^{\infty} x \cdot y \cdot f^{X;Y}(x; y)\, dx\, dy.$$

Beispiel Erwartungswert von $X \cdot Y$ im diskreten Fall   B

Seien X und Y die diskreten Zufallsvariablen aus dem Beispiel ▶20. Der Erwartungswert von $(X \cdot Y)$ berechnet sich zu

$$
\begin{aligned}
E[X \cdot Y] &= \sum_{(x_i, y_j)} x_i \cdot y_j \cdot f^{X;Y}(x_i; y_j) \\[2mm]
&= (1 \cdot 0) \cdot f^{X;Y}(1; 0) + (1 \cdot 1) \cdot f^{X;Y}(1; 1) + \cdots \\[2mm]
&\quad + (2 \cdot 4) \cdot f^{X;Y}(2; 4) = 2,4.
\end{aligned}
$$

◀B

Die Definition der **bedingten Dichte** ▶22 einer Zufallsvariablen X für gegebenes $Y = y$ führt zum Konzept der so genannten **bedingten Erwartungswerte**. So wie der einfache Erwartungswert auf Basis der Dichte einer einzelnen Zufallsvariable definiert wird, basiert die Definition des bedingten Erwartungswerts auf der bedingten Dichte.

Definition Bedingte Erwartungswerte   ◀

Seien X und Y Zufallsvariablen mit gemeinsamer Dichte $f^{X;Y}(x; y)$ und zugehörigen Randdichten $f^X(x)$ und $f^Y(y)$. Für eine beliebige Funktion g ist der **bedingte Erwartungswert** von $g(X; Y)$ gegeben $Y = y$

— für zwei diskrete Zufallsvariablen X und Y definiert als

$$E[g(X; Y)|Y = y] = \sum_{x_i} g(x_i; y) \cdot f^{X|Y}(x_i|y),$$

– für zwei stetige Zufallsvariablen X und Y definiert als

$$E[g(X,Y)|Y=y] = \int\limits_{-\infty}^{\infty} g(x;y) \cdot f^{X|Y}(x|y)\, dx.$$

Entsprechend sind die bedingten Erwartungswerte von Y gegeben $X = x$ definiert über die bedingte Dichte von Y gegeben $X = x$.

Zum Verständnis der bedingten Erwartungswerte ist es hilfreich, nicht nur feste Realisationen y von Y als Bedingung anzunehmen, sondern die Bedingung selbst wieder als zufällig aufzufassen. Damit betrachtet man den bedingten Erwartungswert $E[g(X;Y)|Y]$, als Funktion von Y, selbst wieder als Zufallsvariable.

Eigenschaften bedingter Erwartungswerte

– Für die speziellen Funktionen $g_1(x;y) = x$ und $g_2(x;y) = y$ sind $E[X|Y=y]$ und $E[Y|X=x]$ die so genannten **bedingten Erwartungswerte** von X für gegebenes $Y = y$ bzw. von Y für gegebenes $X = x$.

– Der bedingte Erwartungswert $E[g(X;Y)|Y]$ kann als Funktion in Abhängigkeit von Y aufgefasst werden.

– Es lässt sich zeigen, dass die Zufallsvariable $E[X|Y]$ den Erwartungswert $E[X]$ besitzt, das heißt es gilt

$$E[E[X|Y]] = E[X].$$

Entsprechend gilt $E[E[Y|X]] = E[Y]$.

B   Beispiel (Fortsetzung ▶23) Bedingter Erwartungswert

Seien X und Y Zufallsvariablen mit gemeinsamer Dichtefunktionfunktion $f^{X;Y}(x;y)$ und bedingter Dichte aus Beispiel ▶23. Der bedingte Erwartungswert $E[Y|X=x]$ für festes $X = x$ und $0 < x < 1$ errechnet sich dann wie folgt

$$E[Y|X=x] = \int\limits_{-\infty}^{\infty} y \cdot f^{Y|X}(y|x)\, dy$$

$$= \int_0^{1-x} \frac{y}{1-x}\, dy = \frac{y^2}{2 \cdot (1-x)} \bigg|_0^{1-x} = \frac{1-x}{2}.$$

Fasst man nun den bedingten Erwartungswert $E[Y|X]$ als Funktion von X auf, erhält man $E[Y|X] = \frac{1-X}{2}$, also wieder eine zufällige Größe.   ◀B

2.6 Abhängigkeit

Bei der gemeinsamen Betrachtung zweier Merkmale interessiert man sich häufig dafür, ob und gegebenenfalls wie stark die beiden Merkmale miteinander zusammenhängen. Dazu berechnet man in der deskriptiven Statistik Zusammenhangsmaße ▶e wie Kontingenz- und Korrelationskoeffizienten ▶e. Als zugrunde liegende theoretische Konzepte betrachten wir die **stochastische Unabhängigkeit** ▶31, die **Kovarianz** und die **Korrelation** ▶32.

Gilt, dass für festes y die bedingte Dichte von X der Randdichte von X entspricht, also $f^{X|Y}(x|y) = f^X(x)$, so sind X und Y voneinander **stochastisch unabhängig**. Das heißt, die Realisierung von Y hat keinen Einfluss auf die Realisierung von X. Dies ist äquivalent zur folgenden Definition der Unabhängigkeit.

Definition Unabhängigkeit von Zufallsvariablen   ◀

Seien X und Y Zufallsvariablen mit gemeinsamer Dichtefunktionfunktion $f^{X,Y}(x,y)$ und zugehörigen Randdichten $f^X(x)$ und $f^Y(y)$. Dann sind X und Y **(stochastisch) unabhängig**, wenn

$$f^{X;Y}(x;y) = f^X(x) \cdot f^Y(y)$$

für alle x und y aus den Wertebereichen von X und Y gilt. Man beachte, dass hier die beiden Fälle diskreter und stetiger Zufallsvariablen abgedeckt sind.

Rechenregeln für unabhängige Zufallsvariablen

Sind die Zufallsvariablen X und Y unabhängig, dann gilt für beliebige Funktionen $g(X), h(Y)$

$$E[g(X) \cdot h(Y)] = E[g(X)] \cdot E[h(Y)].$$

Da die Funktionen g und h auch der Identität entsprechen können, gilt insbesondere

$$E[X \cdot Y] = E[X] \cdot E[Y],$$

wenn X und Y unabhängig sind.

Die bedingte Dichtefunktion von X für gegebenes $Y = y$ war definiert als

$$f^{X|Y}(x|y) \quad = \quad \frac{f^{X;Y}(x;y)}{f^Y(y)} \quad \text{für } f^Y(y) \neq 0.$$

Mit der Unabhängigkeit gilt dann

$$
\begin{aligned}
f^{X|Y}(x|y) \quad &= \quad \frac{f^{X;Y}(x;y)}{f^Y(y)} \quad \text{für } f^Y(y) \neq 0 \\
&= \quad \frac{f^X(x) \cdot f^Y(y)}{f^Y(y)} = f^X(x).
\end{aligned}
$$

Daher sind die Formulierungen der Unabhängigkeit über die bedingten Dichten und über die gemeinsame Dichte äquivalent.

▶ **Definition** Kovarianz und Korrelation

Für zwei Zufallsvariablen X und Y ist die **Kovarianz** zwischen X und Y definiert als

$$\mathrm{Cov}[X, Y] = E\left[(X - E[X]) \cdot (Y - E[Y])\right].$$

Der **Korrelationskoeffizient** (kurz: die **Korrelation**) zwischen X und Y ist gegeben als

$$\mathrm{Cor}[X, Y] = \frac{\mathrm{Cov}[X, Y]}{\sqrt{\mathrm{Var}[X] \cdot \mathrm{Var}[Y]}}.$$

— Sind X und Y diskret, so lässt sich die Formel für die Kovarianz darstellen durch

$$\mathrm{Cov}[X, Y] = \sum_{(x_i, y_j)} (x_i - E[X]) \cdot (y_j - E[Y]) \cdot f^{X;Y}(x_i; y_j).$$

— Für zwei stetige Zufallsvariablen X, Y ergibt sich

$$\mathrm{Cov}[X, Y] = \int_{-\infty}^{\infty} \int_{-\infty}^{\infty} (x - E[X]) \cdot (y - E[Y]) \cdot f^{X;Y}(x; y)\, dx\, dy.$$

Rechenregeln und Eigenschaften zu Kovarianz und Korrelation

— Die Korrelation ist das theoretische Gegenstück zum **Korrelations-koeffizienten nach Bravais und Pearson** ▶e.

— Zur vereinfachten Berechnung der Kovarianz verwendet man den **Verschiebungssatz für die Kovarianz**

$$\text{Cov}[X, Y] = \text{E}[X \cdot Y] - \text{E}[X] \cdot \text{E}[Y].$$

— Transformiert man X und Y linear in $a \cdot X + b$ und $c \cdot Y + d$ für konstante Werte a, b, c, d, so gilt

$$\text{Cov}[a \cdot X + b, c \cdot Y + d] = a \cdot c \cdot \text{Cov}[X, Y].$$

— Für zwei Zufallsvariablen X und Y gilt außerdem

$$\text{Var}[X + Y] = \text{Var}[X] + \text{Var}[Y] + 2 \cdot \text{Cov}[X, Y].$$

— Wenn X und Y stochastisch unabhängig sind, so gilt $\text{Cov}[X, Y] = 0$. Dies ist leicht einzusehen, denn

$$
\begin{aligned}
\text{Cov}[X, Y] &= \text{E}[X \cdot Y] - \text{E}[X] \cdot \text{E}[Y] \\
&= \text{E}[X] \cdot \text{E}[Y] - \text{E}[X] \cdot \text{E}[Y] = 0,
\end{aligned}
$$

da $\text{E}[X \cdot Y] = \text{E}[X] \cdot \text{E}[Y]$ aus der Unabhängigkeit von X und Y gefolgert werden kann. Der Umkehrschluss ist **nicht** zulässig. Das heißt, aus $\text{Cov}[X, Y] = 0$ folgt im Allgemeinen nicht die Unabhängigkeit der beiden Zufallsvariablen.

Ergänzungen

Betrachtet man nicht nur zwei, sondern eventuell auch mehr als zwei Zufallsvariablen $X_1, \dots, X_n$ gemeinsam, so gelten außerdem noch die folgenden Rechenregeln.

Rechenregeln für mehr als zwei Zufallsvariablen

– $X_1, \dots, X_n$ sind stochastisch unabhängig, falls

$$f^{X_1; \dots; X_n}(x_1; \dots; x_n) = f^{X_1}(x_1) \cdot \dots \cdot f^{X_n}(x_n).$$

Dabei bezeichnet $f^{X_1, \dots, X_n}$ die gemeinsame Dichte von $X_1, \dots, X_n$ und f^{X_i} die Randdichte von X_i, $i = 1, \dots, n$.

– Für Konstanten $a_1, \dots, a_n$ gilt

$$\mathrm{E}\left[\sum_{i=1}^n a_i \cdot X_i\right] = \sum_{i=1}^n a_i \cdot \mathrm{E}[X_i].$$

– Für Konstanten $a_1, \dots, a_n, b_1, \dots, b_m$ gilt

$$\mathrm{Cov}\left[\sum_{i=1}^n a_i \cdot X_i, \sum_{j=1}^m b_j \cdot Y_j\right] = \sum_{i=1}^n \sum_{j=1}^m a_i \cdot b_j \cdot \mathrm{Cov}[X_i, Y_j].$$

– Falls $X_1, \dots, X_n$ stochastisch unabhängig, gilt für die Varianz

$$\mathrm{Var}\left[\sum_{i=1}^n a_i \cdot X_i\right] = \sum_{i=1}^n a_i^2 \cdot \mathrm{Var}(X_i).$$

Über die **Verteilungsfunktion** ►12 wird ein Merkmal charakterisiert. Zur statistischen Beschreibung einer Stichprobe verwendet man die folgende modellhafte Idee. Man geht davon aus, dass jeder beobachtete Wert des Merkmals in der Stichprobe (der Merkmalswert jeder Erhebungseinheit) eine Realisation eines Grundmerkmals X ist. Um die Werte für die einzelnen Erhebungseinheiten voneinander zu unterscheiden, stellt man sich weiter vor, dass die i-te Untersuchungseinheit selbst das Merkmal X_i besitzt, das dieselben Charakteristika aufweist wie das Grundmerkmal X.

Definition Stichprobenvariablen ◀

Ein interessierendes Merkmal lasse sich beschreiben durch eine Zufallsvariable X mit Verteilungsfunktion $F^X(x; \vartheta)$. Eine Stichprobe $x_1, \ldots, x_n$ lässt sich dann auffassen als eine Realisierung von Zufallsvariablen $X_1, \ldots, X_n$, die stochastisch unabhängig sind und alle dieselbe Verteilung wie X besitzen. Die Zufallsvariablen $X_1, \ldots, X_n$ nennt man **Stichprobenvariablen**.

Durch die Modellvorstellung, dass die Stichprobenvariablen unabhängig und identisch wie die Ausgangsvariable X verteilt sind, sichert man, dass die realisierte Stichprobe $x_1, \ldots, x_n$ für das interessierende Merkmal X in der Grundgesamtheit repräsentativ ist.

Rechenregeln für Stichprobenvariablen

Seien $X_1, \ldots, X_n$ unabhängige Stichprobenvariablen, die identisch verteilt sind wie eine Zufallsvariable X mit Verteilungsfunktion $F^X(x)$ und Dichtefunktion $f^X(x)$.

— Die gemeinsame Dichtefunktion von $X_1, \ldots, X_n$ ist

$$f^{X_1; \ldots; X_n}(x_1; \ldots; x_n) = \prod_{i=1}^{n} f^X(x_i).$$

— $E[X_i] = E[X]$, $\text{Var}[X_i] = \text{Var}[X]$, $i = 1, \ldots, n$, wenn Erwartungswert und Varianz von X existieren.

— Für $\overline{X} = \frac{1}{n} \cdot \sum_{i=1}^{n} X_i$ ist

$$E[\overline{X}] = E\left[\frac{1}{n} \cdot \sum_{i=1}^{n} X_i\right] = \frac{1}{n} \cdot \sum_{i=1}^{n} E[X_i] = E[X],$$

$$\text{Var}[\overline{X}] = \text{Var}\left[\frac{1}{n} \cdot \sum_{i=1}^{n} X_i\right] = \frac{1}{n^2} \cdot \sum_{i=1}^{n} \text{Var}[X_i] = \frac{1}{n} \cdot \text{Var}[X].$$

Größen, die häufig im Zusammenhang mit Stichprobenvariablen betrachtet werden, sind die so genannten **Ordnungsstatistiken**. Ordnungsstatistiken sind relevant beispielsweise bei der Bestimmung der Verteilung des **Minimums** und des **Maximums**.

▶

Betrachten wir ein mindestens ordinal skaliertes Merkmal, das durch eine Zufallsvariable X mit Verteilungsfunktion F^X und zugehöriger Dichtefunktion f^X beschrieben wird. Die Stichprobenvariablen $X_1, \ldots, X_n$ seien unabhängig und identisch wie X verteilt, wobei $x_1, \ldots, x_n$ eine realisierte Stichprobe vom Umfang n ist. Die Beobachtungen werden der Größe nach geordnet, beginnend mit der kleinsten

$$x_{(1)} \leq x_{(2)} \leq x_{(3)} \leq \ldots \leq x_{(n)}.$$

Dann können $x_{(1)}, \ldots, x_{(n)}$ als Realisationen von $X_{(1)}, \ldots, X_{(n)}$ aufgefasst werden. Diese Zufallsvariablen $X_{(1)}, \ldots, X_{(n)}$ heißen **Ordnungsstatistiken**.

Sei X eine stetige Zufallsvariable mit Verteilungsfunktion F^X. Seien weiter $X_1, \ldots, X_n$ unabhängige und wie X verteilte Stichprobenvariablen und $X_{(1)}, \ldots, X_{(n)}$ die entsprechenden Ordnungsstatistiken. Dann ist die Randverteilung der i-ten Ordnungsstatistik, $i = 1, \ldots, n$, gegeben durch

$$F^{X_{(i)}}(x) = \sum_{j=i}^{n} \binom{n}{j} \cdot \left(F^X(x)\right)^j \cdot \left(1 - F^X(x)\right)^{n-j}, x \in \mathbb{R}.$$

Setzen wir $i = 1$, so erhalten wir die Verteilung des Minimums, das der Ordnungsstatistik $X_{(1)}$ entspricht.

Die Verteilung des Minimums ist für $x \in \mathbb{R}$ gegeben als

$$F^{X_{(1)}}(x) = \sum_{j=1}^{n} \binom{n}{j} \cdot \left(F^X(x)\right)^j \cdot \left(1 - F^X(x)\right)^{n-j} = 1 - \left(1 - F^X(x)\right)^n.$$

Die Dichtefunktion des Minimums erhalten wir durch Ableiten der Verteilungsfunktion

$$f^{X_{(1)}}(x) = n \cdot (1 - F^X(x))^{n-1} \cdot f^X(x), \quad x \in \mathbb{R}.$$

Analog ergibt sich für $i = n$ die Verteilung des Maximums $X_{(n)}$.

Regel Verteilung des Maximums

Die Verteilung des Maximums ist für $x \in \mathbb{R}$ gegeben als

$$F^{X_{(n)}}(x) = \sum_{j=n}^{n} \binom{n}{j} \cdot \left(F^X(x)\right)^j \cdot \left(1 - F^X(x)\right)^{n-j} = \left(F^X(x)\right)^n .$$

Die Dichtefunktion

$$f^{X_{(n)}}(x) = n \cdot (F^X(x))^{n-1} \cdot f^X(x), \quad x \in \mathbb{R},$$

erhält man wieder durch Ableiten der Verteilungsfunktion.

2.7 Gängige Verteilungen und ihre Erwartungswerte und Varianzen

Einige Standardsituationen kommen bei statistischen Analysen immer wieder vor. Mit diesen Situationen verbunden sind Merkmale, die bestimmte Typen von Verteilungen besitzen. Im Folgenden stellen wir die gängigsten dieser Verteilungen vor, jeweils zusammen mit Dichtefunktion, Erwartungswert und Varianz der entsprechend verteilten Zufallsvariablen, sowie einigen grundlegenden Eigenschaften. Die hier vorgestellten Verteilungen werden in den folgenden Kapiteln benötigt. Darüber hinaus gibt es viele weitere Verteilungen, die hier nicht besprochen werden, wie zum Beispiel die Negativ-Binomialverteilung, die Beta-Verteilung, die Cauchy-Verteilung, die logistische Verteilung und andere ▶e. Übersichten findet man beispielsweise in Evans et al. (2000).

Diskrete Verteilungen

Eine faire Münze mit den beiden Seiten Kopf und Zahl wird n-mal voneinander unabhängig geworfen. Es wird jeweils notiert, welche Seite oben liegt. Das erhobene Merkmal X sei die Anzahl der Würfe, in denen Kopf oben gelegen hat. Dann ist für den einzelnen Wurf die Wahrscheinlichkeit, dass Kopf oben liegt, gleich $1/2$ bei einer fairen Münze. Jeder einzelne Wurf stellt ein so genanntes **Bernoulli-Experiment** dar.

▶

Betrachtet wird ein einzelnes Zufallsexperiment mit den zwei möglichen Ausgängen Erfolg und Misserfolg. Dabei tritt mit Wahrscheinlichkeit $p \in [0;1]$ ein Erfolg ein, p heißt dementsprechend **Erfolgswahrscheinlichkeit**. Ein solches Zufallsexperiment heißt **Bernoulli-Experiment**.

▶

Eine Zufallsvariable X, die den Wert 1 annimmt, falls ein interessierendes Ereignis eintritt, und den Wert 0, falls es nicht eintritt, und die eine Dichtefunktion f^X der Form

$$f^X(x) = p^x \cdot (1-p)^{1-x} \quad \text{für } x = 0, 1$$

besitzt, heißt **bernoulliverteilt** mit **Parameter** p.
Schreibweise: $X \sim \mathrm{Bin}(1; p)$.

Eigenschaften

— Der Parameter p ist definiert auf dem Intervall $[0;1]$.

— Erwartungswert und Varianz einer bernoulliverteilten Zufallsvariablen sind

$$\mathrm{E}[X] = p, \quad \mathrm{Var}[X] = p \cdot (1-p).$$

Zur Darstellung der Binomialverteilung benötigen wir den Binomialkoeffizienten.

▶

Der **Binomialkoeffizient** aus zwei natürlichen Zahlen m und k ist definiert als

$$\binom{m}{k} = \frac{m!}{k! \cdot (m-k)!}, \quad \text{falls } m \geq k.$$

Falls $m < k$, wird festgelegt, dass $\binom{m}{k} = 0$ gilt.

Dabei ist die **Fakultät** $k!$ einer natürlichen Zahl k definiert als

$$k! = 1 \cdot 2 \cdot \ldots \cdot (k-1) \cdot k,$$

wobei per Definition $1! = 1$ und $0! = 1$ gesetzt wird.

Sprechweisen: $k! = k\, Fakultät$, $\binom{m}{k} = m\ über\ k$.

Definition Binomialverteilung   ◄

Eine diskrete Zufallsvariable X, die die Werte $0, 1, \ldots, n$ annehmen kann, mit Dichtefunktion

$$f^X(x) = \binom{n}{x} \cdot p^x \cdot (1-p)^{n-x} \quad \text{für } x = 0, 1, \ldots, n$$

heißt **binomialverteilt** mit **Parametern n und p**.

Schreibweise: $X \sim \text{Bin}(n; p)$.

Die Binomialverteilung wird verwendet, wenn die Anzahl der Erfolge in n voneinander unabhängigen Bernoulli-Versuchen von Interesse ist. Dabei wird angenommen, dass die Erfolgswahrscheinlichkeit p in jedem der n Versuche gleich ist. Ein Beispiel ist eine klinische Studie, in der bei 100 Patienten der Heilungserfolg durch die Behandlung mit einem Medikament beobachtet wird. Erfolg tritt dabei ein, wenn ein Patient geheilt wird. Die Zufallsvariable X beschreibt die Anzahl der geheilten Patienten.

Eigenschaften

— Der Parameter p ist definiert auf dem Intervall $[0; 1]$.

— Nimmt der Parameter p die Werte Null oder Eins an, also die Grenzen seines Definitionsbereiches, so degeneriert die Binomialverteilung zu einer so genannten **Einpunktverteilung** ►e, die einen Spezialfall der Binomialverteilung darstellt.

— Die Bernoulliverteilung ist ein Spezialfall der Binomialverteilung mit $n = 1$.

— Sind $X_1, \ldots, X_n$ stochastisch unabhängig und identisch bernoulliverteilt mit Parameter p, dann ist ihre Summe $\sum_{i=1}^{n} X_i$ binomialverteilt mit Parametern n und p.

— Ist $X \sim \text{Bin}(n; p)$, dann ist

$$\mathrm{E}[X] = n \cdot p, \quad \mathrm{Var}[X] = n \cdot p \cdot (1-p).$$

Eine diskrete Zufallsvariable X, die die Werte $1, 2, \ldots$ annehmen kann, mit Dichtefunktion

$$f^X(x) = p \cdot (1-p)^{x-1} \quad \text{für } x \in \mathbb{N} = \{1, 2, \ldots\}$$

heißt **geometrisch verteilt** mit **Parameter** p.

Schreibweise: $X \sim \text{Geo}(p)$.

Die geometrische Verteilung wird benutzt, wenn die Anzahl der Versuche bis zum Eintreten des ersten Erfolgs in einem Bernoulli-Experiment von Interesse ist. Ein Beispiel ist die Anzahl der Freiwürfe eines Spielers in einem Basketballspiel bis zum ersten Treffer. Wir nehmen dabei an, dass die Würfe voneinander unabhängig sind mit gleicher Trefferwahrscheinlichkeit p.

Eigenschaften

- Der Parameter p ist definiert auf dem Intervall $(0; 1)$.

- Ist $X \sim \text{Geo}(p)$, so gilt

$$\text{E}[X] = \frac{1}{p}, \quad \text{Var}[X] = \frac{1-p}{p^2}.$$

Eine diskrete Zufallsvariable X, die die Werte $0, 1, \ldots, n$ annehmen kann, mit Dichtefunktion

$$f^X(k) = \frac{\binom{r}{k} \cdot \binom{s-r}{n-k}}{\binom{s}{n}} \quad \text{für } k \in \{0, \ldots, n\}$$

heißt **hypergeometrisch verteilt** mit **Parametern** s, r, n.

Schreibweise: $X \sim \text{Hyp}(s, r, n)$.

Eigenschaften

- Die Parameter s, r, n sind definiert auf $\mathbb{N}$, wobei $r \leq s$, $n \leq s$ gelten muss. Die Werte der Dichtefunktion sind nur dann echt größer als Null, wenn $k \in \{\max\{0, n + r - s\}, \ldots, \min\{r, n\}\}$.

- Ist $X \sim \text{Hyp}(s, r, n)$, so gilt

$$E[X] = n \cdot \frac{r}{s}, \quad \text{Var}[X] = \frac{n \cdot r \cdot (s - r) \cdot (s - n)}{s^2 \cdot (s - 1)}.$$

Definition Poissonverteilung ◄

Eine diskrete Zufallsvariable X, die Werte $0, 1, 2, \ldots$ annehmen kann, mit Dichtefunktion

$$f^X(x) = \frac{\lambda^x}{x!} \cdot \exp\{-\lambda\} \quad \text{für } x \in \mathbb{N}_0 = \{0, 1, 2, \ldots\}$$

heißt **poissonverteilt** mit **Parameter** λ.

Schreibweise: $X \sim \text{Poi}(\lambda)$.

Die Poissonverteilung ist bekannt als Verteilung der seltenen Ereignisse. Sie wird oft eingesetzt, wenn die Anzahl der innerhalb eines kleinen Zeitraums eintretenden Ereignisse gezählt wird. Dabei ist die Wahrscheinlichkeit, dass in einem kleinen Zeitraum ein solches Ereignis eintritt, typischerweise klein. Sei beispielsweise X die durchschnittliche Anzahl der Verkehrsunfälle pro Stunde an einer bestimmten Kreuzung. Die Wahrscheinlichkeit, dass innerhalb einer Stunde dort ein Unfall passiert, ist relativ gering. Die Anzahl der Verkehrsunfälle kann als poissonverteilt angenommen werden.

Eigenschaften

- Der Parameter λ ist definiert auf dem Intervall $(0; \infty)$.

- Ist $X \sim \text{Poi}(\lambda)$, so gilt

$$E[X] = \lambda, \quad \text{Var}[X] = \lambda.$$

Stetige Verteilungen

Eine stetige Zufallsvariable X mit Werten in $\mathbb{R}$ und Dichtefunktion

$$f^X(x) = \begin{cases} \frac{1}{b-a} & \text{für } a \leq x \leq b \\ 0 & \text{sonst} \end{cases}$$

heißt **rechteckverteilt (gleichverteilt) auf dem Intervall** $[a; b]$.
Schreibweise: $X \sim \mathcal{R}[a; b]$.

Eigenschaften

— Für die Parameter gilt $a, b \in \mathbb{R}$ mit $a < b$.

— Ist $X \sim \mathcal{R}[a; b]$, dann gilt

$$\mathrm{E}[X] = \frac{a+b}{2}, \quad \mathrm{Var}[X] = \frac{(b-a)^2}{12}.$$

Eine stetige Zufallsvariable X mit Werten in $\mathbb{R}$ und Dichtefunktion

$$f^X(x) = \frac{1}{\sqrt{2 \cdot \pi} \cdot \sigma} \cdot \exp\left\{ -\frac{(x - \mu)^2}{2 \cdot \sigma^2} \right\} \quad \text{für } x \in \mathbb{R}$$

heißt **normalverteilt** mit **Parametern** μ **und** σ^2.
Schreibweise: $X \sim \mathcal{N}(\mu, \sigma^2)$.

Die spezielle Normalverteilung $\mathcal{N}(0, 1)$ mit Parametern $\mu = 0$ und $\sigma^2 = 1$ heißt
Standardnormalverteilung. Ihre Verteilungsfunktion wird mit Φ bezeichnet.

Die Normalverteilung ist eine der wichtigsten statistischen Verteilungen. Viele Verteilungen konvergieren in gewissem Sinne gegen die Normalverteilung, so dass bei großen Stichprobenumfängen häufig die Analyse so betrieben werden kann, als ob die Beobachtungen Realisationen normalverteilter Stichprobenvariablen wären.

Eigenschaften

- Für die Parameter gelten folgende Definitionsbereiche: $\mu \in \mathbb{R}$ und $\sigma^2 \in \mathbb{R}^+$.

- Ist $X \sim \mathcal{N}(\mu, \sigma^2)$, dann gilt

$$E[X] = \mu, \quad \text{Var}[X] = \sigma^2.$$

- Eine normalverteilte Zufallsvariable X kann immer so **standardisiert** werden, dass ihre Transformation Z standardnormalverteilt ($Z \sim \mathcal{N}(0,1)$) ist. Ist $X \sim \mathcal{N}(\mu, \sigma^2)$, dann gilt

$$Z = \frac{X - \mu}{\sigma} \sim \mathcal{N}(0,1),$$

das heißt $P(Z \leq z) = \Phi(z)$.

- Ist $X \sim \mathcal{N}(\mu, \sigma^2)$, dann ist eine lineare Transformation Y von X wieder normalverteilt, und es gilt

$$Y = a \cdot X + b \sim \mathcal{N}(a \cdot \mu + b, a^2 \cdot \sigma^2).$$

- Sind $X_1, \ldots, X_n$ stochastisch unabhängig mit $X_i \sim \mathcal{N}(\mu_i, \sigma_i^2)$, dann ist

$$\sum_{i=1}^{n} X_i \sim \mathcal{N}\left(\sum_{i=1}^{n} \mu_i, \sum_{i=1}^{n} \sigma_i^2\right).$$

Im Spezialfall $X_i \sim \mathcal{N}(\mu, \sigma^2)$ für alle i ist dann

$$\overline{X} = \frac{1}{n} \cdot \sum_{i=1}^{n} X_i \sim \mathcal{N}\left(\mu, \frac{\sigma^2}{n}\right).$$

Zur Darstellung der so genannten χ^2-**Verteilung** wird die Gammafunktion benötigt.

Definition Gammafunktion

Für beliebige Werte $\alpha > 0$ ist die Gammafunktion an der Stelle α definiert als

$$\Gamma(\alpha) = \int_0^\infty x^{\alpha-1} \cdot \exp\{-x\}\, dx.$$

Eigenschaften

- $\Gamma(1) = 1$.
- $\Gamma\left(\frac{1}{2}\right) = \sqrt{\pi}$.
- $\Gamma(\alpha+1) = \alpha \cdot \Gamma(\alpha)$ für $\alpha > 0$.
- $\Gamma(\alpha+1) = \alpha!$ für $\alpha \in \mathbb{N}$.

Definition χ^2-Verteilung

Eine stetige Zufallsvariable X mit Werten in $\mathbb{R}$ und Dichtefunktion

$$f^X(x) = \frac{1}{2^{n/2} \cdot \Gamma\left(\frac{n}{2}\right)} \cdot x^{(n/2)-1} \cdot \exp\{-x/2\} \quad \text{für } x > 0$$

heißt χ^2-**verteilt** mit n **Freiheitsgraden**, sprich *chiquadrat*-verteilt. Schreibweise: $X \sim \chi_n^2$.

Eigenschaften

- Der Definitionsbereich von n ist die Menge der natürlichen Zahlen, also $n \in \mathbb{N}$.

- Für $x \leq 0$ gilt $f^X(x) = 0$.

- Die χ^2-Verteilung ist nicht symmetrisch.

— Ist $X \sim \chi_n^2$, so ist

$$E[X] = n, \quad \text{Var}[X] = 2 \cdot n.$$

— Sind $Z_1, \ldots, Z_n$ stochastisch unabhängig mit $Z_i \sim \mathcal{N}(0,1)$, dann ist

$$\sum_{i=1}^{n} Z_i^2 \sim \chi_n^2.$$

Definition *t*-Verteilung ◄

Eine stetige Zufallsvariable X mit Werten in $\mathbb{R}$ und Dichtefunktion

$$f^X(x) = \frac{\Gamma\left(\frac{n+1}{2}\right)}{\sqrt{n \cdot \pi} \cdot \Gamma\left(\frac{n}{2}\right) \cdot \left(1 + \frac{x^2}{n}\right)^{(n+1)/2}} \quad \text{für } x \in \mathbb{R}$$

heißt **t-verteilt** mit n **Freiheitsgraden**.
Schreibweise: $X \sim t_n$.

Eigenschaften

— Die t-Verteilung wird auch **Student-t-Verteilung** genannt.

— Der Definitionsbereich von n ist die Menge der natürlichen Zahlen, also $n \in \mathbb{N}$.

— Die Verteilung ist symmetrisch um Null.

— Für ein beliebiges **p-Quantil** ▶13 von t_n gilt aufgrund der Symmetrie

$$t_{n;p} = -t_{n;1-p}.$$

— Ist $X \sim t_n$, dann gilt

$$E[X] = 0 \text{ für } n > 1, \quad \text{Var}[X] = \frac{n}{n-2} \text{ für } n > 2.$$

— Für große Werte von n nähert sich die t_n-Verteilung der $\mathcal{N}(0,1)$-Verteilung. Als Faustregel für eine gute Approximation gilt $n \geq 30$.

– Ist $Z \sim \mathcal{N}(0,1)$, $V \sim \chi_n^2$, und sind Z und V stochastisch unabhängig, dann ist

$$\frac{Z}{\sqrt{\frac{V}{n}}} \sim t_n.$$

– Sind $X_1, \ldots, X_n$ unabhängig und identisch $\mathcal{N}(\mu, \sigma^2)$-verteilt, so ist

$$\sqrt{n} \cdot \frac{\overline{X} - \mu}{S} \sim t_{n-1},$$

wobei $\overline{X}$ das arithmetische Mittel und S die Stichprobenstandardabweichung von $X_1, \ldots, X_n$ ist. Beide Größen werden hier als Zufallsvariablen aufgefasst, definiert als

$$\overline{X} = \frac{1}{n} \cdot \sum_{i=1}^{n} X_i \quad \text{und} \quad S = \sqrt{\frac{1}{n-1} \cdot \sum_{i=1}^{n} (X_i - \overline{X})^2}.$$

▶ Definition F-Verteilung

Eine stetige Zufallsvariable X mit Werten in $\mathbb{R}$ und Dichtefunktion

$$f^X(x) = \frac{\Gamma\left(\frac{n+m}{2}\right)}{\Gamma\left(\frac{n}{2}\right) \cdot \Gamma\left(\frac{m}{2}\right)} \cdot \frac{n^{n/2} \cdot m^{m/2} \cdot x^{(n/2)-1}}{(m + n \cdot x)^{(n+m)/2}} \quad \text{für } x > 0$$

heißt **F-verteilt mit n und m Freiheitsgraden**.
Schreibweise: $X \sim F_{n,m}$.

Eigenschaften

– Der Definitionsbereich der Freiheitsgrade n und m ist die Menge der natürlichen Zahlen, $n, m \in \mathbb{N}$ mit $m > 2$.

– Für $x \leq 0$ gilt $f^X(x) = 0$.

– Die F-Verteilung ist nicht symmetrisch.

– Ist $X \sim F_{n,m}$, so ist

$$\mathrm{E}[X] = \frac{m}{m-2}, \quad m > 2, \quad \mathrm{Var}[X] = \frac{2 \cdot m^2 \cdot (n + m - 2)}{n \cdot (m-2)^2 \cdot (m-4)}, \quad m > 4.$$

- Ist $X \sim F_{n,m}$, so ist $\frac{1}{X} \sim F_{m,n}$.

- Ist $V_1 \sim \chi_n^2$, $V_2 \sim \chi_m^2$, und sind V_1 und V_2 stochastisch unabhängig, dann ist

$$\frac{V_1/n}{V_2/m} \sim F_{n,m}.$$

Definition Exponentialverteilung   ◄

Eine stetige Zufallsvariable X mit Werten in $\mathbb{R}$ und Dichtefunktion

$$f^X(x) = \lambda \cdot \exp\{-\lambda \cdot x\} \quad \text{für } x > 0$$

heißt **exponentialverteilt** mit **Parameter** λ.
Schreibweise: $X \sim \text{Exp}(\lambda)$.

Eigenschaften

- Für den Parameter λ gilt $\lambda > 0$.

- Für $x \leq 0$ gilt $f^X(x) = 0$.

- Die Exponentialverteilung ist nicht symmetrisch.

- Ist X exponentialverteilt mit Parameter λ, so ist

$$\text{E}[X] = \frac{1}{\lambda}, \quad \text{Var}[X] = \frac{1}{\lambda^2}.$$

Definition Gammaverteilung   ◄

Eine stetige Zufallsvariable X mit Werten in $\mathbb{R}$ und Dichtefunktion

$$f^X(x) = \frac{\lambda^\alpha}{\Gamma(\alpha)} \cdot x^{\alpha-1} \cdot \exp\{-\lambda \cdot x\} \quad \text{für } x > 0$$

heißt **gammaverteilt** mit **Parametern** λ **und** α.
Schreibweise: $X \sim \Gamma(\lambda, \alpha)$.

Eigenschaften

– Für die Parameter λ und α gilt $\lambda, \alpha > 0$.

– Für $x \leq 0$ gilt $f^X(x) = 0$.

– Die Gammaverteilung ist nicht symmetrisch.

– Ist X gammaverteilt mit Parametern λ und α, so ist

$$\mathrm{E}[X] = \frac{\alpha}{\lambda}, \quad \mathrm{Var}[X] = \frac{\alpha}{\lambda^2}.$$

– Sind $X_1, \ldots, X_n$ unabhängig und identisch gammaverteilt mit Parametern λ und α, so ist die Summe der $X_i, i = 1, \ldots, n$, ebenfalls gammaverteilt, und zwar mit Parametern λ und $\alpha \cdot n$

$$\sum_{i=1}^{n} X_i \sim \Gamma(\lambda, \alpha \cdot n).$$

– Die χ^2-Verteilung ist ein Spezialfall der Gammaverteilung. Ist $X \sim \chi_n^2$, so ist X zugleich gammaverteilt mit Parametern $\lambda = 1/2$ und $\alpha = n/2$.

– Die Exponentialverteilung ist ebenfalls ein Spezialfall der Gammaverteilung. Ist $X \sim \mathrm{Exp}(\lambda)$, so ist X zugleich gammaverteilt mit Parametern λ und $\alpha = 1$.

– Sind $X_1, \ldots, X_n$ unabhängig und identisch exponentialverteilt mit Parameter λ, so ist die Summe der $X_i, i = 1, \ldots, n$, gammaverteilt mit Parametern λ und n

$$\sum_{i=1}^{n} X_i \sim \Gamma(\lambda, n).$$

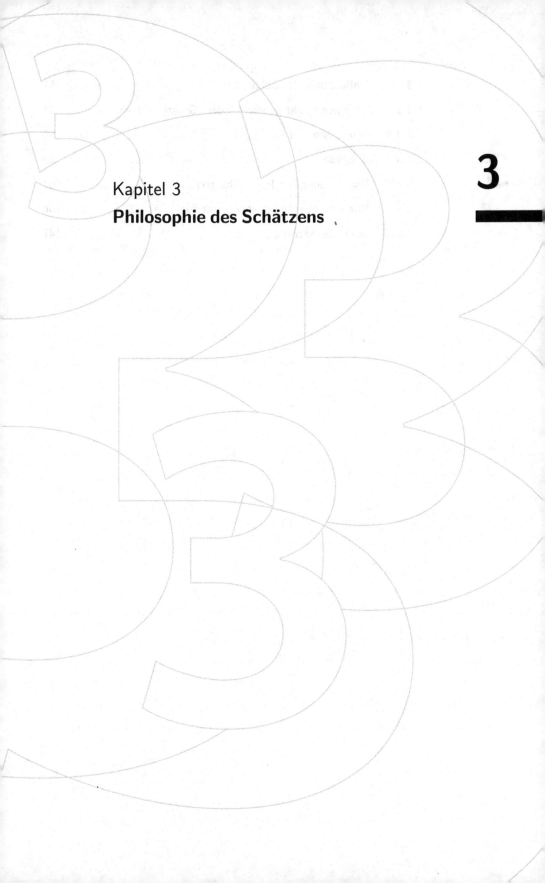

Kapitel 3

Philosophie des Schätzens

3

3

3	**Philosophie des Schätzens**	51
3.1	„Auf den Punkt gebracht"oder „Grenzen setzen"	51
3.2	Grundlagen zur Punktschätzung	54
3.3	Beispiele	59
3.4	Was ist ein guter Punktschätzer?	61
3.5	Wie kommt man zu einer Schätzfunktion?	106
3.6	Intervallschätzung	147

3 Philosophie des Schätzens

3.1 „Auf den Punkt gebracht"oder „Grenzen setzen": Punktschätzung contra Intervallschätzung

Bei statistischen Analysen geht man oft davon aus, dass man für das interessierende Merkmal weiß, welcher Art von Wahrscheinlichkeitsverteilung es folgt. Was man aber in der Regel nicht kennt, ist die genaue Verteilung, das heißt, man kennt nicht die Parameterwerte oder zumindest nicht alle Parameterwerte.

Beispiel Bekannter Verteilungstyp, unbekannte Parameterwerte   B

Zwei Freunde wollen sich entscheiden, ob sie am Abend ins Kino gehen oder ob sie lieber einen Kneipenbummel machen. Da sie sich nicht recht zu einer der beiden Alternativen entschließen können, wollen sie per Münzwurf entscheiden, was zu tun ist. Ohne weiter darüber nachzudenken, gehen sie davon aus, dass die Münze fair ist, also bei einem Wurf mit Wahrscheinlichkeit 1/2 entweder Kopf oder Zahl oben liegt. Wäre der eine Freund dem anderen gegenüber misstrauisch, so könnte er jedoch darauf bestehen, dass die Fairness der Münze zunächst überprüft wird. Dann unterstellt er, dass P(Kopf) = p, wobei p nicht bekannt ist.

Er wirft die in Frage stehende Münze nun fünfmal unabhängig und notiert, wie oft insgesamt Kopf gefallen ist. Er weiß, dass die Zufallsvariable X, die dies zählt, binomialverteilt ist

$$X \sim \mathrm{Bin}(5; p).$$

In dieser Situation ist also der Verteilungstyp bekannt (Binomialverteilung), der Parameter n ist ebenfalls bekannt, hier $n = 5$, aber der Parameter p ist unbekannt.

Um schließlich zu entscheiden, ob die Münze fair ist, versucht der misstrauische Freund, anhand der erhobenen Daten auf p zu schließen. Man sagt, er „schätzt" p.   ◀B

Die im Beispiel beschriebene Situation kommt bei statistischen Analysen häufiger vor. Der Verteilungstyp (auch Verteilungsklasse genannt) ist bekannt, einer oder mehrere Parameter der Verteilung sind jedoch unbekannt.

Das Ziel besteht dann darin, die Parameter aus einer Stichprobenerhebung des Merkmals zu schätzen. Das heißt: auf Basis einer Stichprobe $x_1, \ldots, x_n$ wird über eine Funktion $T(x_1, \ldots, x_n)$ der Stichprobenwerte (eventuell auch über mehrere solcher Funktionen) eine Aussage darüber getroffen, welche Werte die unbekannten Parameter vermutlich haben.

Modellvorstellung beim Schätzen

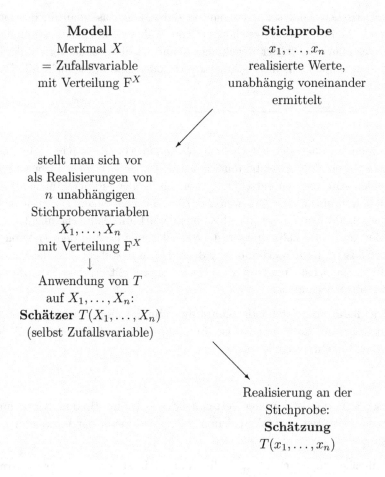

Modell
Merkmal X
= Zufallsvariable
mit Verteilung F^X

Stichprobe
$x_1, \ldots, x_n$
realisierte Werte,
unabhängig voneinander
ermittelt

stellt man sich vor
als Realisierungen von
n unabhängigen
Stichprobenvariablen
$X_1, \ldots, X_n$
mit Verteilung F^X
$\downarrow$
Anwendung von T
auf $X_1, \ldots, X_n$:
Schätzer $T(X_1, \ldots, X_n)$
(selbst Zufallsvariable)

Realisierung an der
Stichprobe:
Schätzung
$T(x_1, \ldots, x_n)$

Es ergeben sich die folgenden Fragen:

— Welche Arten von Schätzern sind möglich? Muss man für einen gesuchten Parameter einen Wert angeben, oder gibt man einen Bereich an, innerhalb dessen man den Parameter vermutet?

— Welche Ansprüche stellt man an einen Schätzer? Was ist ein „guter"
  Schätzer?
— Wie kommt man zu einem Schätzer T? Nach welchen Prinzipien kann
  man Schätzer konstruieren?

Mit der ersten Frage befassen wir uns im Folgenden, die anderen Fragen
werden in den weiteren Abschnitten dieses Kapitels diskutiert.

Beispiel (Fortsetzung ▶51) Bekannter Verteilungstyp, unbekannte Parameterwerte   B

Angenommen, das Untersuchungsergebnis, das der misstrauische der beiden Freunde aus dem `Beispiel` ▶51 erhält, spricht dafür, dass die Münze
tatsächlich nicht fair ist, sondern mit einer Wahrscheinlichkeit von ungefähr
$p = 0,3$ `Kopf` zeigt. Dann könnte man dieses Ergebnis auf zwei verschiedene
Arten ausdrücken:

— die Wahrscheinlichkeit für `Kopf` beträgt bei dieser Münze vermutlich $p =$
  $0,3$
— die Wahrscheinlichkeit p für `Kopf` bei dieser Münze liegt nahe bei $0,3$,
  vermutlich zwischen $0,2$ und $0,4$.   ◀B

Im ersten Fall des Beispiels wird ein fester Wert zur Schätzung von p angegeben, im zweiten Fall benennt man einen Bereich, innerhalb dessen der
Wert von p vermutet wird. Das im ersten Fall angewendete Prinzip ist die so
genannte **Punktschätzung**, das Prinzip hinter dem zweiten Fall nennt man
Intervallschätzung.

Mit Verfahren der Punktschätzung ist es möglich, interessierende Parameter
oder Kennzahlen von Verteilungen zu schätzen und damit von einer Teilerhebung auf die Grundgesamtheit zu schließen. Das Ergebnis einer Punktschätzung ist ein einzelner Zahlenwert, der unsere „beste" Schätzung für den unbekannten Parameter ist. Gute Schätzungenr liegen nahe dem wahren, zu
schätzenden Wert, eine exakte Schätzung ist allerdings praktisch unmöglich.
Die Unsicherheit, die der Schätzung innewohnt (beachte: verschiedene Stichproben werden in der Regel zu unterschiedlichen Schätzwerten für die Parameter führen), wird bei der Punktschätzung nicht berücksichtigt.

Alternativ erlauben Intervallschätzmethoden die Angabe eines ganzen Bereichs (Intervalls) möglicher Parameterwerte. Die Intervallschätzung ermöglicht eine Aussage darüber, mit welcher Wahrscheinlichkeit das geschätzte
Intervall den wahren Wert überdeckt. Diese Wahrscheinlichkeit kann als Maß

für die Präzision der Schätzung verwendet werden. Je nachdem, mit welcher Sicherheit das Intervall den gesuchten Parameter enthalten soll, ist das Intervall nämlich breiter oder schmaler. Die mit der Schätzung verbundene Unsicherheit wird also hier berücksichtigt.

Punktschätzung und Intervallschätzung

Zur Schätzung von Kenngrößen einer Verteilung gibt es die zwei Prinzipien der **Punktschätzung** und der **Intervallschätzung**. Beide treffen anhand der in einer Stichprobe enthaltenen Information Aussagen darüber, welchen Wert die interessierende Größe vermutlich hat.

- Bei der Punktschätzung wird **ein** Wert als Schätzung für die interessierende Größe angegeben.
    - Vorteil: Eindeutiger Schätzwert.
    - Nachteil: Berücksichtigt nicht die Unsicherheit der Schätzung.
- Bei der Intervallschätzung wird **ein ganzes Intervall** möglicher Werte als Schätzung für die interessierende Größe angegeben.
    - Vorteil: Berücksichtigt die Unsicherheit der Schätzung.
    - Nachteil: Kein eindeutiger Schätzwert.

3.2 Grundlagen zur Punktschätzung

Punktschätzverfahren haben zum Ziel, interessierende Kenngrößen einer Verteilung durch Angabe eines Werts zu schätzen. Mittels einer Teilerhebung der Grundgesamtheit in Form einer Zufallsstichprobe soll die über die Kenngrößen gewonnene Information auf die Grundgesamtheit übertragen werden. Dabei werden zwei Arten von Kenngrößen unterschieden. Zum Einen können dies die Parameter einer Verteilung sein, die diese eindeutig spezifizieren, wie beispielsweise p bei der Bernoulliverteilung. Zum Anderen kann es sich dabei um Charakteristika wie den Erwartungswert, die Varianz oder Quantile handeln. Natürlich ist es hier auch denkbar, Funktionen der Parameter oder Charakteristika zu schätzen.

Notation

— Ein interessierendes Merkmal werde in einer Grundgesamtheit durch eine Zufallsvariable X mit Verteilungsfunktion $F^X(x; \vartheta)$ beschrieben. Dabei bezeichnet ϑ den wahren, aber unbekannten Wert des Parameters. Hängt eine Verteilung von mehreren Parametern ab, so ist ϑ ein Vektor. In diesen Fällen wird explizit darauf hingewiesen.

— Der Definitionsbereich des Parameters ϑ, der Parameterraum, wird mit Θ bezeichnet. In der Regel gilt $\Theta \subseteq \mathbb{R}$.

— Zur Einführung allgemeiner Konzepte, unabhängig vom Verteilungstyp, werden Parameter mit dem griechischen Buchstaben ϑ bezeichnet. In Beispielen, in denen die Verfahren für eine spezifische Verteilung angewendet werden, verwenden wir die für die Verteilungen typischen Parameterbezeichnungen, zum Beispiel p für die Erfolgswahrscheinlichkeit einer Bernoulliverteilung oder λ für den Parameter einer Poissonverteilung.

Um die interessierenden Parameter schätzen zu können, ist es wichtig, aus den Beobachtungen die relevante Information zu extrahieren und zusammenzufassen. Dies geschieht mit Hilfe so genannter Statistiken.

Definition   Statistik   ◄

Die Zufallsvariable X besitze die Verteilungsfunktion $F^X(x; \vartheta)$; diese sei bis auf den Parameter $\vartheta \in \Theta$ bekannt. Eine **Statistik** ist eine Funktion T von Zufallsvariablen $X_1, \ldots, X_n$, welche als unabhängig und identisch wie X verteilt angenommen werden. Wir bezeichnen eine Statistik mit $T(X_1, \ldots, X_n)$.

Eine besondere Art von Statistiken sind Schätzfunktionen.

Definition   Schätzfunktion   ◄

Die Zufallsvariable X besitze die Verteilungsfunktion $F^X(x; \vartheta)$; diese sei bis auf den Parameter $\vartheta \in \Theta$ bekannt. Schätzungen für den unbekannten Parameter ϑ können über Statistiken berechnet werden, die wir entsprechend $T_\vartheta(X_1, \ldots, X_n)$ nennen. Eine solche Statistik zum Schätzen eines Parameters wird **Schätzfunktion** genannt. Sind die Realisationen $x_1, \ldots, x_n$ von $X_1, \ldots, X_n$ gegeben, kann der resultierende **Schätzwert** $\widehat{\vartheta}$ berechnet werden als $\widehat{\vartheta} = T_\vartheta(x_1, \ldots, x_n)$.

Weitere gebräuchliche Bezeichnungen für eine Schätzfunktion $T_\vartheta(X_1, \ldots, X_n)$ sind die Begriffe **Punktschätzer, Schätzer** oder auch **Schätzstatistik**. Der beobachtete Schätzwert $\hat{\vartheta}$ wird häufig als **Schätzung** bezeichnet. Eine Schätzfunktion ist also nichts anderes als eine Funktion der Beobachtungen, die einen Schätzwert $\hat{\vartheta}$ für den unbekannten Parameter ϑ liefern soll. Die Schätzfunktion $T_\vartheta(X_1, \ldots, X_n)$ nimmt Werte aus dem Parameterraum Θ an. Soll nicht der Parameter ϑ einer Verteilung geschätzt werden, sondern eine Funktion $\varphi(\vartheta)$, die von ϑ abhängt, benutzt man entsprechend eine Schätzfunktion $T_{\varphi(\vartheta)}(X_1, \ldots, X_n)$. Dabei ist φ eine Abbildung $\varphi : \Theta \to \mathbb{R}$. Die Schätzung von $\varphi(\vartheta)$, das heißt der aus der Stichprobe realisierte Wert $T_{\varphi(\vartheta)}(x_1, \ldots, x_n)$, wird mit $\widehat{\varphi(\vartheta)}$ bezeichnet. Entsprechendes gilt, wenn eine allgemeine Kenngröße der Verteilung, beispielsweise ein Quantil, geschätzt werden soll.

Die Statistik $T_\vartheta(X_1, \ldots, X_n)$ ist eine Zufallsvariable, da sie als Funktion der Zufallsvariablen $X_1, \ldots, X_n$ ebenfalls zufällig ist. Die Verteilung von $T_\vartheta(X_1, \ldots, X_n)$ hängt somit von der Verteilung der Zufallsvariablen $X_1, \ldots, X_n$ ab.

Seien also $X_1, \ldots, X_n$ unabhängige und identisch wie X verteilte Zufallsvariablen und sei $T_\vartheta(X_1, \ldots, X_n)$ ein Punktschätzer für einen unbekannten Parameter ϑ der Verteilungsfunktion von X. Da der Schätzer $T_\vartheta(X_1, \ldots, X_n)$ ebenfalls eine Zufallsvariable ist, ist es möglich, eine Dichte- bzw. Verteilungsfunktion dieses Schätzers anzugeben. Das heißt, das Verhalten des Punktschätzers in Abhängigkeit der möglichen Stichproben lässt sich durch die Dichte- oder Verteilungsfunktion beschreiben.

B   **Beispiel** Verteilungen von Schätzfunktionen

1. Die Zufallsvariable X sei normalverteilt mit Erwartungswert μ und Varianz σ^2. Die Zufallsvariablen $X_1, \ldots, X_n$ seien unabhängig und identisch wie X verteilt. Die Dichte von X ist gegeben durch

$$f^X(x; \mu, \sigma^2) = \frac{1}{\sqrt{2 \cdot \pi} \cdot \sigma} \cdot \exp\left\{-\frac{(x - \mu)^2}{2 \cdot \sigma^2}\right\}, \ x \in \mathbb{R}, \ \mu \in \mathbb{R}, \ \sigma \in \mathbb{R}^+.$$

Der Erwartungswert kann durch das arithmetische Mittel $T_\mu(X_1, \ldots, X_n) = \overline{X} = \frac{1}{n} \cdot \sum_{i=1}^n X_i$ geschätzt werden. Das arithmetische Mittel $\overline{X}$ ist selbst eine Zufallsvariable, da es von den zufälligen Stichprobenvariablen $X_1, \ldots, X_n$ abhängt. Um das Verhalten von $\overline{X}$ als Schätzer zu verstehen, ist es daher hilfreich, die Verteilung bzw. die Dichtefunktion von $\overline{X}$ zu betrachten. Unter den genannten Voraussetzungen ist die Verteilung von $\overline{X}$ ▶43 eine Normalverteilung mit Erwartungswert μ, jedoch mit Varianz σ^2/n

$$f^{\overline{X}}(x; \mu, \sigma^2) = \frac{\sqrt{n}}{\sqrt{2 \cdot \pi \cdot \sigma}} \cdot \exp\left\{ -n \cdot \frac{(x - \mu)^2}{2 \cdot \sigma^2} \right\}, \; x \in \mathbb{R}, \; \mu \in \mathbb{R}, \; \sigma \in \mathbb{R}^+.$$

Man beachte, dass die X_i, $i = 1, \ldots, n$, normalverteilt sind mit Erwartungswert μ und Varianz σ^2.

2. Die Verteilungsfunktion einer auf dem Intervall $[a; b]$ rechteckverteilten Zufallsvariable X ist gegeben durch

$$F^X(x; a, b) = \begin{cases} 0 & \text{für} \quad x < a \\ \frac{x-a}{b-a} & \text{für} \quad a \le x \le b \\ 1 & \text{für} \quad x > b. \end{cases}$$

Die Verteilung des Maximums $T_{\max}(X_1, \ldots, X_n) = X_{(n)}$ der Stichprobe als ein intuitiver Schätzer für die obere Grenze b des Intervalls $[a; b]$ ist gegeben durch

$$F^{X_{(n)}}(x) = \begin{cases} 0 & \text{für} \quad x < a \\ \left(\frac{x-a}{b-a}\right)^n & \text{für} \quad a \le x \le b \\ 1 & \text{für} \quad x > b. \end{cases}$$

Die Verteilungsfunktionen sind also voneinander abhängig.   ◀B

Veranschaulichung
Zur Verdeutlichung, dass Punktschätzer ebenfalls Zufallsvariablen sind und sich ihr Verhalten durch eine Dichte- bzw. Verteilungsfunktion beschreiben lässt, bietet sich folgende kleine Simulation an, die zum Beispiel mit dem Programmpaket R durchgeführt werden kann.

Wir ziehen dazu 100-mal ($m = 100$) eine Stichprobe vom Umfang $n = 5$ aus einer `Normalverteilung`▶42 mit Erwartungswert $\mu = 5$ und Varianz $\sigma^2 = 1$. Als Punktschätzer verwenden wir das arithmetische Mittel

$$T_\mu(X_1, \ldots, X_5) = \frac{1}{5} \cdot \sum_{j=1}^{5} X_j$$

Die 100 resultierenden arithmetischen Mittelwerte $\overline{x}_i$ werden dann in einem Histogramm abgetragen und sollten im Idealfall ebenfalls einer Normalverteilung folgen. Das Histogramm sollte also ungefähr eine glockenähnliche Form besitzen.

Programm in R:

```
Mittelwerte< − rep(0,100)
for (i in 1:100)
{
    x.i< − rnorm(5,5,1)
    Mittelwerte[i]< − mean(x.i)
}
hist(Mittelwerte, nclass=15)
```

Eine viermalige Durchführung dieses Programmes resultierte in den hier gezeigten vier Grafiken.

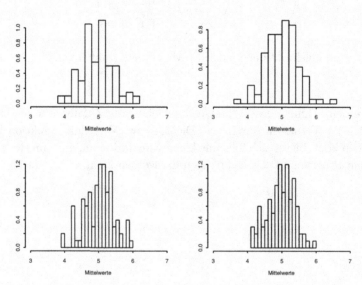

Mit $m = 100$ ist die Anzahl der Simulationen nicht ausreichend groß,
um die Normalverteilung der arithmetischen Mittel erkennen zu können.
Werden die vier simulierten Datensätze jeweils vom Umfang $m = 100$
zusammengefasst, so dass $m = 400$ ist, so erhält man eine wesentlich
bessere Veranschaulichung dafür, dass die Mittelwerte tatsächlich einer
Normalverteilung folgen.

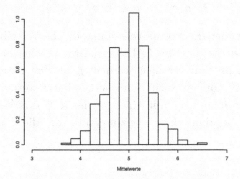

Würde die Anzahl der Simulationen noch weiter erhöht, beispielsweise
$m = 1000$, würde man die Normalverteilung noch besser aus dem Histogramm erkennen.

3.3 Beispiele

3.3

Beispiel (Fortsetzung ▶4) Klinischer Versuch

Im **Beispiel** ▶4 des klinischen Versuchs aus der Einleitung kann man die
Anzahl der geheilten Patienten als Indikator für die Heilungswahrscheinlichkeit des Medikaments ansehen. Die Zufallsvariable, die diese Anzahl
erfasst, ist binomialverteilt mit Parametern n und p. Dabei entspricht n
der Anzahl der Patienten in der Studie, und die Heilungswahrscheinlichkeit ist $p \in [0; 1]$. Aus den zu den Beobachtungen $x_1, \ldots, x_n$ gehörenden
Stichprobenvariablen $X_1, \ldots, X_n$ soll nun eine geeignete Schätzfunktion
$T_p(X_1, \ldots, X_n)$ konstruiert werden, so dass $T(x_1, \ldots, x_n)$ eine möglichst
genaue Schätzung $\widehat{p}$ für die Heilungswahrscheinlichkeit liefert.

B

In einer Studie wird die Körpergröße von Kindern ermittelt, sobald diese das 5. Lebensjahr erreicht haben. Es kann angenommen werden, dass die Körpergröße gut durch eine normalverteilte Zufallsvariable beschrieben werden kann mit Lageparameter μ und Streuungsparameter σ^2. Die Klasse aller Normalverteilungen ist gegeben durch

$$\{\mathcal{N}(\mu, \sigma^2), \quad \mu \in \mathbb{R}; \ \sigma^2 \in \mathbb{R}^+\}.$$

Darin befindet sich auch die Normalverteilung, die die Verteilung der Körpergröße der Kinder zu Beginn des 5. Lebensjahres beschreibt. Basierend auf einer Stichprobe kann nun versucht werden, μ und σ^2 möglichst genau zu schätzen. Alternativ können auch Bereiche geschätzt werden, die die unbekannten Parameter μ und σ^2 mit einer gewissen Wahrscheinlichkeit überdecken. Gesucht sind dann Konfidenzintervalle für die Parameter μ und σ^2.   ◀B

Ein Straßenkünstler stellt sich des öfteren als bronzene Caesarstatue verkleidet auf den Markusplatz in Venedig. Als unbewegliches Objekt ist er dort hilflos den abgelassenen Exkrementen der zahlreichen Tauben ausgesetzt. Er geht davon aus, dass die Anzahl der Treffer innerhalb einer halben Stunde poissonverteilt ist mit unbekanntem Parameter λ. Um den für ihn angenehmsten Standort herauszufinden, dokumentiert er für verschiedene Standorte, wie oft er pro halber Stunde in seinen Statue-Spielzeiten von einer Taube getroffen wird, und erhält die folgenden Daten

| 2 | 1 | 2 | 0 | 0 | 1 | 1 | 1 | 0 | 1 |

Interessante Fragestellungen können sein:

— Welche Schätzfunktionen eignen sich zur Schätzung des Parameters λ, des Erwartungswerts, der Varianz oder der mittleren Trefferrate? Wie schätzt man die Wahrscheinlichkeit, dass er während seines halbstündigen Stillstehens komplett verschont bleibt?

— Welche Eigenschaften besitzen diese Schätzfunktionen?

— Wie sehen die Schätzwerte am konkreten Beispiel aus?

Antworten auf diese Fragen werden in den folgenden Abschnitten zur Schätztheorie gegeben.

3.4 Was ist ein guter Punktschätzer?

Im Beispiel ►59 soll die Heilungswahrscheinlichkeit p eines Medikaments in einem klinischen Versuch geschätzt werden. Für eine „gute" Schätzung von p muss das richtige Schätzverfahren verwendet werden. Wie wird aber entschieden, welche Verfahren „gute" Schätzungen liefern? Offensichtlich benötigen wir geeignete Gütekriterien als Grundlage für die Herleitung von Schätzverfahren, die zu „guten" Schätzern für unbekannte Parameter, Funktionen von Parametern oder andere Kenngrößen von Verteilungen führen.

Nachdem wir definiert haben, was eine Schätzfunktion ist, geben wir nun ein Beispiel dafür, wie Schätzfunktionen aussehen können.

Beispiel (Fortsetzung ►4 ►59) Klinischer Versuch

Wir betrachten die bernoulliverteilte Zufallsvariable X mit Parameter p, die den Heilungserfolg beschreibt. $X_1, \ldots, X_n$ seien unabhängige und identisch wie X verteilte Stichprobenvariablen. Der Parameterraum Θ ist das Intervall $[0; 1]$. Bezeichne $\mathcal{X}$ den Wertebereich von X. Dann sind alle Funktionen T_p mit

$$T_p : \ \mathcal{X} \to [0; 1]$$

mögliche Schätzfunktionen, um den Parameter p zu schätzen. Konstante Funktionen der Form $T_p(X_1, \ldots, X_n) = c$ sind nach dieser Definition zugelassen, erscheinen jedoch nicht besonders sinnvoll, da sie von den Daten unabhängig sind. Es können beispielsweise folgende Schätzfunktionen betrachtet werden:

a) $T_p(X_1, \ldots, X_n) = 0,9,$ eine konstante Schätzfunktion;

b) $T_p(X_1, \ldots, X_n) = \prod\limits_{i=1}^{n} X_i,$

   das Produkt aller Beobachtungen aus der Stichprobe;

c) $T_p(X_1, \ldots, X_n) = \dfrac{1}{n+4} \cdot \left[\sum\limits_{i=1}^{n} X_i + 2 \right],$

   das arithmetische Mittel aller Beobachtungen aus der Stichprobe, in die noch zwei Erfolge und zwei Misserfolge aufgenommen wurden;

d) $T_p(X_1, \ldots, X_n) = \dfrac{1}{n} \cdot \sum\limits_{i=1}^{n} X_i$,

das arithmetische Mittel aller Beobachtungen der Stichprobe;

e) $T_p(X_1, \ldots, X_n) = \dfrac{1}{n/2} \cdot \left[\sum\limits_{i=1}^{n/4} X_i + \sum\limits_{i=n-n/4+1}^{n} X_i \right]$,

das arithmetische Mittel des ersten und des letzten Viertels der Stichprobenvariablen, wobei wir davon ausgehen, dass n durch vier teilbar ist.

Sei folgende Stichprobe $x_1, \ldots, x_{12}$ realisiert worden

1	1	0	1	1	1	1	1	1	1	0	0

Für die Schätzfunktionen aus a) bis e) ergeben sich damit die folgenden Schätzungen:

a) $\widehat{p} = T_p(x_1, \ldots, x_{12}) = 0,9$

b) $\widehat{p} = T_p(x_1, \ldots, x_{12}) = \prod\limits_{i=1}^{12} x_i = 1 \cdot 1 \cdot 0 \cdot 1 \cdot 1 \cdot 1 \cdot 1 \cdot 1 \cdot 1 \cdot 1 \cdot 0 \cdot 0 = 0$

c) $\widehat{p} = T_p(x_1, \ldots, x_{12}) = \dfrac{1}{16} \cdot \left[\sum\limits_{i=1}^{12} x_i + 2 \right] = \dfrac{11}{16} = 0,6875$

d) $\widehat{p} = T_p(x_1, \ldots, x_{12}) = \dfrac{1}{12} \cdot \sum\limits_{i=1}^{12} x_i = \dfrac{9}{12} = 0,75$

e) $\widehat{p} = T_p(x_1, \ldots, x_{12}) = \dfrac{1}{6} \cdot \left[\sum\limits_{i=1}^{3} x_i + \sum\limits_{i=10}^{12} x_i \right] = \dfrac{1}{6} \cdot [2 + 1] = 0,5$

Welcher dieser Schätzer ist sinnvoll? Sicherlich darf die Eignung von T_p aus a) zur Schätzung von p bezweifelt werden, da unabhängig von der gezogenen Stichprobe p immer konstant mit $\widehat{p} = 0,9$ geschätzt wird. Außer für den Fall, dass tatsächlich $p = 0,9$ ist, ist er daher unbefriedigend. Da T_p aus b) das Produkt der Einzelbeobachtungen ist und diese als bernoulliverteilte Zufallsvariablen nur die Werte 0 und 1 annehmen können, können auch Schätzungen nur diese beiden Werte annehmen.

Ist auch nur einer der beobachteten Werte 0, so wird sofort auch die Schätzung 0. Bei Verwendung der Schätzfunktion T_p aus c) fließt die gesamte Information aus der Stichprobe in die Schätzung ein, jedoch ist zweifelhaft, warum man zwei Erfolge und zwei Misserfolge zur Stichprobe hinzunehmen soll. Die verbleibenden Schätzfunktionen aus d) und e) basieren auf dem arithmetischen Mittel von Beobachtungen aus der Stichprobe. Sie unterscheiden sich nur in der Anzahl der Beobachtungen, die in ihre Berechnung einfließen.

Nachdem sich die ersten zwei Schätzer als ungeeignet für die Schätzung des Parameters p erwiesen haben, stellt sich die Frage, wie die verbleibenden sinnvoll zu bewerten sind, so dass wir die geeignetste unter ihnen für die Schätzung von p finden.

Dazu sollte man die Eigenschaften dieser Schätzer betrachten. Wünschenswert ist zum Beispiel, dass bei wiederholter Stichprobenziehung die Schätzungen für p „im Mittel" um den wahren Parameterwert streuen. Diese Eigenschaft wird **Erwartungstreue** ▶64 eines Punktschätzers genannt. Die Schätzfunktion sollte aber auch eine möglichst geringe Varianz besitzen, das heißt bei wiederholten Schätzungen sollten die erhaltenen Schätzwerte nur wenig streuen. Kriterien, die die Streuung eines Schätzers bewerten, sind der **MSE (mittlerer quadratischer Fehler)** ▶71 und die **Effizienz** ▶76. Eine weitere Eigenschaft einer Schätzfunktion ist die **Konsistenz** ▶86. Sie beschäftigt sich mit dem Grenzverhalten der Schätzfunktion für wachsende Stichprobenumfänge. Eine **suffiziente Schätzfunktion** ▶94 verwertet die gesamte Information, die in der Stichprobe über den zu schätzenden Parameter enthalten ist. Es geht keine wesentliche Information verloren. Gute Schätzer werden daher immer auf suffizienten Statistiken beruhen.

Im Folgenden werden die beschriebenen Eigenschaften formal definiert und erläutert.

Zur Erinnerung

Die Erarbeitung von Eigenschaften und Gütekriterien für Punktschätzer setzt das Bewusstsein voraus, dass jeder Punktschätzer selbst eine Zufallsvariable ist.

Erwartungstreue und asymptotische Erwartungstreue

Eine der wichtigsten Eigenschaften für Punktschätzer ist die Erwartungstreue. Ein Punktschätzer $T_\vartheta(X_1, \ldots, X_n)$ wird als **erwartungstreu** für ϑ bezeichnet, wenn $T_\vartheta(X_1, \ldots, X_n)$ **im Mittel** den wahren Parameter ϑ schätzt.

Dies ist genau dann der Fall, wenn der Erwartungswert des Punktschätzers dem zu schätzenden Parameterwert entspricht. Häufig wird diese Eigenschaft auch **Unverzerrtheit** eines Punktschätzers genannt.

▶ Definition Erwartungstreue

Seien $X_1, \ldots, X_n$ unabhängige Stichprobenvariablen mit identischer Verteilungsfunktion, welche von einem Parameter ϑ aus einer Menge Θ möglicher Parameterwerte abhängig ist. Ein Punktschätzer $T_\vartheta(X_1, \ldots, X_n)$ wird als **erwartungstreu** oder **unverzerrt** (englisch **unbiased**) für den Parameter ϑ bezeichnet, wenn gilt

$$E_\vartheta[T_\vartheta(X_1, \ldots, X_n)] = \vartheta \qquad \text{für alle } \vartheta \in \Theta.$$

Soll eine Funktion $\varphi(\vartheta)$ des Parameters geschätzt werden, so heißt eine Schätzfunktion $T_{\varphi(\vartheta)}(X_1, \ldots, X_n)$ für $\varphi(\vartheta)$ **erwartungstreu**, wenn gilt

$$E_\vartheta[T_{\varphi(\vartheta)}(X_1, \ldots, X_n)] = \varphi(\vartheta) \qquad \text{für alle } \vartheta \in \Theta.$$

Beispiel (Fortsetzung ▶4 ▶59 ▶61) Klinischer Versuch

Im Beispiel der Bernoulliverteilung haben sich die Schätzfunktionen $T_p(X_1, \ldots, X_n) = 0,9$ und $T_p(X_1, \ldots, X_n) = \prod_{i=1}^n X_i$ bereits als ungeeignet erwiesen. Für die drei verbleibenden Schätzfunktionen betrachten wir nun den Erwartungswert. Unter der Annahme, dass die Zufallsvariablen $X_1, \ldots, X_n$ identisch verteilt sind, ergibt sich

$$c)\, E_p\left[T_p(X_1, \ldots, X_n)\right] = E_p\left[\frac{1}{n+4} \cdot \left(\sum_{i=1}^n X_i + 2\right)\right] = \frac{n \cdot p}{n+4} + \frac{2}{n+4},$$

$$d)\, E_p\left[T_p(X_1, \ldots, X_n)\right] = E_p\left[\frac{1}{n} \cdot \sum_{i=1}^n X_i\right] = \frac{1}{n} \cdot \sum_{i=1}^n E_p[X_i] = p,$$

$$e)\, E_p\left[T_p(X_1, \ldots, X_n)\right] = E_p\left[\frac{1}{n/2} \cdot \left(\sum_{i=1}^{n/4} X_i + \sum_{i=n-n/4+1}^n X_i\right)\right]$$

$$= \frac{1}{n/2} \cdot \left[\frac{n}{4} \cdot p + \frac{n}{4} \cdot p\right] = p.$$

Es zeigt sich, dass nur T_p aus d) und e) die Eigenschaft der Erwartungstreue besitzen. Für den Schätzer T_p aus c) gilt aber immerhin $\lim_{n\to\infty} E_p[T_p(X_1,\ldots,X_n)] = p$. Diese Eigenschaft ist als `asymptotische Erwartungstreue` ▶67 bekannt.

Da die beiden Schätzer aus d) und e) beide erwartungstreu sind, können sie in diesem Sinne als gleich gut betrachtet werden. Um zu entscheiden, ob einer der beiden Schätzer „besser" ist, kann man zusätzlich ihre Varianzen betrachten.

Unter der Annahme, dass die Zufallsvariablen $X_1,\ldots,X_n$ unabhängig und identisch verteilt sind, ergibt der Vergleich von T_p aus d) und e) bezüglich ihrer Varianz

$$
\text{d)}\ \text{Var}_p\left[T_p(X_1,\ldots,X_n)\right] = \text{Var}_p\left[\frac{1}{n}\cdot\sum_{i=1}^{n}X_i\right] = \frac{1}{n^2}\cdot\sum_{i=1}^{n}\text{Var}_p[X_i]
$$

$$
= \frac{p\cdot(1-p)}{n},
$$

$$
\text{e)}\ \text{Var}_p\left[T_p(X_1,\ldots,X_n)\right] = \text{Var}_p\left[\frac{1}{n/2}\cdot\left(\sum_{i=1}^{n/4}X_i + \sum_{i=n-n/4+1}^{n}X_i\right)\right]
$$

$$
= \frac{2\cdot p\cdot(1-p)}{n}.
$$

Beide Schätzer werden also im Mittel den richtigen Wert schätzen, wobei T_p aus d) jedoch eine zweimal kleinere Varianz besitzt als T_p aus e).

Dass ein Schätzer, der nur eine kleine Varianz besitzt oder der nur erwartungstreu ist, noch nicht unbedingt als „zufriedenstellend" bezeichnet werden kann, kann man sich in `EMILeA-stat` ▶e in einem interaktiven Applet ansehen. Der abgebildete Screenshot zeigt, wie sich die Realisierungen zweier Schätzer um den zu schätzenden Parameter verteilen, wobei der eine Schätzer erwartungstreu ist, aber eine große Varianz besitzt, während der andere eine kleine Varianz aufweist, jedoch nicht erwartungstreu ist.

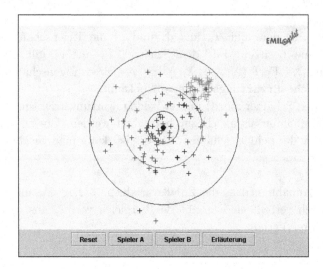

Zusätzlich sollte eine weitere Betrachtung beider Punktschätzer bezüglich der anderen Gütekriterien und Eigenschaften, wie Effizienz ▶76, Konsistenz ▶86 oder Suffizienz ▶93 vorgenommen werden.

Die Definition der Erwartungstreue zieht die Definition des Bias einer Schätzfunktion nach sich. Ist eine Schätzfunktion nämlich nicht erwartungstreu, dann möchte man gerne wissen, um welchen Wert sie im Mittel vom wahren Parameterwert abweicht.

▶ **Definition** Bias

Seien $X_1, \ldots, X_n$ unabhängige Stichprobenvariablen mit identischer Verteilungsfunktion, welche von einem Parameter ϑ aus einer Menge Θ möglicher Parameterwerte abhängt. Dann nennt man die „mittlere" Abweichung eines Punktschätzers $T_\vartheta(X_1, \ldots, X_n)$ vom wahren Parameter ϑ **Bias** oder auch **Verzerrung** und schreibt

$$\mathrm{Bias}_\vartheta[T_\vartheta(X_1, \ldots, X_n)] = \mathrm{E}_\vartheta[T_\vartheta(X_1, \ldots, X_n)] - \vartheta.$$

Für Funktionen $\varphi(\vartheta)$ ist der Bias analog definiert durch

$$\mathrm{Bias}_\vartheta[T_{\varphi(\vartheta)}(X_1, \ldots, X_n)] = \mathrm{E}_\vartheta[T_{\varphi(\vartheta)}(X_1, \ldots, X_n)] - \varphi(\vartheta).$$

Für die Schätzfunktion T_p aus Teil c) des Beispiels ▶64 hatten wir festgestellt, dass sich ihr Erwartungswert für wachsenden Stichprobenumfang n dem Parameter p zunehmend annähert. Diese so genannte asymptotische Erwartungstreue bedeutet, dass der Bias von T_p mit wachsendem Stichprobenumfang verschwindet. Ist also n ausreichend groß, so kann die Schätzfunktion durchaus zuverlässige Schätzwerte für p liefern.

Definition   Asymptotische Erwartungstreue

Bezeichne $\{T\}_n = \{T_\vartheta(X_1, \ldots, X_n)\}_n$, $n \in \mathbb{N}$, eine Folge von Punktschätzern. Diese heißt **asymptotisch erwartungstreu** für ϑ bzw. $\varphi(\vartheta)$, wenn gilt

$$\lim_{n \to \infty} \{E_\vartheta[T_\vartheta(X_1, \ldots, X_n)]\}_n = \vartheta,$$

$$\text{bzw.} \quad \lim_{n \to \infty} \{E_\vartheta[T_{\varphi(\vartheta)}(X_1, \ldots, X_n)]\}_n = \varphi(\vartheta).$$

Asymptotisch erwartungstreue Punktschätzer müssen also für eine endliche Stichprobe nicht erwartungstreu sein, ihr Erwartungswert konvergiert aber für $n \to \infty$ gegen den wahren Parameterwert ϑ bzw. $\varphi(\vartheta)$.

Ein Beispiel dafür ist gegeben, wenn für eine auf dem Intervall $[0; b]$ rechteckverteilte Zufallsvariable der Parameter b durch die maximale Beobachtung der Stichprobe geschätzt wird. Das Zweifache des arithmetischen Mittels, $2 \cdot \overline{X}$, ist hingegen erwartungstreu für b, unabhängig vom Stichprobenumfang.

Beispiel Rechteckverteilung

Sei X eine auf dem Intervall $[0; b]$ rechteckverteilte Zufallsvariable, also $X \sim \mathcal{R}[0; b]$, und seien $X_1, \ldots, X_n$ unabhängige und identisch wie X verteilte Stichprobenvariablen. Zwei mögliche Schätzfunktionen für den Parameter b sind T_b und T_b' mit

$$T_b(X_1, \ldots, X_n) = \frac{2}{n} \cdot \sum_{i=1}^{n} X_i = 2 \cdot \overline{X}$$

und

$$T_b'(X_1, \ldots, X_n) = \max\{X_1, \ldots, X_n\} = X_{(n)}.$$

Die Untersuchung auf Erwartungstreue ergibt für T_b

$$E_b[T_b(X_1, \ldots, X_n)] = E_b[2 \cdot \overline{X}] = 2 \cdot E_b[\overline{X}] = \frac{2}{n} \cdot n \cdot \frac{b}{2} = b.$$

Somit ist T_b für b erwartungstreu.
Für T_b' gilt dies nicht, denn der Erwartungswert für $T_b'(X_1, \ldots, X_n) = X_{(n)}$ lässt sich wie folgt berechnen

$$E_b\left[T_b'(X_1, \ldots, X_n)\right] = E_b[X_{(n)}] \overset{(*)}{=} \int\limits_{-\infty}^{\infty} x \cdot f^{X_{(n)}}(x)dx$$

$$= \int\limits_0^b x \cdot \frac{n \cdot x^{n-1}}{b^n} dx = \frac{n \cdot x^{n+1}}{(n+1) \cdot b^n}\Big|_0^b = \frac{n}{n+1} \cdot b.$$

(∗) Die Dichte des Maximums ist gegeben durch $f^{X_{(n)}}(x) = \frac{n}{b} \cdot \left(\frac{x}{b}\right)^{n-1}$ für $0 \le x \le b$ und 0 sonst ▶37.

Das Maximum der Stichprobe ist also keine erwartungstreue Schätzfunktion. Lässt man jedoch den Stichprobenumfang n beliebig groß werden, so konvergiert $n/(n+1)$ gegen 1. $X_{(n)}$ ist also für den Parameter b asymptotisch erwartungstreu, denn es gilt

$$\lim_{n\to\infty} E_b(X_{(n)}) = \lim_{n\to\infty} \frac{n+1}{n} \cdot b = b.$$

Aus diesem asymptotisch erwartungstreuen Schätzer T_b' lässt sich nun ein erwartungstreuer Schätzer konstruieren, indem T_b' um einen entsprechenden Vorfaktor korrigiert wird. Betrachtet man den korrigierten Schätzer

$$T_b''(X_1, \ldots, X_n) = \frac{n+1}{n} \cdot X_{(n)},$$

dann zeigt sich, dass dieser Schätzer für b erwartungstreu ist

$$E_b\left[T_b''(X_1, \ldots, X_n)\right] = \frac{n+1}{n} \cdot E_b\left[X_{(n)}\right] = \frac{n+1}{n} \cdot \frac{n}{n+1} \cdot b = b.$$

Regel Schätzung des Erwartungswerts einer Zufallsvariable mit beliebiger Verteilung

Seien $X_1, \ldots, X_n$ Stichprobenvariablen, die identisch wie X verteilt sind mit Verteilungsfunktion F^X. Sei weiter mit $\mu = E[X]$ der Erwartungswert von X bezeichnet. Dann kann gezeigt werden, dass

$$T_\mu(X_1, \ldots, X_n) = \overline{X} = \frac{1}{n} \cdot \sum_{i=1}^n X_i$$

ein erwartungstreuer Punktschätzer für den Erwartungswert μ ist, falls $E[X]$ existiert:

$$E[\overline{X}] = E\left[\frac{1}{n} \cdot \sum_{i=1}^n X_i\right] = \frac{1}{n} \cdot \sum_{i=1}^n E[X_i] = \frac{1}{n} \cdot \sum_{i=1}^n E[X] = \frac{n}{n} \cdot E[X] = \mu.$$

Regel Schätzung der Varianz einer Zufallsvariable mit beliebiger Verteilung

Seien $X_1, \ldots, X_n$ unabhängige Stichprobenvariablen, die identisch wie X verteilt sind mit Verteilungsfunktion F^X. Sei weiter $\mu = E[X]$ der Erwartungswert und $\sigma^2 = \text{Var}(X)$ die Varianz von X. Wir setzen voraus, dass beide Größen existieren.

Die Schätzfunktion

$$T_{\sigma^2}(X_1, \ldots, X_n) = S_*^2 = \frac{1}{n} \cdot \sum_{i=1}^{n} (X_i - \overline{X})^2 = \frac{1}{n} \cdot \sum_{i=1}^{n} X_i^2 - \overline{X}^2$$

ist nicht erwartungstreu für die Varianz σ^2:

$$E[S_*^2] \;=\; E\left[\frac{1}{n} \cdot \sum_{i=1}^{n} X_i^2 - \overline{X}^2 \right] = \frac{1}{n} \cdot \sum_{i=1}^{n} E[X_i^2] - E[\overline{X}^2]$$

$$\overset{(*)}{=} \; \frac{1}{n} \cdot \sum_{i=1}^{n} \left[\text{Var}[X_i] + [E[X_i]]^2 \right] - \text{Var}[\overline{X}] - \left[E[\overline{X}] \right]^2$$

$$= \; \sigma^2 + \mu^2 - \frac{1}{n} \cdot \sigma^2 - \mu^2$$

$$= \; \left(1 - \frac{1}{n} \right) \cdot \sigma^2 = \frac{n-1}{n} \cdot \sigma^2.$$

$(*)$ Anwendung des **Verschiebungssatzes** ▶27
Der Bias von $T_{\sigma^2}(X_1, \ldots, X_n)$ berechnet sich somit zu

$$\text{Bias}\left[T_{\sigma^2}(X_1, \ldots, X_n) \right] \;=\; E\left[T_{\sigma^2}(X_1, \ldots, X_n) \right] - \sigma^2$$

$$= \; \left(\frac{n-1}{n} \right) \cdot \sigma^2 - \sigma^2 = -\frac{1}{n} \cdot \sigma^2.$$

Das heißt, die Varianz wird durch S_*^2 unterschätzt. Jedoch gilt für S_*^2 asymptotische Erwartungstreue, da der Term $\frac{n-1}{n}$ für $n \to \infty$ gegen 1 strebt.
Eine erwartungstreue Schätzfunktion für σ^2 ist dagegen durch die Stichprobenvarianz

$$S^2 = \frac{1}{n-1} \cdot \sum_{i=1}^{n} (X_i - \overline{X})^2 = \frac{n}{n-1} \cdot S_*^2$$

gegeben, denn

$$E[S^2] = \frac{n}{n-1} \cdot E[S_*^2] = \frac{n}{n-1} \cdot \frac{n-1}{n} \cdot \sigma^2 = \sigma^2.$$

Aus diesem Grund wird in der Stichprobenvarianz S^2 der Vorfaktor $\frac{1}{n-1}$ anstelle von $\frac{1}{n}$ gewählt. Das Prinzip der **Momentenschätzung** ▶108 und das Prinzip der **Maximum-Likelihood-Schätzung** ▶120 liefern als Schätzer für σ^2 jedoch S_*^2 (siehe **Beispiele** ▶111 und ▶123).

Beispiel Binomialverteilung

Im Rahmen einer Qualitätssicherungsmaßnahme bei der Produktion von Winterreifen interessiert der Anteil defekter Reifen in einer produzierten Charge. Zur Bestimmung des Ausschussanteils p wird eine Stichprobe vom Umfang n aus der Produktion genommen. Zu schätzen sei außerdem die Wahrscheinlichkeit, dass von zwei gezogenen Teilen beide defekt sind. Diese Wahrscheinlichkeit ist gerade p^2, so dass erwartungstreue Schätzungen von p und p^2 gesucht sind.

Seien also $X_1, \ldots, X_n$ unabhängige und identisch wie X verteilte Stichprobenvariablen, wobei $X_i, i = 1, \ldots, n$ den Wert 1 annimmt, wenn es sich um einen defekten Reifen handelt, und 0 sonst. Dann sind $X_1, \ldots, X_n$ bernoulliverteilt mit Parameter p, wobei p die Wahrscheinlichkeit angibt, dass ein Reifen defekt ist. Bezeichne nun Y die Anzahl der defekten Reifen in der Stichprobe. Dann ist $Y = \sum_{i=1}^n X_i$ binomialverteilt, $Y \sim \text{Bin}(n; p)$.

Sei zunächst der Anteil defekter Reifen zu schätzen. Das arithmetische Mittel $T_p(X_1, \ldots, X_n) = \overline{X} = \frac{Y}{n}$ als Schätzfunktion ist erwartungstreu für den Ausschussanteil p, da der Erwartungswert von $\text{Bin}(n; p)$-verteilten Zufallsvariablen $n \cdot p$ ist (▶39 oder auch aus der **Regel** ▶68). Möchte man nun die Wahrscheinlichkeit p^2 schätzen, so könnte man zunächst vermuten, dass p^2 durch $T_{p^2}(X_1, \ldots, X_n) = \overline{X}^2$ erwartungstreu geschätzt werden kann. Dies ist jedoch nicht der Fall

$$E_p[\overline{X}^2] = \frac{1}{n^2} \cdot E_p[Y^2] \stackrel{(*)}{=} \frac{1}{n^2} \cdot \left[\text{Var}_p[Y] + [E_p[Y]]^2 \right]$$

$$= \frac{1}{n^2} \cdot \left[n \cdot p \cdot (1-p) + n^2 \cdot p^2 \right] = p^2 + \frac{p \cdot (1-p)}{n}.$$

(∗) Anwendung des **Verschiebungssatzes** ▶27

Der Schätzer ist jedoch asymptotisch erwartungstreu, da der zweite Term für steigenden Stichprobenumfang n gegen Null konvergiert.

Die Schätzfunktion $T_{p^2}(X_1, \ldots, X_n) = \frac{n}{n-1} \cdot \left[\overline{X}^2 - \frac{1}{n} \cdot \overline{X} \right]$ ist für p^2 erwartungstreu

$$E_p[T_{p^2}(X_1, \ldots, X_n)]$$

$$= \frac{n}{n-1} \cdot \left[E_p[\overline{X}^2] - \frac{1}{n} \cdot E_p[\overline{X}] \right] = \frac{n}{n-1} \cdot \left[p^2 + \frac{p \cdot (1-p)}{n} - \frac{1}{n} \cdot p \right]$$

$$= \frac{n}{n-1} \cdot \left[p^2 - \frac{p^2}{n} \right] = \frac{n \cdot p^2}{n-1} - \frac{p^2}{n-1} = \frac{(n-1) \cdot p^2}{n-1} = p^2.$$

Soll also p^2 erwartungstreu geschätzt werden, dann ist

$$T_{p^2}(X_1, \ldots, X_n) = \frac{n}{n-1} \cdot \left(\overline{X}^2 - \frac{1}{n} \cdot \overline{X} \right)$$

ein geeigneter Schätzer.   ◀B

Der mittlere quadratische Fehler (MSE)

Der **Mittlere Quadratische Fehler**, kurz **MSE** (englisch: **mean-squared error**), ist ebenfalls ein Gütemaß für Punktschätzer. Er setzt sich zusammen aus dem Bias und der Varianz des Punktschätzers. Betrachtet man einen erwartungstreuen Schätzer, so wird dieser nicht zufriedenstellend sein, wenn er eine große Varianz aufweist. Daher ist die Varianz als Gütekriterium sinnvoll. Betrachtet man andererseits zwei nicht erwartungstreue Schätzer, die beide dieselbe Varianz besitzen, von denen aber der erste einen deutlich größeren Bias besitzt als der zweite, so wird man den zweiten Schätzer als besser ansehen. Der MSE schafft als Gütekriterium einen Ausgleich, denn für nicht notwendig erwartungstreue Schätzer mit unterschiedlichen Varianzen erweist sich eine Kombination aus Bias und Varianz als sinnvoll. Dies konnten wir bereits in der Abbildung ▶65 erkennen. Eine solche Kombination der beiden Größen Bias und Varianz ergibt sich aus der Bestimmung des erwarteten quadrierten Abstands des Punktschätzers vom zu schätzenden Parameter.

Definition Mittlerer quadratischer Fehler (MSE)   ◀

Der **mittlere quadratische Fehler** eines Punktschätzers $T_\vartheta(X_1, \ldots, X_n)$ für einen Parameter ϑ ist definiert als

$$\mathrm{MSE}_\vartheta[T_\vartheta(X_1, \ldots, X_n)] = E_\vartheta \left[(T_\vartheta(X_1, \ldots, X_n) - \vartheta)^2 \right].$$

Der MSE kann als Vergleichskriterium für Punktschätzer herangezogen werden. Schätzer mit kleinem MSE sind dabei vorzuziehen.

Das Kriterium kombiniert die Forderung nach einer geringen Verzerrung (Bias) mit der nach einer geringen Varianz, indem beide Maße gemeinsam betrachtet werden. Insbesondere gilt, dass der MSE die Summe aus der Varianz und dem Quadrat des Bias ist

$$\text{MSE} = \text{Varianz} + \text{Bias}^2.$$

Sei $T_\vartheta = T_\vartheta(X_1, \ldots, X_n)$, dann ist

$$
\begin{aligned}
\text{MSE}_\vartheta[T_\vartheta] &= \text{E}_\vartheta\left[(T_\vartheta - \vartheta)^2\right] \\[2mm]
&= \text{E}_\vartheta[T_\vartheta^2] - 2 \cdot \text{E}_\vartheta[T_\vartheta] \cdot \vartheta + \vartheta^2 \qquad (\text{da } \text{E}_\vartheta[\vartheta] = \vartheta) \\[2mm]
&= \text{E}_\vartheta[T_\vartheta^2] - [\text{E}_\vartheta[T_\vartheta]]^2 + [\text{E}_\vartheta[T_\vartheta]]^2 - 2 \cdot \text{E}_\vartheta[T_\vartheta] \cdot \vartheta + \vartheta^2 \\[2mm]
&= \text{Var}_\vartheta[T_\vartheta] + [\text{E}[T_\vartheta] - \vartheta]^2 = \text{Var}_\vartheta[T_\vartheta] + [\text{Bias}_\vartheta[T_\vartheta]]^2.
\end{aligned}
$$

Ist ein Schätzer erwartungstreu, so ist der Bias gleich Null, und der MSE entspricht der Varianz

$$\text{MSE}_\vartheta[T_\vartheta] = \text{Var}_\vartheta[T_\vartheta].$$

B   **Beispiel** Beispiel Exponentialverteilung

Sei X eine exponentialverteilte Zufallsvariable mit Parameter $\lambda > 0$, das heißt mit Dichtefunktion

$$f^X(x; \lambda) = \lambda \cdot \exp\{-\lambda \cdot x\}, \qquad \lambda > 0.$$

Seien $X_1, \ldots, X_n$ unabhängige und identisch wie X verteilte Stichprobenvariablen. Als Schätzfunktion für den Parameter λ wird der Schätzer

$$T_\lambda(X_1, \ldots, X_n) = \frac{1}{\overline{X}} = \overline{X}^{-1}$$

vorgeschlagen. Der MSE ist definiert als der erwartete quadratische Abstand der Schätzfunktion $T_\lambda(X_1, \ldots, X_n)$ vom wahren Parameterwert λ

$$\text{MSE}_\lambda[T_\lambda(X_1, \ldots, X_n)] = \text{E}_\lambda\left[(T_\lambda(X_1, \ldots, X_n) - \lambda)^2\right] = \text{E}_\lambda\left[\left(\frac{1}{\overline{X}} - \lambda\right)^2\right]$$

$$= \mathrm{E}_\lambda\left[\left(\frac{1}{\overline{X}}\right)^2\right] - 2\cdot\lambda\cdot\mathrm{E}_\lambda\left[\frac{1}{\overline{X}}\right] + \lambda^2.$$

Um den MSE explizit auszurechnen, müssen zunächst die Größen

$$\mathrm{E}_\lambda\left[\left(\frac{1}{\overline{X}}\right)^2\right] \quad\text{und}\quad \mathrm{E}_\lambda\left[\frac{1}{\overline{X}}\right]$$

bestimmt werden. Dazu benötigt man die Verteilung der Summe von $X_1, \ldots,$ X_n. Aus den Eigenschaften der `Gammaverteilung` ▶48 wissen wir, dass die Summe unabhängiger und identisch exponentialverteilter Zufallsvariablen gammaverteilt ist, genauer

$$Y = \sum_{i=1}^n X_i \sim \Gamma(\lambda, n).$$

Basierend auf dieser Kenntnis lassen sich nun beide Erwartungswerte berechnen als

$$\mathrm{E}_\lambda\left[\frac{1}{\overline{X}}\right] = \mathrm{E}_\lambda\left[\frac{n}{Y}\right] = \int_{-\infty}^{\infty} \frac{n}{y}\cdot f^Y(y)\,dy$$

$$= \int_0^\infty \frac{n}{\Gamma(n)}\cdot\lambda^n\cdot y^{n-2}\cdot\exp\{-\lambda\cdot y\}\,dy$$

$$= \frac{n\cdot\Gamma(n-1)}{\Gamma(n)}\cdot\lambda\cdot\underbrace{\int_0^\infty \underbrace{\frac{1}{\Gamma(n-1)}\cdot\lambda^{n-1}\cdot y^{n-2}\cdot\exp\{-\lambda\cdot y\}}_{\text{Dichte einer Gammavtlg. mit Parametern } n-1 \text{ und } \lambda}\,dy}_{=1}$$

$$= \frac{n}{n-1}\cdot\lambda$$

und

$$\mathrm{E}_\lambda\left[\left(\frac{1}{\overline{X}}\right)^2\right] = \mathrm{E}_\lambda\left[\frac{n^2}{Y^2}\right] = \int_0^\infty \frac{n^2}{\Gamma(n)}\cdot\lambda^n\cdot y^{n-3}\cdot\exp\{-\lambda\cdot y\}\,dy$$

$$= \frac{n^2\cdot\Gamma(n-2)}{\Gamma(n)}\cdot .$$

$$\lambda^2 \cdot \int_0^\infty \underbrace{\underbrace{\frac{1}{\Gamma(n-2)} \cdot \lambda^{n-2} \cdot y^{n-3} \cdot \exp\{-\lambda \cdot y\}}_{\text{Dichte einer Gammavtlg. mit Parametern } n-2 \text{ und } \lambda} \, dy}_{=1}$$

$$= \frac{\lambda^2 \cdot n^2}{(n-1) \cdot (n-2)}.$$

Damit lässt sich nun der MSE berechnen als

$$\text{MSE}_\lambda[T_\lambda(X_1, \ldots, X_n)] \;=\; \frac{n^2 \cdot \lambda^2}{(n-1) \cdot (n-2)} - 2 \cdot \lambda^2 \cdot \frac{n}{n-1} + \lambda^2$$

$$= \frac{n+2}{(n-1) \cdot (n-2)} \cdot \lambda^2.$$

◀B

B

Beispiel Rechteckverteilung

Seien $X_1, \ldots, X_n$ unabhängige und identisch wie X verteilte Zufallsvariablen mit $X \sim \mathcal{R}[\vartheta; \vartheta + 1]$. Der Parameter $\vartheta \in \mathbb{R}$ sei unbekannt. Eine mögliche Schätzfunktion für ϑ ist $T = T_\vartheta(X_1, \ldots, X_n) = \overline{X} - c$, wobei $c \in \mathbb{R}$ zunächst beliebig gewählt werden kann. Für welchen Wert c wird der MSE dieser Schätzfunktion, das heißt $\text{MSE}_\vartheta[T_\vartheta(X_1, \ldots, X_n)]$, am kleinsten? Der Erwartungswert und die Varianz der Schätzfunktion berechnen sich zu

$$\text{E}_\vartheta[T] = \text{E}_\vartheta[\overline{X} - c] = \text{E}_\vartheta[\overline{X}] - c = \text{E}_\vartheta[X_1] - c = \vartheta + \frac{1}{2} - c,$$

$$\text{Var}_\vartheta[T] = \text{Var}_\vartheta[\overline{X} - c] = \text{Var}_\vartheta[\overline{X}] = \frac{\text{Var}_\vartheta[X_1]}{n} = \frac{1}{12 \cdot n}.$$

Daraus folgt

$$\text{MSE}_\vartheta[T] = \text{Var}_\vartheta(T) + [\text{E}_\vartheta(T) - \vartheta]^2 = \frac{1}{12 \cdot n} + \left[\frac{1}{2} - c\right]^2,$$

woraus ersichtlich wird, dass der MSE für $c = 1/2$ minimiert wird. Das heißt, unter allen möglichen Schätzfunktionen $T = T_\vartheta(X_1, \ldots, X_n) = \overline{X} - c$, $c \in \mathbb{R}$, besitzt $T_\vartheta^* = \overline{X} - 1/2$ den kleinsten MSE.   ◀B

Ein im Sinne des MSE „guter" Punktschätzer soll einen kleinen MSE besitzen. Der „beste" Schätzer wäre in diesem Zusammenhang also derjenige mit dem kleinsten MSE unter allen möglichen Schätzern für den interessierenden

Parameter. Allerdings hängt der mittlere quadratische Fehler eines Schätzers in der Regel vom zu schätzenden Parameter ϑ ab. Der beste Schätzer müsste also eine MSE-Funktion (in Abhängigkeit von ϑ) besitzen, die für alle möglichen Werte von ϑ kleinere Werte besitzt als die MSE-Funktionen aller anderen Schätzer für den Parameter. Oftmals überschneiden sich die MSE zweier Schätzfunktionen, wenn der MSE als Funktion von $\vartheta \in \Theta$ betrachtet wird. Eine Schätzfunktion $T'_\vartheta(X_1, \ldots, X_n)$ besitzt dann möglicherweise nur für einen Teil der möglichen Werte für ϑ einen kleineren MSE, während für andere Werte von ϑ ein anderer Punktschätzer $T''_\vartheta(X_1, \ldots, X_n)$ einen kleineren MSE besitzt. Da aber der Wert von ϑ unbekannt ist, kann auch keine der beiden Schätzfunktionen als die bessere gewählt werden. Die folgenden Grafiken verdeutlichen dieses Problem.

In der ersten Grafik schneiden sich die MSE-Funktionen der Schätzer T'_ϑ und T''_ϑ.

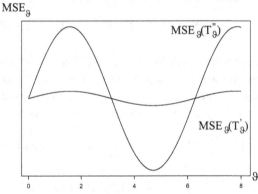

In der zweiten Grafik ist ersichtlich, dass die Schätzfunktion T'_ϑ über den gesamten Parameterraum einen kleineren MSE aufweist und somit besser zur Schätzung des Parameters ϑ geeignet ist als T''_ϑ.

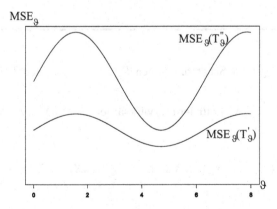

Effizienz

Der mittlere quadratische Fehler (MSE) ist ein geeignetes Gütekriterium für Schätzfunktionen, wobei eine Schätzfunktion aus statistischer Sicht umso besser ist, je kleiner ihr MSE ist. Handelt es sich zudem um eine für den Parameter erwartungstreue Schätzfunktion, so reduziert sich der MSE einer Schätzfunktion auf deren Varianz und der Vergleich unterschiedlicher erwartungstreuer Schätzfunktionen auf einen Vergleich der Varianzen. Das Ziel im Folgenden ist es, ein Kriterium zu finden, das es uns ermöglicht, die im statistischen Sinne „beste" Schätzfunktion zu finden.

▶ Definition   MSE-effizientere Schätzfunktion

Eine Schätzfunktion $T'_\vartheta(X_1, \ldots, X_n)$ für einen Parameter ϑ heißt **MSE-effizienter** oder auch **MSE-wirksamer** als eine Schätzfunktion $T''_\vartheta(X_1, \ldots, X_n)$, falls gilt

$$\mathrm{MSE}_\vartheta[T'_\vartheta(X_1, \ldots, X_n)] \leq \mathrm{MSE}_\vartheta[T''_\vartheta(X_1, \ldots, X_n)] \quad \text{für alle } \vartheta \in \Theta.$$

Für erwartungstreue Schätzfunktionen kann die Suche nach einem effizienteren Schätzer für einen Parameter ϑ auf den Vergleich der Varianzen reduziert werden. Dies ist darin begründet, dass der mittlere quadratische Fehler eines Schätzers $T_\vartheta(X_1, \ldots, X_n)$ geschrieben werden kann als ▶72

$$\mathrm{MSE}_\vartheta\left[T_\vartheta(X_1, \ldots, X_n)\right] = \mathrm{E}_\vartheta\left[(T_\vartheta(X_1, \ldots, X_n) - \vartheta)^2\right]$$

$$= \text{Varianz} + \text{Bias}^2.$$

Sind die Schätzfunktionen $T'_\vartheta(X_1, \ldots, X_n)$ und $T''_\vartheta(X_1, \ldots, X_n)$ für den Parameter ϑ erwartungstreu, so ist ihr Bias gleich Null, und der Vergleich ihrer mittleren quadratischen Fehler reduziert sich auf den Vergleich ihrer Varianzen.

▶ Definition   Effizienterer Schätzer

Für zwei erwartungstreue Schätzfunktionen $T'_\vartheta(X_1, \ldots, X_n)$ und $T''_\vartheta(X_1, \ldots, X_n)$ heißt

$$T'_\vartheta(X_1, \ldots, X_n) \text{ effizienter/wirksamer als } T''_\vartheta(X_1, \ldots, X_n),$$

falls

$$\mathrm{Var}_\vartheta[T'_\vartheta(X_1, \ldots, X_n)] \leq \mathrm{Var}_\vartheta[T''_\vartheta(X_1, \ldots, X_n)] \quad \text{für alle } \vartheta \in \Theta.$$

Die Schätzfunktion $T'_\vartheta(X_1, \dots, X_n)$ liefert also im Mittel genauere Schätz-werte als $T''_\vartheta(X_1, \dots, X_n)$, da die Schätzwerte von $T'_\vartheta(X_1, \dots, X_n)$ weniger stark um den wahren Parameterwert ϑ streuen als die von $T''_\vartheta(X_1, \dots, X_n)$.

Definition   Gleichmäßig bester erwartungstreuer Schätzer (UMVUE)   ◄

Sei mit $\mathcal{E}$ die Klasse aller erwartungstreuen Schätzer für einen Parameter $\vartheta \in \Theta$ bezeichnet. Dann ist $T^*_\vartheta(X_1, \dots, X_n) \in \mathcal{E}$ eine effiziente Schätzfunktion in dieser Klasse, wenn gilt

$$\text{Var}_\vartheta[T^*_\vartheta(X_1, \dots, X_n)] \leq \text{Var}_\vartheta[T_\vartheta(X_1, \dots, X_n)]$$

für alle $\vartheta \in \Theta$ und für alle $T_\vartheta \in \mathcal{E}$. Das heißt, $T^*_\vartheta(X_1, \dots, X_n)$ besitzt die gleichmäßig kleinste Varianz unter allen erwartungstreuen Schätzfunktionen.

Der Schätzer $T^*_\vartheta(X_1, \dots, X_n)$ heißt dann **gleichmäßig bester erwartungstreuer Schätzer** (englisch: Uniformly minimum-variance unbiased estimator (UMVUE)).

Beispiel (Fortsetzung ►67) Rechteckverteilung   B

Seien $X_1, \dots, X_n$ unabhängige und identisch auf dem Intervall $[0; b]$ rechteck-verteilte Stichprobenvariablen, $b > 0$. Zwei für den Parameter b erwartungs-treue Schätzfunktionen sind gegeben durch

$$T_b(X_1, \dots, X_n) = 2 \cdot \overline{X} \quad \text{und} \quad T''_b(X_1, \dots, X_n) = \frac{n+1}{n} \cdot X_{(n)},$$

wobei $X_{(n)}$ das Maximum der Zufallsvariablen $X_1, \dots, X_n$ ist. Dann gilt: $T''_b(X_1, \dots, X_n)$ ist effizienter als $T_b(X_1, \dots, X_n)$, denn

$$\text{Var}_b[T''_b(X_1, \dots, X_n)] \leq \text{Var}_b[T_b(X_1, \dots, X_n)] \text{ für alle } b > 0.$$

Berechnen wir für den Nachweis die Varianzen beider Schätzfunktionen.

$$\text{Var}_b[T_b(X_1, \dots, X_n)] \quad = \quad \text{Var}_b[2 \cdot \overline{X}] \quad = \quad \frac{4}{n^2} \cdot \text{Var}_b\left[\sum_{i=1}^{n} X_i\right]$$

$$\overset{\blacktriangleright 34}{=} \quad \frac{4}{n^2} \cdot \sum_{i=1}^{n} \text{Var}_b[X_i] \quad \overset{\blacktriangleright 42}{=} \quad \frac{4}{n^2} \cdot n \cdot \frac{b^2}{12}$$

$$= \quad \frac{b^2}{3 \cdot n}$$

und

$$\mathrm{Var}_b[T_b^{''}(X_1,\ldots,X_n)] \quad = \quad \left(\frac{n+1}{n}\right)^2 \cdot \mathrm{Var}_b\left[X_{(n)}\right]$$

$$\overset{(*)}{=} \quad \left(\frac{n+1}{n}\right)^2 \cdot \left[\frac{n}{n+2} \cdot b^2 - \frac{n^2}{(n+1)^2} \cdot b^2\right]$$

$$= \quad b^2 \cdot \left[\frac{(n+1)^2}{n \cdot (n+2)} - \frac{n \cdot (n+2)}{n \cdot (n+2)}\right]$$

$$= \quad \frac{b^2}{n \cdot (n+2)}.$$

Für alle $n \in \mathbb{N}$ gilt

$$\frac{b^2}{n \cdot (n+2)} \leq \frac{b^2}{3 \cdot n},$$

womit die obige Behauptung nachgewiesen ist.

(∗) Zur Berechnung der Varianz von $X_{(n)}$ muss die **Verteilung des Maximums** ▶37 herangezogen werden. ◀B

Ob eine erwartungstreue Schätzfunktion $T_\vartheta^{'}(X_1,\ldots,X_n)$ effizienter ist als eine andere erwartungstreue Schätzfunktion $T_\vartheta^{''}(X_1,\ldots,X_n)$, lässt sich also überprüfen, indem die Varianzen der beiden Schätzfunktionen miteinander verglichen werden. Von Interesse ist aber vor allem, ob eine Schätzfunktion im Vergleich zu allen anderen erwartungstreuen Schätzfunktionen die kleinste Varianz besitzt und somit der gleichmäßig beste erwartungstreue Schätzer, also UMVUE ist. Es existiert eine untere Schranke für die Varianz eines erwartungstreuen Schätzers, das heißt, es gibt einen kleinstmöglichen und damit besten Varianzwert für die Schätzer aus der Klasse $\mathcal{E}$ aller erwartungstreuen Schätzer. Zur Bestimmung dieser Schranke dient die **Cramér-Rao-Ungleichung** ▶82. Die Gültigkeit dieser Ungleichung hängt von bestimmten Voraussetzungen ab, die Regularitätsbedingungen genannt werden.

▶ Definition Regularitätsbedingungen

Gegeben sei eine reellwertige Zufallsvariable X mit einer Verteilung aus der Familie $\mathcal{P}^X = \{P_\vartheta;\ \vartheta \in \Theta\}$ von Verteilungen mit Parameter $\vartheta \in \Theta \subset \mathbb{R}$. $\mathcal{P}^X$ wird eine **reguläre Familie** von Verteilungen genannt, falls folgende Bedingungen gelten

R1) Θ ist ein offenes Intervall auf $\mathbb{R}$.

R2) Für alle $\vartheta \in \Theta$ existiert zu P_ϑ aus der Familie $\mathcal{P}^X$ von Verteilungen die entsprechende Dichte $f^X(x; \vartheta)$.

R3) Die Ableitung der logarithmierten Dichte nach ϑ: $\frac{\partial}{\partial \vartheta} \ln f^X(x; \vartheta)$ existiert und ist stetig in $\vartheta \in \Theta$ für alle $x \in \mathbb{R}$.

R4) Für alle $\vartheta \in \Theta$ gilt: $\mathrm{E}_\vartheta \left[\frac{\partial \ln f^X(X; \vartheta)}{\partial \vartheta} \right] = 0$.

Die Bedingungen R1) bis R4) heißen **Regularitätsbedingungen**.

Regel Regularitätsbedingungen

— Für diskrete Zufallsvariablen lassen sich die Regularitätsbedingungen entsprechend modifizieren. Damit bleiben alle folgenden Eigenschaften bei Einhaltung der Regularitätsbedingungen für diskrete Zufallsvariablen ebenso gültig.

— Die Bedingung R4) ist im Allgemeinen erfüllt, wenn die Reihenfolge von Differentiation und Integration bzw. Summation vertauschbar ist, das heißt, wenn gilt

$$\int_{-\infty}^{\infty} \frac{\partial}{\partial \vartheta} \ln f^X(x; \vartheta) dx = \frac{\partial}{\partial \vartheta} \int_{-\infty}^{\infty} \ln f^X(x; \vartheta) dx$$

bzw.

$$\sum_{x_i} \frac{\partial}{\partial \vartheta} \ln f^X(x_i; \vartheta) = \frac{\partial}{\partial \vartheta} \sum_{x_i} \ln f^X(x_i; \vartheta).$$

— Die Bedingung R4) ist in der Regel nicht erfüllt, wenn der Definitionsbereich der Dichte vom Parameter ϑ abhängt. Ein Beispiel dafür ist die Dichte der Rechteckverteilung $\mathcal{R}[0; b]$ die auf dem Intervall $[0; b]$ definiert ist. Der Träger ist somit abhängig von der oberen Grenze b, dem Parameter.

Beispiel Normalverteilung   B

Bezeichne $\mathcal{P}^X = \{\mathcal{N}(\mu, \sigma_0^2), \mu \in \mathbb{R}\}$ die Familie der Normalverteilungen mit unbekanntem Parameter μ und bekannter Varianz $\sigma_0^2 > 0$. Die Regularitätsbedingungen sind für diese Familie von Verteilungen erfüllt:

R1) $\Theta = \mathbb{R}$ ist ein offenes Intervall.

R2) Die Dichte der Normalverteilung für $x \in \mathbb{R}$

$$f^X(x;\mu) = \frac{1}{\sqrt{2 \cdot \pi} \cdot \sigma_0} \cdot \exp\left\{-\frac{1}{2} \cdot \left(\frac{x-\mu}{\sigma_0}\right)^2\right\}$$

existiert für alle $\mu \in \mathbb{R}$.

R3) Die Ableitung der logarithmierten Dichte (nach μ)

$$\frac{\partial \ln f^X(x;\mu)}{\partial \mu} = \frac{1}{\sigma_0^2} \cdot (x - \mu)$$

existiert und ist stetig in μ.

R4) $\mathrm{E}_\mu\left[\frac{\partial \ln f^X(X;\mu)}{\partial \mu}\right] = \frac{1}{\sigma_0^2} \cdot \mathrm{E}_\mu[X - \mu] = 0, \quad$ da $\mathrm{E}_\mu[X] = \mu$.

Daraus folgt, dass die Familie der Normalverteilungen mit bekannter Varianz σ_0^2 eine reguläre Familie ist. ◀B

B

Beispiel Rechteckverteilung

Bezeichne $\mathcal{P}^X = \{\mathcal{R}[0;b]; b > 0\}$ die Familie der Rechteckverteilungen auf dem Intervall $[0;b]$ mit unbekanntem Parameter b. Diese Familie von Verteilungen ist keine reguläre Familie, da die Regularitätsbedingungen R3) und R4) nicht erfüllt sind. Wir überlegen uns dazu, dass die Dichte gegeben ist durch $f^X(x;b) = \frac{1}{b}$ für alle $0 \leq x \leq b$ ($f^X(x;b) = 0$ sonst) und somit nicht stetig in b ist. Die Ableitung der Dichte ist demnach an der Stelle b nicht definiert, und R3) und R4) sind somit nicht erfüllt. ◀B

Sind die obigen Regularitätsbedingungen erfüllt, so kann die minimale Varianz eines erwartungstreuen Schätzers in Abhängigkeit der so genannten Fisher-Information angegeben werden. Sie gibt Auskunft darüber, wie informativ eine Stichprobe für einen interessierenden Parameter überhaupt sein kann. Je größer der Wert dieser Fisher-Information ist, desto präziser kann ein Parameter ϑ mit einer geeigneten Schätzfunktion geschätzt werden. Weiterführende Überlegungen zum Konzept der Fisher-Information findet man beispielsweise bei Lehmann und Casella (1998).

Definition Fisher-Information ◀

Sei für festes $\vartheta \in \Theta \subseteq \mathbb{R}$ die Abbildung $L^* : \mathbb{R} \to \mathbb{R}$ definiert als

$$L^*(x; \vartheta) = \frac{\partial}{\partial \vartheta} \ln f^X(x; \vartheta) = \frac{\frac{\partial}{\partial \vartheta} f^X(x; \vartheta)}{f^X(x; \vartheta)}.$$

Dann heißt die Abbildung $\mathrm{FI} : \Theta \to \mathbb{R}$ mit

$$\mathrm{FI}(\vartheta) = \mathrm{FI}_X(\vartheta) = \mathrm{Var}_\vartheta[L^*(X; \vartheta)] \quad = \quad \mathrm{Var}_\vartheta\left[\frac{\partial}{\partial \vartheta}\left(\ln(f^X(X; \vartheta))\right)\right]$$

$$= \quad \mathrm{Var}_\vartheta\left[\frac{\frac{\partial}{\partial \vartheta} f^X(X; \vartheta)}{f^X(X; \vartheta)}\right]$$

die **Fisher-Information**.

Einfacher zu berechnen ist die Fisher-Information, wenn sie in folgender Form geschrieben wird

$$\mathrm{FI}(\vartheta) = \mathrm{Var}_\vartheta\left[L^*(X; \vartheta)\right] = \mathrm{E}_\vartheta\left[L^*(X; \vartheta)^2\right] = \mathrm{E}_\vartheta\left[\left(\frac{\partial \ln f^X(X; \vartheta)}{\partial \vartheta}\right)^2\right].$$

Dies gilt, da

$$\mathrm{Var}_\vartheta[L^*(X; \vartheta)] \quad = \quad \mathrm{E}_\vartheta[L^*(X; \vartheta)^2] - [\mathrm{E}_\vartheta[L^*(X; \vartheta)]]^2$$

$$\overset{R4)}{=} \quad \mathrm{E}_\vartheta[L^*(X; \vartheta)^2] - 0.$$

Satz Fisher-Information bei Unabhängigkeit

Seien die Zufallsvariablen $X_1, \ldots, X_n$ voneinander unabhängig mit Dichtefunktionen $f^{X_i}(x_i; \vartheta)$, $i = 1, \ldots, n$. Dann gilt unter den **Regularitätsbedingungen** ▶79

$$\mathrm{FI}_{X_1, \ldots, X_n}(\vartheta) = \mathrm{Var}_\vartheta\left[\frac{\partial \ln f^{X_1, \ldots, X_n}(X_1, \ldots, X_n; \vartheta)}{\partial \vartheta}\right] = \sum_{i=1}^{n} \mathrm{FI}_{X_i}(\vartheta).$$

Den Nachweis findet man in EMILeA-stat ▶e.

Folgerung

Sind die Zufallsvariablen $X_1, \ldots, X_n$ unabhängig und identisch verteilt wie X, dann gilt unter Regularitätsbedingungen

$$\mathrm{FI}_{X_1, \ldots, X_n}(\vartheta) = n \cdot \mathrm{FI}_X(\vartheta).$$

Satz Cramér-Rao-Ungleichung

Gegeben seien reellwertige Zufallsvariablen $X_1, \ldots, X_n$, die unabhängig und identisch wie X verteilt sind mit Dichtefunktion $f^X(x; \vartheta)$, $\vartheta \in \Theta \subseteq \mathbb{R}$. Sei weiter $T_{\varphi(\vartheta)}(X_1, \ldots, X_n)$ eine erwartungstreue Schätzfunktion für $\varphi(\vartheta)$, das heißt $\mathrm{E}_\vartheta[T_{\varphi(\vartheta)}(X_1, \ldots, X_n)] = \varphi(\vartheta)$, wobei $\varphi(\vartheta)$ eine Funktion des Parameters $\vartheta \in \Theta$ ist. Es gelte zusätzlich $0 < \mathrm{Var}[T_{\varphi(\vartheta)}(X_1, \ldots, X_n)] < \infty$. Die Regularitätsbedingungen seien erfüllt, die Funktion $\varphi : \Theta \to \mathbb{R}$ sei differenzierbar und für die Fisher-Information gelte $0 < \mathrm{FI}(\vartheta) = \mathrm{FI}_X(\vartheta) < \infty$.

a) Dann gibt es eine untere Schranke für die Varianz von $T_{\varphi(\vartheta)}(X_1, \ldots, X_n)$

$$\mathrm{Var}_\vartheta[T_{\varphi(\vartheta)}(X_1, \ldots, X_n)] \geq \left(\frac{\partial \varphi(\vartheta)}{\partial \vartheta} \right)^2 \cdot \frac{1}{n \cdot \mathrm{FI}(\vartheta)}.$$

Diese Ungleichung wird **Cramér-Rao-Ungleichung** genannt.

b) In der obigen Ungleichung tritt Gleichheit ein, das heißt die untere Schranke wird angenommen, genau dann, wenn eine Funktion $K(\vartheta)$ existiert, so dass

$$\sum_{i=1}^n \frac{\partial \ln f^X(x_i; \vartheta)}{\partial \vartheta} = K(\vartheta) \cdot [T_{\varphi(\vartheta)}(x_1, \ldots, x_n) - \varphi(\vartheta)]$$

für alle $x_1, \ldots, x_n$, bis auf eine Nullmenge, gilt. Das bedeutet, dass die Ableitung fast überall existiert und die Stellen, an denen sie nicht existiert, nur mit Wahrscheinlichkeit Null von X angenommen werden. Es gilt dann

$$\mathrm{Var}_\vartheta[T_{\varphi(\vartheta)}(X_1, \ldots, X_n)] = \left(\frac{\partial \varphi(\vartheta)}{\partial \vartheta} \right)^2 \cdot \frac{1}{n \cdot \mathrm{FI}(\vartheta)}.$$

c) Ist die Dichte $f^X(x; \vartheta)$ mindestens zweimal stetig differenzierbar, so lässt sich die untere Schranke schreiben als

$$\left(\frac{\partial \varphi(\vartheta)}{\partial \vartheta}\right)^2 \cdot \frac{1}{n \cdot \text{FI}(\vartheta)} = \left(\frac{\partial \varphi(\vartheta)}{\partial \vartheta}\right)^2 \cdot \frac{1}{-n \cdot \text{E}_\vartheta \left[\frac{\partial^2 \ln f^X(X; \vartheta)}{\partial \vartheta^2}\right]}.$$

d) Im Spezialfall $\varphi(\vartheta) = \vartheta$ für alle $\vartheta \in \Theta$ gilt

$$\text{Var}_\vartheta[T_\vartheta(X_1, \ldots, X_n)] \geq \frac{1}{n \cdot \text{FI}(\vartheta)}.$$

Den Nachweis findet man in EMILeA-stat ►e.

Beispiel UMVUE für den Parameter λ der Poissonverteilung

Sei X poissonverteilt mit unbekanntem Parameter $\lambda \in \Theta = (0; \infty)$, das heißt

$$f^X(x; \lambda) = \frac{\lambda^x}{x!} \cdot \exp\{-\lambda\}, \quad x \in \mathbb{N}_0.$$

Seien $X_1, \ldots, X_n$ unabhängig und identisch wie X verteilt. Ist die Schätzfunktion $T_\lambda(X_1, \ldots, X_n) = \frac{1}{n} \cdot \sum_{i=1}^n X_i = \overline{X}$ gleichmäßig bester erwartungstreuer Schätzer, also UMVUE für den Parameter λ?

Berechnen wir zunächst die Fisher-Information für $X_1, \ldots, X_n$. Eine Überprüfung der Regularitätsbedingungen zeigt, dass diese erfüllt sind:

R1) $\Theta = (0, \infty)$ ist ein offenes Intervall auf $\mathbb{R}$.

R2) $f^X(x; \lambda) = \frac{\lambda^x}{x!} \cdot \exp\{-\lambda\}$ existiert für alle $\lambda \in \Theta$.

R3)

$$\frac{\partial}{\partial \lambda} \ln f^X(x; \lambda) = \frac{\partial}{\partial \lambda} \ln \left[\frac{\lambda^x}{x!} \cdot \exp\{-\lambda\}\right]$$

$$= \frac{\partial}{\partial \lambda}[x \cdot \ln \lambda - \ln x! - \lambda] = \frac{x}{\lambda} - 1$$

existiert und ist stetig in λ für alle $x \in \mathbb{N}_0$.

R4) Für alle $\lambda \in \Theta$ gilt

$$\mathrm{E}_\lambda \left[\frac{\partial \ln f^X(X;\lambda)}{\partial \lambda}\right] \;=\; \mathrm{E}_\lambda \left[\frac{X}{\lambda} - 1\right] = \frac{1}{\lambda} \cdot \mathrm{E}_\lambda[X] - 1 = \frac{\lambda}{\lambda} - 1 = 0.$$

Für die Fisher-Information gilt

$$\mathrm{FI}_X(\lambda) \;=\; \mathrm{E}_\lambda \left[\left(\frac{\partial \ln f^X(X;\lambda)}{\partial \lambda}\right)^2\right] = \mathrm{E}_\lambda \left[\left(\frac{X}{\lambda} - 1\right)^2\right]$$

$$=\; \mathrm{E}_\lambda \left[\left(\frac{X}{\lambda}\right)^2\right] - 2 \cdot \mathrm{E}_\lambda \left[\frac{X}{\lambda}\right] + \mathrm{E}_\lambda[1]$$

$$=\; \frac{1}{\lambda^2} \cdot \mathrm{E}_\lambda[X^2] - \frac{2}{\lambda} \cdot \mathrm{E}_\lambda[X] + 1 = \frac{1}{\lambda^2} \cdot \mathrm{E}_\lambda[X^2] - 1$$

$$\overset{(*)}{=}\; \frac{1}{\lambda^2} \cdot \lambda \cdot (1+\lambda) - 1 = \frac{1}{\lambda}.$$

$(*)$ Anwendung des **Verschiebungssatzes** ▶27:

$$\mathrm{Var}_\lambda[X] = \mathrm{E}_\lambda[X^2] - [\mathrm{E}_\lambda[X]]^2 \;\Rightarrow\; \lambda = \mathrm{E}_\lambda[X^2] - \lambda^2$$
$$\Leftrightarrow\; \mathrm{E}_\lambda[X^2] = \lambda \cdot (1+\lambda).$$

$\Rightarrow$ Für $X_1, ..., X_n$ gilt

$$\mathrm{FI}_{X_1,...,X_n}(\lambda) \;=\; n \cdot \mathrm{FI}_X(\lambda) = n \cdot \mathrm{FI}(\lambda) = \frac{n}{\lambda}.$$

Um zu zeigen, dass $\overline{X}$ tatsächlich UMVUE ist, müssen wir ihn nun auf Erwartungstreue und Varianz überprüfen:

$$\mathrm{E}_\lambda[\overline{X}] \;=\; \mathrm{E}_\lambda \left[\frac{1}{n} \cdot \sum_{i=1}^{n} X_i\right] = \frac{1}{n} \cdot \sum_{i=1}^{n} \mathrm{E}_\lambda[X_i] = \frac{1}{n} \cdot n \cdot \lambda \;=\; \lambda.$$

$$\mathrm{Var}_\lambda[\overline{X}] \;=\; \frac{1}{n^2} \cdot \mathrm{Var}_\lambda \left[\sum_{i=1}^{n} X_i\right] \overset{▶34}{=} \frac{1}{n^2} \cdot \sum_{i=1}^{n} \mathrm{Var}_\lambda[X_i] = \frac{\lambda}{n}.$$

Nach der Cramér-Rao-Ungleichung gilt

$$\mathrm{Var}_\lambda[T_\lambda(X_1, \ldots, X_n)] \geq \frac{1}{n \cdot \mathrm{FI}(\lambda)} = \frac{\lambda}{n}$$

für jeden erwartungstreuen Schätzer T_λ mit endlicher Varianz. $\overline{X}$ nimmt die untere Schranke an mit

$$\operatorname{Var}_\lambda[\overline{X}] = \frac{\lambda}{n} = \frac{1}{n \cdot \operatorname{FI}(\lambda)}.$$

Es gibt also unter diesen Bedingungen keinen Schätzer, der eine noch kleinere Varianz besitzt. Daher kann man schließen, dass $\overline{X}$ gleichmäßig bester erwartungstreuer Schätzer, also UMVUE ist.

Dies lässt sich alternativ auch durch die Aussage in Teil b) des **Satzes** ▶82 zeigen. Es ist

$$\sum_{i=1}^{n} \ln f^X(x_i; \lambda) = -n \cdot \lambda + \left(\sum_{i=1}^{n} x_i\right) \cdot \ln \lambda - \ln \left(\prod_{i=1}^{n} x_i!\right)$$

$$\Rightarrow \sum_{i=1}^{n} \frac{\partial \ln f^X(x_i; \vartheta)}{\partial \vartheta} = -n + \frac{\sum_{i=1}^{n} x_i}{\lambda}$$

$$= \frac{-n \cdot \lambda + \sum x_i}{\lambda} = \frac{n}{\lambda} \cdot (\overline{x} - \lambda)$$

$$= K(\lambda) \cdot [T_\lambda(x_1, \ldots, x_n) - \varphi(\lambda)],$$

mit $K(\lambda) = \frac{n}{\lambda}$, $T_\lambda(x_1, \ldots, x_n) = \overline{x}$ und $\varphi(\lambda) = \lambda$ und es folgt, dass für den Schätzer $T_\lambda(X_1, \ldots, X_n) = \overline{X}$ die Gleichheit gilt. Das heißt, die untere Schranke der Cramér-Rao-Ungleichung wird angenommen, und $T_\lambda(X_1, \ldots, X_n) = \overline{X}$ ist tatsächlich gleichmäßig bester erwartungstreuer Schätzer für λ.

Die untere Schranke der Cramér-Rao-Ungleichung existiert immer, sie muss jedoch nicht notwendigerweise erreicht werden. Wird sie für einen Schätzer $T_\vartheta(X_1, \ldots, X_n)$ angenommen, so bedeutet dies, dass seine Schätzwerte für ϑ minimale Varianz besitzen (unter allen erwartungstreuen Schätzern). Stammt die Verteilung F^X von X aus der Klasse der so genannten **einparametrigen Exponentialfamilien** ▶101, so existiert ein erwartungstreuer Schätzer $T_\vartheta(X_1, \ldots, X_n)$ für ϑ, dessen Varianz der Cramér-Rao-Schranke entspricht. Das heißt, der gleichmäßig beste erwartungstreue Schätzer (UMVUE) existiert. Umgekehrt gilt: Ist $T_\vartheta(X_1, \ldots, X_n)$ ein erwartungstreuer Schätzer für ϑ, dessen Varianz gleich der unteren Cramér-Rao-Schranke ist, so gehört $f^X(x; \vartheta)$ zu einer Verteilung aus der Klasse der einparametrigen Exponentialfamilien. Ein **Beispiel** ▶83 hierfür ist die Poissonverteilung.

Konsistenz

Generell verbindet man mit der Erhebung von Daten die Vorstellung, dass die Resultate der Datenauswertung um so besser sein sollten, je mehr Beobachtungen man zur Analyse zur Verfügung hatte. Besteht die Analyse aus der Schätzung eines Parameters, so erwartet man, dass die Schätzung um so genauer werden sollte, je mehr Daten in ihre Berechnung eingehen. Die bisher besprochenen Gütekriterien sichern im Wesentlichen, dass bei wiederholter Stichprobenziehung und Parameterschätzung die Schätzwerte „im Mittel" entweder um den Erwartungswert streuen (Erwartungstreue) oder nicht zu stark um einen Wert streuen, der zumindest nicht zu weit vom Erwartungswert entfernt liegt (kleiner MSE). Das bedeutet aber noch nicht, dass sich die Schätzungen mit wachsendem Stichprobenumfang auch dem wahren Wert des Parameters nähern.

B   **Beispiel** Kein Informationsgewinn bei wachsendem Stichprobenumfang

Betrachten wir das `Beispiel` ▶15 ▶24 des zwölfseitigen Würfels. Bezeichnet X das Ergebnis eines Würfelwurfs, so ist $E(X) = 6,5$ ▶24. Sind $X_1, \ldots, X_n$ unabhängige und identisch wie X verteilte Stichprobenvariablen, so ist $\overline{X} = \frac{1}{n} \cdot \sum_{i=1}^{n} X_i$ ein erwartungstreuer Schätzer für $\vartheta = E(X)$ ▶68.

Aber auch der folgende Schätzer ist erwartungstreu: $T_\vartheta(X_1, \ldots, X_n)$, der mit Wahrscheinlichkeit 0,5 den Wert 6 und mit Wahrscheinlichkeit 0,5 den Wert 7 annimmt, denn:

$$E(T_\vartheta(X_1, \ldots, X_n)) \overset{\blacktriangleright 24}{=} \sum_{t_i} t_i \cdot P(T_\vartheta(X_1, \ldots, X_n) = t_i)$$

$$= 0,5 \cdot 6 + 0,5 \cdot 7 = 3 + 3,5 = 6,5.$$

Während nun $\overline{X}$ mit größer werdendem Stichprobenumfang immer mehr Information aufnimmt, ist $T_\vartheta(X_1, \ldots, X_n)$ zwar erwartungstreu, verwertet aber die durch eine größere Anzahl an Stichprobenvariablen gelieferte Mehrinformation in keiner Weise. Insbesondere nähert sich $\overline{X}$ mit größer werdenden Werten von n in gewissem Sinn immer weiter dem wahren Parameterwert 6,5 (man sagt, $\overline{X}$ ist konsistent), während bei $T_\vartheta(X_1, \ldots, X_n)$ keine Annäherung an den Wert 6,5 stattfindet.

◀B

Günstiger ist offenbar der Schätzer, der sich für wachsendes n dem Wert 6,5 annähert. Denn bei diesem Schätzer stimmt unsere Vorstellung, dass mehr

Information auch eine bessere Schätzung liefert. Schätzfunktionen mit einer solchen Eigenschaft nennt man konsistent.

Die Eigenschaft der Konsistenz ist eine asymptotische Eigenschaft, die das Verhalten eines Punktschätzers beschreibt, wenn der Stichprobenumfang „unendlich groß" wird. Es wird dabei angenommen, dass das betrachtete Zufallsexperiment Teil einer Folge von Experimenten ist. Statt nach einer festen Anzahl n von Experimenten aufzuhören, betrachtet man diese Folge der Experimente immer weiter, so dass der Stichprobenumfang n wächst. Nach jeder neuen Durchführung des Experiments berechnet man den Wert des Punktschätzers neu, jeweils basierend auf allen bisher durchgeführten Experimenten. Konvergiert die so entstehende Folge der Punktschätzer für steigenden Stichprobenumfang $n \to \infty$ in gewissem, noch näher zu spezifizierenden Sinn gegen den wahren Parameterwert, so ist der Schätzer konsistent.

Es gibt verschiedene Formen der Konsistenz für Punktschätzer; die **schwache Konsistenz**, die **starke Konsistenz** und die **Konsistenz im quadratischen Mittel**, die einer Hierarchie unterliegen. Aus starker Konsistenz kann die schwache Konsistenz für eine Folge von Punktschätzern gefolgert werden. Genauso folgt die schwache Konsistenz aus der Konsistenz im quadratischen Mittel. Die Umkehrung gilt in beiden Fällen nicht.

Definition   Schwache Konsistenz   ◄

Bezeichne $\{T_n\}_n = \{T_\vartheta(X_1, \ldots, X_n)\}_n$, $n \in \mathbb{N}$, eine Folge von Punktschätzern für einen Parameter ϑ. Diese heißt für ϑ **schwach konsistent**, wenn für jedes $\varepsilon > 0$ und alle $\vartheta \in \Theta$ gilt

$$\lim_{n \to \infty} P_\vartheta\left(|T_n - \vartheta| > \varepsilon\right) = 0.$$

Dies ist äquivalent zu der Aussage, dass

$$\lim_{n \to \infty} P_\vartheta\left(|T_n - \vartheta| < \varepsilon\right) = 1.$$

Man schreibt auch

$$T_n \xrightarrow{\text{P}} \vartheta \qquad \text{für alle } \vartheta \in \Theta.$$

Liegt schwache Konsistenz vor, so wird oft auch von **Konvergenz in Wahrscheinlichkeit** gesprochen.

▶ Definition Starke Konsistenz

Bezeichne $\{T_n\}_n = \{T_\vartheta(X_1,\ldots,X_n)\}_n$, $n \in \mathbb{N}$, eine Folge von Punktschätzern für einen Parameter ϑ. Diese heißt für ϑ **stark konsistent**, wenn für alle $\vartheta \in \Theta$ gilt

$$\mathrm{P}_\vartheta \left(\lim_{n\to\infty} T_n = \vartheta \right) = 1.$$

Man schreibt auch

$$T_n \xrightarrow{f.s.} \vartheta \qquad \text{für alle } \vartheta \in \Theta.$$

Liegt starke Konsistenz vor, so wird oft auch von **fast sicherer (f.s.) Konvergenz** gesprochen.

▶ Definition Konsistenz im quadratischen Mittel

Bezeichne $\{T_n\}_n = \{T_\vartheta(X_1,\ldots,X_n)\}_n$, $n \in \mathbb{N}$, eine Folge von Punktschätzern für den Parameter ϑ. Diese heißt für ϑ **konsistent im quadratischen Mittel**, wenn für alle $\vartheta \in \Theta$ gilt

$$\lim_{n\to\infty} \mathrm{E}_\vartheta \left[(T_n - \vartheta)^2 \right] = 0.$$

Das ist gleichbedeutend mit

$$\lim_{n\to\infty} \mathrm{MSE}_\vartheta[T_n] = 0$$

und impliziert damit

$$\lim_{n\to\infty} \mathrm{E}_\vartheta[T_n] = \vartheta \quad \text{und} \quad \lim_{n\to\infty} \mathrm{Var}_\vartheta[T_n] = 0 \quad \text{für alle } \vartheta \in \Theta,$$

da $\mathrm{MSE}_\vartheta(T_n) = \mathrm{Var}_\vartheta(T_n) + [\mathrm{Bias}_\vartheta(T_n)]^2$.

B   Beispiel Schwache Konsistenz

Seien $X_1,\ldots,X_n$ unabhängig und identisch normalverteilt mit Parametern $\mu \in \mathbb{R}$ und $\sigma^2 = 1$. Sei $\{T_n\}_n = \{T_\vartheta(X_1,\ldots,X_n)\}_n$ eine Folge von Punktschätzern für den Parameter μ, die definiert ist durch

$$T_\vartheta(X_1,\ldots,X_n) = \overline{X}_n = \frac{1}{n} \cdot \sum_{i=1}^{n} X_i.$$

Das arithmetische Mittel ist ebenfalls normalverteilt, $\overline{X}_n \sim \mathcal{N}(\mu, 1/n)$, so dass damit gilt

$$
\begin{aligned}
\mathrm{P}_\mu\left(|\overline{X}_n - \mu| < \varepsilon\right) &= \int_{\mu-\varepsilon}^{\mu+\varepsilon} \left(\frac{n}{2\cdot\pi}\right)^{\frac{1}{2}} \cdot \exp\left\{-n\cdot\frac{(x-\mu)^2}{2}\right\} dx \\[2ex]
&= \int_{-\varepsilon}^{\varepsilon} \left(\frac{n}{2\cdot\pi}\right)^{\frac{1}{2}} \cdot \exp\left\{-n\cdot\frac{u^2}{2}\right\} du \quad (u = x - \mu) \\[2ex]
&= \int_{-\varepsilon\sqrt{n}}^{\varepsilon\sqrt{n}} \left(\frac{1}{2\cdot\pi}\right)^{\frac{1}{2}} \cdot \exp\left\{-\frac{t^2}{2}\right\} dt \quad (t = \sqrt{n}\cdot u) \\[2ex]
&= \mathrm{P}_0(-\varepsilon\cdot\sqrt{n} \le Z \le \varepsilon\cdot\sqrt{n}),
\end{aligned}
$$

wobei $Z \sim \mathcal{N}(0,1)$ ist. Für $n \longrightarrow \infty$ folgt

$$
\mathrm{P}_0(-\varepsilon\cdot\sqrt{n} \le Z \le \varepsilon\cdot\sqrt{n}) \longrightarrow 1.
$$

Somit ist gezeigt, dass $\{T_\mu(X_1, \dots, X_n)\}_n = \{\overline{X}_n\}_n$ eine schwach konsistente Folge von Punktschätzern für den Parameter μ ist. ◀B

Beispiel Konsistenz im quadratischen Mittel   B

Seien $X_1, \dots, X_n$ unabhängige und identisch wie X verteilte Zufallsvariablen mit Dichtefunktion

$$
f^X(x; \lambda) = \exp\{-(x - \lambda)\}, \quad \lambda < x < \infty, \lambda > 0.
$$

Die Folge $\{T_n\}_n$ von Schätzfunktionen mit

$$
T_n = T_\lambda(X_1, \dots, X_n) = \min\{X_1, \dots, X_n\}
$$

ist konsistent im quadratischen Mittel für den Parameter λ. Um dies zu zeigen, benötigen wir das folgende Resultat: Die Folge $\{Y_n\}_n$ von Zufallsvariablen mit

$$
Y_n = n \cdot (T_n - \lambda)
$$

folgt einer Exp(1)-Verteilung und besitzt somit den Erwartungswert $\mathrm{E}_\lambda[Y_n] = 1 = \mathrm{Var}_\lambda[Y_n]$. Damit lässt sich der MSE von T_n wie folgt berechnen

$$
\mathrm{MSE}_\lambda[T_n] = \mathrm{Var}_\lambda[T_n] + [\mathrm{Bias}_\lambda[T_n]]^2
$$

$$= \quad \text{Var}_\lambda[T_n] + [\text{E}_\lambda[T_n] - \lambda]^2$$

$$= \quad \text{Var}_\lambda\left[\frac{Y_n}{n} + \lambda\right] + \left[\text{E}_\lambda\left[\frac{Y_n}{n} + \lambda\right] - \lambda\right]^2$$

$$= \quad \frac{1}{n^2} \cdot \underbrace{\text{Var}_\lambda[Y_n]}_{1} + \left[\frac{1}{n} \cdot \underbrace{\text{E}_\lambda[Y_n]}_{1}\right]^2 = \frac{2}{n^2}$$

und es gilt $\lim_{n\to\infty} \text{MSE}_\lambda[T_n] = \lim_{n\to\infty} \frac{2}{n^2} = 0$ für alle $\lambda > 0$.   ◀B

B   **Beispiel** Konsistenzeigenschaften des arithmetischen Mittels

Seien $X_1, \ldots, X_n$ unabhängige und identisch verteilte Zufallsvariablen mit $\text{E}_\mu[X_i] = \mu$ und $\text{Var}_\mu[X_i] = \sigma^2$. Sei wieder mit $\{T_\mu(X_1, \ldots, X_n)\}_n$ eine Folge von Punktschätzern für den Parameter μ bezeichnet, die definiert sind als

$$T_\mu(X_1, \ldots, X_n) = \overline{X}_n = \frac{1}{n} \cdot \sum_{i=1}^{n} X_i.$$

Dann kann gezeigt werden, dass $\overline{X}_n$ für den Parameter μ konsistent im quadratischen Mittel ist.

Gemäß der Definition des MSE mit $\text{E}_\mu[\overline{X}_n] = \mu$ gilt für $n \to \infty$

$$\text{MSE}_\mu(\overline{X}_n) \quad = \quad \text{E}_\mu\left[\left(\overline{X}_n - \mu\right)^2\right] = \text{E}_\mu\left[\left(\overline{X}_n - \text{E}_\mu[\overline{X}_n]\right)^2\right]$$

$$= \quad \text{Var}_\mu[\overline{X}_n] = \frac{\sigma^2}{n} \longrightarrow 0.$$

Im **Beispiel** zur schwachen Konsistenz ▶88 haben wir gezeigt, dass das arithmetische Mittel schwach konsistent für den Erwartungswert $\mu = \text{E}_\mu[X_i]$ ist, wenn die Zufallsvariablen X_i normalverteilt sind. Aus der **Konsistenz im quadratischen** Mittel ▶91 und dem **Gesetz der Großen Zahlen** ▶e folgt aber auch $\overline{X}_n \xrightarrow{\text{P}} \mu = \text{E}_\mu[X_i]$, wenn die X_i nicht normalverteilt sind.   ◀B

Zusammenhang der Konsistenzarten

Die drei Arten der Konsistenz hängen wie folgt zusammen:

1. Ist ein Punktschätzer konsistent im quadratischen Mittel, so ist er auch schwach konsistent.

2. Ist ein Punktschätzer stark konsistent, so ist er auch schwach konsistent.

Die schwache Konsistenz eines Punktschätzers für einen Parameter ϑ kann also aus dem Vorliegen einer der beiden anderen Konsistenzarten gefolgert werden.

Den Nachweis findet man beispielsweise bei Serfling (1980), oder auch in EMILeA-stat ►e.

Beispiel Arithmetisches Mittel B

Das arithmetische Mittel ist nicht immer ein konsistenter Punktschätzer.

Seien beispielsweise $Y_1, \ldots, Y_n$ unabhängige und identisch verteilte Zufallsvariablen mit $E_\vartheta[Y_i] = \vartheta + 1$ und $\text{Var}_\vartheta[Y_i] = \sigma^2$ für $i = 1, \ldots, n$. Sei $\{T_\vartheta(Y_1, \ldots, Y_n)\}_n$ eine Folge von Punktschätzern für den Parameter ϑ, die definiert sind als

$$T_\vartheta(Y_1, \ldots, Y_n) = \overline{Y}_n = \frac{1}{n} \cdot \sum_{i=1}^{n} Y_i.$$

Eine Überprüfung auf schwache Konsistenz zeigt, dass für $n \to \infty$ gilt

$$P_\vartheta\left(|\overline{Y}_n - \vartheta| > 1/2\right) = P_\vartheta\left(\left|\{\overline{Y}_n - \vartheta - 1\} + 1\right| > 1/2\right)$$

$$\geq P_\vartheta\left(|\overline{Y}_n - \vartheta - 1| < 1/2\right) \longrightarrow 1,$$

wobei $P_\vartheta\left(|\overline{Y}_n - \vartheta - 1| < 1/2\right)$ gegen 1 konvergiert, da nach dem Gesetz der Großen Zahlen $\overline{Y}_n \xrightarrow{P} E_\vartheta[Y_i] = \vartheta + 1$ gilt. Somit ergibt sich aber $P_\vartheta\left(|\overline{Y}_n - \vartheta| > 1/2\right) \to 1$ was jedoch bedeutet, dass $\{\overline{Y}_n\}_n$ für ϑ gemäß Definition nicht schwach konsistent ist. ◄B

Neben der Frage, ob die Werte einer Schätzfunktion mit wachsendem Stichprobenumfang gegen den zu schätzenden Parameter konvergieren, kann man
sich auch dafür interessieren, welche Verteilung der Schätzer bei wachsender
Informationsaufnahme besitzt. Günstig sind Schätzer, deren Verteilung sich
mit wachsendem Stichprobenumfang einer Normalverteilung nähert, da man
dies beispielsweise zur Konstruktion von Konfidenzintervallen ▶147 und
Tests ▶205 ▶217 ausnutzen kann.

Asymptotische Normalverteilung

Definition Asymptotische Normalverteilung

Seien $X_1, \ldots, X_n$ Stichprobenvariablen, die unabhängig und identisch wie eine
Zufallsvariable X verteilt sind. Eine Schätzfunktion $T(X_1, \ldots, X_n)$ heißt **asym-
ptotisch normalverteilt**, wenn es Konstanten $a, b, c \in \mathbb{R}$, $b > 0$, gibt, so dass die
Verteilung der Zufallsvariablen

$$n^c \cdot \frac{T(X_1, \ldots, X_n) - a}{b}$$

gegen die Verteilungsfunktion Φ der Standardnormalverteilung $\mathcal{N}(0,1)$ ▶42
konvergiert. Genauer gilt

$$\mathrm{P}\left(n^c \cdot \frac{T(X_1, \ldots, X_n) - a}{b} \leq z \right) \longrightarrow \mathrm{P}(Z \leq z) = \Phi(z) \quad (n \to \infty)$$

für $Z \sim \mathcal{N}(0,1)$.

Welche speziellen Schätzfunktionen asymptotisch normalverteilt sind, geht
aus den verschiedenen Varianten des Zentralen Grenzwertsatzes ▶e hervor, vergleiche auch Casella, Berger (1990), Mood et al. (1974). Die bekannte-
ste Version besagt, dass das arithmetische Mittel unabhängiger und identisch
verteilter Stichprobenvariablen, die alle den Erwartungswert μ und die Varianz σ^2 besitzen, asymptotisch normalverteilt ist, wobei in diesem Fall die
Konstante c den Wert 0,5 annimmt:

$$\mathrm{P}\left(\sqrt{n} \cdot \frac{\overline{X} - \mu}{\sigma} \leq z \right) \longrightarrow \Phi(z) \quad \text{für } n \to \infty.$$

Weiterführende Konzepte: Suffizienz, Vollständigkeit, Exponentialfamilien

Suffizienz und Vollständigkeit

Die Suffizienz eines Punktschätzers ist eine Eigenschaft, die auf der Suche nach dem gleichmäßig besten erwartungstreuen Schätzer sehr hilfreich ist. Es zeigt sich, dass die Suche nach diesem Schätzer auf die Klasse der suffizienten Schätzer eingeschränkt werden kann. Dabei wird ein Schätzer als suffizient bezeichnet, wenn er die gleiche Information über den Parameter enthält wie die Stichprobe selbst. Das folgende Beispiel verdeutlicht diese Idee.

Beispiel Bernoulliverteilung

Ein Bernoulliexperiment werde zweimal durchgeführt, dabei steht das Ergebnis 1 für `Erfolg` und 0 für `Misserfolg`. Der Stichprobenraum $\mathcal{X}$ der möglichen Ausgänge besteht dann gerade aus den vier Tupeln

$$\mathcal{X} = \{(0;0),\ (1;0),\ (0;1),\ (1;1)\}.$$

Seien X_1, X_2 unabhängig und identisch bernoulliverteilt mit Parameter p und sei $T_p(X_1, X_2) = \overline{X}$ das arithmetische Mittel als Schätzfunktion für den Parameter $p \in [0;1]$. Dann kann $T_p(X_1, X_2)$ die folgenden drei Werte annehmen:

$$T_p(x_1, x_2) = \begin{cases} 0 & (x_1; x_2) = (0;0) \\ 1/2 & \text{wenn} \quad (x_1; x_2) \in \{(1;0),\ (0;1)\} \\ 1 & (x_1; x_2) = (1;1). \end{cases}$$

Durch den Schätzer $T_p(X_1, \ldots, X_n) = \overline{X}$ konnte die Information aus der Stichprobe über den Parameter p verdichtet werden: anstelle von vier möglichen Ausgängen des Bernoulliversuchs müssen nur noch drei Möglichkeiten unterschieden werden. Wichtig ist aber: Haben wir durch diese Verdichtung Information über den Parameter verloren? Dies kann nur dort geschehen sein, wo verschiedene Ausgänge des Bernoulliversuchs zu gleichen Werten der Statistik führen. Betrachten wir also die Menge $\{(1;0),\ (0;1)\}$. Die Elemente dieser Menge unterscheiden sich nur in der Anordnung der Erfolge. Deren Reihenfolge ist aber wegen der Unabhängigkeit der Einzelversuche irrelevant. Um p zu schätzen, geht also durch die Betrachtung von $T_p = \overline{X}$ gegenüber der Betrachtung der Originalstichprobe keine relevante Information verloren. Eine solche Statistik nennt man suffizient. Aus demselben Grund ist zum Beispiel auch $T_p' = \sum_{i=1}^{2} X_i$ eine suffiziente Statistik.

Ein Gegenbeispiel stellt die Schätzfunktion $\widetilde{T}_p(X_1, X_2) = \max\{X_1, X_2\}$ dar

$$\widetilde{T}_p(x_1; x_2) = \begin{cases} 0 & & (x_1; x_2) = (0; 0) \\ 1 & \text{wenn} & (x_1; x_2) \in \{(1; 0),\ (0; 1)\} \\ 1 & & (x_1; x_2) = (1; 1). \end{cases}$$

Um den Parameter p zu schätzen, ist die Häufigkeit der Erfolge eine relevante Information. Die Statistik $\widetilde{T}_p$ liefert aber beispielsweise sowohl für $(1; 0)$ als auch für $(1; 1)$ denselben Wert. Die Information, wieviele Erfolge beobachtet wurden, kann aus dem Resultat $\widetilde{T}_p = 1$ nicht mehr rückgeschlossen werden. Hier ist die Verdichtung der Information also eindeutig mit Informationsverlust verbunden.

Eine viel ausgeprägtere Informationsverdichtung liegt vor, wenn das Bernoulliexperiment dreimal durchgeführt wird. Dies wird im Beispiel ▶95 verdeutlicht.

▶ **Definition** Suffiziente Statistik

Seien $X_1, \ldots, X_n$ unabhängige und identisch wie X verteilte Stichprobenvariablen mit Dichtefunktion $f^X(x, \vartheta)$. Eine Statistik $S = S_\vartheta(X_1, \ldots, X_n)$ heißt **suffizient** für den Parameter ϑ für alle $\vartheta \in \Theta$ genau dann, wenn die bedingte Dichte von $X_1, \ldots, X_n$ für festes $S = s$

$$f^{X_1, \ldots, X_n}(x_1, \ldots, x_n | S = s) = \frac{f^X(x_1; \vartheta) \cdot \ldots \cdot f^X(x_n; \vartheta)}{f^S(s; \vartheta)} = \frac{\prod\limits_{i=1}^{n} f^X(x_i; \vartheta)}{f^S(s, \vartheta)}$$

nicht von ϑ abhängt.

Wird die Statistik S zur Schätzung des Parameters ϑ benutzt, so handelt es sich dabei natürlich um eine Schätzfunktion. In diesem Fall wird die suffiziente Statistik S auch als **suffizienter Schätzer** bezeichnet und in der für Schätzer eingeführten Notation als $T = T_\vartheta(X_1, \ldots, X_n)$ geschrieben.

Die Idee ist also, dass bei bekanntem Wert der suffizienten Statistik S die Beobachtungswerte aus der Stichprobe nicht mehr benötigt werden, da sie keine zusätzliche Information über den Parameter mehr liefern, die nicht schon in der suffizienten Statistik enthalten ist. Würde die Stichprobe noch zusätzliche Information über den Parameter enthalten, dann könnte die obige bedingte Dichte nicht von ϑ unabhängig sein.

Beispiel (Fortsetzung ▶93) Bernoulliverteilung   B

Angenommen das Bernoulliexperiment wird dreimal durchgeführt. Dann besteht der Stichprobenraum $\mathcal{X}$ aus den acht Elementen $(0;0;0), (1;0;0)$, $(0;1;0), (0;0;1), (1;1;0), (0;1;1), (1;0;1), (1;1;1)$. Wird $T_p(X_1, X_2, X_3) = \overline{X}$ als Schätzfunktion für p verwendet, so ist eine Verdichtung der Information ohne Informationsverlust wie folgt möglich

$$T_p(x_1; x_2; x_3) = \begin{cases} 0 & (x_1; x_2; x_3) = (0;0;0) \\ 1/3 & \text{wenn} \quad (x_1; x_2; x_3) \in \{(1;0;0),\ (0;1;0),\ (0;0;1)\} \\ 2/3 & (x_1; x_2; x_3) \in \{(1;1;0),\ (0;1;1),\ (1;0;1)\} \\ 1 & (x_1; x_2; x_3) = (1;1;1). \end{cases}$$

Anstelle von acht möglichen Ausgängen müssen nur noch vier verschiedene Möglichkeiten unterschieden werden. Wählt man als Schätzfunktion wieder $\widetilde{T}_p = \max\{X_1, X_2, X_3\}$, so ist der Informationsverlust offensichtlich

$$\widetilde{T}_p(x_1, x_2, x_3) = \begin{cases} 0 & (x_1; x_2; x_3) = (0;0;0) \\ 1 & \text{wenn} \quad (x_1; x_2; x_3) \in \{(1;0;0),\ (0;1;0),\ (0;0;1)\} \\ 1 & (x_1; x_2; x_3) \in \{(1;1;0),\ (0;1;1),\ (1;0;1)\} \\ 1 & (x_1; x_2; x_3) = (1;1;1). \end{cases}$$

◀B

Wie bei der Notation von Schätzfunktionen $T_\vartheta(X_1, \ldots, X_n)$, in denen der Index ϑ dafür steht, dass es sich um eine Schätzfunktion für den Parameter ϑ handelt, gilt auch für die Schreibweise von suffizienten Statistiken $S = S_\vartheta(X_1, \ldots, X_n)$, dass der Index ϑ die Suffizienz für den Parameter ϑ angibt und **nicht** für eine Abhängigkeit der suffizienten Statistik S von ϑ steht.

Satz von Fisher-Neyman

Seien $X_1, \ldots, X_n$ unabhängige Stichprobenvariablen mit identischer Verteilungsfunktion, die von einem Parameter ϑ abhängt. Eine Statistik $S(X_1, \ldots, X_n)$ ist suffizient für den Parameter ϑ für alle $\vartheta \in \Theta$, das heißt $S(X_1, \ldots, X_n) = S_\vartheta(X_1, \ldots, X_n)$, genau dann, wenn sich die gemeinsame Dichte von $X_1, \ldots, X_n$ schreiben lässt als Produkt aus der Dichtefunktion f^S von $S(X_1, \ldots, X_n)$ und einer Funktion $h(x_1, \ldots, x_n)$, die nicht von ϑ abhängt. Also

$$f^{X_1}(x_1; \vartheta) \cdot \ldots \cdot f^{X_n}(x_n; \vartheta) = f^S(s(x_1, \ldots, x_n); \vartheta) \cdot h(x_1, \ldots, x_n).$$

Die Faktorisierung ist im Allgemeinen wesentlich einfacher zu zeigen, als die Unabhängigkeit von $f^{X_1,\ldots,X_n}(x_1,\ldots,x_n;\vartheta|S=s)$ vom interessierenden Parameter ϑ. Der Satz von Fisher-Neyman wird in der Literatur häufig auch als **Faktorisierungssatz** bezeichnet.

Beispiel (Fortsetzung ▶93) Bernoulliverteilung

Seien die Zufallsvariablen $X_1,\ldots,X_n$ unabhängig und identisch bernoulliverteilt mit Erfolgswahrscheinlichkeit p. Die Summe aller Erfolge von n unabhängigen Bernoulliexperimenten

$$S_p(X_1,\ldots,X_n) = \sum_{i=1}^{n} X_i,$$

ist eine suffiziente Statistik. Der Nachweis erfolgt mit dem `Satz von Fisher-Neyman` ▶95. Zu zeigen ist

$$f^{X_1}(x_1;p) \cdot \ldots \cdot f^{X_n}(x_n;p) = f^S(s(x_1,\ldots,x_n);p) \cdot h(x_1,\ldots,x_n).$$

Die gemeinsame Dichtefunktion von $X_1,\ldots,X_n$ ist gerade das Produkt von n Dichten der Bernoulliverteilung

$$f^{X_1}(x_1;p) \cdot \ldots \cdot f^{X_n}(x_n;p) = \prod_{i=1}^{n} p^{x_i} \cdot (1-p)^{1-x_i}$$

$$= p^{\sum_{i=1}^{n} x_i} \cdot (1-p)^{n-\sum_{i=1}^{n} x_i},$$

mit $x_i \in \{0,1\}$, $p \in [0;1]$. Die Statistik $S_p(X_1,\ldots,X_n)$, die Anzahl der Erfolge in n Versuchen, ist binomialverteilt mit Parametern n und p

$$f^S(s;p) = \binom{n}{s} \cdot p^s \cdot (1-p)^{n-s} = \binom{n}{\sum_{i=1}^{n} x_i} \cdot p^{\sum_{i=1}^{n} x_i} \cdot (1-p)^{n-\sum_{i=1}^{n} x_i}$$

für $s = \sum_{i=1}^{n} x_i = 0,1,\ldots,n$. Man kann sehen, dass die Funktion $h(x_1,\ldots,x_n)$ als

$$h(x_1,\ldots,x_n) = \binom{n}{\sum_{i=1}^{n} x_i}^{-1}$$

gewählt werden muss, um die Faktorisierung nach Fisher-Neyman zu erfüllen, das heißt $S_p(X_1,\ldots,X_n) = \sum_{i=1}^{n} X_i$ ist eine für den Parameter p suffiziente Statistik.

Das arithmetische Mittel

$$T_p(X_1, \ldots, X_n) = \frac{1}{n} \cdot \sum_{i=1}^{n} X_i$$

ist eine Funktion von $S_p(X_1, \ldots, X_n)$ und selbst suffiziente Statistik für p. Gleichzeitig kann die Statistik T_p auch sinnvoll zur Schätzung von p verwendet werden, da sie ein erwartungstreuer Schätzer für den Parameter p ist. ◄B

Der **Satz von Fisher-Neyman** ▶95 setzt voraus, dass $f^S(s; \vartheta)$ bekannt ist. Eine Verallgemeinerung dieses Satzes, bei der nur noch eine Funktion $g[S(X_1, \ldots, X_n)]$ als bekannt vorausgesetzt werden muss, ist der folgende Satz.

Satz Verallgemeinerter Faktorisierungssatz
Seien $X_1, \ldots, X_n$ unabhängige Stichprobenvariablen mit identischer Verteilungsfunktion, die von einem Parameter ϑ abhängig ist. Die Statistik $S(X_1, \ldots, X_n)$ ist suffizient für den Parameter ϑ genau dann, wenn gilt

$$f^{X_1}(x_1; \vartheta) \cdot \ldots \cdot f^{X_n}(x_n; \vartheta) = g[s(x_1, \ldots, x_n); \vartheta] \cdot m(x_1, \ldots, x_n),$$

wobei g von der Stichprobe nur durch $s(x_1, \ldots, x_n)$ abhängt und m unabhängig von ϑ ist.

Wie mit Hilfe suffizienter Statistiken verbesserte Schätzer gewonnen werden können, erläutert der folgende Satz.

Satz von Rao-Blackwell
Seien $X_1, \ldots, X_n$ unabhängige Stichprobenvariablen mit identischer Verteilungsfunktion, die von einem Parameter ϑ abhängig ist. Sei weiter $S = S_\vartheta(X_1, \ldots, X_n)$ eine suffiziente Statistik und $T = T_\vartheta(X_1, \ldots, X_n)$ ein erwartungstreuer Schätzer für ϑ. Sei $V = V_\vartheta(X_1, \ldots, X_n) = \mathrm{E}_\vartheta[T|S = s]$. Dann gilt

a) $V_\vartheta(X_1, \ldots, X_n)$ ist eine Funktion der suffizienten Statistik $S = S_\vartheta(X_1, \ldots, X_n)$ und hängt nicht von ϑ ab.

b) V ist ein erwartungstreuer Schätzer für ϑ, das heißt $\mathrm{E}_\vartheta[V] = \vartheta$.

c) Für alle $\vartheta \in \Theta$ mit $\text{Var}_\vartheta[T] < \infty$ gilt

$$\text{Var}_\vartheta[V_\vartheta(X_1, \ldots, X_n)] \leq \text{Var}_\vartheta[T_\vartheta(X_1, \ldots, X_n)].$$

Falls $T_\vartheta(X_1, \ldots, X_n) \neq V_\vartheta(X_1, \ldots, X_n)$, so tritt mit Wahrscheinlichkeit 1 für einige ϑ eine echt kleinere Varianz auf.

Wenn der Schätzer $V = V_\vartheta(X_1, \ldots, X_n)$ nicht mit T_ϑ übereinstimmt, ist er also ein verbesserter Schätzer für ϑ, da seine Varianz kleiner ist.

Den Nachweis findet man in EMILeA-stat ▶e.

Der Satz von Rao-Blackwell sagt aus, dass es möglich ist, aus einem beliebigen, für ϑ erwartungstreuen Schätzer $T_\vartheta(X_1, \ldots, X_n)$ und einer suffizienten Statistik $S_\vartheta(X_1, \ldots, X_n)$ einen neuen Schätzer $V_\vartheta(X_1, \ldots, X_n)$ abzuleiten. Nach Rao-Blackwell ist dann $V_\vartheta(X_1, \ldots, X_n)$ ebenfalls erwartungstreu für ϑ und besitzt eine Varianz kleiner oder gleich der von $T_\vartheta(X_1, \ldots, X_n)$. Für die Suche nach dem gleichmäßig besten erwartungstreuen Schätzer, dem UMVUE kann also die Suche nach erwartungstreuen Schätzern auf solche eingeschränkt werden, die suffiziente Funktionen von Statistiken sind. Stellt $T_\vartheta(X_1, \ldots, X_n)$ schon einen erwartungstreuen Schätzer dar, der selbst Funktion einer suffizienten Statistik ist, so wird die Anwendung von Rao-Blackwell zu keinem besseren Schätzer führen, sondern $V_\vartheta(X_1, \ldots, X_n)$ wird dann mit $T_\vartheta(X_1, \ldots, X_n)$ identisch sein. In den Sätzen von Rao-Blackwell und Lehmann-Scheffé werden erwartungstreue Schätzfunktionen $T_\vartheta(X_1, \ldots, X_n)$ für den Parameter ϑ vorausgesetzt. Beide Sätze lassen sich ebenso für Schätzer $T_{\varphi(\vartheta)}(X_1, \ldots, X_n)$ verallgemeinern, wenn $T_{\varphi(\vartheta)}(X_1, \ldots, X_n)$ eine erwartungstreue Schätzfunktion für $\varphi(\vartheta)$ ist, wobei φ eine beliebige Funktion des Parameters ϑ bezeichnet.

Das im Folgenden eingeführte Prinzip der Vollständigkeit erlaubt es, den gleichmäßig besten erwartungstreuen Schätzer (den UMVUE) für einen Parameter zu finden. Wie das funktioniert, zeigt der Satz von Lehmann-Scheffé ▶101 am Ende dieses Abschnitts.

▶ Definition Vollständigkeit

Seien $X_1, \ldots, X_n$ unabhängige und identisch wie X verteilte Stichprobenvariablen mit identischer Dichtefunktion $f^X(x; \vartheta)$. Sei weiter $T_\vartheta(X_1, \ldots, X_n)$ eine Schätzfunktion für den Parameter ϑ.

a) Die **Familie** $\left\{ f^X(x;\vartheta) : \vartheta \in \Theta \right\}$ von Dichten heißt **vollständig** genau dann, wenn für jede beliebige Funktion H aus dem Zusammenhang

$$E_\vartheta[H(X)] = 0 \qquad \text{für alle } \vartheta \in \Theta$$

folgt

$$P_\vartheta[H(X) = 0] = 1.$$

b) Eine **Statistik** $T = T_\vartheta(X_1, \ldots, X_n)$ heißt **vollständig**, wenn für alle Dichten der Familie $\left\{ f^X(x;\vartheta) : \vartheta \in \Theta \right\}$ die zu $T_\vartheta(X_1, \ldots, X_n)$ gehörende Familie von Dichten $\left\{ f^T(t;\vartheta) : \vartheta \in \Theta \right\}$ vollständig ist. Das heißt, aus

$$E_\vartheta[H(T)] = 0 \qquad \text{für alle } \vartheta \in \Theta$$

folgt

$$P_\vartheta[H(T) = 0] = 1.$$

Allgemein lässt sich also sagen, dass eine Familie von Dichten vollständig ist, wenn der einzige unverzerrte Schätzer für den Wert Null derjenige Schätzer ist, welcher mit Wahrscheinlichkeit 1 selbst nur den Wert Null annimmt.

Beispiel Normalverteilung   B

Die Familie der Dichten der Normalverteilung mit bekanntem Erwartungswert μ_0 und unbekannter Varianz $\sigma^2 \in \mathbb{R}^+$ ($\mathcal{N}(\mu_0, \sigma^2)$) ist nicht vollständig.

Sei $X \sim \mathcal{N}(\mu_0, \sigma^2)$. Wird beispielsweise für $H(X) = X - \mu_0$ gewählt, dann gilt

$$E_{\sigma^2}[H(X)] = E_{\sigma^2}[X - \mu_0] = E_{\sigma^2}[X] - \mu_0 = \mu_0 - \mu_0 = 0.$$

Jedoch ergibt sich

$$P_{\sigma^2}(H(X) = 0) = P_{\sigma^2}(X = \mu_0) = 0,$$

da X eine stetige Zufallsvariable ist.   ◀B

Beispiel Geometrische Verteilung   B

Die zur geometrischen Verteilung mit Parameter $0 < p < 1$ und Dichtefunktion $f^X(x;p) = p \cdot (1-p)^{x-1}$, $x \in \mathbb{N}$, gehörende Dichtefamilie ist vollständig.

Um die Vollständigkeit zeigen zu können, nehmen wir eine beliebige Funktion H an, so dass $E_p[H(X)] = 0$, also

$$E_p[H(X)] = \sum_{x=1}^{\infty} H(x) \cdot p \cdot q^{x-1} = 0 \quad \text{für alle } 0 < p < 1,$$

wobei $q = 1 - p$ ist. Multipliziert man dies mit $\frac{q}{p}$ und leitet k-mal nach q ab, erhält man

$$H(k) \cdot k! + H(k+1) \cdot q \cdot \frac{(k+1)!}{1!} + H(k+2) \cdot q^2 \cdot \frac{(k+2)!}{2!} + \cdots = 0$$

für $0 < q < 1$. Für $q \to 0$ folgt, dass $H(k) \cdot k! = 0$ bzw. $H(k) = 0$ für jedes beliebige $k \geq 1$. Somit ergibt sich

$$P_p[H(X) = 0] = P_p[X \in \{1, 2, \ldots\}] = 1, \quad \text{für alle } 0 < p < 1. \quad \blacktriangleleft B$$

Beispiel (Fortsetzung ▶67) Rechteckverteilung
Seien $X_1, \ldots, X_n$ unabhängige und identisch rechteckverteilte Stichprobenvariablen auf dem Intervall $[0; b]$ mit $b > 0$.
Wird $T = T_b(X_1, \ldots, X_n) = \max\{X_i\} = X_{(n)}$ gewählt, so kann gezeigt werden, dass T die **Dichte** ▶37

$$f^T(t; b) = n \cdot \frac{t^{n-1}}{b^n}, \quad 0 \leq t \leq b,$$

besitzt und vollständig ist. Dazu nehmen wir zunächst an, dass $E_b[H(T)] = 0$ gilt für alle $b > 0$. Dann folgt

$$0 = \frac{b^n}{n} \cdot E_b[H(T)] = \frac{b^n}{n} \cdot \int_0^b H(t) \cdot n \cdot \frac{t^{n-1}}{b^n} dt = \int_0^b H(t) \cdot t^{n-1} dt.$$

Bestimmt man nun die Ableitung des letzten Integrals nach b, so erhält man $0 = H(b) \cdot b^{n-1}$. Dabei ist zugelassen, dass es einzelne Stellen gibt, an denen diese Ableitung nicht existiert. Die Wahrscheinlichkeit dafür beträgt dann gerade Null. Man sagt, die obige Beziehung gilt für fast alle $b > 0$. Damit muss aber ebenfalls $H(t) = 0$ für (fast) alle $t > 0$ gelten, so dass $P_b[H(T) = 0] = 1$ folgt.

Satz von Lehmann-Scheffé

Seien $X_1, \ldots, X_n$ unabhängige Stichprobenvariablen mit identischer Verteilungsfunktion, die von einem Parameter ϑ abhängt. Sei weiter $S = S_\vartheta(X_1, \ldots, X_n)$ eine vollständige und suffiziente Statistik und $V = V_\vartheta(X_1, \ldots, X_n) = V_\vartheta\left(S_\vartheta(X_1, \ldots, X_n)\right)$ eine erwartungstreue Schätzfunktion für ϑ, die nur von $S_\vartheta(X_1, \ldots, X_n)$ abhängt. Dann ist

$$V_\vartheta(X_1, \ldots, X_n)$$

gleichmäßig bester erwartungstreuer Schätzer für ϑ, also UMVUE.

Den Nachweis findet man in `EMILeA-stat` ►e.

Durch Ausnutzung der Suffizienz oder Anwendung der Cramér-Rao-Ungleichung bzw. des Satzes von Rao-Blackwell erhält man immer nur einen besseren Schätzer im Sinne einer kleineren Varianz. Die Identifizierung eines gleichmäßig besten unverzerrten Schätzers gelingt damit jedoch nicht notwendigerweise. Mit Hilfe der Eigenschaft der Vollständigkeit ist es dagegen möglich, den gleichmäßig besten erwartungstreuen Schätzer für ϑ zu finden. Darüber hinaus kann auch die Existenz eines solchen Schätzers durch diese Eigenschaft gesichert werden. Insbesondere gilt für Verteilungen, die eine einparametrige Exponentialfamilie bilden, dass der UMVUE immer existiert.

Exponentialfamilien

Viele Verteilungsfamilien lassen sich in die so genannte Klasse der **Exponentialfamilien** einordnen. Ist eine Verteilung eine Exponentialfamilie, so können für ihre Parameter Schätzfunktionen gefunden werden, die sich durch besonders gute statistische Eigenschaften auszeichnen. Im Folgenden werden die Exponentialfamilien und ihre Charakteristika vorgestellt.

Definition Einparametrige Exponentialfamilie ◄

Eine Familie $\mathcal{P}^X = \{P_\vartheta : \vartheta \in \Theta\}$ von Verteilungen bildet eine **einparametrige Exponentialfamilie**, falls sich die Dichtefunktion jeder ihrer Verteilungen schreiben lässt als

$$f^X(x; \vartheta) = c(\vartheta) \cdot h(x) \cdot \exp\{q(\vartheta) \cdot G(x)\}$$

für alle $x \in \mathbb{R}$ und alle $\vartheta \in \Theta$. Dabei sind $c(\vartheta)$ und $q(\vartheta)$ geeignete Funktionen des Parameters ϑ, $h(x)$ und $G(x)$ sind geeignete Funktionen von x, wobei weder q noch G konstant sein dürfen und beide nicht vom Parameter ϑ abhängen.

Eine Auswahl einparametriger Exponentialfamilien

Die folgenden Verteilungsfamilien bilden jeweils eine einparametrige Exponentialfamilie:

— Bernoulliverteilung $Bin(1;p)$ mit Parameter $p \in (0;1)$

— Binomialverteilung $Bin(n;p)$ für festes n mit Parameter $p \in (0;1)$

— Poissonverteilung $Poi(\lambda)$ mit Parameter $\lambda > 0$

— Normalverteilung $\mathcal{N}(\mu,\sigma_0^2)$ mit fester, bekannter Varianz $\sigma_0^2 \in \mathbb{R}^+$ und Parameter $\mu \in \mathbb{R}$

— Normalverteilung $\mathcal{N}(\mu_0,\sigma^2)$ mit festem, bekanntem Erwartungswert μ_0 und Parameter $\sigma^2 \in \mathbb{R}^+$

— Exponentialverteilung $Exp(\lambda)$ mit Parameter $\lambda > 0$

— Gammaverteilung $\Gamma(\lambda,\alpha_0)$ mit festem, bekanntem $\alpha_0 > 0$ und Parameter $\lambda > 0$

In den folgenden Beispielen benötigen wir den Begriff der Indikatorfunktion.

Definition Indikatorfunktion

Die **Indikatorfunktion** $I_{\{R\}}(x) : \mathbb{R} \to \{0,1\}$ bezüglich einer Menge $R \subseteq \mathbb{R}$ ist definiert als

$$I_{\{R\}}(x) = \begin{cases} 1, & \text{für } x \in R; \\ 0, & \text{sonst.} \end{cases}$$

B

Beispiel Binomialverteilung

Für festes n bilden die Binomialverteilungen $\{Bin(n;p), p \in (0;1)\}$ eine einparametrige Exponentialfamilie, denn für jede solche Verteilung lässt sich die diskrete Dichtefunktion schreiben als

$$f^X(x;p) \;=\; (1-p)^n \cdot \binom{n}{x} \cdot \left(\frac{p}{1-p}\right)^x \cdot I_{\{0,1,\ldots,n\}}(x)$$

$$= \underbrace{(1-p)^n}_{c(p)} \cdot \binom{n}{x} \cdot \mathrm{I}_{\{0,1,\dots,n\}}(x) \cdot \exp\left\{\underbrace{x}_{G(x)} \cdot \underbrace{\ln\left(\frac{p}{1-p}\right)}_{q(p)}\right\},$$
$$\underbrace{\phantom{(1-p)^n \cdot \binom{n}{x} \cdot \mathrm{I}_{\{0,1,\dots,n\}}(x)}}_{h(x)}$$

wobei die Funktion $G(x)$ der Identität entspricht und $\mathrm{I}_{\{0,1,\dots,n\}}$ die Indikatorfunktion ist.   ◂B

Beispiel Exponentialverteilung   B

Die Exponentialverteilungen $\{\mathrm{Exp}(\lambda); \lambda > 0\}$ bilden eine einparametrige Exponentialfamilie. Die Dichtefunktion der Exponentialverteilung lässt sich schreiben als

$$f^X(x;\lambda) = \lambda \cdot \exp\{-\lambda \cdot x\} \cdot \mathrm{I}_{\{(0;\infty)\}}(x)$$
$$= \underbrace{\lambda}_{c(\lambda)} \cdot \exp\left\{\underbrace{x}_{G(x)} \cdot \underbrace{(-\lambda)}_{q(\lambda)}\right\} \cdot \underbrace{\mathrm{I}_{\{(0;\infty)\}}(x)}_{h(x)}.$$

Die Funktionen $c(\lambda), G(x)$ entsprechen der Identität und $\mathrm{I}_{\{(0;\infty)\}}(x)$ der Indikatorfunktion.   ◂B

Beispiel Poissonverteilung   B

Die Familie $\{\mathrm{Poi}(\lambda); \lambda > 0\}$ der Poissonverteilungen ist eine einparametrige Exponentialfamilie, da die Dichtefunktion geschrieben werden kann als

$$f^X(x;\lambda) = \frac{\lambda^x}{x!} \cdot \exp\{-\lambda\} \cdot \mathrm{I}_{\{0,1,2,\dots\}}(x)$$
$$= \underbrace{\exp\{-\lambda\}}_{c(\lambda)} \cdot \underbrace{\left(\frac{1}{x!} \cdot \mathrm{I}_{\{0,1,2,\dots\}}(x)\right)}_{h(x)} \cdot \exp\{\underbrace{x}_{G(x)} \cdot \underbrace{\ln\lambda}_{q(\lambda)}\}.$$

Die Funktion $G(x)$ ist die Identität und $\mathrm{I}_{\{0,1,2,\dots\}}(x)$ die Indikatorfunktion.   ◂B

Beispiel Rechteckverteilung   B

Die Rechteckverteilungen $\mathcal{R}[a; b]$ bilden keine Exponentialfamilie. Dasselbe gilt im Allgemeinen für Verteilungen, deren Träger direkt von Parametern abhängt.   ◂B

Regel

Sei X eine reellwertige Zufallsvariable, deren Verteilung zu einer **einparametrigen Exponentialfamilie** ▶101 gehört, dann gilt:

- $T(X) = G(X)$ ist eine suffiziente Statistik.

- Stammt P_ϑ^X aus einer einparametrigen Exponentialfamilie, so existiert eine erwartungstreue Schätzfunktion $T_\vartheta(X)$ für ϑ, deren Varianz die untere Cramér-Rao-Schranke annimmt, das heißt, der gleichmäßig beste erwartungstreue Schätzer (UMVUE) für ϑ existiert.

- Umgekehrt gilt, wenn $T_\vartheta^*(X)$ eine erwartungstreue Schätzfunktion für ϑ ist, deren Varianz gleich der unteren Cramér-Rao-Schranke ist, dann gehört P_ϑ^X zu einer einparametrigen Exponentialfamilie.

- Es kann gezeigt werden, dass jede suffiziente Statistik $T_\vartheta(X)$ für den Parameter ϑ einer Verteilung aus der Exponentialfamilie auch vollständig ist und somit der gleichmäßig besten erwartungstreuen Schätzfunktion für ϑ entspricht.

- Insbesondere resultiert daraus, dass für einen zu schätzenden Parameter ϑ gilt

$$\mathrm{FI}_X(\vartheta) = \frac{1}{\mathrm{Var}_\vartheta[T_\vartheta(X)]},$$

wenn P_ϑ^X einer einparametrigen Exponentialfamilie angehört. Dabei ist $T_\vartheta(X)$ der gleichmäßig beste erwartungstreue Schätzer für ϑ. Die Fisher-Information berechnet sich also aus der Varianz der Schätzfunktion $T_\vartheta(X)$ für ϑ.

Satz Vollständigkeit und Suffizienz in einparametrigen Exponentialfamilien

Seien $X_1, \ldots, X_n$ unabhängige und identisch wie X verteilte Stichprobenvariablen mit Dichtefunktion $f^X(x; \vartheta)$. Gehört die Verteilung von X zu einer einparametrigen Exponentialfamilie, so lässt sich $f^X(x; \vartheta)$ schreiben als

$$f^X(x; \vartheta) = c(\vartheta) \cdot h(x) \cdot \exp\{q(\vartheta) \cdot G(x)\}$$

für alle $x \in \mathbb{R}$ und alle $\vartheta \in \Theta$, und $T_\vartheta(X_1, \ldots, X_n) = \sum_{i=1}^n G(X_i)$ ist eine **vollständige und suffiziente Statistik**.

Beispiel (Fortsetzung ▶93 ▶96) Bernoulliverteilung

Seien $X_1, \ldots, X_n$ unabhängige und identisch bernoulliverteilte Zufallsvariablen mit Erfolgswahrscheinlichkeit $p \in (0;1)$. Das arithmetische Mittel $T_p(X_1, \ldots, X_n) = \overline{X}$ ist gleichmäßig bester erwartungstreuer Schätzer für den Parameter p. Die Dichtefunktion der Bernoulliverteilung kann geschrieben werden als

$$f^X(x;p) = p^x \cdot (1-p)^{1-x} \cdot I_{\{0,1\}}(x)$$

$$= \underbrace{(1-p)}_{c(p)} \cdot \underbrace{I_{\{0,1\}}}_{h(x)} \cdot \exp\left\{ \underbrace{x}_{G(x)} \cdot \underbrace{\ln\left(\frac{p}{1-p}\right)}_{q(p)} \right\},$$

wobei $I_{\{0,1\}}(x)$ die Indikatorfunktion darstellt. Gemäß des **Satzes** zu einparametrigen Exponentialfamilien und vollständigen und suffizienten Statistiken ▶104 gilt, dass die Statistik $S_p(X_1, \ldots, X_n) = \sum_{i=1}^n G(X_i) = \sum_{i=1}^n X_i$ vollständig und suffizient ist. Weiterhin ist zu bemerken, dass $T_p(X_1, \ldots, X_n)$ unverzerrt und eine Funktion der suffizienten Statistik $S_p(X_1, \ldots, X_n)$ ist

$$E_p[T_p(X_1, \ldots, X_n)] = E_p[\overline{X}] = p, \qquad T_p(X_1, \ldots, X_n) = \frac{S_p(X_1, \ldots, X_n)}{n}.$$

Mit dem **Satz von Lehmann-Scheffé** ▶101 folgt dann, dass $\overline{X}$ der gleichmäßig beste unverzerrte Schätzer (UMVUE) für den Parameter p ist.

Definition k-parametrige Exponentialfamilie ◀

Ist eine Familie von Verteilungen durch mehr als nur einen Parameter charakterisiert, so bildet sie eine **k-parametrige Exponentialfamilie**, wenn sich ihre Dichtefunktion schreiben lässt als

$$f^X(x;\vartheta_1, \ldots, \vartheta_k) = c(\vartheta_1, \ldots, \vartheta_k) \cdot h(x) \cdot \exp\left\{ \sum_{i=1}^k q_i(\vartheta_1, \ldots, \vartheta_k) \cdot G_i(x) \right\}.$$

für alle $x \in \mathbb{R}$ und alle $(\vartheta_1, \ldots, \vartheta_k) \in \Theta$.
Dabei sind $c(\vartheta_1, \ldots, \vartheta_k)$ und $q_i(\vartheta_1, \ldots, \vartheta_k)$ geeignete Funktionen des Parametervektors $(\vartheta_1, \ldots, \vartheta_k)$, und $h(x)$ und $G_i(x)$ sind geeignete Funktionen von x, wobei weder q_i noch G_i konstant sein dürfen und beide nicht von $\vartheta_1, \ldots, \vartheta_k$ abhängen.

Wie schon bei einparametrigen Exponentialfamilien gilt auch hier der Zusammenhang zu Vollständigkeit und Suffizienz: $(\sum_{i=1}^{n} G_1(x_i), \ldots, \sum_{i=1}^{n} G_k(x_i))$ ist suffizient und vollständig für $(\vartheta_1, \ldots, \vartheta_k)$.

Beispiel Normalverteilung

Die Klasse der Normalverteilungen $\mathcal{N}(\mu, \sigma^2)$ mit Parametern $\mu \in \mathbb{R}$ und $\sigma^2 \in \mathbb{R}^+$ bildet eine zweiparametrige Exponentialfamilie, da sich ihre Dichten wie folgt umschreiben lassen

$$f^X(x; \mu, \sigma^2)$$

$$= \frac{1}{\sqrt{2 \cdot \pi} \cdot \sigma} \cdot \exp\left\{ -\frac{1}{2} \cdot \left(\frac{x - \mu}{\sigma} \right)^2 \right\}$$

$$= \underbrace{\frac{1}{\sqrt{2 \cdot \pi} \cdot \sigma} \cdot \exp\left\{ -\frac{1}{2} \cdot \frac{\mu^2}{\sigma^2} \right\}}_{c(\mu, \sigma^2)} \cdot \underbrace{1}_{h(x)} \cdot \exp\left\{ \underbrace{-\frac{1}{2 \cdot \sigma^2}}_{q_1(\mu, \sigma^2)} \cdot \underbrace{x^2}_{G_1(x)} + \underbrace{\frac{\mu}{\sigma^2}}_{q_2(\mu, \sigma^2)} \cdot \underbrace{x}_{G_2(x)} \right\}.$$

◀B

Bisher haben wir uns mit den Eigenschaften von Schätzfunktionen auseinandergesetzt. Dabei haben wir stets angenommen, dass wir bereits eine Schätzfunktion kennen, für deren Eigenschaften wir uns interessieren. Der folgende Abschnitt beschäftigt sich nun mit der Frage, wie wir Schätzfunktionen konstruieren können.

3.5 Wie kommt man zu einer Schätzfunktion?

Ein intuitives Vorgehen zur Schätzung von Parametern ist das Verwenden ihrer empirischen Pendants. Die Parameter der Normalverteilung sind der Erwartungswert μ und die Varianz σ^2. Deren empirischen Gegenstücke sind das arithmetische Stichprobenmittel und die Stichprobenvarianz, gegeben durch

$$\bar{x} = \frac{1}{n} \cdot \sum_{i=1}^{n} x_i, \qquad s^2 = \frac{1}{n-1} \cdot \sum_{i=1}^{n} (x_i - \bar{x})^2.$$

Jedoch haben die Parameter einer Verteilung nicht immer solche empirischen Gegenstücke. Ebensowenig müssen die Parameter stets dem Erwartungswert und der Varianz entsprechen, wie die folgenden Beispiele zeigen. Die Rechteckverteilung ist definiert auf dem Intervall $[a; b]$ mit $a, b \in \mathbb{R}, a < b$. Sie wird durch die Parameter a und b eindeutig charakterisiert. Dabei entsprechen a und b nicht dem Erwartungswert und der Varianz einer rechteckverteilten Zufallsvariablen X, denn es gilt

$$\mathrm{E}(X) = \frac{a + b}{2} \quad \text{und} \quad \mathrm{Var}(X) = \frac{(b - a)^2}{12}.$$

Zur Schätzung von a und b würde man intuitiv das Minimum $X_{\min} = X_{(1)}$ bzw. das Maximum $X_{\max} = X_{(n)}$ der Stichprobe verwenden.

Die Exponentialverteilung wird eindeutig definiert durch den Parameter λ. Der Erwartungswert einer exponentialverteilten Zufallsvariablen X ist gegeben durch

$$\mathrm{E}(X) = \frac{1}{\lambda},$$

so dass auch hier der Parameter nicht dem Erwartungswert entspricht. Für die `Cauchy-Verteilung` ▶e existiert der Erwartungswert gar nicht, und für die Poissonverteilung mit Parameter λ sind Erwartungswert und Varianz gleich λ.

Ein allgemeines Prinzip, mit dem Schätzfunktionen für Charakteristika von Verteilungen gefunden werden können, ist also wünschenswert. In den folgenden Kapiteln werden Methoden zur Konstruktion von Punktschätzern eingeführt. Diese Verfahren führen in vielen Situationen zu sinnvollen Schätzfunktionen. Im Folgenden wollen wir die

— `Momentenmethode` ▶107

— `Maximum-Likelihood-Schätzung` ▶115

— `Methode der Kleinsten Quadrate` ▶134

als Punktschätzmethoden vorstellen.

Momentenmethode

Die Momentenmethode ist ein Verfahren zur Konstruktion von Punktschätzern für die Parameter $\vartheta_1, \ldots, \vartheta_k$ der Verteilungsfunktion $\mathrm{F}^X(x; \vartheta_1, \ldots, \vartheta_k)$ einer Zufallsvariablen X. Die Momentenmethode beruht auf dem Prinzip, durch das Gleichsetzen der empirischen und theoretischen Momente Schätzfunktionen für die Parameter $\vartheta_1, \ldots, \vartheta_k$ aus der Lösung des resultierenden

Gleichungssystems zu erhalten. Diese Schätzfunktionen werden als **Momentenschätzer** bezeichnet.

Das r-te (theoretische) Moment der Zufallsvariablen X ist definiert als

$$\mu_{(r)} = \mathrm{E}[X^r] = \int\limits_{-\infty}^{\infty} x^r \cdot f^X(x; \vartheta_1, \ldots, \vartheta_k)\, dx,$$

wobei $f^X(x; \vartheta_1, \ldots, \vartheta_k)$ die Dichtefunktion von X bezeichne. Für $r = 1$ entspricht dies dem Erwartungswert von X. Das r-te empirische Moment ist definiert als

$$m_{(r)} = \frac{1}{n} \cdot \sum_{i=1}^{n} X_i^r.$$

Für $r = 1$ entspricht dies dem arithmetischen Mittel der Stichprobenvariablen. Ist X verteilt gemäß $F^X(x; \vartheta_1, \ldots, \vartheta_k)$ und existiert eine Dichte $f^X(x; \vartheta_1, \ldots, \vartheta_k)$, so nähern sich für wachsenden Stichprobenumfang n die empirischen Momente $m_{(r)}$ den theoretischen Momenten $\mu_{(r)}$ an.

▶ Definition Momentenschätzer

Seien $X_1, \ldots, X_n$ unabhängig und identisch wie X verteilte Stichprobenvariablen mit Verteilungsfunktion $F^X(x; \vartheta_1, \ldots, \vartheta_k)$, die durch den Parametervektor $\vartheta = (\vartheta_1, \ldots, \vartheta_k)$ charakterisiert wird. Seien weiter die ersten k Momente von X bezeichnet mit $\mu_{(r)}$ und entsprechend die ersten k empirischen Momente mit $m_{(r)}$ für $r = 1, \ldots, k$. Schätzfunktionen für die k Parameter $\vartheta_1, \ldots, \vartheta_k$ sind die Lösungen $\omega_1, \ldots, \omega_k$ des k-elementigen Gleichungssystems

$$\mu_{(1)} = m_{(1)}$$
$$\mu_{(2)} = m_{(2)}$$
$$\vdots$$
$$\mu_{(k)} = m_{(k)}.$$

Die Lösungen $\omega_1, \ldots, \omega_k$ werden als **Momentenschätzer** für $\vartheta_1, \ldots, \vartheta_k$ bezeichnet.

Resultiert eine Schätzfunktion für einen Parameter ϑ aus der Momentenmethode, so bezeichnen wir sie mit T_ϑ^{M}. Es können auch die r-ten zentralen Momente anstelle der r-ten Momente verwendet werden. Für $r > 1$ ist das

r-te zentrale Moment definiert als

$$\mu_{(r)}^z = \mathrm{E}\left[X - \mathrm{E}[X]\right]^r.$$

Für $r > 1$ ist das r-te empirische zentrale Moment gegeben durch

$$m_{(r)}^z = \frac{1}{n} \cdot \sum_{i=1}^{n}(X_i - \overline{X})^r.$$

Ein Beispiel für das zweite zentrale Moment ist die Varianz mit

$$\mu_{(2)}^z = \mathrm{Var}[X] = \mathrm{E}\left[X - \mathrm{E}[X]\right]^2.$$

Das zweite empirische zentrale Moment entspricht also

$$m_{(2)}^z = S_*^2 = \frac{1}{n} \cdot \sum_{i=1}^{n}(X_i - \overline{X})^2.$$

Zwar kann S_*^2 zur Schätzung der Varianz verwendet werden, gebräuchlicher ist jedoch die modifizierte Version $S^2 = \frac{1}{n-1} \cdot \sum_{i=1}^{n}(X_i - \overline{X})^2$, die häufig als Stichprobenvarianz bezeichnet wird.

Die zentralen Momente können auch aus den nicht zentralen berechnet werden. Für das zweite, dritte und vierte zentrale Moment lauten die Berechnungvorschriften beispielsweise

$$\begin{aligned}
\mu_{(2)}^z &= \mu_{(2)} - \mu_{(1)}^2 \\
\mu_{(3)}^z &= \mu_{(3)} - 3 \cdot \mu_{(2)} \cdot \mu_{(1)} + 2 \cdot \mu_{(1)}^3 \\
\mu_{(4)}^z &= \mu_{(4)} - 4 \cdot \mu_{(3)} \cdot \mu_{(1)} + 6 \cdot \mu_{(2)} \cdot \mu_{(1)}^2 - 3 \cdot \mu_{(1)}^4
\end{aligned}$$

Die empirischen Momente lassen sich analog bestimmen.

Die Momentenmethode ist in der Regel leicht anzuwenden. Sie liefert jedoch nicht grundsätzlich die im statistischen Sinne „besten" Schätzer. Momentenschätzer besitzen nicht immer Eigenschaften wie Erwartungstreue, Effizienz oder Suffizienz. Der Momentenschätzer muss zudem nicht immer existieren. Ein Beispiel für eine Verteilung, für die sich keine Momentenschätzer konstruieren lassen, ist die `Cauchy-Verteilung` ►e. Ist die Zufallsvariable X Cauchy-verteilt, so gilt

$$\mu_{(1)} = \mathrm{E}[X] = \infty,$$

das heißt, das erste theoretische Moment existiert nicht.

Sei X eine Zufallsvariable mit Verteilungsfunktion $F^X(x;\vartheta)$ und Dichte $f^X(x;\vartheta) = (\vartheta + 1) \cdot x^\vartheta$ für $0 < x < 1$. Der Parameter ϑ soll mit Hilfe der Momentenmethode geschätzt werden. Das erste Moment ist definiert als

$$\mu_{(1)} = E[X] = \int_{-\infty}^{\infty} x \cdot f^X(x;\vartheta)\, dx = \int_0^1 x \cdot (\vartheta + 1) \cdot x^\vartheta\, dx = \frac{\vartheta + 1}{\vartheta + 2}.$$

Wird das erste Moment $\mu_{(1)}$ nun mit dem ersten empirischen Moment gleichgesetzt, kann daraus der Momentenschätzer T_ϑ^M für ϑ ermittelt werden

$$\mu_{(1)} = m_{(1)}$$
$$\frac{\vartheta + 1}{\vartheta + 2} = \frac{1}{n} \cdot \sum_{i=1}^n X_i = \overline{X}.$$

Das Auflösen dieser Gleichung nach ϑ liefert dann

$$\omega_1 = T_\vartheta^M(X_1, \ldots, X_n) = \frac{2 \cdot \overline{X} - 1}{1 - \overline{X}},$$

den Momentenschätzer für den Parameter ϑ.   ◀B

B

Bei einem Experiment mit den zwei möglichen Ergebnissen **Erfolg** und **Misserfolg** beschreibe X die Anzahl der Versuche bis zum ersten Erfolg. Die Wahrscheinlichkeit für das Ergebnis **Erfolg** sei $p \in (0; 1)$. Dann ist X geometrisch verteilt mit Parameter p. Die Erfolgswahrscheinlichkeit p soll geschätzt werden. Das erste Moment von X, der Erwartungswert, ergibt sich als

$$\mu_{(1)} = E[X] = \sum_{x=1}^{\infty} x \cdot p \cdot (1-p)^{x-1} = \frac{1}{p}.$$

Für die Stichprobenvariablen $X_1, \ldots, X_n$, die unabhängig und identisch wie X verteilt sind, erhält man durch Gleichsetzen des theoretischen Moments mit dem ersten empirischen Moment

$$\mu_{(1)} = m_{(1)}$$
$$\frac{1}{p} = \frac{1}{n} \cdot \sum_{i=1}^n X_i = \overline{X}.$$

Der Momentenschätzer für p wird nun durch Auflösen der obigen Gleichung nach p errechnet

$$\omega_1 = T_p^M(X_1, \ldots, X_n) = \frac{1}{\overline{X}}.$$ ◄B

Beispiel Normalverteilung   B

Die Zufallsvariable X sei normalverteilt mit Parametern $\mu \in \mathbb{R}$ und $\sigma^2 \in \mathbb{R}^+$. Die simultane Schätzung beider Parameter mit Hilfe der Momentenmethode erfordert das Lösen eines zwei-elementigen Gleichungssystems. Das erste Moment entspricht dem Erwartungswert von X

$$\mu_{(1)} = \mathrm{E}(X) = \mu.$$

Die Varianz von X kann mit Hilfe des **Verschiebungssatzes** ►27

$$\begin{aligned}
\sigma^2 = \mathrm{Var}[X] &= \mathrm{E}[X^2] - [\mathrm{E}[X]]^2 \\
&= \mu_{(2)} - \mu_{(1)}^2
\end{aligned}$$

aus dem ersten und zweiten Moment berechnet werden. Daraus lässt sich ableiten, dass das zweite Moment gegeben ist als

$$\mu_{(2)} = \sigma^2 + \mu_{(1)}^2 \qquad \text{mit } \mu_{(1)} = \mu$$

und somit $\qquad \mu_{(2)} = \sigma^2 + \mu^2.$

Der erste Schritt zur Bestimmung des Momentenschätzers ist das Gleichsetzen der ersten zwei Momente mit den entsprechenden empirischen Momenten für Stichprobenvariablen $X_1, \ldots, X_n$

$$\mu_{(1)} = m_{(1)} \quad \Rightarrow \quad \mu = \frac{1}{n} \cdot \sum_{i=1}^{n} X_i$$

$$\mu_{(2)} = m_{(2)} \quad \Rightarrow \quad \sigma^2 + \mu^2 = \frac{1}{n} \cdot \sum_{i=1}^{n} X_i^2.$$

Das Auflösen der Gleichungen nach μ und σ^2 ergibt die Momentenschätzer

$$\omega_1 = \overline{X} = \frac{1}{n} \cdot \sum_{i=1}^{n} X_i$$

als Schätzfunktion für den Parameter μ und

$$\omega_2 = \frac{1}{n} \cdot \sum_{i=1}^{n} X_i^2 - \left(\frac{1}{n} \cdot \sum_{i=1}^{n} X_i \right)^2 = \frac{1}{n} \cdot \sum_{i=1}^{n} (X_i - \overline{X})^2$$

als Schätzfunktion für den Parameter σ^2.   ◀B

B   **Beispiel** Exponentialverteilung

Seien $X_1, \ldots, X_n$ unabhängige und wie eine Zufallsvariable X verteilte Stichprobenvariablen mit Dichtefunktion

$$f^X(x; \lambda) = \lambda \cdot \exp\{-\lambda \cdot x\}, \quad x \geq 0, \ \lambda > 0.$$

Zu schätzen ist der Parameter λ der Exponentialverteilung mit Hilfe der Momentenmethode. Das erste Moment von X ist

$$\mu_{(1)} \quad = \quad \mathrm{E}[X] = \int_{-\infty}^{\infty} x \cdot \lambda \cdot \exp\{-\lambda \cdot x\} dx = \frac{1}{\lambda}.$$

Das Gleichsetzen des ersten theoretischen Moments mit dem ersten empirischen Moment ergibt

$$\mu_{(1)} \quad = \quad m_{(1)}$$

$$\frac{1}{\lambda} \quad = \quad \frac{1}{n} \cdot \sum_{i=1}^{n} X_i = \overline{X}.$$

Den Momentenschätzer $T_\lambda^{\mathrm{M}} = \omega_1$ für λ erhält man nun durch Auflösen der obigen Gleichung nach λ

$$\omega_1 = T_\lambda^{\mathrm{M}}(X_1, \ldots, X_n) = \frac{1}{\overline{X}}.$$

                                                                    ◀B

Die Dichtefunktion einer poissonverteilten Zufallsvariablen ist gegeben durch

$$f^X(x; \lambda) = \frac{\lambda^x \cdot \exp\{-\lambda\}}{x!}, \quad x \in \{0, 1, 2, \ldots\}, \lambda > 0.$$

Für die Poissonverteilung gilt $\lambda = \mathrm{E}[X] = \mathrm{Var}[X]$. Das heißt, der Parameter λ, der Erwartungswert und die Varianz können mit der gleichen Stichprobenfunktion geschätzt werden. Die Wahrscheinlichkeit, dass der Straßenkünstler innerhalb einer Zeitspanne von t Minuten verschont bleibt, ist definiert als

$$p_0 = \mathrm{P}_\lambda(X = 0) = f(0; \lambda) = \exp\{-\lambda\}.$$

Die mittlere Trefferquote ist gegeben durch

$$v = \frac{\lambda}{t}.$$

Bestimmung der Schätzer mit der Momentenmethode:

Den Momentenschätzer erhält man durch Gleichsetzen des ersten theoretischen und des ersten empirischen Moments, also

$$\mu_{(1)} = \mathrm{E}[X] = \frac{1}{n} \cdot \sum_{i=1}^{n} X_i = m_{(1)}.$$

Da $\mathrm{E}[X] = \lambda$ gilt, folgt, dass der Momentenschätzer für λ gegeben ist durch

$$\omega_1 = \frac{1}{n} \cdot \sum_{i=1}^{n} X_i = \overline{X}.$$

Die Schätzer für die mittlere Trefferquote und für die Wahrscheinlichkeit, dass der Straßenkünstler nicht getroffen wird, können nun durch Einsetzen des Momentenschätzers für λ in die entsprechenden Funktionen erhalten werden. Basierend auf $\widehat{\lambda} = \overline{x}$ ist

$$\widehat{v} = \frac{\widehat{\lambda}}{t}$$

die Schätzung für die mittlere Trefferrate in einem Zeitraum von t Minuten. Die Schätzung für die Wahrscheinlichkeit, dass der Künstler nicht getroffen wird, ist demzufolge

$$\widehat{p}_0 = \exp\{-\widehat{\lambda}\}.$$

Da aber auch $\lambda = \text{Var}[X]$ gilt, ist als Schätzer für λ auch

$$\omega_2 = \frac{1}{n} \cdot \sum_{i=1}^{n}(X_i - \overline{X})^2$$

nahe liegend.

Schätzungen für die konkreten Daten
Die Stichprobe des Straßenkünstlers sah wie folgt aus

2	1	2	0	0	1	1	1	0	1

Somit ergibt sich als Schätzung für λ mit ω_1

$$\widehat{\lambda} = \overline{x} = \frac{2+1+2+0+0+1+1+1+0+1}{10} = \frac{9}{10} = 0{,}9.$$

Die geschätzte mittlere Trefferrate $\widehat{v}$ und die Wahrscheinlichkeit $\widehat{p}_0$, dass der Straßenkünstler innerhalb von $t = 30$ Minuten nicht getroffen wird, sind

$$\widehat{v} = \frac{\widehat{\lambda}}{t} = \frac{0{,}9}{30 \text{ min}} = 0{,}03\frac{1}{\text{min}} = 1{,}8\frac{1}{\text{h}}$$

sowie

$$\widehat{p}_0 = \exp\{-\widehat{\lambda}\} = \exp\{-0{,}9\} = 0{,}407.$$

Der Straßenkünstler wird also im Schnitt 1,8 mal pro Stunde getroffen. die Wahrscheinlichkeit, dass er bei einem 30 minütigen Auftritt nicht getroffen wird, beträgt 40,7%. Der geschätzte Erwartungswert für die Anzahl der Treffer in einer halben Stunde ist 0,9. Wird der Momentenschätzer ω_2 für λ genutzt, so ergibt sich

$$\begin{aligned}
\omega_2 &= \frac{1}{n} \cdot \sum_{i=1}^{n}(X_i - \overline{X})^2, \\
\widehat{\lambda} &= \frac{1}{10} \cdot (1{,}21 + 0{,}01 + 1{,}21 + 0{,}81 + 0{,}81 + 0{,}01 + 0{,}01 \\
&\quad + 0{,}01 + 0{,}81 + 0{,}01) \\
&= \frac{49}{90} = 0{,}54
\end{aligned}$$

und somit

$$\widehat{v}(\widehat{\lambda}) = \frac{\widehat{\lambda}}{t} = \frac{0{,}54}{30} = 0{,}018\frac{1}{\text{min}} = 1{,}08\frac{1}{\text{h}}$$

und

$$\widehat{p}_0(\widehat{\lambda}) = \exp\{-\widehat{\lambda}\} = \exp\{-0,54\} = 0,583.$$

Glaubt man dieser Schätzung, so wird der Straßenkünstler im Schnitt nur 1,08 mal pro Stunde getroffen, und die Wahrscheinlichkeit, dass er 30 Minuten lang nicht getroffen wird, beträgt 58,3%. Die geschätzte erwartete Anzahl der Treffer in einer halben Stunde beträgt bei dieser Schätzung nur 0,54.

Inwiefern die gewählten Schätzfunktionen sinnvoll sind, also für die Parameter vernünftige Schätzungen liefern, hängt davon ab, welche Güteeigenschaften die verwendeten Schätzer besitzen. Dazu könnten beispielsweise Eigenschaften wie Erwartungstreue oder MSE für die Schätzer ω_1 und ω_2 miteinander verglichen werden.

Obwohl beide Schätzfunktionen den Parameter λ der Poissonverteilung schätzen (einmal als Erwartungswert, einmal als Varianz), kommen sie zu unterschiedlichen Schätzergebnissen. Der Schätzer ω_2 ist nicht erwartungstreu und wird somit im Mittel verzerrte Schätzungen für λ liefern, während ω_1 erwartungstreu ist. Man kann also nicht damit rechnen, dass die beiden Schätzfunktionen notwendigerweise sehr ähnliche Ergebnisse liefern. Mit wachsendem Stichprobenumfang sollten sich die Ergebnisse jedoch angleichen, da beide Schätzer konsistent sind für λ. Würde man für eine große Stichprobe immer noch sehr unterschiedliche Schätzergebnisse aus ω_1 und ω_2 erhalten, müsste man die Modellannahme der Poissonverteilung noch einmal überdenken.

Eine alternative Idee, die ebenfalls zur Konstruktion von Schätzfunktionen benutzt werden kann, ist es herauszufinden, welcher Parameterwert einer Verteilung unter den realisierten Daten am plausibelsten erscheint. Dies führt zu den so genannten Maximum-Likelihood-Schätzern.

Maximum-Likelihood-Methode

Die Likelihood-Funktion

Seien $X_1, \ldots, X_n$ unabhängige Stichprobenvariablen, die identisch verteilt sind wie eine Zufallsvariable X mit Dichtefunktion $f^X(x; \vartheta)$. Die gemeinsame Dichtefunktion von $X_1, \ldots, X_n$ ist gegeben durch

$$f^{X_1,\ldots,X_n}(x_1,\ldots,x_n;\vartheta) = f^X(x_1;\vartheta) \cdot \ldots \cdot f^X(x_n;\vartheta) = \prod_{i=1}^{n} f^X(x_i;\vartheta).$$

Die gemeinsame Dichtefunktion der Stichprobenvariablen $X_1, \ldots, X_n$ wird als eine Funktion der Daten $x_1, \ldots, x_n$ aufgefasst mit $f^{X_1, \ldots, X_n}(x_1, \ldots, x_n) = f^{X_1, \ldots, X_n}(x_1, \ldots, x_n; \vartheta)$. Die Beobachtungen $x_1, \ldots, x_n$ werden als zufällige Realisationen der Stichprobenvariablen $X_1, \ldots, X_n$ angesehen, während der Parameter ϑ festgehalten wird.

Für die Parameterschätzung erweist es sich als sinnvoll, die Rolle des Parameters ϑ und der Daten $x_1, \ldots, x_n$ zu vertauschen. Das heißt, die gemeinsame Dichtefunktion wird nun als Funktion des Parameters ϑ aufgefasst, während die Beobachtungen $x_1, \ldots, x_n$ festgehalten werden. Die so entstandene neue Funktion wird mit dem Buchstaben L bezeichnet, und man schreibt

$$\mathrm{L} = \mathrm{L}(\vartheta) = \mathrm{L}(\vartheta; x_1, \ldots, x_n) = \prod_{i=1}^{n} f^X(x_i; \vartheta).$$

Definition Likelihood-Funktion

Seien $X_1, \ldots, X_n$ unabhängige Stichprobenvariablen mit identischer Dichtefunktion $f^X(x_i; \vartheta)$ für $i = 1, \ldots, n$. Wird die gemeinsame Dichtefunktion $f^{X_1, \ldots, X_n}(x_1, \ldots, x_n; \vartheta)$ von $X_1, \ldots, X_n$ als eine Funktion von ϑ aufgefasst und die Daten $x_1, \ldots, x_n$ als fest, dann heißt die Funktion

$$\mathrm{L} = \mathrm{L}(\vartheta) = \prod_{i=1}^{n} f^X(x_i; \vartheta)$$

Likelihood-Funktion.

Die Likelihood-Funktion erweist sich für das Schätzen von Parametern als sehr nützlich, denn auf ihr beruht das Prinzip der Maximum-Likelihood-Schätzung, und sie legt damit einen wichtigen Grundstein für die Punktschätzung. Die Likelihood-Funktion gibt zu jeder möglichen Wahl des Parameters ϑ an, wie plausibel es ist, dass gerade dieser Wert von ϑ zur beobachteten Stichprobe geführt hat. Je größer der Wert von $\mathrm{L}(\vartheta)$ ist, um so plausibler ist es, dass solche Beobachtungen wie die in der Stichprobe realisiert werden. Der Wert $\vartheta_{\max}$, für den $\mathrm{L}(\vartheta_{\max})$ das Maximum der Likelihood-Funktion ist, wird daher als einleuchtendste Wahl für den Parameter ϑ angesehen. Darin begründet sich die Verwendung von $\vartheta_{\max}$ zur Schätzung des Parameters ϑ. Diese Methode wird als Maximum-Likelihood-Schätzung bezeichnet.

Interpretation der Likelihood-Funktion

- **Bei diskreter Verteilung**

  Seien $X_1, \ldots, X_n$ unabhängige Stichprobenvariablen, die identisch verteilt sind wie eine diskrete Zufallsvariable X mit diskreter Dichtefunktion $f^X(x; \vartheta)$. Dann beschreibt die Likelihood-Funktion die Wahrscheinlichkeit des Auftretens der tatsächlich realisierten Stichprobe $x_1, \ldots, x_n$, wenn der wahre Parameter der Verteilung gerade ϑ ist

  $$L(\vartheta) = P(X_1 = x_1, \ldots, X_n = x_n; \vartheta) = L(\vartheta; x_1, \ldots, x_n).$$

- **Bei stetiger Verteilung**

  Seien $X_1, \ldots, X_n$ unabhängige Stichprobenvariablen, die identisch verteilt sind wie eine stetige Zufallsvariable X mit Dichtefunktion $f^X(x; \vartheta)$. In diesem Fall gibt es folgende Interpretation der Dichte. Für kleines $\varepsilon > 0$ gilt approximativ

  $$P\left(x_i - \frac{\varepsilon}{2} \le X \le x_i + \frac{\varepsilon}{2}\right) \approx f^X(x_i; \vartheta) \cdot \varepsilon.$$

  Der Wert der Dichtefunktion an der Stelle x_i entspricht in etwa der Wahrscheinlichkeit, dass die Zufallsvariable X in einem symmetrischen Intervall der Breite ε um x_i realisiert wird. Die Wahrscheinlichkeit für das Auftreten einer Stichprobe in ε-Nähe zur tatsächlich realisierten Stichprobe $x_1, \ldots, x_n$ ist damit approximativ berechenbar und proportional zur Likelihood-Funktion

  $$\prod_{i=1}^{n} P\left(x_i - \frac{\varepsilon}{2} \le X \le x_i + \frac{\varepsilon}{2}\right) \approx \prod_{i=1}^{n} \left[f^X(x_i; \vartheta) \cdot \varepsilon\right] = \varepsilon^n \cdot L(\vartheta).$$

Beispiel Exponentialverteilung   B

Gegeben seien fünf Beobachtungen $x_1 = 10,0$; $x_2 = 8,6$; $x_3 = 9,2$; $x_4 = 9,7$; $x_5 = 11,0$ einer exponentialverteilten Zufallsvariable X mit Dichtefunktion

$$f^X(x; \vartheta) = \left(\frac{1}{\vartheta}\right) \cdot \exp\{-x/\vartheta\} \qquad \text{für} \quad x > 0.$$

Man beachte, dass hier eine Umparametrisierung der Exponentialverteilung vorgenommen wurde. Die Exponentialverteilung ist normalerweise durch den Parameter λ charakterisiert, welchen wir an dieser Stelle mit $\lambda = \frac{1}{\vartheta}$ gleichgesetzt haben. Damit können wir die Likelihood-Funktion in Abhängigkeit von

ϑ leichter zeichnen. Die Likelihood-Funktion ergibt sich als

$$L(\vartheta) \quad = \quad \prod_{i=1}^{n} f^X(x_i;\vartheta) = \prod_{i=1}^{5} \left(\frac{1}{\vartheta}\right) \cdot \exp\{-x_i/\vartheta\}$$

$$= \quad \left(\frac{1}{\vartheta^5}\right) \cdot \exp\left\{(-1/\vartheta) \cdot \sum_{i=1}^{5} x_i\right\} = \left(\frac{1}{\vartheta^5}\right) \cdot \exp\left\{-48,5/\vartheta\right\}.$$

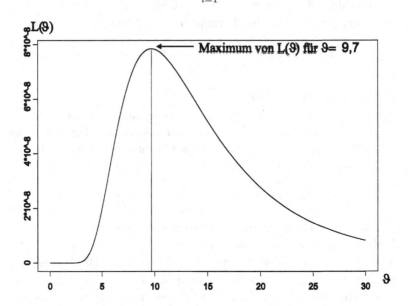

Die Abbildung zeigt die Likelihoodfunktion in Abhängigkeit von ϑ. Man sieht, dass an der Stelle $\vartheta = 9,7$ die Likelihoodfunktion ein Maximum besitzt.   ◀B

Beispiel Likelihoodfunktion

Die Beobachtungen $x_1 = 0,4$; $x_2 = 0,48$ und $x_3 = 0,36$ seien Realisationen einer Zufallsvariablen X mit Dichtefunktion

$$f^X(x;\vartheta) = \vartheta \cdot x^{\vartheta-1} \qquad 0 < x < 1, \qquad 0 < \vartheta < \infty.$$

Die Likelihood-Funktion lässt sich schreiben als

$$L(\vartheta) \quad = \quad \prod_{i=1}^{n} f^X(x_i;\vartheta) = \prod_{i=1}^{3} \vartheta \cdot x_i^{\vartheta-1}$$

$$= \quad \vartheta^3 \cdot \prod_{i=1}^{3} x_i^{\vartheta-1} = \vartheta^3 \cdot (0,4^{\vartheta-1} \cdot 0,48^{\vartheta-1} \cdot 0,36^{\vartheta-1}).$$

In der Abbildung ist die Likelihoodfunktion in Abhängigkeit von ϑ abgetragen. An der Stelle $\vartheta = 1,1436$ besitzt sie ein Maximum.

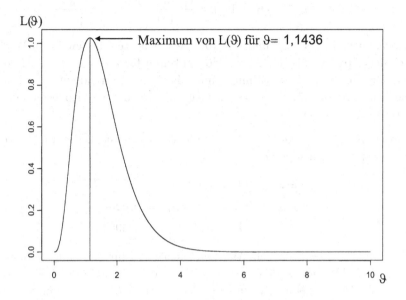

Maximum-Likelihood-Schätzung

◀B

Beispiel Kaffeeautomat   B

Auf einer Mitarbeiterversammlung einer kleinen Firma wird über die Anschaffung eines neuen Kaffeeautomaten abgestimmt. Leider sind 10 der 20 Kollegen aus betrieblichen Gründen, die aber nichts mit der Abstimmung zu tun haben, nicht anwesend. Unter den 10 Anwesenden gibt es neun Fürstimmen und eine Gegenstimme. Es stellt sich die Frage, wie groß die Anzahl der Gegner der Anschaffung im gesamten Kollegium ist. Wir bezeichnen die Anzahl aller Mitarbeiter mit s und die Anzahl der Mitarbeiter in der Besprechung mit n. Die Anzahl der Mitarbeiter, die bei der Besprechung mit **nein** gestimmt haben, sei k, was als Realisation einer hypergeometrisch verteilten Zufallsvariable K aufgefasst werden kann. Bezeichnet man die unbekannte Anzahl der Gegner im gesamten Kollegium mit r, dann ist die Wahrscheinlichkeit, dass es nur eine Gegenstimme gibt

$$P(K = k; r) = P(K = 1; r) = \frac{\binom{r}{1} \cdot \binom{s-r}{n-1}}{\binom{s}{n}} = \frac{\binom{r}{1} \cdot \binom{20-r}{9}}{\binom{20}{10}}.$$

In unserem Fall ist $s = 20$ und $n = 10$. Wir betrachten die jeweiligen Wahrscheinlichkeiten für die denkbaren Möglichkeiten für r ($r = 1, 2, \ldots, 11$) der gesamten Anzahl der Gegenstimmen im Kollegium, basierend auf der vorhandenen Information, nämlich dass eine Gegenstimme unter 10 Kollegen bereits existiert, also $k = 1$ ist.

In unserem Beispiel ergeben sich folgende Wahrscheinlichkeiten für die verschiedenen Möglichkeiten von r:

$$r = 1 : \quad P(K = 1; r = 1) \quad = 0,5$$
$$r = 2 : \quad P(K = 1; r = 2) \quad = 0,526$$
$$r = 3 : \quad P(K = 1; r = 3) \quad = 0,395.$$

Für Werte $r \geq 4$ ergeben sich Wahrscheinlichkeiten für das Ereignis $K = 1$, die sämtlich kleiner als $P(K = 1; r = 3) = 0,395$ sind. Der Wert von r, für den die Wahrscheinlichkeit für die Beobachtung $K = k = 1$ am größten ist, wird als Schätzwert für das wahre r angenommen. Somit ergibt sich als Schätzung für r der Wert $\hat{r} = 2$, da in diesem Fall die Wahrscheinlichkeit für das Eintreten von $K = k = 1$ am größten ist. ◀B

Definition Maximum-Likelihood-Schätzung

Seien $X_1, \ldots, X_n$ unabhängige Stichprobenvariablen, die identisch wie eine Zufallsvariable X mit Dichtefunktion $f^X(x; \vartheta)$ verteilt sind. Bezeichne weiter mit $L(\vartheta)$ die zugehörige Likelihood-Funktion. Der Wert ϑ_{max}, bei dem die Likelihood-Funktion $L(\vartheta)$ ein globales Maximum annimmt, kann als Punktschätzung für den Parameter ϑ genutzt werden. Das heißt, der Wert ϑ_{max}, für den gilt

$$L(\vartheta_{max}) \geq L(\vartheta) \qquad \text{für alle} \quad \vartheta \in \Theta$$

wird **Maximum-Likelihood-(ML-)Schätzung** für ϑ genannt.

Als Notation für die Maximum-Likelihood-Schätzung (den Maximum-Likelihood-Schätzwert) verwenden wir $\hat{\vartheta}_{ML}$. Der Maximum-Likelihood-Schätzer für ϑ wird mit T_{ϑ}^{ML}, das heißt es gilt $T_{\vartheta}^{ML}(x_1, \ldots, x_n) = \hat{\vartheta}_{ML}$ für eine realisierte Stichprobe $x_1, \ldots, x_n$. In der Literatur findet man sehr häufig die Notation $\hat{\vartheta}$, die sowohl als Bezeichnung für einen Schätzer als auch für einen Schätzwert verwendet wird. Es sollte daher immer sorgfältig darauf geachtet werden, ob es sich bei $\widehat{\vartheta}$ schon um eine realisierte Schätzung (Schätzwert) handelt oder ob damit der Schätzer gemeint ist.

Zahlreiche Likelihood-Funktionen erfüllen gewisse Regularitätsbedingungen, so dass der ML-Schätzer bestimmt werden kann, indem man die erste Ableitung der Likelihood-Funktion berechnet und sie mit Null gleichsetzt

$$\frac{\partial \mathrm{L}(\vartheta)}{\partial \vartheta} = 0.$$

Dabei muss sicher gestellt werden, dass es sich bei der Lösung tatsächlich um ein Maximum und kein Minimum handelt. Ein Maximum liegt vor, wenn die zweite Ableitung von $\mathrm{L}(\vartheta)$ kleiner als Null ist. Gibt es mehrere Lösungen, so muss unter allen Maxima das globale Maximum bestimmt werden. Unter Regularitätsbedingungen gilt in vielen Fällen, dass der Maximum-Likelihood-Schätzer konsistent und effizient ist. Die so genannte **Log-Likelihood-Funktion**, der natürliche Logarithmus der Likelihood-Funktion $\ln(\mathrm{L}(\vartheta))$, ist eine monotone Transformation der Likelihood-Funktion. Daher besitzen sowohl $\mathrm{L}(\vartheta)$ als auch $\ln(\mathrm{L}(\vartheta))$ ihr Maximum an der gleichen Stelle $\vartheta_{\max}$. Diese Eigenschaft ist sehr hilfreich, da das Maximum von $\ln(\mathrm{L}(\vartheta))$ oftmals einfacher zu bestimmen ist. Der Vorteil besteht insbesondere darin, dass sich die Log-Likelihood-Funktion schreiben lässt als Summe der logarithmierten Dichtefunktionen

$$\ln(\mathrm{L}(\vartheta)) = \ln \prod_{i=1}^{n} f^X(x_i; \vartheta) = \sum_{i=1}^{n} \ln(f^X(x_i; \vartheta)).$$

Das Maximum dieses Ausdrucks lässt sich in der Regel einfacher bestimmen als das Maximum von $\mathrm{L}(\vartheta)$.

Ist die Likelihood-Funktion von k Parametern $\vartheta_1, \ldots, \vartheta_k$ abhängig, also $\mathrm{L}(\vartheta_1, \ldots, \vartheta_k) = \prod_{i=1}^{n} f^X(x_i; \vartheta_1, \ldots, \vartheta_k)$, dann wird das Maximum $(\widehat{\vartheta}_1, \ldots, \widehat{\vartheta}_k)$ der (Log-)Likelihood-Funktion bestimmt durch die Lösung des k-elementigen Gleichungssystems

$$\frac{\partial \mathrm{L}(\vartheta_1, \ldots, \vartheta_k)}{\partial \vartheta_1} = 0$$

$$\frac{\partial \mathrm{L}(\vartheta_1, \ldots, \vartheta_k)}{\partial \vartheta_2} = 0$$

$$\vdots$$

$$\frac{\partial \mathrm{L}(\vartheta_1, \ldots, \vartheta_k)}{\partial \vartheta_k} = 0.$$

Eine Überprüfung, ob es sich bei den gefundenen Stellen tatsächlich um Maximalstellen handelt, ist in folgender Weise möglich. Bezeichne mit H eine $k \times k$ Matrix bestehend aus den partiellen Ableitungen der Likelihoodfunktion an der Stelle $(\widehat{\vartheta}_1, \ldots, \widehat{\vartheta}_k)$

$$H = \begin{pmatrix} h_{11} & \cdots & h_{1k} \\ \vdots & \ddots & \vdots \\ h_{k1} & \cdots & h_{kk} \end{pmatrix} \quad \text{mit} \quad h_{ij} = \left. \frac{\partial L(\vartheta_1, \ldots, \vartheta_k)}{\partial \vartheta_i \partial \vartheta_j} \right|_{(\widehat{\vartheta}_1, \ldots, \widehat{\vartheta}_k)}.$$

Ist die Matrix H negativ definit, das heißt es gilt $\sum_{i=1}^{k} \sum_{j=1}^{k} y_i y_j h_{ij} < 0$ für jeden beliebigen Vektor $y = (y_1, \ldots, y_k) \neq (0, \ldots, 0) \in \mathbb{R}^k$, so liegen Maximalstellen vor.

Kann der Parameter ϑ nur diskrete Werte annehmen, bietet es sich an, die Monotonieeigenschaften der Likelihood-Funktion bzw. des Quotienten $\frac{L(\vartheta)}{L(\vartheta+1)}$ zu untersuchen. Wechselt der Wert des Quotienten von einem Wert kleiner als 1 auf einen Wert, der größer als 1 ist, so ist ein (lokales) Maximum erreicht. Unter allen lokalen Maxima ist dann das globale zu bestimmen. Alternativ kann das Maximum von $L(\vartheta)$ mit Hilfe numerischer Verfahren gefunden werden.

Eigenschaften von ML-Schätzern

- Ein ML-Schätzer ist nicht notwendig erwartungstreu. Ein **Beispiel** ▶123 dafür ist S_*^2 als ML-Schätzer für σ^2 im Normalverteilungsmodell.

- Der ML-Schätzer ist nicht notwendig eindeutig; die Likelihoodfunktion kann mehrere Maxima besitzen. Daher heißt jede Lösung des Maximierungsproblems ML-Schätzer für ϑ.

- Unter gewissen Bedingungen an die Dichtefunktion f gilt: Wenn mehrere Schätzer $T_\vartheta(X_1, \ldots, X_n)$ die Bedingungen für einen ML-Schätzer erfüllen, so gibt es unter diesen genau einen, der konsistent ist für ϑ. Ist der ML-Schätzer eindeutig, so ist er damit natürlich konsistent für ϑ. Der konsistente ML-Schätzer $T_\vartheta^{\text{ML}}(X_1, \ldots, X_n)$ ist asymptotisch normalverteilt, das heißt

$$P \left(\frac{T_\vartheta^{\text{ML}}(X_1, \ldots, X_n) - \vartheta}{\sqrt{\text{Var}_\vartheta(T_\vartheta^{\text{ML}}(X_1, \ldots, X_n))}} \leq z \right) \longrightarrow \Phi(z) \quad (n \to \infty).$$

Invarianz gegenüber injektiven Transformationen

Ist $T_\vartheta^{ML}(x_1, \ldots, x_n) = \widehat{\vartheta}_{ML}$ der Maximum-Likelihood-Schätzwert für den Parameter ϑ und ist $\varphi : \mathbb{R} \to \mathbb{R}$ eine injektive Funktion, dann ist $\varphi(T_\vartheta^{ML}(x_1, \ldots, x_n)) = \varphi(\widehat{\vartheta}_{ML})$ der Maximum-Likelihood-Schätzwert für $\varphi(\vartheta)$.

Die mit φ transformierte Maximum-Likelihood-Schätzung ist also selbst wieder Maximum-Likelihood-Schätung für den mit φ transformierten Parameter, wenn die Funktion φ zu zwei verschiedenen Werten von ϑ stets auch voneinander verschiedene Funktionswerte besitzt. Das gleiche gilt für die Schätzfunktionen. Die Injektivität von φ ist dabei hinreichend, aber nicht notwendig. Man sagt, der Maximum-Likelihood-Schätzer ist invariant gegenüber injektiven Transformationen.

Beispiel ML-Schätzer

Ein Chemiker hat ein neues Instrument zur Bestimmung des Sauerstoffgehalts in Flüssigkeiten konstruiert. Er möchte wissen, ob das Instrument zuverlässig funktioniert und bestimmt daher testweise den Sauerstoffgehalt im Wasser, da er in diesem Fall weiß, wie das Ergebnis der Messung aussehen muss. Natürlich liefert sein Gerät nicht immer exakt den korrekten Wert, da durch äußere Einflüsse (Raumtemperatur, Luftdruck, Luftfeuchtigkeit etc.) gewisse zufällige Schwankungen bei der Messung entstehen. Der Chemiker bestimmt die Differenz zwischen seinen Messwerten und dem bekannten Sauerstoffgehalt von Wasser und erhält bei 10 Versuchen die folgende Beobachtungsreihe $x_1, \ldots, x_{10}$

-0,491	0,178	-1,398	1,106	-0,246
0,198	0,521	0,092	0,936	-2,000

Als empirisch arbeitender Wissenschaftler weiß der Forscher, dass solche Messfehler in der Regel Realisierungen normalverteilter Zufallsgrößen sind. Das heißt hier: $x_1, \ldots, x_{10}$ ist eine Stichprobe von $X_1, \ldots, X_{10}$, wobei $X_i \sim \mathcal{N}(\mu, \sigma^2)$. Um die Qualität des Messgeräts zu beurteilen, benötigt der Chemiker Informationen über μ und σ^2, die er mit Hilfe der Maximum-Likelihood-Schätzer für diese beiden Parameter erhalten möchte.

Gesucht ist also der ML-Schätzer für die Parameter einer Normalverteilung. Dazu wird zunächst die Likelihoodfunktion bestimmt. Jede einzelne Stichprobenvariable X_i ist normalverteilt wie eine Zufallsvariable X mit Parametern μ und σ^2, das heißt, für X_i ist die Dichtefunktion gegeben durch

$$f^X(x_i; \mu, \sigma) = \frac{1}{\sqrt{2 \cdot \pi} \cdot \sigma} \cdot \exp\left(-\frac{(x_i - \mu)^2}{2 \cdot \sigma^2}\right)$$

Die gemeinsame Dichte von $X_1, \ldots, X_n$ ergibt sich dann (da wir voraussetzen, dass alle Experimente unabhängig voneinander durchgeführt wurden, die Stichprobenvariablen damit auch stochastisch unabhängig sind) als Produkt der einzelnen Dichtefunktionen der X_i

$$
\begin{aligned}
f^{X_1, \ldots, X_n}(x_1, \ldots, x_n; \mu, \sigma) &= \prod_{i=1}^{n} f^X(x_i; \mu, \sigma) \\
&= \prod_{i=1}^{n} \frac{1}{\sqrt{2 \cdot \pi} \cdot \sigma} \cdot \exp\left\{-\frac{(x_i - \mu)^2}{2 \cdot \sigma^2}\right\} \\
&= (2 \cdot \pi)^{-n/2} \cdot (\sigma^2)^{-n/2} \cdot \\
&\qquad \exp\left\{-\sum_{i=1}^{n} \frac{(x_i - \mu)^2}{2 \cdot \sigma^2}\right\}
\end{aligned}
$$

Zur Bestimmung des ML-Schätzers betrachtet man diese Funktion nun als Funktion in den Parametern μ und σ^2 und geht damit über zur Likelihood-Funktion

$$L(\vartheta) = L(\vartheta; x_1, \ldots, x_n) = (2 \cdot \pi)^{-n/2} \cdot (\sigma^2)^{-n/2} \cdot \exp\left\{-\sum_{i=1}^{n} \frac{(x_i - \mu)^2}{2 \cdot \sigma^2}\right\}$$

mit $\vartheta = (\mu, \sigma^2)$. Als ML-Schätzer sucht man diejenige Stelle ϑ, an der diese Funktion ein Maximum besitzt. Dazu geht man folgendermaßen vor

— Bestimmung der Log-Likelihood:

$$
\begin{aligned}
&\ln L(\vartheta; x_1, \ldots, x_n) \\
&= \ln\left((2 \cdot \pi)^{-n/2} \cdot (\sigma^2)^{-n/2} \cdot \exp\left\{-\sum_{i=1}^{n} \frac{(x_i - \mu)^2}{2 \cdot \sigma^2}\right\}\right) \\
&= -\frac{n}{2} \cdot \ln(2 \cdot \pi) - \frac{n}{2} \cdot \ln(\sigma^2) - \frac{1}{2 \cdot \sigma^2} \cdot \sum_{i=1}^{n} (x_i - \mu)^2
\end{aligned}
$$

— Log-Likelihood nach μ und nach σ^2 ableiten:

$$\frac{\partial \ln L(\vartheta; x_1, \ldots, x_n)}{\partial \mu}$$

$$= \frac{\partial}{\partial \mu} \left(-\frac{n}{2} \cdot \ln(2 \cdot \pi) - \frac{n}{2} \cdot \ln(\sigma^2) - \frac{1}{2 \cdot \sigma^2} \cdot \sum_{i=1}^{n} (x_i - \mu)^2 \right)$$

$$= \frac{1}{\sigma^2} \cdot \sum_{i=1}^{n} (x_i - \mu) \qquad (1)$$

und $\quad \dfrac{\partial \ln L(\vartheta; x_1, \ldots, x_n)}{\partial \sigma^2}$

$$= \frac{\partial}{\partial \sigma^2} \left(-\frac{n}{2} \cdot \ln(2 \cdot \pi) - \frac{n}{2} \cdot \ln(\sigma^2) - \frac{1}{2 \cdot \sigma^2} \cdot \sum_{i=1}^{n} (x_i - \mu)^2 \right)$$

$$= -\frac{n}{2 \cdot \sigma^2} + \frac{1}{2 \cdot \sigma^4} \cdot \sum_{i=1}^{n} (x_i - \mu)^2 \qquad (2)$$

— Nullsetzen der Ableitungen und Lösen des sich ergebenden Gleichungssystems

$(1) \qquad \dfrac{1}{\sigma^2} \cdot \sum\limits_{i=1}^{n} (x_i - \mu) = 0 \Leftrightarrow \sum\limits_{i=1}^{n} (x_i - \mu) = 0$

$\qquad \Leftrightarrow \ n \cdot \overline{x} - n \cdot \mu = 0 \Leftrightarrow \mu = \overline{x}$

$(2) \qquad -\dfrac{n}{2 \cdot \sigma^2} + \dfrac{1}{2 \cdot \sigma^4} \cdot \sum\limits_{i=1}^{n} (x_i - \mu)^2 = 0$

$\qquad \Leftrightarrow \ -n \cdot \sigma^2 + \sum\limits_{i=1}^{n} (x_i - \mu)^2 = 0$

$\qquad \Leftrightarrow \ \sigma^2 = \dfrac{1}{n} \cdot \sum\limits_{i=1}^{n} (x_i - \mu)^2$

$\qquad \Leftrightarrow \ \sigma^2 = \dfrac{1}{n} \cdot \sum\limits_{i=1}^{n} (x_i - \overline{x})^2 = s_*^2 \quad$ (mit dem Ergebnis aus (1))

– Überprüfung, ob es sich bei der berechneten Stelle tatsächlich um eine Maximalstelle handelt. Die Matrix H ist hier gegeben als

$$H = \begin{pmatrix} -n & 0 \\ 0 & -\frac{n}{2 \cdot s_*^4} \end{pmatrix},$$

wobei sich zeigen lässt, dass H negativ definit ist und es sich somit bei der berechneten Lösung um eine Maximalstelle handelt.

Für eine konkrete Stichprobe $x_1, \ldots, x_n$ würde man als Schätzwert für (μ, σ^2) also $(\widehat{\mu}, \widehat{\sigma}^2)$ bestimmen mit

$$\widehat{\mu} = \overline{x} = \frac{1}{n} \cdot \sum_{i=1}^{n} x_i \quad \text{und} \quad \widehat{\sigma}^2 = s_*^2 = \frac{1}{n} \cdot \sum_{i=1}^{n} (x_i - \overline{x})^2.$$

Als Schätzfunktion bzw. ML-Schätzer ergibt sich in dieser Situation somit

$$T_{(\mu, \sigma^2)}^{\mathrm{ML}}(X_1, \ldots, X_n) = \left(\overline{X}, \frac{1}{n} \cdot \sum_{i=1}^{n} (X_i - \overline{X})^2 \right)$$

Im Beispiel des Chemikers erhält man

$$\widehat{\mu} = \overline{x} = -0,1104 \quad \text{und} \quad \widehat{\sigma}^2 = 0,953805.$$

B   **Beispiel** (Fortsetzung ▶119) Kaffeeautomat

Wir betrachten erneut das `Kaffeeautomaten-Problem` ▶119 und leiten den ML-Schätzer jetzt allgemein her.

Sei wiederum s die Anzahl aller Mitarbeiter im Kollegium und n die Anzahl der anwesenden Mitarbeiter in der Besprechung. Sei k die Anzahl der Mitarbeiter, die mit `nein` gestimmt haben, und r die unbekannte Anzahl der Gegner im gesamten Kollegium. Dann ist k die Realisation einer hypergeometrisch verteilten Zufallsvariable K mit Dichtefunktion

$$P(K = k; r) = \frac{\binom{r}{k} \cdot \binom{s-r}{n-k}}{\binom{s}{n}}, \qquad n, r, s \in \mathbb{N} \text{ und } r \leq s,\ n \leq s,$$

$$k = \max\{0, n + r - s\}, \ldots, \min\{r, n\}.$$

Da eine Realisation $K = k$ als Resultat aus einer Stichprobe vom Umfang n angesehen werden kann, ist die Likelihood-Funktion zur Bestimmung des

Maximum-Likelihood-Schätzers für den Parameter r gegeben durch

$$L(r) = \frac{\binom{r}{k} \cdot \binom{s-r}{n-k}}{\binom{s}{n}}, \quad \text{für } k \leq r \leq s - (n-k).$$

Da es sich hier um eine diskrete Verteilung handelt, bietet es sich an, die Monotonieeigenschaften der Likelihood-Funktion mit Hilfe des Quotienten $\frac{L(r)}{L(r+1)}$ zu untersuchen. Der Quotient ist gegeben als

$$\frac{L(r)}{L(r+1)} = \frac{\binom{r}{k} \cdot \binom{s-r}{n-k}}{\binom{s}{n}} \cdot \frac{\binom{s}{n}}{\binom{r+1}{k} \cdot \binom{s-r-1}{n-k}} \quad \text{für } k \leq r < s - (n-k)$$

$$\overset{(*)}{=} \frac{(s-r) \cdot (r+1-k)}{(s-r-n+k) \cdot (r+1)}$$

$(*) \binom{b+1}{a} = \binom{b}{a} \cdot \frac{b+1}{b+1-a}, \ a \leq b$

Zu untersuchen ist nun, an welchen Stellen der Quotient größer bzw. kleiner als 1 ist

$$\frac{L(r)}{L(r+1)} = \frac{(s-r) \cdot (r+1-k)}{(s-r-n+k) \cdot (r+1)} \overset{\geq}{\underset{<}{=}} 1$$

$$\Longleftrightarrow r \overset{\geq}{\underset{<}{=}} \frac{(s+1) \cdot k}{n} - 1 =: r^*.$$

Damit ist $L(r)$ monoton

$$\begin{cases} \text{fallend} & > r^* \\ & \text{für } r \\ \text{steigend} & \leq r^* \end{cases}$$

Ist $r^* < k$, dann ist $L(r)$ monoton fallend für $k \leq r \leq s - (n-k)$, so dass $\hat{r}_{ML} = k$. Ist $r^* \geq s - (n-k)$, dann ist $L(r)$ monoton steigend für $k \leq r \leq s - (n-k)$, so dass die Maximum-Likelihood-Schätzung mit $\hat{r}_{ML} = s - (n-k)$ gegeben ist.

Nehmen wir an, dass $k \leq r^* < s - (n-k)$, dann unterscheiden wir die zwei folgenden Fälle:

FALL 1: Sei $r^* \in \mathbb{N}$. Dann folgt, dass $L(r^*) = L(r^* + 1)$ gilt. Für alle anderen Werte von $r \neq r^*$ oder $r^* + 1$ ist die Likelihood-Funktion kleiner.

Damit sind $\widehat{r}_{\mathrm{ML}_1} = r^*$ und $\widehat{r}_{\mathrm{ML}_2} = r^* + 1$ Maximum-Likelihood-Schätzungen für r.

FALL 2: Sei $r^* \not\in \mathbb{N}$ Dann folgt, dass $\widehat{r}_{\mathrm{ML}} = \lceil r^* \rceil$ die Maximum-Likelihood-Schätzung für r ist. Dabei sei mit $\lceil x \rceil$ die kleinste ganze Zahl größer oder gleich x bezeichnet.

Betrachtet man die realisierten Werte aus dem `Beispiel` ►119, so ergibt sich mit $s = 20$, $n = 10$ und $k = 1$, dass

$$r^* = \frac{(s+1) \cdot k}{n} - 1 = \frac{21}{10} - 1 = 1,1$$

ist. Damit ist $1 = k \leq r^* < s - (n - k) = 11$, und r^* ist nicht ganzzahlig. Also ist $\widehat{r}_{\mathrm{ML}} = \lceil r^* \rceil = 2$ die Maximum-Likelihood-Schätzung für r. Das stimmt mit der Lösung aus dem `Beispiel` ►119 überein.

Alternativ könnte der Maximum-Likelihood-Schätzer für r mit Hilfe numerischer Verfahren gefunden werden.   ◄B

B   Beispiel Binomialverteilung

Um den Anteil der mit Herpesviren infizierten Personen in der Bevölkerung zu schätzen, wird eine repräsentative Stichprobe vom Umfang n gezogen. Der i-ten Person wird der Wert $x_i = 1$ zugeordnet, wenn sie infiziert ist, und der Wert $x_i = 0$, wenn sie nicht infiziert ist. Die Stichprobenwerte $x_1, \ldots, x_n$ sind also unabhängig erhobene Realisationen einer bernoulliverteilten Zufallsvariablen X mit Erfolgswahrscheinlichkeit $p \in [0; 1]$. Die Variable $K = \sum_{i=1}^{n} X_i$, die Anzahl aller Infizierten in der Stichprobe, ist dann binomialverteilt mit Parametern n und p und besitzt die Dichtefunktion

$$f^K(k; p) = \mathrm{P}_p(K = k) = \binom{n}{k} \cdot p^k \cdot (1 - p)^{n-k}, \ k = 0, 1, \ldots, n.$$

Damit ist die Likelihood-Funktion gegeben durch

$$\mathrm{L}(p; k) = \binom{n}{k} \cdot p^k \cdot (1 - p)^{n-k},$$

wobei $k = \sum_{i=1}^{n} x_i$ ist und $0 < k < n$. Das Maximum dieser Funktion lässt sich einfacher über die Ableitung der Log-Likelihood-Funktion ermitteln

$$\ln \mathrm{L}(p; k) \quad = \quad \ln\left[\binom{n}{k} \cdot p^k \cdot (1 - p)^{n-k}\right]$$

$$= \ln \binom{n}{k} + k \cdot \ln p + (n - k) \cdot \ln(1 - p).$$

Die erste Ableitung lautet

$$\frac{\partial}{\partial p} \ln L(p; k) = \frac{k}{p} - \frac{n - k}{1 - p}.$$

Gleichsetzen der ersten Ableitung mit Null ergibt

$$\frac{k}{p} - \frac{n - k}{1 - p} = 0.$$

Daraus folgt, dass

$$\widehat{p}_{\text{ML}} = \frac{k}{n} = \frac{1}{n} \cdot \sum_{i=1}^{n} x_i.$$

Da die zweite Ableitung $\frac{\partial^2}{\partial p^2} \ln L(p; k) = -\frac{k}{p^2} - \frac{n-k}{(1-p)^2}$ negativ ist, ist die Stelle $\frac{k}{n} = \frac{1}{n} \cdot \sum_{i=1}^{n} x_i$ tatsächlich eine Maximalstelle. Für $k = 0$ lautet die Likelihood-Funktion $L(p; k = 0) = (1 - p)^n$, welche maximal wird für $\widehat{p}_{\text{ML}} = 0 = \frac{k}{n}$. Ist $k = n$, dann wird die Likelihood-Funktion $L(p; k = n) = p^n$ maximal an der Stelle $\widehat{p}_{\text{ML}} = 1 = \frac{k}{n}$. Das heißt, der Maximum-Likelihood-Schätzer ist gegeben durch

$$T^{\text{ML}}(X_1, \ldots, X_n) = \frac{K}{n}.$$

Der Anteil der mit Herpes infizierten Personen lässt sich also durch

$$\frac{K}{n} = \frac{1}{n} \cdot \sum_{i=1}^{n} X_i$$

schätzen.   ◄B

Beispiel (Fortsetzung ►117) Exponentialverteilung   B

Die in der Abbildung des **Beispiels** ►117 zu erkennende Maximalstelle der Likelihood-Funktion kann bestimmt werden durch das Gleichsetzen der ersten Ableitung mit Null. Wir benutzen hier zur Bestimmung die **Log-Likelihood-Funktion** $\ln L(\vartheta)$ ►121, da mit ihr einfacher zu rechnen ist. Dies ist erlaubt, da es sich beim Logarithmus um eine monotone Transformation handelt und sich die Maximalstelle durch die Transformation nicht verändert.

1. Berechnung von $\ln L(\vartheta)$

$$\ln L(\vartheta) = \ln \left[\frac{1}{\vartheta^5} \cdot \exp \left\{ (-1/\vartheta) \cdot \sum_{i=1}^{5} x_i \right\} \right]$$

$$= -5 \cdot \ln(\vartheta) - \frac{\sum_{i=1}^{5} x_i}{\vartheta}, \quad \vartheta > 0.$$

2. Berechnung der ersten Ableitung der Log-Likelihood-Funktion und Gleichsetzen mit Null

$$\frac{\partial \ln L(\vartheta)}{\partial \vartheta} = -\frac{5}{\vartheta} + \frac{\sum_{i=1}^{5} x_i}{\vartheta^2} = 0$$

$$\Rightarrow 0 = \vartheta - \frac{\sum_{i=1}^{5} x_i}{5}.$$

Das Auflösen nach ϑ liefert als potenzielle Maximalstelle der Likelihood-Funktion

$$\vartheta = \vartheta_{max} = \frac{1}{5} \cdot \sum_{i=1}^{5} x_i = \frac{48,5}{5} = 9,7.$$

Da die zweite Ableitung der Log-Likelihood-Funktion negativ ist, handelt es sich tatsächlich um eine Maximalstelle. Sind die Beobachtungen $x_1, \ldots, x_5$ gegeben, nimmt die Likelihood-Funktion ihr Maximum an der Stelle $\vartheta_{max} = 9,7$ an. Bei beobachteten Werten $x_1, \ldots, x_5$ wie oben angegeben ist dies derjenige Wert ϑ, der die höchste Plausibilität besitzt.   ◄B

B   **Beispiel** (Fortsetzung ►118) Likelihoodfunktion

Die Beobachtungen $x_1 = 0,4$; $x_2 = 0,48$ und $x_3 = 0,36$ seien Realisationen einer Zufallsvariablen X mit Dichtefunktion

$$f^X(x; \vartheta) = \vartheta \cdot x^{\vartheta - 1} \qquad 0 < x < 1, \qquad 0 < \vartheta < \infty.$$

Die Likelihood-Funktion war

$$L(\vartheta) = \vartheta^3 \cdot (0,4^{\vartheta - 1} \cdot 0,48^{\vartheta - 1} \cdot 0,36^{\vartheta - 1}).$$

Das Maximum der Likelihood-Funktion erhält man durch Gleichsetzen der ersten Ableitung der logarithmierten Likelihood-Funktion mit Null.

1. Berechnung von $\ln L(\vartheta)$

$$\ln L(\vartheta) \;=\; \ln\left[\vartheta^3 \cdot \prod_{i=1}^{3} x_i^{\vartheta-1}\right] = 3 \cdot \ln\vartheta + \ln\left(\prod_{i=1}^{3} x_i^{\vartheta-1}\right)$$

$$=\; 3 \cdot \ln\vartheta + \sum_{i=1}^{3}(\vartheta - 1)\cdot \ln x_i = 3 \cdot \ln\vartheta + \vartheta \cdot \sum_{i=1}^{3}\ln x_i - \sum_{i=1}^{3}\ln x_i.$$

2. Berechnung der ersten Ableitung der Log-Likelihood-Funktion und Gleichsetzen mit Null

$$\frac{\partial \ln L(\vartheta)}{\partial \vartheta} \;=\; \frac{3}{\vartheta} + \sum_{i=1}^{3}\ln x_i = 0$$

$$\Rightarrow \frac{1}{\vartheta} \;=\; -\frac{\sum_{i=1}^{3}\ln x_i}{3}.$$

Das Auflösen nach ϑ liefert die Stelle, an der die Likelihood-Funktion maximal ist

$$\vartheta_{max} = -\frac{3}{\sum_{i=1}^{3}\ln x_i} = -\frac{3}{(\ln 0,42 + \ln 0,48 + \ln 0,36)} = 1,144$$

als ML-Schätzwert für ϑ. ◀B

Beispiel (Fortsetzung ▶60 ▶113) Straßenkünstler

Die Dichtefunktion einer poissonverteilten Zufallsvariable X ist gegeben durch

$$f^X(x;\lambda) = \frac{\lambda^x \cdot \exp\{-\lambda\}}{x!}, \qquad \lambda > 0, x \in \mathbb{N}.$$

Für die Poissonverteilung gilt $\lambda = E[X] = \mathrm{Var}[X]$. Das heißt, der Erwartungswert und die Varianz können mit der gleichen Stichprobenfunktion geschätzt werden. Sei wieder eine Zeitspanne von $t = 30$ Minuten betrachtet.

Die Wahrscheinlichkeit, dass der Straßenkünstler in dieser Zeit verschont bleibt, lässt sich aus

$$p_0 = P_\lambda(X = 0) = f(0;\lambda) = \exp\{-\lambda\}$$

berechnen. Die mittlere Trefferquote ist gegeben durch

$$v = \frac{\lambda}{t}.$$

Maximum-Likelihood-Schätzer:

Die gemeinsame Dichtefunktion von unabhängig und identisch poisson-verteilten Stichprobenvariablen $X_1, \ldots, X_n$ ist gegeben durch

$$f^{X_1, \ldots, X_n}(x_1, \ldots, x_n; \lambda) = \prod_{i=1}^{n} \frac{\lambda^{x_i} \cdot \exp\{-\lambda\}}{x_i!} = \lambda^{\sum_{i=1}^{n} x_i} \cdot \exp\{-n \cdot \lambda\} \cdot \frac{1}{\prod_{i=1}^{n} x_i!},$$

für $x_i \in 0, 1, 2, \ldots$ für $i = 1, \ldots, n$ und $\lambda > 0$.

Die Likelihood-Funktion ist die gemeinsame Dichte, aufgefasst als Funktion des Parameters λ. Diese ist gegeben durch

$$L(\lambda) = \lambda^{\sum_{i=1}^{n} x_i} \cdot \exp\{-n \cdot \lambda\} \cdot \frac{1}{\prod_{i=1}^{n} x_i!}, \quad \lambda > 0.$$

Zur Vereinfachung des Maximierungsproblems kann der natürliche Logarithmus dieser Funktion betrachtet werden

$$\ln(L(\lambda)) = \sum_{i=1}^{n} x_i \cdot \ln(\lambda) - n \cdot \lambda + \ln \left(\frac{1}{\prod_{i=1}^{n} x_i!} \right), \quad \lambda > 0.$$

Die erste Ableitung nach λ ist gegeben durch

$$\frac{\partial \ln(L(\lambda))}{\partial \lambda} = \frac{1}{\lambda} \cdot \sum_{i=1}^{n} x_i - n, \quad \lambda > 0$$

und Gleichsetzen mit Null liefert $\frac{1}{\lambda} \cdot \sum_{i=1}^{n} x_i - n = 0$, woraus folgt

$$\lambda = \frac{1}{n} \cdot \sum_{i=1}^{n} x_i = \overline{x}.$$

Für die zweite Ableitung nach λ gilt

$$\frac{\partial^2 \ln(L(\lambda))}{\partial \lambda^2} = -\frac{1}{\lambda^2} \cdot \sum_{i=1}^{n} x_i < 0, \quad \lambda > 0.$$

Die zweite Ableitung ist kleiner als Null, daher hat die Likelihood-Funktion $L(\lambda)$ an der Stelle $\widehat{\lambda}_{\mathrm{ML}} = \overline{x}$ ein Maximum. Somit ist $T^{\mathrm{ML}}_{\lambda}(X_1, \ldots, X_n) = \overline{X}$ Maximum-Likelihood-Schätzer für λ, das heißt für den Erwartungswert und die Varianz der poissonverteilten Zufallsvariablen. Man beachte, dass sich der gleiche Schätzer für λ auch schon aus der `Momentenmethode` ▶113 für das erste Moment ergab. Resultierend aus der Invarianz des Maximum-Likelihood-Schätzers gegenüber injektiven Transformationen gilt, dass die Maximum-Likelihood-Schätzungen für die mittlere Trefferrate sowie für die Wahrscheinlichkeit, dass der Straßenkünstler verschont bleibt, gegeben sind durch

$$\widehat{v} = \frac{\widehat{\lambda}_{\mathrm{ML}}}{t} \quad \text{bzw.} \quad \widehat{p_0} = \exp\{-\widehat{\lambda}_{\mathrm{ML}}\}.$$

Maximum-Likelihood-Schätzungen aus den Daten
Die Stichprobe, die angibt, wie oft der Straßenkünstler von einer Taube getroffen wurde, war

2	1	2	0	0	1	1	1	0	1

Als Maximum-Likelihood-Schätzung für den Parameter λ ergibt sich dann

$$\widehat{\lambda}_{\mathrm{ML}} = \overline{x} = \frac{2+1+2+0+0+1+1+1+0+1}{10} = \frac{9}{10} = 0,9.$$

Als Maximum-Likelihood-Schätzungen für die Trefferrate v und die Wahrscheinlichkeit, dass er in einer Zeitspanne von 30 Minuten nicht getroffen wird, resultieren

$$\widehat{v} = \frac{\widehat{\lambda}_{\mathrm{ML}}}{t} = \frac{0,9}{30\,\mathrm{min}} = 0,03\frac{1}{\mathrm{min}} = 1,8\frac{1}{\mathrm{h}},$$

$$\widehat{p_0} = \exp\{-\widehat{\lambda}_{\mathrm{ML}}\} = \exp\{-0,9\} = 0,407.$$

Der Straßenkünstler wird also im Schnitt 1,8 mal pro Stunde getroffen und die Wahrscheinlichkeit, dass er in einem Zeitraum von 30 Minuten nicht getroffen wird, ist 40,7%.

Methode der kleinsten Quadrate

Die Methode der kleinsten Quadrate findet als Schätzmethode hauptsächlich Anwendung in der Regressionsanalyse. Die Regressionsanalyse dient zur Untersuchung von Zusammenhängen zwischen Merkmalen. Im Unterschied zur Korrelationsrechnung ▶e geht es dabei nicht nur um die Art, zum Beispiel linear oder monoton, und die Stärke des Zusammenhangs, sondern der Zusammenhang soll genauer durch eine Funktion beschrieben werden.

Ein Beispiel, in dem eine solche Funktion gesucht ist, könnte das Folgende sein: Ein Unternehmer beobachtet, welchen Gewinn er jeweils erwirtschaftet, wenn er eine bestimmte Menge seines Produkts herstellt. Er vermutet, dass sein Gewinn Y von der produzierten Menge x im Wesentlichen linear abhängt. Dabei wird der Zusammenhang in der Regel nicht ganz exakt eingehalten, da neben der produzierten Menge andere, von ihm nicht beobachtete Größen den Gewinn beeinflussen (etwa schwankende Nachfrage). Der Unternehmer vermutet also, dass

$$Y = \underbrace{\beta_0 + \beta_1 \cdot x}_{\text{linearer Zusammenhang}} + \underbrace{\varepsilon}_{\text{zufälliger Fehler}}$$

gilt. Dabei sind β_0, β_1 unbekannt. Die produzierte Menge x wird nicht als zufällig betrachtet, sondern ist vom Unternehmer deterministisch vorgegeben. Der Unternehmer hat schon verschiedene Mengen produziert und die zugehörigen Gewinne notiert. Er möchte nun wissen, mit welchem Gewinn er rechnen kann, wenn er eine weitere Menge x seines Produkts herstellt, und zwar, ohne dass er tatsächlich x Einheiten produziert und den Gewinn erwirtschaftet. Würde er die Koeffizienten β_0 und β_1 der oben angegebenen Funktion kennen, so könnte er im Prinzip für beliebige Werte von x den zu erwartenden Gewinn Y, bis auf einen zufälligen Fehler, vorhersagen.

Die **Methode der kleinsten Quadrate** erlaubt es, aus beobachteten Datenpaaren (x_1, y_1), ..., (x_n, y_n) die Koeffizienten einer solchen Regressionsfunktion zu schätzen. Wir werden uns zur Darstellung der Methode auf das einfachste Regressionsmodell beschränken, die oben schon dargestellte so genannte **einfache lineare Regression**.

Das einfache lineare Regressionsmodell

Betrachtet wird ein interessierendes Merkmal Y, das von einem Merkmal x abhängt. An n unabhängigen Merkmalsträgern werden Realisationen $(x_1, y_1), \ldots, (x_n, y_n)$ der beiden Merkmale beobachtet.

Im einfachen linearen Regressionsmodell

$$Y_i = \beta_0 + \beta_1 \cdot x_i + \varepsilon_i, \quad i = 1, \ldots, n$$

wird ein linearer Einfluss des Merkmals x auf das Merkmal Y unterstellt. Die Groß- bzw. Kleinschreibung bedeutet dabei, dass wir x als feste, einstellbare Größe, Y dagegen als Zufallsvariable auffassen. Für die nicht beobachtbaren, zufälligen Fehler ε_i, $i = 1, \ldots, n$, unterstellen wir, dass sie unabhängig und identisch verteilt sind mit Erwartungswert Null und gleicher Varianz σ^2 für alle $i = 1, \ldots, n$.

Man bezeichnet Y auch als **Zielgröße**, x als **Einflussgröße** und den zufälligen Fehler ε als **Störgröße**. Die unbekannten Konstanten β_0 und β_1 heißen **Regressionskoeffizienten** und werden auch als Parameter des Regressionsmodells bezeichnet.

Um das lineare Regressionsmodell den Beobachtungen möglichst gut anzupassen, sind β_0 und β_1 aus den beobachteten Werten $(x_1, y_1), \ldots, (x_n, y_n)$ zu schätzen. Dies kann mit der Methode der kleinsten Quadrate geschehen.

Beispiel Anwendungsbeispiele   B

— Der **Unternehmer** ▶134 hat in verschiedenen Monaten jeweils 5 000, 6 000, 8 000, 10 000 und 12 000 Stück produziert. Die erzielten Gewinne hat er notiert. Er möchte demnächst 9 000 Stück pro Monat produzieren und den zu erwartenden Gewinn prognostizieren.

— Die Bedienung in einer Szene-Kneipe stellt fest – was nicht überraschend ist – dass sie umso mehr Trinkgeld bekommt, je mehr Gäste sie am Abend bedient. Nach regelmäßiger Beobachtung kommt sie zu dem Schluss, dass der Zuwachs an Trinkgeld pro bedientem Gast ungefähr konstant ist. Der Zusammenhang zwischen der Anzahl der Gäste und dem eingenommenen Trinkgeld kann daher als linear angenommen werden. Die Bedienung möchte herausfinden, wie viele Gäste sie am Abend bedienen muss, um auf einen gewissen Betrag an Trinkgeld zu kommen.

— Ein neues Medikament zur Senkung des Blutzuckerspiegels soll auf den Markt gebracht werden. Dazu muss eine angemessene Konzentration des

Wirkstoffs in den Tabletten bestimmt werden. In einem kontrollierten klinischen Experiment mit freiwilligen Probanden werden verschiedene Dosierungen des Wirkstoffs verabreicht. Pro Patient werden jeweils die verabreichte Dosierung und der Blutzuckerspiegel vor und nach Verabreichung des Medikaments festgehalten. Daraus kann die erreichte Blutzuckersenkung bestimmt werden. Kann man davon ausgehen, dass die Reduktion des Blutzuckers linear von der Dosierung abhängt, so ist es möglich, aus dem Experiment diejenige Dosierung zu bestimmen, bei der eine bestimmte vorgegebene Blutzuckersenkung voraussichtlich erreicht wird.   ◄B

Betrachtet werden unabhängige Zufallsvariablen $Y_1, \ldots, Y_n$, zusammen mit zugehörigen Werten $x_1, \ldots, x_n$ der Einflussgröße, so dass alle Paare (x_i, Y_i) dem gleichen einfachen linearen Regressionsmodell

$$Y_i = \beta_0 + \beta_1 \cdot x_i + \varepsilon_i, \quad i = 1, \ldots, n$$

folgen. Beobachtet seien die Paare $(x_1, y_1), \ldots, (x_n, y_n)$. Die Beobachtungspaare (x_i, y_i), $i = 1, \ldots, n$, kann man als Punkte in ein Koordinatensystem eintragen. Die Anpassung eines einfachen linearen Regressionsmodells bedeutet dann, dass man in diese Punktewolke eine Gerade einbeschreibt, die den Verlauf der Punkte möglichst gut wiedergibt. Diese Idee ist in der folgenden Abbildung veranschaulicht.

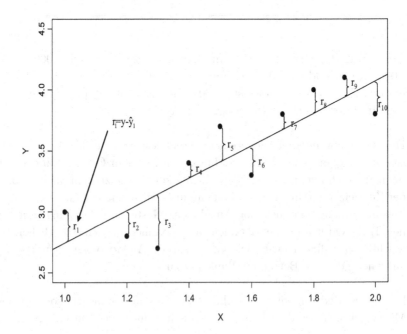

Mathematisch wird die einbeschriebene Gerade durch die Funktionsgleichung

$$y = \beta_0 + \beta_1 \cdot x$$

beschrieben. Die beobachteten y_i haben von dieser Geraden die (senkrecht gemessenen) Abstände $e_i = y_i - (\beta_0 + \beta_1 \cdot x_i) = y_i - \beta_0 - \beta_1 \cdot x_i$, $i = 1, \ldots, n$. Die Größen e_i werden auch als Residuen bezeichnet.

Ein nahe liegendes Kriterium, um die Gerade optimal in die beobachteten Punkte zu legen, ist es, die Summe der Residuenquadrate e_i^2 zu minimieren. In diesem Fall liegt die Gerade möglichst nahe an möglichst vielen Punkten. Die Residuen e_i werden hierbei quadriert, damit sich positive und negative Residuen nicht gegenseitig aufheben. Zu minimieren ist also

$$\sum_{i=1}^{n} e_i^2 = \sum_{i=1}^{n} (y_i - \beta_0 - \beta_1 \cdot x_i)^2.$$

Die Schätzwerte $\widehat{\beta}_0$ und $\widehat{\beta}_1$ für die Regressionskoeffizienten sind diejenigen Werte, für die diese Summe minimal wird. Im einfachen linearen Regressionsmodell können analytische Formeln zur Berechnung von $\widehat{\beta}_0$ und $\widehat{\beta}_1$ hergeleitet werden. Um das Minimum zu finden, leitet man die Summe der Residuenquadrate getrennt nach β_0 und β_1 ab und setzt die Ableitungen gleich Null. Dies führt zu den so genannten Normalengleichungen

$$\sum_{i=1}^{n} y_i = n \cdot \widehat{\beta}_0 + \widehat{\beta}_1 \cdot \sum_{i=1}^{n} x_i \quad \text{und} \quad \sum_{i=1}^{n} x_i \cdot y_i = \widehat{\beta}_0 \cdot \sum_{i=1}^{n} x_i + \widehat{\beta}_1 \cdot \sum_{i=1}^{n} x_i^2.$$

Diese Gleichungen können nach $\widehat{\beta}_0$ und $\widehat{\beta}_1$ aufgelöst werden. Man erhält

$$\widehat{\beta}_1 = \frac{\sum_{i=1}^{n}(x_i - \overline{x}) \cdot (y_i - \overline{y})}{\sum_{i=1}^{n}(x_i - \overline{x})^2} = \frac{\sum_{i=1}^{n} x_i \cdot y_i - n \cdot \overline{x} \cdot \overline{y}}{\sum_{i=1}^{n} x_i^2 - n \cdot \overline{x}^2},$$

$$\widehat{\beta}_0 = \frac{1}{n} \cdot \left(\sum_{i=1}^{n} y_i - \widehat{\beta}_1 \cdot \sum_{i=1}^{n} x_i \right) = \overline{y} - \widehat{\beta}_1 \cdot \overline{x}$$

mit $\overline{x} = \frac{1}{n} \cdot \sum_{i=1}^{n} x_i$ und $\overline{y} = \frac{1}{n} \cdot \sum_{i=1}^{n} y_i$.

Als Zufallsvariablen geschrieben, ergeben sich die Schätzer

$$T_{\beta_1}^{\text{KQ}}((x_1, Y_1), \ldots, (x_n, Y_n)) = \frac{\sum_{i=1}^{n}(x_i - \overline{x}) \cdot (Y_i - \overline{Y})}{\sum_{i=1}^{n}(x_i - \overline{x})^2},$$

$$T_{\beta_0}^{\text{KQ}}((x_1, Y_1), \ldots, (x_n, Y_n)) = \overline{Y} - T_{\beta_1}^{\text{KQ}}((x_1, Y_1), \ldots, (x_n, Y_n)) \cdot \overline{x}.$$

Die Groß- bzw. Kleinschreibung steht dabei wiederum für die Tatsache, dass wir die x_i als feste Größen, die Y_i als Zufallsvariablen betrachten.

▶ **Definition** Kleinste-Quadrate-Schätzer

Die aus dem hier vorgestellten Prinzip resultierenden Schätzer $T_{\beta_0}^{\mathrm{KQ}}$ und $T_{\beta_1}^{\mathrm{KQ}}$ heißen die **Kleinste-Quadrate-(KQ-)Schätzer** für β_0 und β_1. Entsprechend heißen die Schätzwerte $\widehat{\beta}_0$ und $\widehat{\beta}_1$ die **KQ-Schätzungen**.

Kleinste-Quadrate-Schätzer

Im einfachen linearen Regressionsmodell ▶135 sind die KQ-Schätzer für die Regressionskoeffizienten gegeben durch

$$T_{\beta_1}^{\mathrm{KQ}}((x_1, Y_1), \ldots, (x_n, Y_n)) = \frac{\sum_{i=1}^n (x_i - \overline{x}) \cdot (Y_i - \overline{Y})}{\sum_{i=1}^n (x_i - \overline{x})^2},$$

$$T_{\beta_0}^{\mathrm{KQ}}((x_1, Y_1), \ldots, (x_n, Y_n)) = \overline{Y} - T_{\beta_1}^{\mathrm{KQ}}((x_1, Y_1), \ldots, (x_n, Y_n)) \cdot \overline{x}.$$

▶ **Definition** Prognose basierend auf Kleinste-Quadrate-Schätzung

Die Werte $\widehat{Y}_i = T_{\beta_0}^{\mathrm{KQ}} + T_{\beta_1}^{\mathrm{KQ}} \cdot x_i$ sind Schätzer für die Y_i und werden auch **Vorhersagen** oder **Prognosen** genannt. Die zugehörigen Schätzwerte sind $\widehat{y}_i = \widehat{\beta}_0 + \widehat{\beta}_1 \cdot x_i$. Die Abweichungen $R_i = Y_i - \widehat{Y}_i$ heißen **Residuen**, ihre Realisationen $r_i = y_i - \widehat{y}_i$ nennt man **geschätzte Residuen** oder häufig ebenfalls Residuen.

B   **Beispiel** (Fortsetzung ▶135) Gewinn eines Unternehmers

Der Unternehmer aus dem **Beispiel** ▶135 hat folgende Daten beobachtet

Menge x_i (in 1 000 Stück)	5	6	8	10	12
Gewinn y_i (in Euro)	2 600	3 450	5 555	7 700	9 350

Die Vermutung des Unternehmers war, dass

$$Y_i = \beta_0 + \beta_1 \cdot x_i + \varepsilon_i, \quad i = 1, \ldots, n.$$

In der graphischen Darstellung sehen seine Beobachtungen wie folgt aus

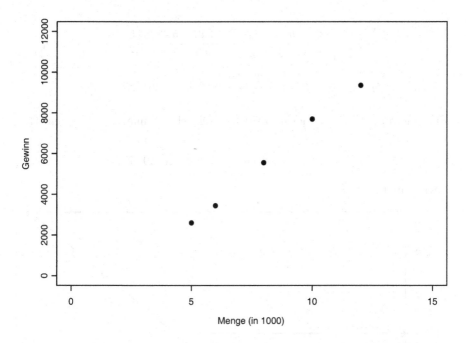

Möchte er nun wissen, mit welchem Gewinn er bei 9 000 produzierten Stücken rechnen kann, wird er

−   graphisch: eine Ausgleichsgerade durch die beobachteten Punktepaare legen und deren Wert an der Stelle $x = 9$ ablesen;
−   rechnerisch: β_0 und β_1 anhand der Daten schätzen und $x = 9$ in den geschätzten Zusammenhang einsetzen.

Zur Berechnung der Schätzwerte benutzt man die folgende Hilfstabelle

i	x_i	y_i	x_i^2	$x_i \cdot y_i$
1	5	2 600	25	13 000
2	6	3 450	36	20 700
3	8	5 555	64	44 440
4	10	7 700	100	77 000
5	12	9 350	144	112 200
$\sum$	41	28 655	369	267 340
	$\overline{x} = 8,2$	$\overline{y} = 5\,731$		

Mit den `Formeln` ▶137 für die KQ-Schätzungen erhält man

$$\widehat{\beta}_1 = \frac{\sum_{i=1}^{n} x_i \cdot y_i - n \cdot \overline{x} \cdot \overline{y}}{\sum_{i=1}^{n} x_i^2 - n \cdot \overline{x}^2} = \frac{267\,340 - 5 \cdot 8,2 \cdot 5731}{369 - 5 \cdot (8,2)^2} = 986,860,$$

$$\widehat{\beta}_0 = \overline{y} - \widehat{\beta}_1 \cdot \overline{x} = 5\,731 - \frac{32\,369}{32,8} \cdot 8,2 = -2\,361,25.$$

Für eine produzierte Menge von 9 000 Stück schätzt man also, dass ein Gewinn von

$$\underset{\widehat{}}{y} = \underset{-}{2\,361,25} + 986,860 \cdot 9 = 6\,520,49 \text{ (Euro)}$$

erwirtschaftet wird.

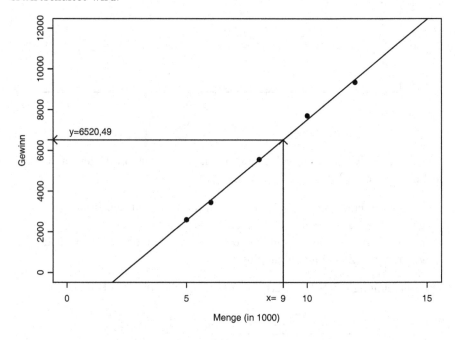

Zu beachten ist bei solchen Prognosen, dass sie nur sinnvoll sind für neue x-Werte in der Nähe der tatsächlich beobachteten x_i, da man über die Qualität der Approximation des Zusammenhangs außerhalb des beobachteten Bereichs nichts aussagen kann. Solche Aussagen sind auch nicht immer sinnvoll. Im hier dargestellten Beispiel erhält man etwa für sehr große Produktionsmengen die Prognose eines enormen Gewinns. Dabei werden aber andere Effekte, wie beispielsweise eine Marktsättigung, die bei sehr hohen Mengen produzierter Güter eintreten könnte, nicht berücksichtigt. ◀B

In einer Studie soll untersucht werden, wie stark der Zusammenhang zwischen der Intelligenz und der Problemlösefähigkeit von Abiturienten ausgeprägt ist. Dazu lässt man zunächst 2 000 Abiturienten einen Intelligenztest bearbeiten und stellt ihren Intelligenzquotienten fest. Für eine festgelegte Auswahl von Intelligenzquotienten $x_1, \ldots, x_8$ wählt man dann aus den 2 000 Schulabgängern 8 Personen aus, die gerade die festgelegten Intelligenzquotienten aufweisen. Diesen Schülern stellt man eine komplexe Aufgabe und misst jeweils die Zeit Y_i (in Stunden), die sie zu ihrer Lösung benötigen. Man erhält

x_i	100	105	110	115	120	125	130	135
y_i	3,8	3,3	3,4	2,0	2,3	2,6	1,8	1,6

In der graphischen Darstellung sieht die Datenlage wie folgt aus

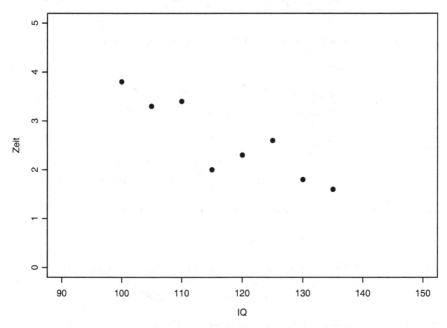

Es soll ein einfaches lineares Regressionsmodell angepasst werden, um vorherzusagen, wie lange ein Abiturient mit einem Intelligenzquotienten von 112 durchschnittlich zur Lösung der Aufgabe brauchen wird.

Dazu werden die KQ-Schätzungen $\widehat{\beta}_0$ und $\widehat{\beta}_1$ für das Modell

$$Y_i = \beta_0 + \beta_1 \cdot x_i + \varepsilon_i$$

benötigt.

Zur Berechnung der Schätzwerte stellt man die folgende Hilfstabelle benötigter Größen auf

i	x_i	y_i	x_i^2	$x_i \cdot y_i$
1	100	3,8	10 000	380
2	105	3,3	11 025	346,5
3	110	3,4	12 100	374
4	115	2,0	13 225	230
5	120	2,3	14 400	276
6	125	2,6	15 625	325
7	130	1,8	16 900	234
8	135	1,6	18 225	216
$\sum$	940	20,8	111 500	2 381,5
	$\overline{x} = 117,5$	$\overline{y} = 2,6$		

Mit den Formeln ▶137 für die KQ-Schätzungen erhält man

$$\widehat{\beta}_1 = \frac{\sum_{i=1}^{n} x_i \cdot y_i - n \cdot \overline{x} \cdot \overline{y}}{\sum_{i=1}^{n} x_i^2 - n \cdot \overline{x}^2} = \frac{2\,381,5 - 8 \cdot 117,5 \cdot 2,6}{111\,500 - 8 \cdot (117,5)^2}$$

$$= \frac{-62.5}{1\,050} = -0,060,$$

$$\widehat{\beta}_0 = \overline{y} - \widehat{\beta}_1 \cdot \overline{x} = 2,6 - \frac{(-62.5)}{1\,050} \cdot 117,5 = 9,59.$$

Damit ist die Ausgleichsgerade gegeben durch die Gleichung

$$y = 9,59 - 0,060 \cdot x.$$

Für einen Abiturienten mit einem IQ von 112 schätzt man, dass er

$$\widehat{y} = 9,59 - 0,060 \cdot 112 = 2,87$$

Stunden benötigen wird, um das Problem zu lösen.

Graphisch sieht der geschätzte Zusammenhang zwischen Problemlösefähigkeit und Intelligenzquotient von Abiturienten so aus

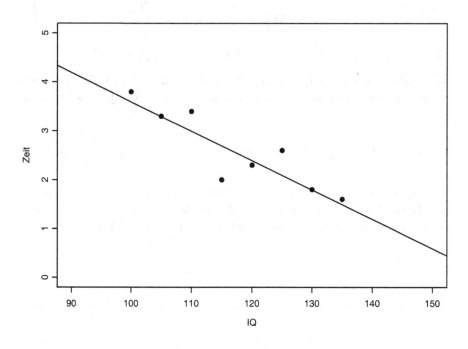

◀B

Kann man unterstellen, dass die Fehler ε_i im einfachen linearen Regressions-modell

$$Y_i = \beta_0 + \beta_1 \cdot x_i + \varepsilon_i$$

normalverteilt sind mit Erwartungswert Null und Varianz σ^2, so gibt es einen engen Zusammenhang zwischen KQ-Schätzer und ML-Schätzer ▶119.

In diesem Fall gilt nämlich, dass die Zufallsvariablen Y_i ebenfalls normalver-teilt sind mit Erwartungswert $\beta_0 + \beta_1 \cdot x_i$ und Varianz σ^2, $i = 1, \ldots, n$, das heißt $Y_i \sim \mathcal{N}(\beta_0 + \beta_1 \cdot x_i, \sigma^2)$, $i = 1, \ldots, n$. Damit kann man die Dichte von Y_i angeben

$$f^{Y_i}(y_i) = \frac{1}{\sqrt{2 \cdot \pi \cdot \sigma^2}} \cdot \exp\left\{ -\frac{1}{2} \cdot \frac{(y_i - \beta_0 - \beta_1 \cdot x_i)^2}{\sigma^2} \right\}.$$

Die Likelihood ▶116 für die n Beobachtungen $y_1, \ldots, y_n$ ist dann gegeben durch

$$L(\beta_0, \beta_1, \sigma^2) = \prod_{i=1}^{n} \frac{1}{\sqrt{2 \cdot \pi \cdot \sigma^2}} \cdot \exp\left\{ -\frac{1}{2} \cdot \frac{(y_i - \beta_0 - \beta_1 \cdot x_i)^2}{\sigma^2} \right\}$$

$$= \frac{1}{\left(\sqrt{2 \cdot \pi \cdot \sigma^2}\right)^n} \cdot \exp\left\{-\frac{1}{2 \cdot \sigma^2} \cdot \sum_{i=1}^{n}(y_i - \beta_0 - \beta_1 \cdot x_i)^2\right\}.$$

Sie hängt von den drei unbekannten Parametern β_0, β_1 und σ^2 ab.

Zur Bestimmung der ML-Schätzer für die drei Parameter ist die Likelihood zu maximieren. Äquivalent dazu kann man die `Log-Likelihood` ▶121 maximieren, also

$$\ln L(\beta_0, \beta_1, \sigma^2) = -\frac{n}{2} \cdot \ln(2 \cdot \pi) - \frac{n}{2} \cdot \ln(\sigma^2) - \frac{1}{2 \cdot \sigma^2} \cdot \sum_{i=1}^{n}(y_i - \beta_0 - \beta_1 \cdot x_i)^2.$$

Setzen wir zunächst die Varianz σ^2 als bekannt voraus, so sind die ersten beiden Terme der Log-Likelihood konstant bzgl. der interessierenden Parameter β_0 und β_1, so dass man die Log-Likelihood auch schreiben kann als

$$\ln L(\beta_0, \beta_1) = \text{const.} - \frac{1}{2 \cdot \sigma^2} \cdot \sum_{i=1}^{n}(y_i - \beta_0 - \beta_1 \cdot x_i)^2.$$

Dieser Ausdruck ist bezüglich β_0 und β_1 zu maximieren. Äquivalent kann man auch

$$-\frac{1}{2 \cdot \sigma^2} \cdot \sum_{i=1}^{n}(y_i - \beta_0 - \beta_1 \cdot x_i)^2$$

maximieren bzw.

$$\frac{1}{2 \cdot \sigma^2} \cdot \sum_{i=1}^{n}(y_i - \beta_0 - \beta_1 \cdot x_i)^2$$

minimieren.

Diese Minimierung ist (bei bekannter Varianz σ^2) wiederum äquivalent zur Minimierung von

$$\sum_{i=1}^{n}(y_i - \beta_0 - \beta_1 \cdot x_i)^2$$

bezüglich β_0 und β_1.

Die Maximierung der Likelihood ist in diesem Fall also äquivalent zur Minimierung von

$$\sum_{i=1}^{n}(y_i - \beta_0 - \beta_1 \cdot x_i)^2.$$

Dies entspricht dem zu minimierenden Term für den KQ-Schätzer. ML-Schätzer und KQ-Schätzer für β_0 und β_1 stimmen also überein.

Ist die Varianz σ^2 nicht bekannt, so führt das Maximum-Likelihood-Verfahren für β_0 und β_1 ebenfalls zu denselben Schätzern wie die Methode der kleinsten Quadrate. Zusätzlich erhält man als Schätzer für σ^2

$$
\begin{aligned}
T_{\sigma^2}^{\mathrm{ML}}((x_1, Y_1), \ldots, (x_n, Y_n)) &= \frac{1}{n} \cdot \sum_{i=1}^{n} (Y_i - T_{\beta_0}^{\mathrm{ML}} - T_{\beta_1}^{\mathrm{ML}} \cdot x_i)^2 \\
&= \frac{1}{n} \cdot \sum_{i=1}^{n} (Y_i - T_{\beta_0}^{\mathrm{KQ}} - T_{\beta_1}^{\mathrm{KQ}} \cdot x_i)^2.
\end{aligned}
$$

Dieser Maximum-Likelihood-Schätzer für σ^2 ist verzerrt. Der **unverzerrte** Schätzer ▶64 für σ^2 ergibt sich als

$$
T_{\sigma^2}^{\mathrm{U}}((x_1, Y_1), \ldots, (x_n, Y_n)) = \frac{n}{n-2} \cdot T_{\sigma^2}^{\mathrm{ML}}((x_1, Y_1), \ldots, (x_n, Y_n))
$$

Die Herleitung dieses unverzerrten Schätzers erfolgt bei der Betrachtung von `Konfidenzintervallen im linearen Regressionsmodell` ▶162 in der Regel zum `Schätzer für die Varianz` ▶163.

Satz von Gauß-Markov

Der Satz von Gauß-Markov trifft eine Aussage über die Güteeigenschaften der KQ-Schätzer. Die grundlegenden Annahmen des einfachen linearen Regressionsmodells lauteten

1. Das Merkmal x wird nicht als stochastisch, sondern als fest vorausgesetzt.

2. Es wird ein linearer Einfluss des Merkmals x auf das Merkmal Y unterstellt gemäß
   $$
   Y_i = \beta_0 + \beta_1 \cdot x_i + \varepsilon_i, \quad i = 1, \ldots, n.
   $$

3. Die Fehlervariablen ε_i sind unabhängig und besitzen alle den Erwartungswert Null und die gleiche Varianz σ^2.

Unter diesen Annahmen sind die KQ-Schätzer $T_{\beta_0}^{\mathrm{KQ}}$ und $T_{\beta_1}^{\mathrm{KQ}}$ unverzerrt (erwartungstreu) für β_0 und β_1 und haben minimale Varianz unter allen linearen unverzerrten Schätzern für β_0 und β_1.

Es gilt also insbesondere: $\mathrm{E}(T_{\beta_0}^{\mathrm{KQ}}) = \beta_0$ und $\mathrm{E}(T_{\beta_1}^{\mathrm{KQ}}) = \beta_1$.

Folgerung

Häufig interessiert man sich dafür, mit Hilfe eines linearen Regressionsmodells den Wert von Y an einer nicht beobachteten Stelle x_0 vorherzusagen (vergleiche etwa die Beispiele ▶135 ▶138 ▶140). Im Modell

$$Y_i = \beta_0 + \beta_1 \cdot x_i + \varepsilon_i, \quad i = 1, \ldots, n,$$

ist der Erwartungswert von Y bei gegebener Beobachtung x gegeben durch

$$E(Y) = \beta_0 + \beta_1 \cdot x.$$

Zur Vorhersage von Y an einer Stelle x_0 bietet es sich damit an, die Schätzer $T_{\beta_0}^{KQ}$ und $T_{\beta_1}^{KQ}$ in diese Gleichung einzusetzen. Mit Hilfe der Schätzereigenschaften und dem Satz von Gauß-Markov folgt, dass die entstehende Prognose $\widehat{Y}_0$ mit

$$\widehat{Y}_0 = T_{\beta_0}^{KQ} + T_{\beta_1}^{KQ} \cdot x_0$$

ebenfalls erwartungstreu (für $E(Y)$) und der Schätzer mit minimaler Varianz unter allen unverzerrten Schätzern ist.

Weitere Schätzverfahren

Neben den hier vorgestellten grundlegenden Prinzipien zur Konstruktion von Punktschätzfunktionen gibt es noch eine Reihe weiterer Methoden, die man benutzen kann, um an Schätzungen für interessierende Größen zu kommen. Dazu zählen beispielsweise **Bayes-Verfahren** (z.B. Gelman et al. (1998)), die in der Lage sind, Vorinformationen über die Verteilungsparameter mit in die Schätzung zu integrieren. So genannte **Resampling-Verfahren** hingegen versuchen, die in der erhobenen Stichprobe enthaltene Information mehrfach auszunutzen und so präzisere Schätzungen zu erhalten (vergleiche etwa Efron, Tibshirani (1993)).

3.6 Intervallschätzung

Im Beispiel ▶53 der zwei Freunde, die herausfinden wollen, ob eine Münze fair ist, waren zwei Möglichkeiten angegeben, wie die Aussage über die unbekannten Wahrscheinlichkeit für Kopf bei der Münze aussehen kann:

– Angabe eines einzelnen Werts für p, zum Beispiel $\widehat{p} = 0,3$.
– Angabe eines Bereichs, in dem p liegen könnte, zum Beispiel $[0,2\,;\,0,4]$.

Der erste Ansatz, die Angabe einer Punktschätzung, wurde in den vorigen Abschnitten besprochen. Der zweite Ansatz ist die Angabe einer Intervallschätzung, einer so genannten Konfidenzschätzung oder eines Konfidenzintervalls.

Ein Konfidenzschätzer liefert auf Basis erhobener Daten einen Bereich $\mathrm{KI}_\vartheta = [K_u\,;\,K_o]$ von möglichen Werten des Parameters ϑ. Durch die Konstruktion von KI_ϑ mit Hilfe eines statistischen Verfahrens kennt man vor der Datenerhebung die Wahrscheinlichkeit, dass KI_ϑ den Parameter ϑ beinhaltet. Es ist nämlich $P_\vartheta(\vartheta \in \mathrm{KI}_\vartheta) = 1 - \alpha$, $\alpha \in (0;1)$. Durch Vorgabe eines Werts für α kann man angeben, wie präzise die Schätzung werden soll. Man wählt dabei für gewöhnlich den Wert α so, dass die Wahrscheinlichkeit $1 - \alpha$ hoch ist, zum Beispiel $1 - \alpha = 90\%$ oder 95%. Nach der Datenerhebung und der Berechnung des Intervalls KI_ϑ ist der Parameter ϑ im Intervall enthalten oder nicht. Mit dem realisierten Intervall ist also keine Wahrscheinlichkeitsaussage mehr verbunden. Jedoch wissen wir, dass vor der Erhebung der Daten die Wahrscheinlichkeit, dass ϑ in KI_ϑ enthalten sein würde, sehr hoch gewählt wurde, nämlich $1 - \alpha$. Daher können wir sagen, dass wir zu $(1 - \alpha) \cdot 100\%$ sicher sind, dass ϑ im Intervall KI_ϑ enthalten ist.

Genau wie Punktschätzungen können Konfidenzintervalle für Parameter und Kennzahlen von Verteilungen ebenso berechnet werden wie für Funktionen dieser Größen.

Wir benutzen im Folgenden die gleiche Notation ▶55, wie wir sie schon für die Punktschätzung eingeführt haben.

Beispiel Binomialverteilung (n,p)

B

Sei X eine binomialverteilte Zufallsvariable mit Parametern n und p, also $X \sim \mathrm{Bin}(n;p)$. Dabei entspricht n dem Stichprobenumfang und p aus dem Intervall $[0;1]$ definiert die Erfolgswahrscheinlichkeit. Aus einer Stichprobe vom Umfang n sollen nun mit geeigneten Schätzfunktionen eine untere Intervallgrenze $K_u(X)$ und eine obere $K_o(X)$ gefunden werden, so dass sich der wahre Wert p mit 95%iger Wahrscheinlichkeit in dem Intervall

$$\mathrm{KI}_p = [K_u(X)\,;\,K_o(X)] \subset [0;1]$$

befindet. Nehmen wir beispielsweise an, dass eine konkrete Stichprobe die Grenzen $K_u = 0,2$ und $K_o = 0,4$ liefert. Wir können dann zu 95% sicher sein, dass der Parameter p zwischen $0,2$ und $0,4$ liegt, sich also im Intervall $\mathrm{KI}_p = [0,2\,;\,0,4]$ befindet. ◀B

B   **Beispiel** Normalverteilung (μ, σ^2)

Sei X eine normalverteilte Zufallsvariable mit Parametern μ und σ^2, also $X \sim \mathcal{N}(\mu, \sigma^2)$. Häufig sucht man ein Konfidenzintervall KI_μ für den Parameter μ, um anzugeben, innerhalb welcher Grenzen μ mit 95%-iger Wahrscheinlichkeit liegt. Aus einer gegebenen Stichprobe kann aber auch ein Konfidenzintervall KI_{σ^2} für die Varianz σ^2 konstruiert werden. ◀B

▶   **Definition** Intervallschätzer

Sei X eine Zufallsvariable mit Verteilungsfunktion $\mathrm{F}^X(x;\vartheta)$. Dabei sei $\mathrm{F}^X(x;\vartheta)$ bis auf den Parameter $\vartheta \in \Theta$ bekannt. Seien weiter die Stichprobenvariablen $X_1, \ldots, X_n$ unabhängig und identisch wie X verteilt. Ist

$$\mathrm{KI}_\vartheta = \mathrm{KI}_\vartheta(X_1, \ldots, X_n) = [K_u(X_1, \ldots, X_n); K_o(X_1, \ldots, X_n)] = [K_u\,;\,K_o]$$

ein Intervall, so dass gilt

$$\mathrm{P}\left(\vartheta \in \mathrm{KI}_\vartheta\right) = \mathrm{P}\left(K_u \leq \vartheta \leq K_o\right) \geq 1 - \alpha,$$

dann ist KI_ϑ ein **Intervallschätzer** für den Parameter ϑ, und KI_ϑ überdeckt ϑ mit Wahrscheinlichkeit $(1 - \alpha)$. Man nennt KI_ϑ auch **Konfidenzintervall zum Niveau** $1 - \alpha$ oder $(1 - \alpha)$-**Konfidenzintervall**. Die Wahrscheinlichkeit, dass das Intervall den interessierenden Parameter ϑ *nicht* enthält, beträgt α. Analog zum Fall der Punktschätzer heißt die Realisation von KI_ϑ an einer konkreten Stichprobe $x_1, \ldots, x_n$ eine Schätzung, hier **Intervallschätzung**.

Beispiel Simulierte Konfidenzintervalle   B

Für die folgende Abbildung wurden 10 verschiedene Datensätze simuliert, die jeweils 9 Beobachtungen aus einer $\mathcal{N}(0,1)$-Verteilung enthalten. Auf Basis jeder einzelnen Stichprobe wurde eine Intervallschätzung für den Parameter μ dieser Verteilung vorgenommen. Man sieht, dass jede Stichprobe zu einem anderen geschätzten Intervall geführt hat. Auch enthalten nicht alle geschätzten Intervalle den wahren Wert von $\mu = 0$. Das ist lediglich für 8 von 10 Intervallen der Fall. Würde man das beschriebene Vorgehen noch öfter wiederholen, sollten im Schnitt 95 von 100 realisierten Intervallen den wahren Wert von μ enthalten, denn wir haben für dieses Beispiel mit einer Konfidenzwahrscheinlichkeit von $\alpha = 0,95$ gearbeitet.

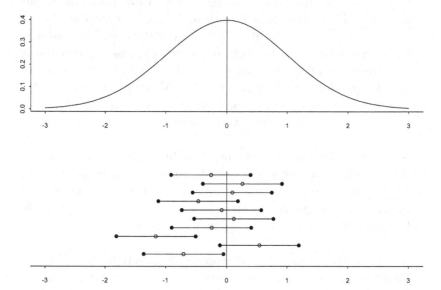

◀B

Man unterscheidet einseitige und zweiseitige Konfidenzintervalle. Für zweiseitige Konfidenzintervalle müssen die obere und die untere Intervallgrenze aus der Stichprobe berechnet werden. Für einseitige Konfidenzintervalle wird nur eine der beiden Intervallgrenzen aus der Stichprobe berechnet. Die andere wird mit der entsprechenden Grenze des Wertebereichs Θ des Parameters gleichgesetzt. Wir sprechen von **unteren Konfidenzintervallen**, wenn die linke Intervallgrenze der unteren Grenze des Parameterbereichs gleichgesetzt wird, und von **oberen Konfidenzintervallen**, wenn die rechte Intervallgrenze durch die obere Grenze des Parameterbereichs bestimmt wird.

Eigenschaften von Intervallschätzern

- Wie Punktschätzer sind auch die Grenzen K_u und K_o des Konfidenzintervalls Zufallsvariablen, deren Verteilung von X abhängt.

- Ein Konfidenzintervall wird so konstruiert, dass der gesuchte Parameter mit Wahrscheinlichkeit $(1 - \alpha)$ darin „eingefangen" wird. Sobald aber das Konfidenzintervall für **konkrete Beobachtungen** $x_1, \ldots, x_n$ berechnet wurde, ist es **fest** und **nicht mehr zufällig.** Hier tritt derselbe Effekt ein wie schon bei Punktschätzern und Punktschätzungen: das Konfidenzintervall selbst ist ein Intervallschätzer und als solcher zufällig, während das realisierte Konfidenzintervall eine Intervallschätzung und damit fest ist. Eine Aussage über die Wahrscheinlichkeit, mit der der Parameter im realisierten Intervall liegt, ist also nicht mehr sinnvoll. Das aus den Daten konstruierte Konfidenzintervall überdeckt den unbekannten Parameter oder es überdeckt ihn nicht. Die Zufallskomponente, die aus den noch unbeobachteten Daten resultiert und eine Wahrscheinlichkeitsaussage generell ermöglichte, ist nun weggefallen.

- Soll nicht für den Parameter ϑ einer Verteilung, sondern für eine Funktion $\varphi(\vartheta)$ des Parameters ein Konfidenzintervall konstruiert werden, dann können zur Intervallschätzung Statistiken $K_{u,\varphi(\vartheta)}$ und $K_{o,\varphi(\vartheta)}$ entsprechend so gewählt werden, dass der Funktionswert $\varphi(\vartheta)$ mit Wahrscheinlichkeit $(1 - \alpha)$ innerhalb dieser Grenzen liegt.

- Die Konstruktion eines Konfidenzintervalls basiert häufig auf einem Punktschätzer $T_\vartheta(X_1, \ldots, X_n)$, dessen Verteilung bekannt ist. Der Intervallschätzer kann dann durch geeignete Umformungen, wie wir sie im Folgenden ▶151 ▶153 durchführen, hergeleitet werden.

Übersicht über Konfidenzintervalle in verschiedenen Situationen

Übersicht

Im Folgenden werden Konfidenzintervalle für verschiedene Standardsituationen statistischer Untersuchungen hergeleitet. Wir unterscheiden Konfidenzintervalle für

– die Parameter der Normalverteilung $\mathcal{N}(\mu, \sigma^2)$

        Konfidenzintervalle für den Erwartungswert μ
            bei bekannter Varianz σ^2
            bei unbekannter Varianz σ^2

        Konfidenzintervalle für die Varianz σ^2

– den Parameter p der Binomialverteilung $\mathrm{Bin}(n; p)$

        für kleine Stichproben (exakte Konfidenzintervalle)
        für große Stichproben (approximative Konfidenzintervalle)

– den Erwartungswert einer beliebigen Verteilung für große Stichproben (approximative Konfidenzintervalle)

        bei bekannter Varianz
        bei unbekannter Varianz

– die Regressionskoeffizienten im einfachen linearen Regressionsmodell

Konfidenzintervalle bei Normalverteilung

Beispiel Einseitiges Konfidenzintervall für den Erwartungswert bei Normal-   B
verteilung, bekannte Varianz

Wir betrachten die normalverteilte Zufallsvariable X mit unbekanntem Erwartungswert μ und bekannter Varianz σ^2. Der Parameterraum für μ ist $\mathbb{R}$. Die Stichprobenvariablen $X_1, \ldots, X_n$ seien unabhängig und identisch wie X verteilt. Basierend auf $X_1, \ldots, X_n$ soll ein einseitiges, unteres Konfidenzintervall zum Niveau $(1 - \alpha) = 0,95$ für den Erwartungswert μ erstellt werden. Da es sich hier um ein einseitiges Konfidenzintervall handelt, fällt eine der Intervallgrenzen mit einer Grenze des Parameterraums zusammen. Für ein unteres Konfidenzintervall wird dann die untere Grenze mit $K_u = -\infty$ unabhängig von der Stichprobe gewählt. Als Punktschätzer für μ verwenden wir das arithmetische Mittel

$$T_\mu(X_1, \ldots, X_n) = \frac{1}{n} \cdot \sum_{i=1}^{n} X_i = \overline{X}.$$

Für die weiteren Schritte benötigen wir die Verteilung des Schätzers. Da die Stichprobenvariablen $X_1, \ldots, X_n$ jeweils $\mathcal{N}(\mu, \sigma^2)$-verteilt sind, ist $\overline{X} \sim \mathcal{N}\left(\mu, \frac{\sigma^2}{n}\right)$ ▶43, und damit gilt für die standardisierte Variable

$$\sqrt{n} \cdot \frac{\overline{X} - \mu}{\sigma} \sim \mathcal{N}(0,1).$$

Eine solche Standardisierung eines Schätzers lohnt sich, da sich dadurch in der Regel weitere Rechnungen erleichtern. Wir können also im Folgenden Eigenschaften der Standardnormalverteilung ausnutzen. Das α-Quantil einer standardnormalverteilten Zufallsvariable Z ist der Wert z_α^*, für den $P(Z \leq z_\alpha^*) = \alpha$ gilt, $\alpha \in (0;1)$. Es ist also

$$P\left(\sqrt{n} \cdot \frac{\overline{X} - \mu}{\sigma} \geq z_{0,05}^*\right) = 0,95.$$

Ein Konfidenzintervall für μ erhalten wir nun durch folgende Umformungen

$$
\begin{aligned}
0,95 &= P\left(\sqrt{n} \cdot \frac{\overline{X} - \mu}{\sigma} \geq z_{0,05}^*\right) = P\left(\overline{X} - \mu \geq z_{0,05}^* \cdot \frac{\sigma}{\sqrt{n}}\right) \\
&= P\left(\mu \leq \overline{X} - z_{0,05}^* \cdot \frac{\sigma}{\sqrt{n}}\right) = P\left(\mu \leq \overline{X} + z_{0,95}^* \cdot \frac{\sigma}{\sqrt{n}}\right).
\end{aligned}
$$

Hierbei nutzen wir zur Berechnung der Quantile die Symmetrie der Normalverteilung aus, was uns erlaubt, $-z_\alpha^*$ durch $z_{1-\alpha}^*$ zu ersetzen.

Ein einseitiges unteres Konfidenzintervall für den Erwartungswert μ ist also durch $\mathrm{KI}_\mu = \left(-\infty; \overline{X} + z_{0,95}^* \cdot \frac{\sigma}{\sqrt{n}}\right]$ gegeben. Es überdeckt den Parameter μ mit einer Wahrscheinlichkeit von 95%. Liegt konkret die Stichprobe

x_1	x_2	x_3	x_4	x_5	x_6	x_7	x_8	x_9	x_{10}	x_{11}
3,02	2,92	0,97	2,74	2,28	2,93	-0,77	3,67	3,00	5,41	2,96

vor, von der wir wissen, dass die Beobachtungen voneinander unabhängig aus einer Normalverteilung mit Varianz $\sigma^2 = 4$ gezogen wurden, dann erhalten wir durch Einsetzen der entsprechenden Größen als realisiertes Konfidenzintervall für μ

$$\mathrm{KI}_\mu = \left(-\infty\,;\, \overline{X} + z^*_{0,95} \cdot \frac{\sigma}{\sqrt{n}}\right] = \left(-\infty\,;\, 2,648 + 1,6449 \cdot \frac{2}{\sqrt{11}}\right]$$

$$= (-\infty\,;\, 3,637].$$

Wir können also zu 95% sicher sein, dass der tatsächliche Erwartungswert μ höchstens $3,637$ beträgt.   ◀B

Konfidenzintervall für den Erwartungswert bei Normalverteilung, bekannte Varianz

Sei die Zufallsvariable X normalverteilt mit unbekanntem Erwartungswert $\mu \in \mathbb{R}$ und bekannter Varianz $\sigma^2 \in \mathbb{R}^+$ und seien weiter die Stichprobenvariablen $X_1, \ldots, X_n$ unabhängig und identisch wie X verteilt. Zu einer vorgegebenen Wahrscheinlichkeit $\alpha \in (0; 1)$ sind folgende Intervalle $(1 - \alpha)$-Konfidenzintervalle für den Erwartungswert μ

$$\left(-\infty\,;\, \overline{X} + z^*_{1-\alpha} \cdot \frac{\sigma}{\sqrt{n}}\right]$$

ist ein **einseitiges, unteres** Konfidenzintervall,

$$\left[\overline{X} - z^*_{1-\alpha} \cdot \frac{\sigma}{\sqrt{n}}\,;\, \infty\right)$$

ist ein **einseitiges, oberes** Konfidenzintervall,

$$\left[\overline{X} - z^*_{1-\alpha/2} \cdot \frac{\sigma}{\sqrt{n}}\,;\, \overline{X} + z^*_{1-\alpha/2} \cdot \frac{\sigma}{\sqrt{n}}\right]$$

ist ein **zweiseitiges** Konfidenzintervall.

Dabei bezeichnet $\overline{X} = \frac{1}{n} \cdot \sum_{i=1}^{n} X_i$ das arithmetische Mittel der Stichprobenvariablen und $z^*_{1-\alpha}$ das $(1-\alpha)$-Quantil der Standardnormalverteilung.

Beispiel Zweiseitiges Konfidenzintervall für den Erwartungswert bei Normalverteilung, unbekannte Varianz   B

Sei die Zufallsvariable X normalverteilt mit unbekanntem Erwartungswert $\mu \in \mathbb{R}$ und unbekannter Varianz $\sigma^2 \in \mathbb{R}^+$. Die Stichprobenvariablen $X_1, \ldots, X_n$ seien unabhängig und identisch wie X verteilt. Basierend auf $X_1, \ldots, X_n$ soll ein zweiseitiges Konfidenzintervall zum Niveau $(1 - \alpha)$ für den Erwartungswert μ bestimmt werden. Als Punktschätzer für den Erwartungswert verwenden wir das arithmetische Mittel $\overline{X}$ der Stichprobenvariablen. Zunächst bietet es sich wieder an, $\overline{X}$ zu standardisieren. Da jedoch die Varianz unbekannt ist, wird sie mit dem erwartungstreuen Schätzer $S^2 = \frac{1}{n-1} \cdot \sum_{i=1}^{n}(X_i - \overline{X})^2$ geschätzt. Die standardisierte Variante von $\overline{X}$ ist dann nicht mehr normalverteilt, sondern folgt einer t-Verteilung mit $n-1$ Freiheitsgraden. Es gilt also

$$\sqrt{n} \cdot \frac{\overline{X} - \mu}{S} \sim t_{n-1}.$$

Bezeichnen $t^*_{n-1;\alpha/2}$ und $t^*_{n-1;1-\alpha/2}$ das $(\alpha/2)$- bzw. das $(1 - \alpha/2)$-Quantil der t_{n-1}-Verteilung, dann lässt sich ein Konfidenzintervall für μ wie folgt herleiten

$$
\begin{aligned}
1 - \alpha &= \mathrm{P}\left(t^*_{n-1;\frac{\alpha}{2}} \leq \sqrt{n} \cdot \frac{\overline{X} - \mu}{S} \leq t^*_{n-1;1-\frac{\alpha}{2}}\right) \\
&= \mathrm{P}\left(-\overline{X} + t^*_{n-1;\frac{\alpha}{2}} \cdot \frac{S}{\sqrt{n}} \leq -\mu \leq -\overline{X} + t^*_{n-1;1-\frac{\alpha}{2}} \cdot \frac{S}{\sqrt{n}}\right) \\
&= \mathrm{P}\left(\overline{X} - t^*_{n-1;\frac{\alpha}{2}} \cdot \frac{S}{\sqrt{n}} \geq \mu \geq \overline{X} - t^*_{n-1;1-\frac{\alpha}{2}} \cdot \frac{S}{\sqrt{n}}\right) \\
&= \mathrm{P}\left(\overline{X} + t^*_{n-1;1-\frac{\alpha}{2}} \cdot \frac{S}{\sqrt{n}} \geq \mu \geq \overline{X} + t^*_{n-1;\frac{\alpha}{2}} \cdot \frac{S}{\sqrt{n}}\right) \\
&= \mathrm{P}\left(\overline{X} + t^*_{n-1;\frac{\alpha}{2}} \cdot \frac{S}{\sqrt{n}} \leq \mu \leq \overline{X} + t^*_{n-1;1-\frac{\alpha}{2}} \cdot \frac{S}{\sqrt{n}}\right).
\end{aligned}
$$

Das Konfidenzintervall ist durch die letzte Zeile der Gleichung gegeben. Die Symmetrie der t-Verteilung erlaubt, dass $t^*_{n-1;\frac{\alpha}{2}}$ mit $-t^*_{n-1;1-\frac{\alpha}{2}}$ ersetzt werden kann ($t^*_{n-1;\alpha} = -t^*_{n-1;1-\alpha}$). Damit ist

$$\mathrm{KI}_\mu = \left[\overline{X} - t^*_{n-1;1-\frac{\alpha}{2}} \cdot \frac{S}{\sqrt{n}} \,;\, \overline{X} + t^*_{n-1;1-\frac{\alpha}{2}} \cdot \frac{S}{\sqrt{n}}\right]$$

ein zweiseitiges Konfidenzintervall für den Erwartungswert μ bei unbekannter Varianz einer normalverteilten Zufallsvariablen X.   ◀B

Theoretisch können Intervalle von Interesse sein, die nicht symmetrisch sind, zum Beispiel durch Wahl von $t^*_{n-1;\alpha/4}$ und $t^*_{n-1;1-3\cdot\alpha/4}$. Dies ist in der Praxis jedoch selten der Fall.

Konfidenzintervalle für den Erwartungswert bei Normalverteilung, unbekannte Varianz

Sei X normalverteilt mit unbekanntem Erwartungswert $\mu \in \mathbb{R}$ und unbekannter Varianz $\sigma^2 \in \mathbb{R}^+$. Seien die Stichprobenvariablen $X_1, \ldots, X_n$ unabhängig und identisch wie X verteilt. Zu einer vorgegebenen Wahrscheinlichkeit $\alpha \in (0; 1)$ sind folgende Intervalle $(1 - \alpha)$-Konfidenzintervalle für den Erwartungswert μ

$$\left(-\infty \,;\, \overline{X} + t^*_{n-1;1-\alpha} \cdot \frac{S}{\sqrt{n}} \right]$$ ist ein **einseitiges**, **unteres** Konfidenzintervall,

$$\left[\overline{X} - t^*_{n-1;1-\alpha} \cdot \frac{S}{\sqrt{n}} \,;\, \infty \right)$$ ist ein **einseitiges**, **oberes** Konfidenzintervall,

$$\left[\overline{X} - t^*_{n-1;1-\frac{\alpha}{2}} \cdot \frac{S}{\sqrt{n}} \,;\, \overline{X} + t^*_{n-1;1-\frac{\alpha}{2}} \cdot \frac{S}{\sqrt{n}} \right]$$ ist ein **zweiseitiges** Konfidenzintervall.

Dabei ist $\overline{X} = \frac{1}{n} \cdot \sum_{i=1}^{n} X_i$ das arithmetische Mittel der Stichprobenvariablen und $S = \sqrt{S^2}$ die geschätzte Standardabweichung mit $S^2 = \frac{1}{n-1} \cdot \sum_{i=1}^{n} (X_i - \overline{X})^2$. Mit $t^*_{n-1;\alpha}$ ist das α-Quantil der t-Verteilung mit $n - 1$ Freiheitsgraden bezeichnet.

Konfidenzintervall für die Varianz bei Normalverteilung

Sei $X \sim \mathcal{N}(\mu, \sigma^2)$ mit unbekannten Parametern $\mu \in \mathbb{R}$ und $\sigma^2 \in \mathbb{R}^+$, und seien $X_1, \ldots, X_n$ unabhängig und identisch wie X verteilte Stichprobenvariablen. Gesucht ist ein Konfidenzintervall für die Varianz σ^2. Als Schätzer für σ^2 verwenden wir $S^2 = \frac{1}{n-1} \cdot \sum_{i=1}^{n} (X_i - \overline{X})^2$. Wird dieser geeignet normiert, so ist er χ^2-verteilt mit $(n - 1)$ Freiheitsgraden, genauer gilt

$$\frac{n-1}{\sigma^2} \cdot S^2 \sim \chi^2_{n-1}.$$

Bezeichnen $\chi^{2*}_{n-1;\alpha/2}$ und $\chi^{2*}_{n-1;1-\alpha/2}$ das $(\alpha/2)$- bzw. das $(1 - \alpha/2)$-Quantil der χ^2-Verteilung mit $n - 1$ Freiheitsgraden, dann lässt sich ein Konfidenzintervall für σ^2 wie folgt herleiten

$$1 - \alpha = P\left(\chi^{2*}_{n-1;\frac{\alpha}{2}} \leq \frac{n-1}{\sigma^2} \cdot S^2 \leq \chi^{2*}_{n-1;1-\frac{\alpha}{2}}\right)$$

$$= P\left(\frac{\chi^{2*}_{n-1;\frac{\alpha}{2}}}{(n-1)\cdot S^2} \leq \frac{1}{\sigma^2} \leq \frac{\chi^{2*}_{n-1;1-\frac{\alpha}{2}}}{(n-1)\cdot S^2}\right)$$

$$= P\left(\frac{(n-1)\cdot S^2}{\chi^{2*}_{n-1;1-\frac{\alpha}{2}}} \leq \sigma^2 \leq \frac{(n-1)\cdot S^2}{\chi^{2*}_{n-1;\frac{\alpha}{2}}}\right).$$

Als zweiseitiges Konfidenzintervall ergibt sich damit

$$KI_{\sigma^2} = \left[\frac{(n-1)\cdot S^2}{\chi^{2*}_{n-1;1-\frac{\alpha}{2}}}\, ;\, \frac{(n-1)\cdot S^2}{\chi^{2*}_{n-1;\frac{\alpha}{2}}}\right].$$

Konfidenzintervalle bei Binomialverteilung

B   **Beispiel** Einseitiges Konfidenzintervall für den Anteil p bei Binomialverteilung, kleiner Stichprobenumfang

Bei einem Würfelspiel kommt einem Spieler der Verdacht, dass sein Mitspieler möglicherweise einen gezinkten Würfel verwendet, der in mehr als $1/6$ der Fälle eine Sechs würfelt. Er lässt sich daher den Würfel des Mitspielers geben und würfelt 30-mal. Unter seinen Ergebnissen befinden sich zehn Sechsen. Gesucht ist ein einseitiges, oberes Konfidenzintervall zum Niveau $(1-\alpha) = 0,95$ für die Wahrscheinlichkeit, dass der Würfel eine Sechs würfelt. Jeder Wurf X_i kann als Bernoulli-Experiment angesehen werden. Die Erfolgswahrscheinlichkeit ist in diesem Fall die Wahrscheinlichkeit p für das Werfen einer Sechs. Sie ist unbekannt, aber in jedem der Experimente dieselbe. Setzen wir $X_i = 1$, falls beim i-ten Wurf eine Sechs geworfen wird, und $X_i = 0$ in allen anderen Fällen, so ist $\sum_{i=1}^{n} X_i$ binomialverteilt mit Parametern n und p, wobei $n = 30$ und p unbekannt ist. Da ein einseitiges, oberes Konfidenzintervall gesucht ist, ist $K_o = 1$. Gesucht ist also eine untere Grenze K_u für p, so dass

$$P\left(\sum_{i=1}^{n} X_i \geq 10 \,|\, p = K_u\right) \geq 0,95.$$

Das heißt, es ist der kleinstmögliche Wert für p zu bestimmen, so dass die Wahrscheinlichkeit, 10 oder mehr Sechsen zu würfeln, mindestens 95% beträgt. Formal ergibt sich als Lösung

$$K_u = \min_p \left\{ p : \mathrm{P}\left(\sum_{i=1}^n X_i \geq 10 \,\middle|\, p \right) \geq 0,95 \right\}.$$

Zur Bestimmung von K_u muss in unserem konkreten Fall der kleinste Wert für p bestimmt werden, so dass die Ungleichung

$$\sum_{k=10}^{30} \binom{30}{k} \cdot p^k \cdot (1-p)^{30-k} \geq 0,95$$

erfüllt ist. Dies ist rechnerisch nur sehr aufwändig lösbar. Durch Nachschlagen in Tabellen oder mit Hilfe eines entsprechenden Computerprogrammes erhalten wir das Ergebnis $K_u = 0,465$. Die Realisierung des oberen 95%-Konfidenzintervalls für p ist also gegeben durch $[0,465\,;\,1]$. Da der Wert $1/6 = 0{,}167$ nicht in diesem Intervall liegt, können wir folgern, dass der Würfel mit einer höheren Wahrscheinlichkeit als $1/6$ eine Sechs würfelt. ◀B

Beispiel (Fortsetzung ▶156) Zweiseitiges Konfidenzintervall für den Anteil p B
bei Binomialverteilung, großer Stichprobenumfang

Wir betrachten wieder einen Würfel, dessen Wahrscheinlichkeit, Sechsen zu würfeln, beurteilt werden soll. Die betrachtete Stichprobe $X_1, \ldots, X_n$, wobei $X_i \sim \mathrm{Bin}(1,p), i = 1, \ldots, n$, sei diesmal groß. In diesem Fall lässt sich unter Anwendung des **Zentralen Grenzwertsatzes** ▶e die Zufallsvariable $\overline{X} = \frac{1}{n} \sum_{i=1}^n X_i$ geeignet standardisieren, so dass diese Größe approximativ standardnormalverteilt ist ▶92. Von Interesse ist, wie ein zweiseitiges Konfidenzintervall für p zum Niveau $(1 - \alpha)$ bestimmt werden kann. Als Punktschätzer für p verwenden wir den Anteil der gewürfelten Sechsen. Wird diese Zufallsvariable entsprechend dem Zentralen Grenzwertsatz standardisiert, ist sie approximativ standardnormalverteilt. Es gilt $\mathrm{E}[\overline{X}] = p$ und $\mathrm{Var}[\overline{X}] = \frac{1}{n} \cdot p \cdot (1-p)$, folglich ist approximativ

$$\sqrt{n} \cdot \frac{\overline{X} - p}{\sqrt{p \cdot (1-p)}} \sim \mathcal{N}(0,1).$$

Im Folgenden ersetzen wir im Nenner den Term $p \cdot (1-p)$ durch den Schätzer $\overline{X} \cdot (1 - \overline{X})$. Bezeichnet $z_{1-\alpha}^*$ das $(1 - \alpha)$-Quantil der Standardnormalverteilung, so lässt sich ein approximatives Konfidenzintervall für den Anteil p

folgendermaßen herleiten

$$1 - \alpha \;\approx\; \mathrm{P}\!\left(-z^*_{1-\frac{\alpha}{2}} \le \sqrt{n} \cdot \frac{\overline{X} - p}{\sqrt{\overline{X} \cdot (1 - \overline{X})}} \le z^*_{1-\frac{\alpha}{2}}\right)$$

$$=\; \mathrm{P}\!\left(\overline{X} - z^*_{1-\frac{\alpha}{2}} \cdot \sqrt{\frac{\overline{X} \cdot (1 - \overline{X})}{n}} \le p \le \overline{X} + z^*_{1-\frac{\alpha}{2}} \cdot \sqrt{\frac{\overline{X} \cdot (1 - \overline{X})}{n}}\right),$$

wobei die Umformungen analog zur Herleitung im Falle der Normalverteilung erfolgen. Ein zweiseitiges Konfidenzintervall für p lautet somit

$$\mathrm{KI}_p = \left[\overline{X} - z^*_{1-\frac{\alpha}{2}} \cdot \sqrt{\frac{\overline{X} \cdot (1 - \overline{X})}{n}}\,;\, \overline{X} + z^*_{1-\frac{\alpha}{2}} \cdot \sqrt{\frac{\overline{X} \cdot (1 - \overline{X})}{n}}\right],$$

es ist aber bedingt durch das Ersetzen der echten Varianz durch ihren Schätzer nur approximativ. Einseitige Konfidenzintervalle erhält man auf analogem Weg unter Verwendung der Quantile $z^*_{1-\alpha}$ statt $z^*_{1-\alpha/2}$. ◀B

Konfidenzintervalle für den Anteil p bei Binomialverteilung, große Stichprobe

Seien $X_1, \ldots, X_n$ unabhängige und identisch bernoulliverteilte Stichprobenvariablen mit Erfolgswahrscheinlichkeit $p \in [0; 1]$. Sei damit $\sum_{i=1}^{n} X_i$ binomialverteilt mit Parametern n und p. Als Daumenregel gilt: $n \ge 30$, $n \cdot p \ge 5$ und $n \cdot (1-p) \ge 5$. Zu einer vorgegebenen Wahrscheinlichkeit $\alpha \in (0; 1)$ sind folgende Intervalle approximative $(1 - \alpha)$-Konfidenzintervalle für p:

$$\left[0; \overline{X} + z^*_{1-\alpha} \cdot \sqrt{\frac{\overline{X} \cdot (1 - \overline{X})}{n}}\right] \qquad \text{ist ein \textbf{einseitiges},}$$
$$\text{\textbf{unteres} Konfidenzintervall,}$$

$$\left[\overline{X} - z^*_{1-\alpha} \cdot \sqrt{\frac{\overline{X} \cdot (1 - \overline{X})}{n}}; 1\right] \qquad \text{ist ein \textbf{einseitiges},}$$
$$\text{\textbf{oberes} Konfidenzintervall,}$$

$$\left[\overline{X} - z^*_{1-\frac{\alpha}{2}} \cdot \sqrt{\frac{\overline{X} \cdot (1 - \overline{X})}{n}}; \overline{X} + z^*_{1-\frac{\alpha}{2}} \cdot \sqrt{\frac{\overline{X} \cdot (1 - \overline{X})}{n}}\right]$$

ist ein **zweiseitiges** Konfidenzintervall.

Dabei ist $\overline{X} = \frac{1}{n} \cdot \sum_{i=1}^{n} X_i$ und $z_{1-\alpha}^*$ das $(1-\alpha)$-Quantil der $\mathcal{N}(0,1)$.

Approximative Konfidenzintervalle bei beliebiger Verteilung

Beispiel Zweiseitige Konfidenzintervalle   B

Ein zweiseitiges Konfidenzintervall für den Erwartungswert einer Verteilung (unbekannten Typs) kann bei bekannter Varianz mit folgendem Verfahren recht einfach bestimmt werden. Es sei X eine Zufallsvariable mit beliebiger Verteilung, deren Erwartungswert $E[X] = \vartheta$ existiert und deren Varianz σ^2 bekannt ist. Es seien weiter $X_1, \ldots, X_n$ unabhängige Stichprobenvariablen mit der gleichen Verteilung wie X. Das arithmetische Mittel $\overline{X}$ als Schätzer für den Erwartungswert ϑ ist nach dem **Zentralen Grenzwertsatz** ▶e für wachsende Stichprobenumfänge annähernd normalverteilt, wenn man es geeignet standardisiert. Ein approximatives Konfidenzintervall für ϑ zum Niveau $(1-\alpha)$ erhält man daher mit

$$K_\vartheta = \left[\overline{X} - z_{1-\frac{\alpha}{2}}^* \cdot \frac{\sigma}{\sqrt{n}}; \overline{X} + z_{1-\frac{\alpha}{2}}^* \cdot \frac{\sigma}{\sqrt{n}} \right].$$

Dabei ist $z_{1-\alpha}^*$ das $(1-\alpha)$-Quantil der Standardnormalverteilung.

Falls die Varianz nicht bekannt ist, so muss sie zunächst mit $S^2 = \frac{1}{n-1} \cdot \sum_{i=1}^{n} (X_i - \overline{X})^2$ geschätzt werden. Das Konfidenzintervall wird dann unter Einbeziehung von S^2 anstelle von σ^2 berechnet, wobei statt der Quantile der Normalverteilung die der t-Verteilung mit $n-1$ Freiheitsgraden zu verwenden sind. Dadurch erhält man

$$\mathrm{KI}_\vartheta = \left[\overline{X} - t_{n-1;1-\frac{\alpha}{2}}^* \cdot \frac{S}{\sqrt{n}}; \overline{X} + t_{n-1;1-\frac{\alpha}{2}}^* \cdot \frac{S}{\sqrt{n}} \right].$$

Ist der Stichprobenumfang ausreichend groß, $n \geq 30$, können statt der t-Quantile $(t_{n-1;\alpha}^*)$ wieder die Quantile der Standardnormalverteilung (z_α^*) verwendet werden.   ◀B

Beispiel Einseitige Konfidenzintervalle   B

Einseitige Konfidenzintervalle zum Niveau $(1-\alpha)$ lassen sich analog zu den zweiseitigen Konfidenzintervallen berechnen. Bei bekannter Varianz sind einseitige Konfidenzintervalle gegeben durch

$$\text{KI}_\vartheta \;=\; \left(-\infty; \overline{X} + z^*_{1-\alpha} \cdot \frac{\sigma}{\sqrt{n}}\right] \qquad \text{(unteres)}$$

$$\text{KI}_\vartheta \;=\; \left[\overline{X} - z^*_{1-\alpha} \cdot \frac{\sigma}{\sqrt{n}}; +\infty\right) \qquad \text{(oberes)}.$$

Entsprechend sind die Formeln bei unbekannter Varianz, welche dann durch S^2 geschätzt wird

$$\text{KI}_\vartheta \;=\; \left(-\infty; \overline{X} + t^*_{n-1;1-\alpha} \cdot \frac{S}{\sqrt{n}}\right] \qquad \text{(unteres)}$$

$$\text{KI}_\vartheta \;=\; \left[\overline{X} - t^*_{n-1;1-\alpha} \cdot \frac{S}{\sqrt{n}}; \infty\right) \qquad \text{(oberes)}.$$

◀B

Das Konstruktionsprinzip von Konfidenzintervallen für den Erwartungswert einer Verteilung ist angelehnt an die $3 \cdot \sigma$-`Regel` ▶e. Für eine normalverteilte Zufallsvariable werden ca. 66% ihrer Realisierungen in einem zentralen Intervall von $-1 \cdot \sigma$ bis $+1 \cdot \sigma$ um den Erwartungswert liegen. Innerhalb von $-2 \cdot \sigma$ bis $+2 \cdot \sigma$ um den Erwartungswert befinden sich etwa 95% aller beobachteten Werte, und in dem Intervall von $-3 \cdot \sigma$ bis $+3 \cdot \sigma$ befinden sich rund 99,7% aller Beobachtungen. Entsprechend geht man bei der Konstruktion von Konfidenzintervallen für den Erwartungswert ebenfalls von solchen zentralen Bereichen aus, die symmetrisch um den Erwartungswert liegen und dehnt sie so weit aus, bis man davon ausgehen kann, dass ungefähr $(1 - \alpha) \cdot 100\%$ der realisierten Werte in diesem Bereich zu erwarten sind.

Das oben beschriebene Konstruktionsverfahren eignet sich approximativ für alle unabhängigen, identisch verteilten Stichprobenvariablen. Je kleiner der Stichprobenumfang, desto ungenauer ist im Allgemeinen die Approximation. Stammen die Daten jedoch aus einer Normalverteilung, dann sind die obigen Intervalle wieder exakte $(1 - \alpha)$-Konfidenzintervalle. Zu beachten ist, dass der Erwartungswert μ nicht notwendigerweise dem Parameter entspricht, der eine Verteilung charakterisiert. Bei der Normalverteilung ist dies zwar für μ erfüllt, bei der Exponentialverteilung aber beispielsweise nicht, hier ist $\lambda = \frac{1}{\mu}$.

B   Beispiel Hepatitis B

Hepatitis B zählt in Deutschland zu den meldepflichtigen Krankheiten. Wir betrachten die 23 Städte in Nordrhein-Westfalen, für die die jährlichen gemeldeten Krankheitsfälle bekannt sind. Da die Städte unterschiedlich große Bevölkerungen haben, ist es sinnvoll, die Anzahl der Fälle pro 100. 000 Einwohner zu berechnen, die so genannte Inzidenz. Die folgenden Daten $x_1, \ldots, x_{23}$ geben die mittlere jährliche Inzidenz der 23 Städte an, welche auf Basis von Daten der 18 Monate von Januar 2001 bis Juni 2002 berechnet wurde. Es interessiert eine Aussage über die Inzidenz in ganz Nordrhein-Westfalen.

5,76	3,98	2,63	5,71	6,42	3,29	8,30	3,42
2,60	1,89	5,85	3,13	6,75	9,38	1,64	2,05
5,79	0,68	1,17	12,49	4,57	27,27	1,14	

Vereinfachend gehen wir davon aus, dass die Verteilung der Inzidenzen in allen Städten gleich ist. Gesucht ist ein zweiseitiges Konfidenzintervall für den Erwartungswert der Inzidenzen zum Niveau $1 - \alpha = 0,95$. Da es keine Verteilungsannahme zu den Daten gibt und die Varianz unbekannt ist, wird das Intervall entsprechend der allgemeinen Konstruktion durch

$$K_\vartheta = \left[\overline{X} - t^*_{n-1;1-\frac{\alpha}{2}} \cdot \frac{S}{\sqrt{n}}; \overline{X} + t^*_{n-1;1-\frac{\alpha}{2}} \cdot \frac{S}{\sqrt{n}} \right]$$

bestimmt, wobei ϑ den Erwartungswert der jährlichen Inzidenz in einer Stadt beschreibt. Als Intervallschätzung erhalten wir also

$$\begin{aligned} \mathrm{KI}_\vartheta &= \left[\hat{\vartheta} \pm t^*_{n-1;1-\frac{\alpha}{2}} \cdot \frac{s}{\sqrt{n}} \right] = \left[\overline{x} \pm t^*_{22;0,975} \cdot \frac{s}{\sqrt{23}} \right] \\ &= \left[5,474 \pm 2,0739 \cdot \frac{5,575}{\sqrt{23}} \right] = [3,063; 7,885]. \end{aligned}$$

◀B

Beispiel Kognitive Fähigkeiten

In einem Versuch, der die kognitive Leistungsfähigkeit von Tümmlern erforschen soll, müssen die Versuchstiere je nach Präsentation bestimmter Objekte (Ball, Reifen, Trillerpfeife, Trainer) mit einem zuvor eingeübten Pfeifen reagieren. Dies bedeutet, dass ein Delfin das Objekt als solches erkannt hat. Hat der Delfin richtig gepfiffen, so wird das jeweilige Tier sofort mit einem Fisch belohnt. In zufälliger Reihenfolge werden fünf Tümmlern die Objekte mehrfach gezeigt. Insgesamt wurde der Ball 48-mal gezeigt und 41-mal richtig erkannt. Die Trillerpfeife wurde 42-mal präsentiert und 18-mal richtig erkannt. Gesucht sind für beide Objekte Konfidenzintervalle zum Niveau 0,95 für die Wahrscheinlichkeit, dass die Delfine die Objekte jeweils richtig erkennen. Wir gehen hier davon aus, dass jedes Tier zu jeder Zeit ein bestimmtes Objekt mit der jeweils gleichen Wahrscheinlichkeit richtig erkennt.

Da wir voraussetzen, dass das Ereignis einer richtigen Reaktion bernoulliverteilt ist mit unbekanntem Parameter p, ist die Anzahl richtiger Antworten für ein bestimmtes Objekt binomialverteilt mit diesem Parameter p. Ein approximatives Konfidenzintervall ist gegeben durch

$$\mathrm{KI}_p = [K_u; K_o] = \left[\overline{X} - z_{1-\frac{\alpha}{2}}^* \cdot \sqrt{\frac{\overline{X} \cdot (1 - \overline{X})}{n}}; \overline{X} + z_{1-\frac{\alpha}{2}}^* \cdot \sqrt{\frac{\overline{X} \cdot (1 - \overline{X})}{n}} \right].$$

Die Anwendung der Approximationsformel ist erlaubt, da die Stichprobenumfänge hier mit $n_{\mathrm{Ball}} = 48$ bzw. $n_{\mathrm{Pfeife}} = 42$ größer sind als 30. Durch Einsetzen von $n_{\mathrm{Ball}} = 48$, $n_{\mathrm{Pfeife}} = 42$ sowie $\overline{x}_{\mathrm{Ball}} = \frac{41}{48}$ und $\overline{x}_{\mathrm{Pfeife}} = \frac{18}{42}$ erhalten wir als Schätzungen

$$\mathrm{KI}_p^{\mathrm{Ball}} = \left[0,854 \pm 1,9599 \cdot \sqrt{\frac{0,854 \cdot 0,146}{48}} \right] = [0,754; 0,954]$$

und

$$\mathrm{KI}_p^{\mathrm{Pfeife}} = \left[0,429 \pm 1,9599 \cdot \sqrt{\frac{0,429 \cdot 0,571}{42}} \right] = [0,279; 0,579].$$

◀B

Konfidenzintervalle im linearen Regressionsmodell

Im einfachen linearen Regressionsmodell

$$Y_i = \beta_0 + \beta_1 \cdot x_i + \varepsilon_i, \quad i = 1, \ldots, n,$$

werden die Parameter β_0 und β_1 geschätzt, aber auch der Wert von Y für einen nicht beobachteten Wert x der Einflussgröße vorhergesagt. Hierbei hängen die Schätzungen $\widehat{\beta}_0$, $\widehat{\beta}_1$ und $\widehat{y}$ von der Zufallsstichprobe ab und nehmen für unterschiedliche Stichproben verschiedene Werte an. Aus diesem Grund kann es auch in der Regressionsanalyse von Interesse sein, Konfidenzintervalle zu bestimmen, die die wahren Größen mit einer vorgegebenen Wahrscheinlichkeit $(1-\alpha)$ überdecken. Bei der einfachen linearen Regression können insbesondere Bereichsschätzer für β_0 und β_1 berechnet werden.

Schätzer für die Varianz

Gegeben ist das einfache lineare Regressionsmodell

$$Y_i = \beta_0 + \beta_1 \cdot x_i + \varepsilon_i$$

mit $\mathrm{E}(\varepsilon_i) = 0$ und $\mathrm{Var}(\varepsilon_i) = \sigma^2$ für alle $i = 1, \ldots, n$.

In der **Bemerkung** ▶143 zum Zusammenhang zwischen den Kleinste-Quadrate- und den Maximum-Likelihood-Schätzern wurde auch auf die Schätzung der Varianz σ^2 von ε_i bzw. Y_i eingegangen. Dabei ergab sich, dass der ML-Schätzer für σ^2 verzerrt ist. Zur Herleitung des unverzerrten Schätzers für σ^2 überlegen wir, wie die Varianz im Allgemeinen geschätzt wird. Bei unabhängigen und identisch verteilten Zufallsvariablen Y_i zieht man als unverzerrten Schätzer für $\mathrm{Var}(Y_i)$ in der Regel die **Stichprobenvarianz** ▶69

$$S^2 = \frac{1}{n-1} \cdot \sum_{i=1}^{n} (Y_i - \overline{Y})^2$$

heran.

Im linearen Regressionsmodell sind die Y_i jedoch nicht mehr identisch verteilt, insbesondere sind die Erwartungswerte $\mathrm{E}(Y_i)$ nicht für alle $i = 1, \ldots, n$ identisch. Daher kann man auch $\overline{Y}$ nicht als Schätzer für „den Erwartungswert", das heißt alle Erwartungswerte $\mathrm{E}(Y_i)$ verwenden. Statt dessen werden hier die Prognosen $\widehat{Y}_i = T_{\beta_0}^{\mathrm{KQ}} + T_{\beta_1}^{\mathrm{KQ}} \cdot x_i$ eingesetzt.

Im Fall von S^2 geht in den Varianzschätzer ein einzelner Parameterschätzer ein, nämlich $\overline{Y}$ für $\mathrm{E}(Y_i)$. Das ist der Grund dafür, dass die Quadratsumme $\sum_{i=1}^{n}(Y_i - \overline{Y})^2$ durch $n-1$ statt durch n geteilt wird. Man sagt, dass durch die Schätzung von $\mathrm{E}(Y_i)$ ein Freiheitsgrad verloren geht. Im Fall des einfachen linearen Regressionsmodells müssen für die Prognosen $\widehat{Y}_i$ die zwei Parameter β_0 und β_1 geschätzt werden. Dadurch gehen hier zwei Freiheitsgrade verloren, und man teilt die Quadratsumme durch $n-2$. Als unverzerrte Schätzung für σ^2 ergibt sich

$$\begin{aligned} \widehat{\sigma}^2 &= T_{\sigma^2}^{\mathrm{U}}((x_1, y_1), \ldots, (x_n, y_n)) = \frac{1}{n-2} \cdot \sum_{i=1}^{n} (y_i - \widehat{y}_i)^2 \\ &= \frac{1}{n-2} \cdot \sum_{i=1}^{n} (y_i - \widehat{\beta}_0 - \widehat{\beta}_1 \cdot x_i)^2. \end{aligned}$$

Verteilungen der Parameterschätzer

Sind im einfachen linearen Regressionsmodell

$$Y_i = \beta_0 + \beta_1 \cdot x_i + \varepsilon_i$$

mit $E(\varepsilon_i) = 0$ und $\text{Var}(\varepsilon_i) = \sigma^2$ die Fehler normalverteilt, dann sind auch die KQ-Schätzer $T_{\beta_0}^{\text{KQ}}$ und $T_{\beta_1}^{\text{KQ}}$ normalverteilt. Daraus folgt unmittelbar, dass mit $\sigma_j^2 = \text{Var}(T_{\beta_j}^{\text{KQ}})$ die Größen

$$\frac{T_{\beta_j}^{\text{KQ}} - \beta_j}{\sqrt{\sigma_j^2}}, \quad j = 0, 1$$

standardnormalverteilt sind. Schätzt man die Varianzen σ_j^2 der Schätzer $T_{\beta_j}^{\text{KQ}}$, $j = 0, 1$ durch

$$T_{\sigma_0^2} = T_{\sigma^2}^{\text{U}} \cdot \frac{\sum_{i=1}^n x_i^2}{n \cdot \sum_{i=1}^n (x_i - \overline{x})^2} \quad \text{und} \quad T_{\sigma_1^2} = \frac{T_{\sigma^2}^{\text{U}}}{\sum_{i=1}^n (x_i - \overline{x})^2},$$

so sind

$$\frac{T_{\beta_j}^{\text{KQ}} - \beta_j}{\sqrt{T_{\sigma_j^2}}}, \quad j = 0, 1$$

t-verteilt mit $n - 2$ Freiheitsgraden.

Dabei ist $T_{\sigma^2}^{\text{U}}$ der unverzerrte Schätzer für die Varianz σ^2 aus der **Bemerkung** ▶163 zur Schätzung der Fehlervarianz.

Auf Grundlage dieser Verteilungsüberlegungen lassen sich die folgenden Wahrscheinlichkeitsaussagen treffen

$$P\left(t_{n-2;\frac{\alpha}{2}}^* \leq \frac{T_{\beta_j}^{\text{KQ}} - \beta_j}{\sqrt{T_{\sigma_j^2}}} \leq t_{n-2;1-\frac{\alpha}{2}}^*\right) = 1 - \alpha, \quad j = 0, 1.$$

Dabei ist $t_{n-2;p}^*$ das p-Quantil der t-Verteilung mit $n - 2$ Freiheitsgraden.

Durch Umformung dieser Wahrscheinlichkeitsaussage lassen sich Konfidenzintervalle für β_0 und β_1 aufstellen.

Konfidenzintervalle für die Regressionskoeffizienten

Mittels der **Verteilungen der Parameterschätzer** ▶164 lassen sich folgende Konfidenzintervalle für die Regressionskoeffizienten β_0 und β_1 des einfachen linearen Regressionsmodells aufstellen:

— für β_0 ist

$$\left[T_{\beta_0}^{\mathrm{KQ}} - \sqrt{T_{\sigma_0^2}} \cdot t^*_{n-2;1-\frac{\alpha}{2}} ; T_{\beta_0}^{\mathrm{KQ}} + \sqrt{T_{\sigma_0^2}} \cdot t^*_{n-2;1-\frac{\alpha}{2}} \right]$$

ein Konfidenzintervall zum Niveau $1 - \alpha$, mit

$$T_{\sigma_0^2} = T_{\sigma^2}^{\mathrm{U}} \cdot \frac{\sum_{i=1}^n x_i^2}{n \cdot \sum_{i=1}^n (x_i - \overline{x})^2} ;$$

— für β_1 ist

$$\left[T_{\beta_1}^{\mathrm{KQ}} - \sqrt{T_{\sigma_1^2}} \cdot t^*_{n-2;1-\frac{\alpha}{2}} ; T_{\beta_1}^{\mathrm{KQ}} + \sqrt{T_{\sigma_1^2}} \cdot t^*_{n-2;1-\frac{\alpha}{2}} \right]$$

ein Konfidenzintervall zum Niveau $1 - \alpha$, mit

$$T_{\sigma_1^2} = \frac{T_{\sigma^2}^{\mathrm{U}}}{\sum_{i=1}^n (x_i - \overline{x})^2} .$$

Dabei ist wieder

$$T_{\sigma^2}^{\mathrm{U}} = \frac{1}{n-2} \cdot \sum_{i=1}^n (Y_i - \widehat{Y}_i)^2$$

der unverzerrte Schätzer für die Varianz σ^2 der ε_i.

Beispiel (Fortsetzung ▶135 ▶138) Gewinn eines Unternehmers   B

Im **Beispiel** ▶138 des Unternehmers waren zu den produzierten Mengen die folgenden Gewinne erzielt worden:

Menge x_i (in 1 000 Stück)	5	6	8	10	12
Gewinn y_i (in Euro)	2 600	3 450	5 555	7 700	9 350

Für das einfache lineare Regressionsmodell

$$Y_i = \beta_0 + \beta_1 \cdot x_i + \varepsilon_i$$

haben wir als KQ-Schätzungen

$$\widehat{\beta}_0 = -2\,361,25 \quad \text{und} \quad \widehat{\beta}_1 = 986,860$$

erhalten. Damit ergeben sich die vorhergesagten Werte $\widehat{y}_i = \widehat{\beta}_0 + \widehat{\beta}_1 \cdot x_i$, die geschätzten Residuen r_i und die Residuenquadrate r_i^2 zu

x_i	5	6	8	10	12
y_i	2 600	3 450	5 555	7 700	9 350
$\widehat{y}_i$	2 573,05	3 559,91	5 533,63	7 507,35	9 481,07
r_i	26,95	- 109,91	21,37	192,65	- 131,07
r_i^2	726,3025	12 080,2081	456,6769	37 114,0225	17 179,3449

Zur Berechnung der Konfidenzintervalle für β_0 und β_1 bestimmen wir den Schätzwert für die Fehlervarianz σ^2:

$$\widehat{\sigma}^2 = \frac{1}{n-2} \cdot \sum_{i=1}^{n} (y_i - \widehat{y}_i)^2 = \frac{1}{n-2} \cdot \sum_{i=1}^{n} r_i^2 = \frac{67\,556,55}{3} = 22\,518,85.$$

Als Schätzungen für die Varianzen σ_0^2 und σ_1^2 der Schätzer für β_0 und β_1 berechnen wir

$$\widehat{\sigma}_0^2 = \widehat{\sigma}^2 \cdot \frac{\sum_{i=1}^{n} x_i^2}{n \cdot \sum_{i=1}^{n} (x_i - \overline{x})^2} = 22\,518,85 \cdot \frac{369}{5 \cdot 32,8} = 50\,677,41,$$

$$\widehat{\sigma}_1^2 = \frac{\widehat{\sigma}^2}{\sum_{i=1}^{n} (x_i - \overline{x})^2} = \frac{22\,518,85}{32,8} = 686,5503.$$

Die zur Berechnung verwendeten Zwischenergebnisse sind aus der Tabelle der Hilfsgrößen im Beispiel ▶138 des Unternehmers bzw. aus der Berechnung der KQ-Schätzwerte zu entnehmen.

Zu einer Irrtumswahrscheinlichkeit von $\alpha = 0,05$ ergeben sich damit die Realisationen der 95%-Konfidenzintervalle für β_0 und β_1 als

$$\left[\widehat{\beta}_0 - \sqrt{\widehat{\sigma}_0^2} \cdot t^*_{n-2;1-\frac{\alpha}{2}} \; ; \; \widehat{\beta}_0 + \sqrt{\widehat{\sigma}_0^2} \cdot t^*_{n-2;1-\frac{\alpha}{2}} \right]$$

$$= \left[-2\,361,25 - 225,1164 \cdot t^*_{3;0,975} \; ; \; -2\,361,25 + 225,1164 \cdot t^*_{3;0,975} \right]$$

$$= \left[-2\,361,25 - 225,1164 \cdot 3,1824 \; ; \; -2\,361,25 + 225,1164 \cdot 3,1824 \right]$$

$$= \left[-3\,077,66 \; ; \; -1\,644,84 \right] \quad \text{für } \beta_0$$

und

$$\left[\widehat{\beta}_1 - \sqrt{\widehat{\sigma}_1^2} \cdot t^*_{n-2;1-\frac{\alpha}{2}} \; ; \; \widehat{\beta}_1 + \sqrt{\widehat{\sigma}_1^2} \cdot t^*_{n-2;1-\frac{\alpha}{2}} \right]$$

$$= \left[986,860 - 26,2021 \cdot t^*_{3;0,975} \; ; \; 986,860 + 26,2021 \cdot t^*_{3;0,975} \right]$$

$$= \left[986,860 - 26,2021 \cdot 3,1824 \; ; \; 986,860 + 26,2021 \cdot 3,1824 \right]$$

$$= \left[903,47 \; ; \; 1\,070,25 \right] \quad \text{für } \beta_1.$$

◀B

Beispiel (Fortsetzung ▶140) Intelligenz und Problemlösen   B

Im Beispiel ▶140 der Untersuchung des Zusammenhangs zwischen der Intelligenz und der Problemlösefähigkeit von Abiturienten ergaben sich die Schätzwerte der Regressionskoeffizienten zu

$$\widehat{\beta}_0 = 9,59 \quad \text{und} \quad \widehat{\beta}_1 = -0,060.$$

Die beobachteten und vorhergesagten Werte, die geschätzten Residuen und die quadrierten Residuen sind in der folgenden Tabelle zusammengestellt

i	1	2	3	4	5	6	7	8
x_i	100	105	110	115	120	125	130	135
y_i	3,8	3,3	3,4	2,0	2,3	2,6	1,8	1,6
$\widehat{y}_i$	3,59	3,29	2,99	2,69	2,39	2,09	1,79	1,49
r_i	0,21	0,01	0,41	-0,69	-0,09	0,51	0,01	0,11
r_i^2	0,0441	0,0001	0,1681	0,4761	0,0081	0,2601	0,0001	0,0121

Zur Berechnung der Konfidenzintervalle für β_0 und β_1 benötigt man die Schätzung für die Varianz σ^2

$$\widehat{\sigma}^2 = \frac{1}{n-2} \cdot \sum_{i=1}^{n} (y_i - \widehat{y}_i)^2 = \frac{1}{n-2} \cdot \sum_{i=1}^{n} r_i^2 = \frac{0,9688}{6} = 0,1615.$$

Als Schätzungen für die Varianzen σ_0^2 und σ_1^2 der Schätzer für β_0 und β_1 ergeben sich

$$\widehat{\sigma}_0^2 = \widehat{\sigma}^2 \cdot \frac{\sum_{i=1}^{n} x_i^2}{n \cdot \sum_{i=1}^{n} (x_i - \overline{x})^2} = 0,1615 \cdot \frac{111\,500}{8 \cdot 1\,050} = 2,1437$$

$$\widehat{\sigma}_1^2 = \frac{\widehat{\sigma}^2}{\sum_{i=1}^{n} (x_i - \overline{x})^2} = \frac{0,1615}{1\,050} = 0,0002.$$

Die zur Berechnung verwendeten Zwischenergebnisse sind aus den Berechnungen im **Beispiel** ▶140 entnommen.

Zu einer Irrtumswahrscheinlichkeit von $\alpha = 0,1$ ergeben sich damit die Realisationen der 90%-Konfidenzintervalle für β_0 und β_1 als

$$\left[\widehat{\beta}_0 - \sqrt{\widehat{\sigma}_0^2} \cdot t^*_{n-2;1-\frac{\alpha}{2}} \; ; \; \widehat{\beta}_0 + \sqrt{\widehat{\sigma}_0^2} \cdot t^*_{n-2;1-\frac{\alpha}{2}} \right]$$

$$= \left[9,59 - 1,4641 \cdot t^*_{6;0,95} \; ; \; 9,59 + 1,4641 \cdot t^*_{6;0,95} \right]$$

$$= \left[9,59 - 1,4641 \cdot 1,9432 \; ; \; 9,59 + 1,4641 \cdot 1,9432 \right]$$

$$= \left[6,74 \; ; \; 12,44 \right] \quad \text{für } \beta_0$$

und

$$\left[\widehat{\beta}_1 - \sqrt{\widehat{\sigma}_1^2} \cdot t^*_{n-2;1-\frac{\alpha}{2}} \; ; \; \widehat{\beta}_1 + \sqrt{\widehat{\sigma}_1^2} \cdot t^*_{n-2;1-\frac{\alpha}{2}} \right]$$

$$= \left[-0,060 - 0,0141 \cdot t^*_{6;0,95} \; ; \; -0,060 + 0,0141 \cdot t^*_{6;0,95} \right]$$

$$= \left[-0,060 - 0,0141 \cdot 1,9432 \; ; \; -0,060 + 0,0141 \cdot 1,9432 \right]$$

$$= \left[-0,09 \; ; \; -0,03 \right] \quad \text{für } \beta_1.$$

◀B

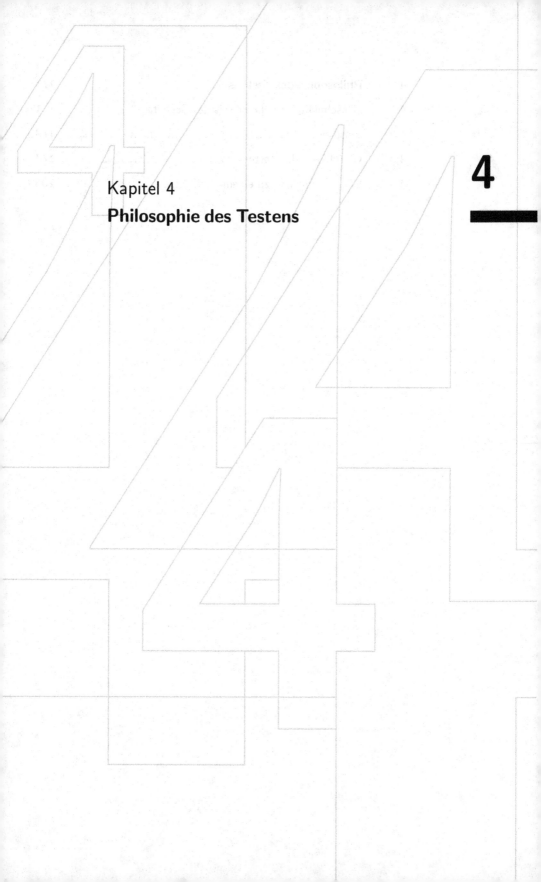

Kapitel 4

Philosophie des Testens

4

4

4	**Philosophie des Testens**	171
4.1	„Unschuldig bis zum Beweis des Gegenteils"	171
4.2	Beispiele	173
4.3	Grundlagen des Testens	174
4.4	Wie kommt man zu einem Test?	205

4 Philosophie des Testens

4.1 „Unschuldig bis zum Beweis des Gegenteils"

Der Filialleiter eines Drogeriemarkts stellt fest, dass seit einiger Zeit im Vergleich zu den Mengen an Kunden, die sich im Schnitt täglich dort aufhalten, die Einnahmen relativ gering sind. Durch verschärfte Überwachung des Personals gerät ein Kassierer unter Verdacht, an seiner Kasse Einnahmen zu unterschlagen. Er wird verhaftet und vor Gericht gestellt. Staatsanwaltschaft und Verteidigung sammeln Zeugenaussagen, Indizien und Hinweise (mit anderen Worten: Daten), die für bzw. gegen die Schuld des Angeklagten sprechen.

Bei der gerichtlichen Untersuchung geht die Staatsanwaltschaft von der Annahme aus, einen Schuldigen vor sich zu haben und versucht, ihm diese Schuld anhand der erhobenen Daten für den Richter glaubhaft nachzuweisen. Auf der anderen Seite geht die Verteidigung davon aus, dass ihr Mandant unschuldig ist, und versucht ebenfalls mit Hilfe der Daten, dem Richter dies plausibel zu machen. Der Richter hat nun prinzipiell zwei Möglichkeiten.

- Strategie 1: Er kann davon ausgehen, dass der Angeklagte schuldig ist (Schuldvermutung). Dann steht die Verteidigung unter Beweiszwang. Der Angeklagte kann nur freigesprochen werden, wenn genügend viele Indizien gegen seine Schuld sprechen.
- Strategie 2: Er kann davon ausgehen, dass der Angeklagte unschuldig ist (Unschuldsvermutung). Dann steht die Staatsanwaltschaft unter Beweiszwang. Der Angeklagte kann nur dann schuldig gesprochen werden, wenn genügend viele Indizien für seine Schuld sprechen. Solange die Hinweise (Daten) nicht stark genug auf die Schuld des Angeklagten hindeuten, bleibt die Unschuldsvermutung bestehen („im Zweifel für den Angeklagten"), und der Angeklagte wird freigesprochen.

Gehen wir nun einmal davon aus, dass der Angeklagte tatsächlich schuldig ist. Bei der ersten Strategie des Richters müsste die Verteidigung dann sehr starke Argumente beibringen, die auf seine Unschuld hinweisen, um einen (in diesem Fall fehlerhaften) Freispruch zu erreichen. Es ist nicht sehr wahrscheinlich, dass dies gelingen kann. Die Wahrscheinlichkeit für die korrekte Verurteilung eines Schuldigen ist damit sehr hoch.
Bei der zweiten Strategie des Richters muss die Anklage die zündenden Argumente haben, um eine Verurteilung zu erreichen. Die Wahrscheinlichkeit für die Verurteilung eines Schuldigen wird immer noch hoch sein, wenn die vor-

liegenden Daten stark genug für seine Schuld sprechen. Es wird aber häufiger als unter Strategie 1 vorkommen, dass ein Schuldiger freigesprochen wird.

Gehen wir andererseits davon aus, dass der Angeklagte unschuldig ist. Bei Strategie 1 muss die Verteidigung dann wieder sehr starke Argumente für seine Unschuld haben, damit er korrekterweise freigesprochen wird. Die Wahrscheinlichkeit für die fälschliche Verurteilung eines Unschuldigen ist damit sicher höher als unter Strategie 2.

Bei der zweiten Strategie des Richters dagegen muss erneut die Anklage überzeugende Hinweise für die Schuld des Angeklagten beibringen, damit der Richter ihn (in diesem Fall fälschlicherweise) verurteilt. Das dürfte bei einem Unschuldigen zumindest schwieriger sein. Die Wahrscheinlichkeit für die Verurteilung eines Unschuldigen wird deutlich geringer sein als unter Strategie 1.

Insgesamt sichert man also mit Strategie 1, dass Schuldige häufiger verurteilt werden. Dafür bezahlt man den Preis, dass auch Unschuldige leichter fälschlicherweise verurteilt werden. Mit Strategie 2 dagegen ist die Wahrscheinlichkeit der Verurteilung eines Unschuldigen geringer. Dafür nimmt man in Kauf, dass auch ein Schuldiger leichter freigesprochen wird. Nach diesen Überlegungen ist Strategie 2 diejenige, die stärker dem Schutz von Unschuldigen dient. Sie wird daher in Rechtsstaaten verfolgt.

Die beiden möglichen Vermutungen des Richters (Angeklagter ist schuldig bzw. Angeklagter ist unschuldig) kann man auch als Hypothesen bezeichnen, deren Gültigkeit anhand der vorliegenden Daten beurteilt werden soll. Dabei handelt es sich um eine Entscheidung zwischen zwei einander ausschließenden Aussagen. Der Angeklagte kann in Bezug auf das ihm zur Last gelegte Verbrechen nur entweder schuldig oder unschuldig sein.

Ähnlich wie hier dargestellt, kann man auch in statistischen Untersuchungen zwei einander widersprechende Forschungshypothesen gegeneinander stellen und eine Entscheidung auf Basis vorliegenden Datenmaterials herbeiführen. Wie im Beispiel der Gerichtsverhandlung muss man sich überlegen, welche Fehlentscheidungen passieren können und was die Konsequenzen sind. Statistische Hypothesentests dienen zur Entscheidung zwischen zwei solchen Forschungshypothesen. Dabei wird zur Entscheidung eine Entsprechung der Unschuldsvermutung als Prinzip benutzt.

4.2 Beispiele

Beispiel Einführung eines neuen Handys

Ein neues Handy soll als Konkurrenz für ein bereits angebotenes Gerät auf dem Markt eingeführt werden. Damit sich die Einführung für den Anbieter finanziell lohnt, muss die Verkaufswahrscheinlichkeit p für das neue Gerät höher sein als für das alte. Aus den Produktions- und Verkaufszahlen für das bereits angebotene Handy kennt man dessen Verkaufswahrscheinlichkeit $p_0 = 0,6$. Der Anbieter möchte also wissen, ob die Verkaufswahrscheinlichkeit für das neue Gerät größer ist als 0,6.

Allgemein formuliert, interessiert sich der Anbieter dafür, wie sich die unbekannte Verkaufswahrscheinlichkeit p des neuen Handys zur Verkaufswahrscheinlichkeit $p_0 = 0,6$ des alten Handys verhält. Die speziell für diese Untersuchung interessierenden Forschungshypothesen sind, dass das neue Handy sich entweder mit höchstens derselben Wahrscheinlichkeit verkaufen wird wie das schon auf dem Markt verfügbare, oder mit einer höheren Wahrscheinlichkeit. Es interessiert, ob $p \leq 0,6$ ist oder $p > 0,6$. Im ersten Fall wird der Hersteller das neue Gerät nicht bis zur Marktreife weiter entwickeln. Nur wenn er sicher genug sein kann, dass der zweite Fall gilt, lohnt sich für ihn die Fortsetzung der Entwicklung. Im Sinne der oben diskutierten Unschuldsvermutung geht der Anbieter so lange davon aus, dass das neue Handy sich nicht besser verkaufen wird als das alte, bis er hinreichend starke Hinweise darauf findet, dass die Verkaufswahrscheinlichkeit für das neue Gerät besser ist. ◀B

Beispiel Wahlen

Bei Wahlen zum Bundestag oder Europawahlen interessiert besonders kleinere Parteien, ob sie die 5%-Hürde nehmen oder nicht. Die beiden hier relevanten Forschungshypothesen sind also, dass der Anteil p der von einer solchen Partei erzielten Stimmen größer oder gleich 5% ist, bzw. dass p kleiner ist als 5%. Auf Basis des bereits ausgezählten Teils der abgegebenen Stimmen wird über die Gültigkeit dieser Hypothesen am Wahltag mit jeder Hochrechnung von Neuem entschieden. Schafft die Partei die 5%-Hürde nicht, so hat dies für sie ernste Konsequenzen: sie ist nicht im gewählten Gremium vertreten, und die Zahlung von Wahlkampfgeldern fällt weg. Deshalb möchte sie sich lieber gegen ein Fehlurteil in dieser Richtung absichern. Im Sinne der Unschuldsvermutung sollte die Ausgangshypothese also in diesem Fall lauten, dass $p \geq 5\%$ ist. ◀B

Beispiel Fernsehverhalten von Vorschulkindern

Entwicklungspsychologen gehen davon aus, dass das Sozialverhalten von Kindern sich schlechter entwickelt, wenn diese bereits im Vorschulalter zu lange fernsehen. Sitzen Vorschulkinder im Schnitt maximal 75 Minuten täglich vor dem Fernseher, so gilt dies noch als unkritisch, sind es aber mehr als 75 Minuten, so führt dies zu Störungen in der Entwicklung der Sozialkompetenz. Sollte sich herausstellen, dass deutsche Vorschulkinder täglich durchschnittlich zu viel fernsehen, so will die Familienministerin eine groß angelegte (und teure) Kampagne zur Aufklärung der Eltern starten. In einer empirischen Untersuchung soll überprüft werden, ob dies notwendig ist. Die hier interessierenden Forschungshypothesen sind also: Vorschulkinder sitzen im Schnitt täglich bis zu 75 Minuten vor dem Fernseher bzw. Vorschulkinder sitzen im Schnitt täglich mehr als 75 Minuten vor dem Fernseher. Die teure Kampagne wird nur gestartet, wenn es genügend starke Hinweise darauf gibt, dass die zweite der genannten Hypothesen tatsächlich gilt. Ansonsten bleibt es bei der „Unschuldsvermutung", dass die Kinder nicht zu viel fernsehen.   ◀B

4.3 Grundlagen des Testens

Viele statistische Analysen konzentrieren sich auf die Schätzung unbekannter Größen mit Hilfe von wissenschaftlichen Versuchen und Studien. Sei zum Beispiel das Ziel einer klinischen Studie die Schätzung des mittleren Blutzuckerspiegels von Patienten nach Behandlung mit einem ausgewählten Medikament. Die Wahlbeteiligung einer gerade laufenden Wahl ist von Interesse, oder die Wachstumsrate von Karotten, gedüngt mit einem Substrat aus verschiedenen Nährstoffen und Mineralien, soll in einem Agrarexperiment geschätzt werden. Die Ergebnisse solcher Studien und Versuche liegen also in Form von Schätzungen (Punktschätzungen oder Konfidenzintervalle) für die gesuchte Größe vor. Das Ziel einer Studie kann aber auch eine Entscheidung zwischen zwei sich widersprechenden Aussagen bezüglich der interessierenden Größe sein. In der Statistik werden solche Aussagen als Hypothesen bezeichnet. Was genau ist unter einer Hypothese zu verstehen? Sei zum Beispiel in einem chemischen Experiment der Nachweis eines chemischen Stoffes mit Hilfe einer neuen Analysemethode von Interesse. Dann möchte man entscheiden, ob sich die Chemikalie mit dieser neuen Methode tatsächlich nachweisen lässt oder ob das nicht der Fall ist. Ein anderes Beispiel ist die Zulassung eines neuen Medikaments. Dazu muss mit Hilfe einer klinischen Studie zunächst nachgewiesen werden, ob das neue Medikament tatsächlich wirksam ist. Hier können die Hypothesen wie folgt aufgestellt werden: Einerseits die Hypothese „das neue Medikament ist wirksam", andererseits „das neue Medikament ist nicht wirksam". Ziel der klinischen Studie ist es nun, durch geeignete Datenerhebung herauszufinden, welche der beiden Hypothesen wahr ist. Die Wirksamkeit des Medikaments lässt sich natürlich numerisch formulieren. In dem oben beschriebenen Beispiel könnte die Wirksamkeit definiert sein als die Senkung des Blutzuckerspiegels unter einen bestimmten Wert. Dieser Wert betrage bei Erwachsenen circa 110 mg/dl Blut. Die Hypothesen „das neue Medikament ist wirksam" und „das neue Medikament ist nicht wirksam" können damit äquivalent formuliert werden als „das Medikament senkt den Blutzuckerspiegel im Mittel auf Werte kleiner oder gleich 110 mg/dl Blut" bzw. „das neue Medikament senkt den Blutzuckerspiegel höchstens auf Werte größer als 110 mg/dl Blut".

Eine charakterisierende Eigenschaft von statistischen Hypothesen ist, dass sie sich gegenseitig ausschließen. Dies ist im obigen Beispiel der Fall. Außerdem müssen die Hypothesen den Definitionsbereich des interessierenden Parameters, in unserem Beispiel ist dies der Blutzuckerspiegel, vollständig abdecken. Dies wird durch die obige dichotome Betrachtungsweise ($\leq$ 110 mg/dl oder $>$ 110 mg/dl) gesichert.

Eine Entscheidung zwischen zwei sich gegenseitig ausschließenden Hypothesen auf Basis erhobener Daten heißt Test. Allgemein werden die möglichen Ausgänge eines statistischen Experiments dichotom in Form von zwei Hypothesen aufgeteilt. Anschließend wird auf der Grundlage von Wahrscheinlichkeiten eine Entscheidung zwischen den beiden Hypothesen getroffen. Die Vorgehensweise wird in der Statistik unter der **Methodik des Testens von Hypothesen** zusammengefasst.

Definition Statistische Hypothese   ◄

Eine statistische **Hypothese** ist eine zu überprüfende Behauptung oder Aussage (auch Glaube oder Feststellung) über einen Parameter einer Verteilung oder eine Verteilung selbst.

B

Beispiel Hypothesen

— Im **Beispiel** ▶174 wird vermutet, dass Vorschulkinder täglich durchschnittlich mehr als 75 Minuten vor dem Fernseher verbringen. Der interessierende Parameter ist hier die mittlere Zeit pro Tag, die Vorschulkinder fernsehen. Aufgestellt wird die Behauptung (Hypothese), dass die mittlere Zeit vor dem Fernseher mehr als 75 Minuten beträgt.

— Es wird geschätzt, dass die mittlere verbleibende Lebenszeit bei Patienten, diagnostiziert mit ALS (Amyotrophe Lateralsklerose), nach Diagnosestellung 2,5 Jahre beträgt. Hier ist der interessierende Parameter die durchschnittliche Überlebenszeit von Patienten, bei denen ALS diagnostiziert wurde. Eine Behauptung (Hypothese) könnte sein, dass die mittlere Überlebenszeit nach der Diagnose weniger als 2,5 Jahre beträgt.

— Beobachtete Daten aus einer Studie stammen aus einer Normalverteilung mit Parametern μ und σ^2.   ◀B

Ein **statistisches Testproblem** ▶177 setzt sich aus einer Null- und einer Alternativhypothese zusammen.

▶

Definition Nullhypothese

Die **Nullhypothese** ist diejenige Hypothese, welche auf ihren Wahrheitsgehalt hin überprüft werden soll. Sie beinhaltet den Zustand des Parameters der Grundgesamtheit, der bis zum jetzigen Zeitpunkt bekannt ist oder als akzeptiert gilt. Die Nullhypothese, bezeichnet mit H_0, wird als **Ausgangspunkt einer statistischen Untersuchung** gesehen, den es zu widerlegen gilt.

▶

Definition Alternativhypothese

Die **Alternativhypothese** beinhaltet bezüglich der interessierenden Größe die zur Nullhypothese entgegengesetzte Aussage. Sie ist die eigentliche Forschungshypothese und drückt aus, was mittels der statistischen Untersuchung gezeigt werden soll. Die Alternativhypothese wird mit H_1 bezeichnet.

Beide Hypothesen widersprechen sich bezüglich der interessierenden Größe, sie schließen sich also gegenseitig aus. Vereint überdecken Null-und Alternativhypothese den gesamten Definitionsbereich des Parameters.

Beispiel (Fortsetzung ▶176) Null- und Alternativhypothesen

— Im Beispiel ▶174 der Vorschulkinder lautete die interessierende Forschungshypothese wie folgt: Die durchschnittliche Zeit, die Vorschulkinder
täglich vor dem Fernseher verbringen, beträgt mehr als 75 Minuten. Hier
interessiert die mittlere Fernsehdauer μ von Vorschulkindern pro Tag (in
Minuten). Das heißt, es soll eine Aussage über den Parameter μ der Verteilung der Fernsehdauer getroffen werden. Bisher ging man davon aus,
dass es tatsächlich doch weniger als 75 Minuten sind. Die Null- und Alternativhypothese lauten dann

Nullhypothese: $H_0 : \mu \leq 75$, die mittlere Zeit, die Vorschulkinder täglich
vor dem Fernseher verbringen, beträgt höchstens 75 Minuten.

Alternativhypothese: $H_1 : \mu > 75$, die mittlere Zeit, die Vorschulkinder
täglich vor dem Fernseher verbringen, beträgt mehr als 75 Minuten.

— Beträgt die mittlere verbleibende Lebensdauer von Patienten, diagnostiziert mit ALS (Amyotrophe Lateralsklerose), weniger als 2,5 Jahre nach
Stellung der Diagnose? Hier ist der interessierende Parameter, bezeichnet
mit μ, die durchschnittliche Überlebenszeit von Patienten, nachdem bei
ihnen ALS diagnostiziert wurde. Die Null- und Alternativhypothese lauten dann wie folgt

Nullhypothese: $H_0 : \mu \geq 2,5$, die mittlere Überlebenszeit von Patienten, diagnostiziert mit ALS, beträgt mindestens 2,5 Jahre.

Alternativhypothese: $H_1 : \mu < 2,5$, die mittlere Überlebenszeit von
Patienten, diagnostiziert mit ALS, beträgt weniger als 2,5 Jahre.   ◀B

Definition Statistisches Testproblem   ◀

Die Formulierung einer Null- und einer Alternativhypothese bezüglich eines Parameters einer Verteilung oder einer Verteilung selbst wird als **statistisches Testproblem** bezeichnet.

Im Folgenden formulieren wir Testprobleme zunächst bezüglich eines interessierenden Parameters. Typische Testprobleme für Verteilungen selbst werden
beim χ^2-Anpassungstest ▶290 besprochen.

Beschreibe $\vartheta \in \Theta$ den interessierenden Parameter einer Verteilung, dann kann ein statistisches Problem wie folgt definiert sein

Problem (1): $H_0 : \vartheta = \vartheta_0$ gegen $H_1 : \vartheta \neq \vartheta_0$ (zweiseitig)

Problem (2): $H_0 : \vartheta \leq \vartheta_0$ gegen $H_1 : \vartheta > \vartheta_0$ (rechtsseitig)

Problem (3): $H_0 : \vartheta \geq \vartheta_0$ gegen $H_1 : \vartheta < \vartheta_0$ (linksseitig)

wobei ϑ_0 ein beliebiger Wert aus dem zulässigen Definitionsbereich Θ ist. Welches dieser drei Testprobleme geeignet ist, hängt von der zu untersuchenden Fragestellung ab.

B

Beispiel Schokoladentafeln

Die Firma Schoko stellt Schokoladentafeln her. Auf der Verpackung wird ihr Gewicht mit 100 g angegeben. Durch zufällige Schwankungen im Produktionsprozess bedingt, wiegt nicht jede Tafel exakt 100 g. Ein Kunde möchte wissen, wie es um das Durchschnittsgewicht μ aller hergestellten Tafeln bestellt ist. Er kauft 15 dieser Tafeln und ermittelt das mittlere Gewicht. Die folgenden Testprobleme könnten von Interesse sein

Problem (1): $H_0 : \mu = 100$ g   gegen $H_1 : \mu \neq 100$ g (zweiseitig)

Problem (2): $H_0 : \mu \leq 100$ g   gegen $H_1 : \mu > 100$ g (rechtsseitig)

Problem (3): $H_0 : \mu \geq 100$ g   gegen $H_1 : \mu < 100$ g (linksseitig)

— Problem (1): „=" gegen „$\neq$"

Der Kunde ist nur daran interessiert, ob die vom Hersteller angegebenen 100 g exakt eingehalten werden. Ob bei einer eventuellen Abweichung von 100 g die Schokoladentafeln im Schnitt mehr oder weniger als 100 g wiegen, ist nicht von Interesse.

— Problem (2): „$\leq$" gegen „$>$"

Dieses Testproblem ist sinnvoll, wenn der Verdacht besteht, dass die Tafeln im Mittel mehr als 100 g wiegen. In diesem Fall würde der Kunde mehr Schokolade für sein Geld erhalten.

— Problem (3): „$\geq$" gegen „$<$"

Aus der Sicht des Kunden ist dies das sinnvollste Testproblem, da hier untersucht wird, ob die Schokoladentafeln im Mittel weniger als 100 g wiegen und er somit zuviel Geld für das Produkt zahlt.   ◀B

Beispiel Schnittblumensubstrat

Eine Gärtnerei wirbt damit, dass bei Hinzugabe eines neuen Substrats in das Blumenwasser frische Schnittblumen im Durchschnitt länger blühen als unter der Verwendung des herkömmlichen Substrats. In Worten ausgedrückt bedeutet dies für die Formulierung der Null- und Alternativhypothese und somit des Testproblems:

H_0 : Die durchschnittliche Haltbarkeit der Schnittblumen entspricht höchstens
    derjenigen unter Anwendung des herkömmlichen Substrats.

H_1 : Die durchschnittliche Haltbarkeit der Schnittblumen ist gestiegen.

Formal lassen sich Null- und Alternativhypothese wie folgt aufschreiben:

Sei der Parameter μ definiert als die erwartete Haltbarkeit der Schnittblumen unter Zugabe des neuen Substrats und μ_0 als die durchschnittliche Haltbarkeit bei Anwendung des herkömmlichen Substrats. Dann kann das Testproblem formuliert werden als

$$H_0 : \mu \leq \mu_0 \quad \text{gegen} \quad H_1 : \mu > \mu_0.$$

Beispiel Erkältungsdauer

Eine herkömmliche Erkältung dauert im Durchschnitt unter einer Standardbehandlung 6,5 Tage. Kann durch die zusätzliche Einnahme eines Zinkpräparates die durchschnittliche Erkältungsdauer verringert werden? In Worten formuliert bedeutet dies zunächst für das Aufstellen der Null- und Alternativhypothese:

H_0 : Die durchschnittliche Erkältungsdauer beträgt mindestens 6,5 Tage.

H_1 : Die durchschnittliche Erkältungsdauer beträgt weniger als 6,5 Tage.

Formal schreibt man Null- und Alternativhypothese wie folgt:

Sei der Parameter μ definiert als die durchschnittliche Erkrankungsdauer in Tagen unter Einnahme des Zinkpräparates. Dann lässt sich das Testproblem schreiben als:

$$H_0 : \mu \geq 6,5 \quad \text{gegen} \quad H_1 : \mu < 6,5.$$

Testprobleme werden unterschieden in **einseitige** und **zweiseitige** Testprobleme. Diese Einteilung erfolgt in Abhängigkeit von H_1, der Alternativhypothese. Testet man die Hypothese $H_0 : \vartheta = \vartheta_0$ gegen die Alternative $H_1 : \vartheta \neq \vartheta_0$, so deckt die Alternativhypothese den Parameterbereich links und rechts der Nullhypothese ab. In diesem Fall spricht man von einem zweiseitigen Testproblem. Als einseitige Probleme werden dagegen Testprobleme bezeichnet, bei denen sich die Alternativhypothese nur in eine Richtung von dem unter der Nullhypothese angenommenen Wert des Parameters bewegt. Das Testproblem $H_0 : \vartheta \leq \vartheta_0$ gegen $H_1 : \vartheta > \vartheta_0$ bezeichnet ein rechtsseitiges Problem, während $H_0 : \vartheta \geq \vartheta_0$ gegen $H_1 : \vartheta < \vartheta_0$ ein linksseitiges Testproblem bezeichnet.

Wählt man mit Nullhypothese oder Alternative nur einen Wert aus dem Parameterraum aus, dann nennt man eine solche Hypothese **einfach**. So ist zum Beispiel $H_0 : \vartheta = \vartheta_0$ eine einfache Nullhypothese. Wird dagegen eine Menge von Werten für den Parameter zugelassen, spricht man von einer **zusammengesetzten** Hypothese. Im Testproblem $H_0 : \vartheta \leq \vartheta_0$ gegen $H_1 : \vartheta > \vartheta_0$ sind sowohl Nullhypothese als auch Alternative zusammengesetzt.

▶ **Definition** Teststatistik

Mit Hilfe eines statistischen Tests soll eine Entscheidung zwischen der Null- und der Alternativhypothese getroffen werden. Basierend auf einer geeignet gewählten Prüfgröße liefert der statistische Test eine formale Entscheidungsregel. Die Prüfgröße ist dabei eine Funktion, die auf die Beobachtungen aus der Zufallsstichprobe (Daten) angewendet wird. Abhängig von dem aus den Daten errechneten Wert der Prüfgröße wird die Nullhypothese entweder beibehalten oder aber verworfen.

Die Prüfgröße in einem statistischen Testproblem wird in der Regel als **Teststatistik** bezeichnet. Die Teststatistik, definiert als eine Funktion der die Daten erzeugenden Stichprobenvariablen, ist eine Zufallsvariable. Außer in einigen Spezialfällen, auf die gesondert hingewiesen wird, wird die Teststatistik im Folgenden unabhängig von der Art des Tests stets mit Z bezeichnet. Der an den *beobachteten* Daten konkret berechnete Wert wird mit z_{beo} bezeichnet, da es sich im Sinne einer Zufallsvariablen nun um eine Realisierung handelt.

Fehler 1. und 2. Art beim Testen von Hypothesen

Das Treffen einer falschen Entscheidung beim Testen von Hypothesen lässt sich nicht ausschließen. Unabhängig davon, welcher statistische Test angewendet wird, können falsche Testentscheidungen nicht grundsätzlich vermieden werden. Eine Begründung dafür ist, dass jede getroffene Testentscheidung nur auf einer begrenzten Anzahl von Daten aus der Grundgesamtheit beruht, also auf einer Zufallsstichprobe. Dadurch ist jede solche Entscheidung stets mit einer gewissen Unsicherheit behaftet. Die Zufallsauswahl, nach der die Stichprobe gezogen wurde, sollte so konstruiert sein, dass bei mehrfacher Wiederholung die entstehenden Stichproben „im Mittel" die Grundgesamtheit abbilden (Repräsentativität). Dennoch kann die einzelne Stichprobe im ungünstigsten Fall ein verzerrtes Abbild der Grundgesamtheit liefern.

Ein statistischer Test kann zu den folgenden zwei Entscheidungen führen

— die Nullhypothese H_0 wird verworfen, man entscheidet für H_1,
— die Nullhypothese H_0 wird beibehalten.

Je nachdem, welche der beiden Hypothesen tatsächlich gilt, ergeben sich hier

— zwei **richtige** und
— zwei **falsche** Entscheidungen.

Diese vier Möglichkeiten lassen sich wie folgt erklären: Ein statistisches Testproblem setzt sich aus einer Null- und einer Alternativhypothese zusammen, wobei die Nullhypothese auf ihren Wahrheitsgehalt hin überprüft werden soll. Welche der beiden Hypothesen tatsächlich wahr ist, ist unbekannt. Die Testentscheidung, die basierend auf den Daten getroffen wird, bezieht sich immer auf die Nullhypothese. Die Nullhypothese wird beibehalten (sie kann nicht verworfen werden), wenn in den Daten nicht genügend „Hinweise" enthalten sind, die für die Alternativhypothese sprechen. Andernfalls wird die Nullhypothese verworfen, was man als eine Entscheidung für die Alternativhypothese auffassen kann.

Unter der Annahme, dass die **Nullhypothese wahr** ist, trifft man eine **richtige Entscheidung**, wenn die **Nullhypothese nicht verworfen** wird, und eine **falsche Entscheidung**, wenn die **Nullhypothese verworfen** wird.

Unter der Annahme, dass die **Nullhypothese falsch** ist, trifft man eine **richtige Entscheidung**, wenn die **Nullhypothese verworfen** wird, und eine **falsche Entscheidung**, wenn die **Nullhypothese nicht verworfen**, also beibehalten wird.

Eine **falsche Entscheidung** liegt also vor, wenn

– die Nullhypothese H_0 verworfen wird, obwohl sie wahr ist, man spricht vom **Fehler 1. Art**
oder
– die Nullhypothese beibehalten wird, obwohl sie falsch ist, man spricht vom **Fehler 2. Art**.

Eine **richtige Entscheidung** liegt demnach vor, wenn

– die Nullhypothese H_0 verworfen wird und sie tatsächlich falsch ist
oder
– die Nullhypothese beibehalten wird, wenn sie tatsächlich wahr ist.

Die folgende Tabelle fasst noch einmal die vier Entscheidungen eines statistischen Tests zusammen

	Nullhypothese (H_0)	
Entscheidung	H_0 wahr	H_0 falsch
lehne H_0 nicht ab	richtig	Fehler 2. Art
lehne H_0 ab	Fehler 1. Art	richtig

Ob der Test nun zu einer richtigen oder einer falschen Entscheidung geführt hat, lässt sich nicht feststellen, jedoch können Wahrscheinlichkeiten für das Treffen einer Fehlentscheidung berechnet werden.

Definition Fehler 1. Art

Der **Fehler 1. Art** wird begangen, wenn die Nullhypothese abgelehnt wird, obwohl sie wahr ist. Formal lässt sich die Wahrscheinlichkeit für den Fehler 1. Art als bedingte Wahrscheinlichkeit schreiben

$$P(\text{Fehler 1. Art}) = P(H_0 \text{ ablehnen} \,|\, H_0 \text{ ist wahr}) = \alpha.$$

Beispiel Sport

Eine Umfrage unter 30 Studierenden einer Universität im vergangenen Jahr ergab, dass 50% der Befragten regelmäßig mindestens zweimal wöchentlich für 30 Minuten Sport treiben. Durch den anhaltenden Fitness- und Wellness-Trend wird vermutet, dass der Anteil p der Sporttreibenden größer als 50% ist. Getestet werden soll also die Nullhypothese

$$H_0 : p = 0,5 \quad \text{gegen} \quad H_1 : p > 0,5.$$

Als Teststatistik wird hier Z, die Anzahl der Sporttreibenden unter den Befragten, verwendet. Wir werden später sehen, dass der `Binomialtest` ▶278 der angemessene Test zur Entscheidung dieses Problems ist. Die aus ihm abgeleitete Entscheidungsregel besagt, dass H_0 zum Niveau $\alpha = 0,05$ abzulehnen ist, falls die Anzahl der Sporttreibenden unter allen 30 Befragten größer 19 ist $(Z > 19)$. Daraus lässt sich nun die Wahrscheinlichkeit für den Fehler 1. Art berechnen als

$$
\begin{aligned}
\text{P(Fehler 1. Art)} \quad &= \quad \text{P(lehne } H_0 \text{ ab } | H_0 \text{ ist wahr)} \\
&= \quad \text{P}\,(Z > 19 \,|\, p = 0,5) \\
&= \quad 0,0494 \approx 0,05.
\end{aligned}
$$

Die genaue Herleitung, wie man diese Wahrscheinlichkeit berechnet, zeigen wir im `Beispiel` ▶281 zum Binomialtest. ◀B

Definition Fehler 2. Art ◀

Der **Fehler 2. Art** wird begangen, wenn die Nullhypothese H_0 nicht verworfen wird, obwohl H_0 falsch ist. Die Wahrscheinlichkeit, die mit diesem Fehler assoziiert ist, wird mit β bezeichnet. Der Fehler 2. Art kann als bedingte Wahrscheinlichkeit geschrieben werden

$$
\beta = \text{P(Fehler 2. Art)} \quad = \quad \text{P}(H_0 \text{ nicht ablehnen} \,|\, H_1 \text{ ist wahr)}.
$$

Der exakte Wert dieser Fehlerwahrscheinlichkeit hängt vom wahren Wert des Parameters unter der Alternativhypothese ab. Für jeden Wert, den der Parameter unter der Alternativhypothese annehmen kann, fällt der Fehler 2. Art anders aus.

Angenommen, es soll die Nullhypothese

$$
H_0 : p = 0,25 \quad \text{gegen} \quad H_1 : p > 0,25
$$

getestet werden, wobei p die Erfolgswahrscheinlichkeit einer binomialverteilten Zufallsvariable X sei mit $p \in [0; 1]$. Dann kann die Wahrscheinlichkeit für den Fehler 2. Art für jeden Wert von p aus dem Intervall $(0,25; 1]$ berechnet werden. Die Wahrscheinlichkeit für den Fehler 2. Art kann somit als eine Funktion des Parameters aufgefasst werden, definiert auf dessen Wertebereich unter der Alternativhypothese.

Beispiel (Fortsetzung ▶182) Sport

Für das **Beispiel Sport** soll die Wahrscheinlichkeit β für den Fehler 2. Art berechnet werden unter der Annahme, dass der wahre Wert für p gerade $p = 0,55$ beträgt. Aus der Definition und mit der Herleitung, die wir im **Binomialtest** ▶280 noch zeigen, ergibt sich

$$P(\text{Fehler 2. Art} \mid p = 0,55) = P(\text{lehne } H_0 \text{ nicht ab} \mid p = 0,55)$$
$$= P(Z \leq 19 \mid p = 0,55)$$
$$\approx 0,865.$$

Der Wert von 0,865 sagt aus, dass die erhöhte Sportrate unter den Befragten mit einer Wahrscheinlichkeit von circa 86,5% unentdeckt bleiben wird. Fälschlicherweise wird also bei wiederholter Durchführung der Befragung mit jeweils neuen Stichproben $H_0 : p = 0,5$ in 86,5% der Fälle nicht verworfen werden. Dass diese Wahrscheinlichkeit für den Fehler 2. Art so groß ist, ist auf die Tatsache zurückzuführen, dass die Parameterwerte unter der Null- und unter der Alternativhypothese ($p = 0,5$ gegen $p = 0,55$) sehr nahe beieinander liegen. Die Stichprobenverteilungen von Z unter der Null- und Alternativhypothese liegen dadurch ebenfalls sehr nahe beieinander und überlappen sich sogar auf einem großen Bereich des Definitionsbereiches für den Parameter p, wie in folgender Grafik verdeutlicht ist. In der Grafik ist die Wahrscheinlichkeit für den Fehler 2. Art eingezeichnet.

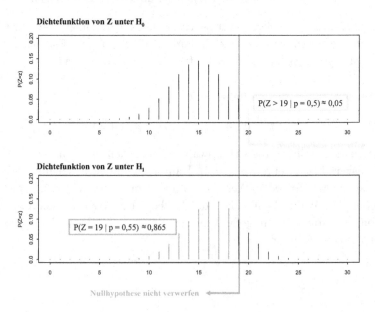

Die Wahrscheinlichkeit für den Fehler 2. Art hängt also direkt vom Parameterwert p unter der Alternativhypothese ab. Nehmen wir für p einen Wert von $p = 0,80$ an, so ist die Wahrscheinlichkeit für den Fehler 2. Art wesentlich kleiner und beträgt nur noch circa 2,6%.

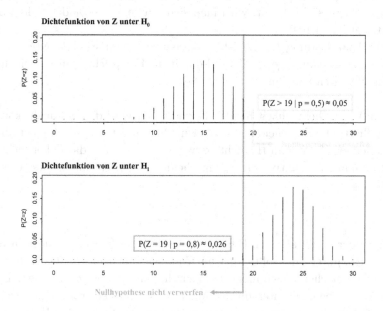

Im Gegensatz zum Fehler 1. Art kann die Wahrscheinlichkeit für den Fehler 2. Art nicht ohne weiteres vor der Durchführung des Tests begrenzt werden. Dies ist darin begründet, dass die Wahrscheinlichkeit β vom Wert des Parameters unter der Alternativhypothese H_1 abhängt und ein ganzer Bereich von Werten für β möglich ist. Daher kann eine explizite Berechnung der Wahrscheinlichkeit für den Fehler 2. Art nur in Abhängigkeit eines vorher festgelegten Werts für den interessierenden Parameter unter der Alternativhypothese H_1 erfolgen.

Zusammenfassend halten wir fest, welche Interpretationen von Testergebnissen angesichts der hier diskutierten Aspekte rund um die Fehlerwahrscheinlichkeiten sich ergeben.

Interpretation von Testergebnissen

- Beim Testen wird nur die Wahrscheinlichkeit für den Fehler 1. Art durch α kontrolliert, das heißt $P(H_0 \text{ ablehnen} \mid H_0 \text{ ist wahr})$. Wenn also H_0 tatsächlich gilt, wird man sich nur in $\alpha \cdot 100\%$ der Fälle für H_1 entscheiden.
  Die Entscheidung für H_1 ist in diesem Sinn statistisch abgesichert. Bei Entscheidung gegen H_0 und damit für H_1 spricht man von einem signifikanten Ergebnis.

- Die Wahrscheinlichkeit für den Fehler 2. Art wird dagegen nicht kontrolliert. Die Entscheidung, H_0 beizubehalten, ist statistisch nicht abgesichert. Kann man H_0 nicht verwerfen, so bedeutet das daher nicht, dass man sich „aktiv" für H_0 entscheidet (es spricht nur nichts gegen H_0).

Sowohl Fehler 1. Art als auch Fehler 2. Art sind im Allgemeinen nicht zu verhindern. Ein guter Test sollte aber die Wahrscheinlichkeit für das Auftreten solcher Fehlentscheidungen möglichst klein halten. Am besten wäre ein Test, der die Wahrscheinlichkeiten für das Auftreten beider Fehlerarten gleichzeitig klein hält. Dies funktioniert leider in der Regel nicht. Oft ist die Wahrscheinlichkeit für den Fehler 2. Art um so größer, je kleiner die Wahrscheinlichkeit für den Fehler 1. Art ist, und umgekehrt. Daher entscheidet man sich bei der Konstruktion von Tests für ein unsymmetrisches Vorgehen, das der Vorgehensweise beim Nachweis der Schuld eines Angeklagten entspricht:

- Formuliere das Testproblem so, dass die interessierende Aussage (Schuld des Angeklagten) in der Alternative steht.
- Gib vor, wie groß die Wahrscheinlichkeit für den Fehler 1. Art (Unschuldiger wird zu Unrecht verurteilt) höchstens sein darf.
- Bestimme alle für das Testproblem möglichen Tests, die die Anforderung an den Fehler 1. Art erfüllen.
- Suche unter diesen Tests denjenigen mit der kleinsten Wahrscheinlichkeit für den Fehler 2. Art (Schuldiger wird freigesprochen).

Da man auf diese Weise nur die Wahrscheinlichkeit für die Fehlentscheidung in einer Richtung (H_0 verwerfen, obwohl H_0 gilt) mit einer Schranke nach oben absichert, ergibt sich die Notwendigkeit, die wichtigere Aussage (die statistisch abgesichert werden soll) als Alternative zu formulieren.

Die Schranke, mit der man die Wahrscheinlichkeit für den Fehler 1. Art nach oben absichert, heißt das **Signifikanzniveau** des Tests.

Eine Obergrenze für die Wahrscheinlichkeit für den Fehler 1. Art wird vor der Durchführung des Tests festgelegt. Diese bezeichnet man als das **Signifikanzniveau** α des Tests. Dabei hängt die Wahl dieses Werts maßgeblich von der zugrunde liegenden Problemstellung und den Konsequenzen ab, die aus einer falschen Entscheidung vom Typ Fehler 1. Art resultieren können. Gebräuchliche Werte für den maximalen Wert des Fehlers 1. Art sind $\alpha = 0,05$, $\alpha = 0,1$ oder $\alpha = 0,01$.

Es können aber auch beliebige andere Werte gewählt werden. Die Fehlerwahrscheinlichkeit kann auch interpretiert werden als Risiko einer falschen Entscheidung, das man bereit ist einzugehen. Das folgende Beispiel verdeutlicht dies.

Ein Forstbetrieb prüft das Wachstum seines Baumbestandes, indem der jährliche Zuwachs des Stammumfangs als ein Indikator für die Gesundheit des Bestandes gemessen wird. Entspricht der Zuwachs des Stammumfangs nicht der Norm, so können abhängig von der Ursache beispielsweise Düngemittel oder schädlingsbekämpfende Stoffe eingesetzt werden. Bezeichne μ den mittleren Zuwachs des Stammumfangs des Baumbestandes und μ_0 die Norm. Dann können die Null- und Alternativhypothese wie folgt formuliert werden

$$H_0 : \mu \geq \mu_0 \quad \text{gegen} \quad H_1 : \mu < \mu_0.$$

Ein Fehler 1. Art wird genau dann begangen, wenn die Nullhypothese abgelehnt wird, obwohl sie wahr ist. In unserem Beispiel entspricht dies dem Fall, dass der Forstbetrieb basierend auf den Daten der Stichprobe zu dem Ergebnis kommt, dass der mittlere Zuwachs des Stammumfangs zu gering ist ($H_1 : \mu < \mu_0$), obwohl dies in Wahrheit nicht der Fall ist. Die Konsequenz einer solchen Fehlentscheidung ist, dass der Forstbetrieb nun eigentlich nicht benötigte Düngemittel einsetzen wird, was zu einer Erhöhung der Kosten und Schädigung der Umwelt führt. Das Signifikanzniveau sollte daher umso kleiner gewählt werden, je schwerwiegender die möglichen Konsequenzen des Fehlers 1. Art sind. ◄B

B

Beispiel Konsequenzen eines Fehlers 1. Art

Zur Vermeidung von Unfällen im Flugverkehr sind Passagierflugzeuge kommerzieller Fluglinien in der Regel mit Kollisionswarngeräten ausgestattet. Ein Unternehmen hat ein neues Kollisionswarnsystem entwickelt, das auf einer innovativen Technologie beruht. Man verspricht sich davon noch zuverlässiger arbeitende Geräte, als sie bisher im Einsatz sind. Bevor die neue Technologie im realen Flugverkehr eingesetzt werden darf, muss sie ihre Zuverlässigkeit im Simulator unter Beweis stellen. Dabei interessiert vordringlich, ob das neue Gerät in kritischen Situationen tatsächlich häufiger ein Warnsignal abgibt als das bisher in den Flugzeugen arbeitende Gerät. Nur in diesem Fall wird man nämlich die neue Technologie übernehmen wollen.

Bezeichne p den Anteil der korrekten Warnungen in kritischen Situationen, die durch die neue Technologie abgegeben werden, und p_0 den bekannten Anteil korrekter Warnungen der derzeit eingesetzten Technologie. Zu testen ist damit

$$H_0 : p \leq p_0 \text{ gegen } H_1 : p > p_0.$$

Das Testproblem wird so angesetzt, weil die Entscheidung, H_0 zu verwerfen, die wichtigere Entscheidung ist. Entscheidet man, dass die neue Technologie besser warnt als die alte, tatsächlich ist das neue Gerät aber höchstens so gut wie das bisherige, eventuell sogar schlechter, so schadet man der Sicherheit. Mit dem Fehler 1. Art schadet man also unter Umständen den Fluggästen aktiv, indem man sie einer schlechteren Technologie aussetzt als dem bisherigen Standard. Das muss unbedingt vermieden werden.

Auf der anderen Seite bedeutet hier der Fehler 2. Art, dass man schlimmstenfalls der Flugsicherheit ein besseres System vorenthält, weil dessen Zuverlässigkeit sich nicht deutlich genug gezeigt hat. Auch das schadet, aber man stellt die Passagiere zumindest nicht schlechter als vorher.

In dieser Situation ist es angebracht, mit einem kleinen Signifikanzniveau α zu arbeiten, da die Konsequenzen eines Fehlers 1. Art lebensbedrohlich sein können.   ◄B

Wahl des Signifikanzniveaus

Grundsätzlich gilt für jeden statistischen Test, der durchgeführt wird, dass das Signifikanzniveau vor der Durchführung der Tests zu wählen ist.

Verwendet man zur Durchführung eines statistischen Tests eine Statistiksoftware, so wird zur Herbeiführung der Testentscheidung häufig nicht nur der

berechnete Wert der Teststatistik angegeben, sondern zusätzlich noch der so
genannte **p-Wert**.

Definition p-Wert

Der **p-Wert** ist definiert als die Wahrscheinlichkeit, dass die Teststatistik den an
den Daten realisierten Wert oder einen im Sinne der Alternativhypothese noch
extremeren Wert annimmt. Dabei berechnet man diese Wahrscheinlichkeit unter
der Annahme, dass die Nullhypothese wahr ist.

Im Falle eines rechtsseitigen Tests entspricht der p-Wert gerade der markier-
ten Fläche:

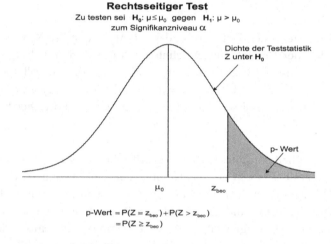

Rechtsseitiger Test
Zu testen sei H_0: $\mu \leq \mu_0$ gegen H_1: $\mu > \mu_0$
zum Signifikanzniveau α

Dichte der Teststatistik
Z unter H_0

p-Wert

μ_0 z_{beo}

$$\text{p-Wert} = P(Z = z_{beo}) + P(Z > z_{beo})$$
$$= P(Z \geq z_{beo})$$

Der p-Wert kann, ebenso wie der Wert der Teststatistik, als Entscheidungskri-
terium für das Verwerfen der Nullhypothese herangezogen werden. Je kleiner
der p-Wert ist, desto stärker sprechen die Daten gegen die Nullhypothese
und damit implizit für die Alternativhypothese. Eine Realisierung, wie sie
die Teststatistik geliefert hat, ist unter dieser Nullhypothese um so unwahr-
scheinlicher, je kleiner der p-Wert ist. Die Entscheidungsregel zum Verwerfen
der Nullhypothese H_0 lautet daher, dass die Nullhypothese zum Signifikanzniveau α verworfen wird, wenn der p-Wert kleiner als α ist, andernfalls wird
H_0 beibehalten. Gebräuchliche Grenzen sind

$$\text{p-Wert} > 0,1 : \qquad \text{schwache Beweislast gegen } H_0$$
$$0,05 < \text{p-Wert} \leq 0,1 : \qquad \text{mäßige Beweislast gegen } H_0$$
$$0,01 < \text{p-Wert} \leq 0,05 : \qquad \text{moderate Beweislast gegen } H_0$$
$$0,001 < \text{p-Wert} \leq 0,01 : \qquad \text{starke Beweislast gegen } H_0$$

$$\text{p-Wert} \leq 0,001: \qquad \text{sehr starke Beweislast gegen } H_0.$$

Der p-Wert ist eine Wahrscheinlichkeit und nimmt daher immer Werte zwischen 0 und 1 an.

Die Berechnung des p-Werts hängt von der Art des statistischen Testproblems ab (links-, rechts- oder zweiseitiges Testproblem), insbesondere von der Wahl der Alternativhypothese H_1 ►e. Konkrete Beispiele sind bei den einzelnen Testverfahren zum Beispiel beim **Gauß-Test** ►222 oder beim t-**Test** ►242 zu finden.

► **Definition** Kritischer Bereich und kritischer Wert

Der Wertebereich der Teststatistik, der zur Ablehnung der Nullhypothese führt, heißt **kritischer Bereich** oder **Ablehnbereich** und wird im Folgenden mit $\mathcal{K}$ bezeichnet. Kritische Bereiche sind typischerweise als Intervalle in Form von $\mathcal{K} = (-\infty; k^*)$, $\mathcal{K} = (k^*; \infty)$, $\mathcal{K} = (-\infty; -k^*) \cup (k^*; \infty)$ gegeben. Der Wert k^*, der als Grenze in diesen Intervallen auftritt, wird als **kritischer Wert** bezeichnet.

Hier ist implizit formuliert, dass der kritische Bereich entweder ein halboffenes Intervall $(k^*; \infty)$ oder das Komplement eines symmetrischen Intervalls $[-k^*; k^*]$ ist. Dies muss nicht grundsätzlich der Fall sein. Wir wollen uns aber im Folgenden aus Gründen der Einfachheit auf diese Fälle beschränken. Der kritische Bereich hängt von der Wahl des Signifikanzniveaus α des Tests ab. Die Abhängigkeit von α wollen wir durch den Index α in k_α^* kennzeichnen. Betrachten wir beispielsweise ein zweiseitiges Testproblem, das zum Signifikanzniveau $\alpha = 0,05$ zu lösen ist. Der kritische Bereich ist dann so zu wählen, dass die Fläche, die die Dichtekurve der Teststatistik mit diesem kritischen Bereich einschließt, gerade den Flächeninhalt 0,05 hat. Gleichzeitig sollen die Funktionswerte der Dichte über dem kritischen Wert möglichst klein sein. Man bestimmt den Bereich anhand der Dichte, die zur Verteilung der Teststatistik unter Gültigkeit der Nullhypothese gehört. Im Fall eines zweiseitigen Tests wird der kritische Bereich aufgeteilt in die „Enden" der Verteilung der Teststatistik, wie in der Grafik zu erkennen ist.

Zweiseitiger Test:
Zu testen sei H_0: $\mu = \mu_0$ gegen H_1: $\mu \neq \mu_0$
zum Signifikanzniveau $\alpha = 0{,}05$

Dichte der
Teststatistik Z
unter H_0

Flächeninhalt $\hat{=}$
Wahrschein-
lichkeit 0,025

Flächeninhalt $\hat{=}$
Wahrschein-
lichkeit 0,025

kritischer Wert —— $-k^*_{1-\alpha/2} = -k^*_{0,975}$ μ_0 $k^*_{1-\alpha/2} = k^*_{0,975}$ ←—kritischer Wert

kritischer Bereich $\hat{=}$ Akzeptanzbereich   kritischer Bereich $\hat{=}$
Ablehnbereich   Ablehnbereich

Der kritische Bereich ist $\mathcal{K} = \left(-\infty, -k^*_{1-\alpha/2}\right) \cup \left(k^*_{1-\alpha/2}, \infty\right)$

Definition   Akzeptanzbereich   ◄

Der zu $\mathcal{K}$ komplementäre Bereich führt zur Beibehaltung der Nullhypothese und heißt **Akzeptanzbereich**.

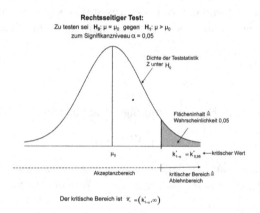

Rechtsseitiger Test:
Zu testen sei H_0: $\mu = \mu_0$ gegen H_1: $\mu > \mu_0$
zum Signifikanzniveau $\alpha = 0{,}05$

Dichte der Teststatistik
Z unter H_0

Flächeninhalt $\hat{=}$
Wahrscheinlichkeit 0,05

μ_0 $k^*_{1-\alpha} = k^*_{0,95}$ ←—kritischer Wert

Akzeptanzbereich   kritischer Bereich $\hat{=}$
Ablehnbereich

Der kritische Bereich ist $\mathcal{K} = \left(k^*_{1-\alpha}, \infty\right)$

Definition   Testentscheidung   ◄

Eine Testentscheidung für ein Testproblem kann basierend auf zwei Entscheidungs-kriterien, so genannten **Entscheidungsregeln**, herbeigeführt werden. Diese basieren

— auf dem kritischen Wert k^*_α oder

— auf dem p-Wert.

Die Testentscheidung erfolgt dabei grundsätzlich bezüglich der Nullhypothese. Die Nullhypothese H_0 wird zum Niveau α verworfen, wenn genügend viel gegen sie spricht. Andernfalls kann H_0 nicht verworfen werden und wird beibehalten. Man beachte dabei grundsätzlich die Abhängigkeit vom zuvor gewählten Signifikanzniveau α. Beide Entscheidungsregeln sind äquivalent zueinander.

Explizit gelten folgende formale Entscheidungsregeln:

Testentscheidung basierend auf dem kritischen Wert

Bezeichne k_α^* den kritischen Wert zum Signifikanzniveau α. Mit Z sei eine Teststatistik bezeichnet, welche einer um Null symmetrischen Verteilung folgt. Die Nullhypothese H_0 wird zum Signifikanzniveau α verworfen, wenn für die Teststatistik Z gilt

$$
\begin{array}{lll}
\text{Problem (1):} & |Z| > k_{1-\alpha/2}^* & \text{(zweiseitig)} \\
\text{Problem (2):} & Z > k_{1-\alpha}^* & \text{(rechtsseitig)} \\
\text{Problem (3):} & Z < k_\alpha^* & \text{(linksseitig)}
\end{array}
$$

also genau dann, wenn der Wert der Teststatistik in den kritischen Bereich $\mathcal{K}$ fällt. Im jeweils anderen Fall kann man H_0 nicht verwerfen, H_0 wird beibehalten.

Testentscheidung basierend auf dem p-Wert

Die Nullhypothese H_0 wird zum Signifikanzniveau α verworfen, falls der

$$\text{p-Wert} < \alpha$$

ist. Andernfalls kann die Nullhypothese nicht verworfen werden und wird beibehalten. Dabei berechnet sich der p-Wert der Teststatistik Z als

$$
\begin{array}{lll}
\text{Problem (1):} & 2 \cdot P(Z \geq |z_{beo}|) & \text{(zweiseitig)} \\
\text{Problem (2):} & P(Z \geq z_{beo}) & \text{(rechtsseitig)} \\
\text{Problem (3):} & P(Z \leq z_{beo}) & \text{(linksseitig)}
\end{array}
$$

Mit z_{beo} ist der errechnete (*beobachtete*) Wert der Teststatistik Z für die Daten bezeichnet. Für einen p-Wert kleiner dem Wert von α sagt man, dass das Ergebnis statistisch signifikant ist zum Niveau α.

Die Restriktion, dass die Teststatistik Z eine symmetrisch um Null verteilte Zufallsvariable ist, benötigen wir für die Testentscheidungsvorschrift in Problem (1). Für nicht um Null symmetrische Verteilungen sind die Entscheidungsvorschriften wesentlich komplizierter.

Durchführung eines statistischen Tests

Ein statistischer Test läuft in den folgenden Phasen ab:

1. Formulierung des statistischen Testproblems durch Aufstellen von Null- und Alternativhypothese.

2. Vorgabe einer maximalen Irrtumswahrscheinlichkeit für den Fehler 1. Art, das heißt Wahl des Signifikanzniveaus α.

3. Bestimmung des kritischen Bereichs, also des Ablehnbereichs des Tests.

4. Auswahl und Berechnung der für das formulierte Testproblem geeigneten Teststatistik sowie häufig des p-Werts der realisierten Teststatistik.

5. Anwendung der Entscheidungsregel, indem entweder
   - der realisierte Wert der Teststatistik mit dem kritischen Bereich verglichen wird oder
   - der p-Wert mit dem Signifikanzniveau verglichen wird.

Festhalten des Testergebnisses. Je nachdem, welches Resultat die Entscheidungsregel geliefert hat, wird zum Niveau α
   - die Nullhypothese H_0 zu Gunsten der Alternativhypothese H_1 verworfen;
     das Ergebnis lautet: H_1 gilt;
   - die Nullhypothese H_0 nicht verworfen, da nicht genug gegen H_0 spricht;
     das Ergebnis lautet: es kann nichts gegen H_0 gesagt werden.

Was ist ein guter Test?

Güte

Betrachten wir nun wie beim Schätzen den Fall, dass eine Aussage über die Verteilung eines interessierenden Merkmals X getroffen werden soll. Das heißt, wir befassen uns mit Testproblemen H_0 gegen H_1, wobei sowohl Null- als auch Alternativhypothese eine Behauptung über die Verteilungsfunktion F^X von X formulieren. Ähnlich wie beim Schätzen gehen wir davon aus, dass F^X aus einer parametrischen Verteilungsfamilie $\{F_\vartheta; \vartheta \in \Theta\}$ stammt. Dann zerlegt man durch die Angabe von H_0 und H_1 den Parameterraum Θ in zwei zu den Hypothesen passende disjunkte Teilmengen Θ_0 und Θ_1, wobei $\Theta_0 \cap \Theta_1 = \emptyset$ und $\Theta_0 \cup \Theta_1 = \Theta$. Sei im Folgenden der wahre Parameter der Verteilung von X mit $\hat{\vartheta}$ bezeichnet. Der Test sucht eine Entscheidung darüber, ob $\widetilde{\vartheta} \in \Theta_0$ oder $\widetilde{\vartheta} \in \Theta_1$.

Die Wahrscheinlichkeit, H_0 zu verwerfen, hängt vom Parameter der Verteilung von X ab. Schreibt man diese Wahrscheinlichkeit in Abhängigkeit von ϑ und lässt ϑ über den gesamten Parameterraum Θ variieren, so erhält man die so genannte **Gütefunktion** des Tests.

Definition Güte und Gütefunktion

Betrachtet wird eine interessierende Zufallsvariable X mit Verteilungsfunktion $F^X(x; \widetilde{\vartheta})$ aus einer Verteilungsfamilie $\{F_\vartheta; \vartheta \in \Theta\}$ mit mindestens zwei Elementen. F^X besitze den Parameter $\widetilde{\vartheta}$. Für das Testproblem $H_0 : \widetilde{\vartheta} \in \Theta_0$ gegen $H_1 : \widetilde{\vartheta} \in \Theta_1$ sei ein statistischer Test, bestehend aus einer **Teststatistik** ▶180, einem **kritischen Bereich** ▶190 und einer **Entscheidungsregel** ▶191 gegeben. Die **Güte** des Tests ist definiert durch

$$1 - \beta = P(\text{lehne } H_0 \text{ ab} \mid H_1 \text{ ist wahr}).$$

Die Funktion

$$1 - \beta(\vartheta) = P(\text{lehne } H_0 \text{ ab} \mid \widetilde{\vartheta} = \vartheta)$$

heißt **Gütefunktion** des Tests.

Die Güte eines Tests wird auch häufig als **Macht** oder **Trennschärfe** bezeichnet.

Über die Gütefunktion lassen sich die Wahrscheinlichkeiten sowohl für den Fehler 1. Art als auch für den Fehler 2. Art darstellen:
Für $\vartheta \in \Theta_0$ (das heißt, ϑ stammt aus der Nullhypothese) ist

$$
\begin{aligned}
1 - \beta(\vartheta) \quad &= \quad P(H_0 \text{ ablehnen} \mid H_0 \text{ gilt}) \\
&= \quad P(\text{Fehler 1. Art}).
\end{aligned}
$$

Für einen Test zum Niveau α ist daher $1 - \beta(\vartheta) \leq \alpha$ für alle $\vartheta \in \Theta_0$.
Für $\vartheta \in \Theta_1$ (das heißt, ϑ stammt aus der Alternativhypothese) ist

$$
\begin{aligned}
1 - \beta(\vartheta) \quad &= \quad P(H_0 \text{ ablehnen} \mid H_0 \text{ gilt nicht}) \\
&= \quad 1 - P(H_0 \text{ nicht ablehnen} \mid H_1 \text{ gilt}) \\
&= \quad 1 - P(\text{Fehler 2. Art}),
\end{aligned}
$$

das heißt $\beta(\vartheta) = P(\text{Fehler 2. Art})$ für $\vartheta \in \Theta_1$.

Beispiel (Fortsetzung ►182 ►184) Sport – Gütefunktion   B

Zur grafischen Darstellung einer Gütefunktion wird auf der x-Achse der Wertebereich des Parameters unter der Alternativhypothese und auf der y-Achse die Güte für den jeweiligen Parameterwert aus dem Alternativbereich abgetragen.

Die hier abgetragene Gütefunktion gehört zum Test für das Testproblem

$$H_0 : p = 0,5 \quad \text{gegen} \quad H_1 : p > 0,5$$

aus dem **Beispiel Sport** ►182:

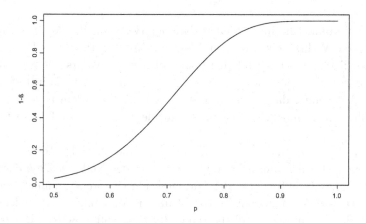

◄B

Eigenschaften der Gütefunktion

— Für jeden festen Parameterwert aus dem Bereich der Alternativhypothese steigt die Güte eines Tests mit wachsendem Stichprobenumfang n, dies führt zu einem steileren Anstieg der Gütefunktion unter der Alternativhypothese H_1.

— Vergrößert sich die Wahrscheinlichkeit α für den Fehler 1. Art, so führt dies zu einer größeren Güte des Tests.

— Für Parameterwerte unter der Nullhypothese H_0 nimmt die Gütefunktion Werte kleiner oder gleich α an.

— Die Gütefunktion ist monoton steigend, das heißt, je weiter entfernt ein Parameterwert aus H_1 von dem aus H_0 liegt, desto größer ist die Güte des Tests an dieser Stelle.

Die Bedeutung der Gütefunktion wird in den folgenden zwei Aspekten deutlich

1. Die Gütefunktion gibt für jeden Parameterwert aus der Alternativhypothese die Wahrscheinlichkeit an, dass die Nullhypothese abgelehnt wird, wenn diese tatsächlich falsch ist. Je höher diese Wahrscheinlichkeit ist, desto höher ist die Güte des Tests. Dies ist in der Praxis insbesondere von Bedeutung, da wir einen Test finden möchten, dem es gelingt, die Nullhypothese möglichst zuverlässig abzulehnen, wenn sie falsch ist.

2. Es ist ebenfalls von Bedeutung, wie schnell die Güte des Tests ansteigt, je weiter sich der wahre Parameterwert von der Nullhypothese entfernt, also wie steil die Steigung der Gütefunktion ist: Stehen nämlich mehrere Testprozeduren für ein Testproblem zur Auswahl, so sollte der Test gewählt werden, welcher die besten Güteeigenschaften besitzt. Das ist der Test, dessen Gütefunktion den „steilsten" Anstieg besitzt, da dieser eine falsche Nullhypothese mit größerer Wahrscheinlichkeit ablehnen wird.

Beziehung zwischen α, β und n

Die beiden Fehlergrößen α und β hängen unmittelbar voneinander ab. Die Verkleinerung einer der beiden Größen bedeutet automatisch eine Vergrößerung der anderen. Eine parallele Minimierung beider Wahrscheinlichkeiten ist damit nicht möglich. Dieser Problematik kann jedoch teilweise entgegengewirkt werden, indem der Stichprobenumfang vergrößert wird, da dieser sowohl auf α als auch auf β einen direkten Einfluss ausübt. Die Wahrscheinlichkeit α für den Fehler 1. Art kann bei gleichzeitiger Verringerung der Fehlerwahrscheinlichkeit 2. Art konstant gehalten werden, wenn der Stichprobenumfang n entsprechend erhöht wird.

- Bei einer Verkleinerung von α muss entweder β oder n vergrößert werden.

- Bei einer Verkleinerung von β muss entsprechend α oder n vergrößert werden.

- Wird ein kleinerer Stichprobenumfang n benötigt, so muss entweder α oder β vergrößert werden.

Die folgende Grafik illustriert das Verhalten des Fehlers 2. Art bei steigendem Stichprobenumfang n. Man sieht, dass für eine konstante Wahrscheinlichkeit α des Fehlers 1. Art die Wahrscheinlichkeit für den Fehler 2. Art mit wachsendem n kleiner wird.

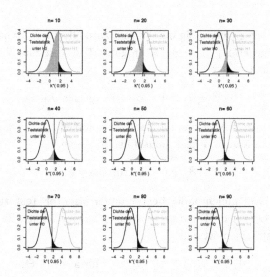

Beste Tests

Für ein gegebenes Testproblem möchte man unter allen Tests zum Niveau α denjenigen mit der kleinsten Wahrscheinlichkeit für den Fehler 2. Art wählen. Das wäre also ein Test, bei dem der Wert von $\beta(\vartheta)$ für alle $\vartheta \in \Theta_1$ unterhalb der entsprechenden Werte für alle anderen möglichen Tests bleibt. Man sagt: die Wahrscheinlichkeit für den Fehler 2. Art ist für einen solchen Test gleichmäßig kleiner auf Θ_1 als für alle anderen Tests (für dasselbe Testproblem). In der Umkehrung bedeutet das für die Gütefunktion, dass diese auf Θ_1 gleichmäßig größere Werte annimmt als die Gütefunktionen der anderen möglichen Tests.

Oft findet man allerdings keinen Test, der diese sehr strenge Anforderung erfüllt. Als Ausweg bietet es sich an, in einer kleineren Klasse von Tests zu suchen, den so genannten **unverfälschten** Tests.

▶ Definition Beste Tests

Für diese Definition bezeichnen wir einen statistischen Test (das heißt die Kombination aus Teststatistik, kritischem Bereich und der Entscheidungsregel, nach der H_0 zu verwerfen ist) als φ. Entsprechend benennen wir die Gütefunktion von φ mit $1 - \beta_\varphi(\vartheta)$.

— Ein Test φ^* heißt **gleichmäßig bester Test zum Niveau α** für das Testproblem $H_0 : \widetilde{\vartheta} \in \Theta_0$ gegen $H_1 : \widetilde{\vartheta} \in \Theta_1$, wenn gilt: φ^* ist Test zum Niveau α für das Testproblem und

$$1 - \beta_{\varphi^*}(\vartheta) \geq 1 - \beta_\varphi(\vartheta) \quad \text{für alle } \vartheta \in \Theta_1$$

für alle Tests φ zum Niveau α für dieses Testproblem.
— Ein Test φ zum Niveau α heißt **unverfälscht,** wenn

$$1 - \beta_\varphi(\vartheta) \geq \alpha \quad \text{für alle } \vartheta \in \Theta_1.$$

— Ein Test φ^* heißt **gleichmäßig bester unverfälschter Test zum Niveau α** für $H_0 : \widetilde{\vartheta} \in \Theta_0$ gegen $H_1 : \widetilde{\vartheta} \in \Theta_1$, wenn φ^* unverfälschter Test zum Niveau α für das Testproblem ist und

$$1 - \beta_{\varphi^*}(\vartheta) \geq 1 - \beta_\varphi(\vartheta) \quad \text{für alle } \vartheta \in \Theta_1$$

für alle unverfälschten Tests φ zum Niveau α für das Testproblem.

In einigen Spezialfällen existieren gleichmäßig beste Tests zum Niveau α für das Problem H_0 gegen H_1. Der grundlegende Fall, aus dem alles Weitere abgeleitet wird, ist dabei der, dass Θ nur genau zwei Elemente enthält. Das heißt: $\Theta = \{\vartheta_0, \vartheta_1\}$, und $\Theta_0 = \{\vartheta_0\}$, $\Theta_1 = \{\vartheta_1\}$ sind einelementige Mengen. Es handelt sich hier also um eine **einfache Hypothese** und eine **einfache Alternative** ▶180.

Neyman-Pearson-Lemma

Betrachtet wird eine Zufallsvariable X mit Verteilung $\mathrm{F}^X(x; \widetilde{\vartheta})$. Seien $X_1, \ldots, X_n$ unabhängige und identisch wie X verteilte Zufallsvariablen. Für die oben beschriebene Situation einer einfachen Nullhypothese und einer einfachen Alternative lautet das zu untersuchende Testproblem

$$H_0 : \widetilde{\vartheta} = \vartheta_0 \quad \text{gegen} \quad H_1 : \widetilde{\vartheta} = \vartheta_1.$$

Bezeichne $f^{X_1, \ldots, X_n}(x_1, \ldots, x_n; \vartheta)$ die **Likelihood** ▶116 von $X_1, \ldots, X_n$, wenn $\widetilde{\vartheta} = \vartheta$ gilt und die Stichprobe $x_1, \ldots, x_n$ realisiert wurde.

Ein (gleichmäßig) bester Test zum Niveau α für dieses Testproblem trifft folgende Entscheidung:

H_0 wird zum Niveau α verworfen, falls $\dfrac{f^{X_1, \ldots, X_n}(x_1, \ldots, x_n; \vartheta_1)}{f^{X_1, \ldots, X_n}(x_1, \ldots, x_n; \vartheta_0)} > k_\alpha^*.$

Dabei ist der kritische Wert k_α^* so zu bestimmen, dass $1 - \beta(\vartheta_0) = \alpha$, falls dieser Zusammenhang exakt erfüllt werden kann. Sonst wird k_α^* bestimmt als der kleinste Wert, für den $1 - \beta(\vartheta_0) < \alpha$ gilt.

Jeden Test wie im Neyman-Pearson-Lemma beschrieben kann man äquivalent ausdrücken durch

H_0 wird zum Niveau α verworfen, falls $g\left(\dfrac{f^{X_1, \ldots, X_n}(x_1, \ldots, x_n; \vartheta_1)}{f^{X_1, \ldots, X_n}(x_1, \ldots, x_n; \vartheta_0)}\right) > g(k_\alpha^*)$

mit g streng monoton wachsender Funktion, bzw.

H_0 wird zum Niveau α verworfen, falls $g\left(\dfrac{f^{X_1, \ldots, X_n}(x_1, \ldots, x_n; \vartheta_1)}{f^{X_1, \ldots, X_n}(x_1, \ldots, x_n; \vartheta_0)}\right) < g(k_\alpha^*)$

mit g streng monoton fallender Funktion.

Die im **Neyman-Pearson-Lemma** ▶199 beschriebene Situation tritt beispielsweise dann ein, wenn durch Vorinformation, Umweltbedingungen
oder Ähnliches klar ist, dass nur zwei Werte für den interessierenden Parameter in Frage kommen.
Wir betrachten eine Befragung, bei der zwei Personen die Interviews
führen. Man interessiert sich für die Antwortverweigerungen bzw. für die
Wahrscheinlichkeit der Beantwortung. Bekannt ist, dass bei Interviewer
1 die Wahrscheinlichkeit, dass ein Befragter antwortet, p_0 beträgt, bei
Interviewer 2 aber p_1. Interviewer 1 gibt einen Stapel bearbeiteter Fra-
gebögen zur Auswertung ab. Man hat den Verdacht, dass er die Bögen
nicht selbst hat ausfüllen lassen, sondern dass er den Stapel von Interviewer 2 entwendet hat.
Anhand der abgegebenen Bögen möchte man daher entscheiden zwischen

H$_0$: Der Interviewer hat die Bögen selbst abgearbeitet und

H$_1$: Er hat sich bei Interviewer 2 bedient.

Die Situation kann man für n befragte Personen mit
Bernoulli-Experimenten ▶38 modellieren. Wir betrachten n Zufallsvariablen X_i mit

$$X_i = \begin{cases} 1, & \text{falls } i\text{-ter Bogen beantwortet,} \\ 0, & \text{falls } i\text{-ter Bogen nicht beantwortet.} \end{cases}$$

Damit ist die Auswertung des i-ten Bogens ein Bernoulli-Experiment mit
Erfolgswahrscheinlichkeit p = Wahrscheinlichkeit für die Beantwortung,
so dass $X_i \sim \text{Bin}(1;p)$ für $i = 1,\dots,n$.
Die abgegebenen Bögen entsprechen dann Realisationen $x_1,\dots,x_n$ von
$X_1,\dots,X_n$.
Zu testen ist

$$H_0 : p = p_0 \quad \text{gegen} \quad H_1 : p = p_1,$$

wobei p die Wahrscheinlichkeit für eine Beantwortung bezeichnet.
Sei für das hier betrachtete Beispiel $p_0 < p_1$.

Für das angegebene Testproblem bestimmt man einen besten Test nach
dem Neyman-Pearson-Lemma über die Likelihood unter p_1 und unter p_0;
allgemein ist die Likelihood im Bernoulli-Modell gegeben als

$$f^{X_1,\dots,X_n}(x_1,\dots,x_n;p) = p^{\sum_{i=1}^n x_i} \cdot (1-p)^{n-\sum_{i=1}^n x_i}$$

für $x_i \in \{0,1\}$.

Damit ergibt sich die Teststatistik als

$$\frac{f^{X_1,\dots,X_n}(x_1,\dots,x_n;\vartheta_1)}{f^{X_1,\dots,X_n}(x_1,\dots,x_n;\vartheta_0)} = \frac{f^{X_1,\dots,X_n}(x_1,\dots,x_n;p_1)}{f^{X_1,\dots,X_n}(x_1,\dots,x_n;p_0)}$$

$$= \frac{p_1^{\sum_{i=1}^n x_i} \cdot (1-p_1)^{n-\sum_{i=1}^n x_i}}{p_0^{\sum_{i=1}^n x_i} \cdot (1-p_0)^{n-\sum_{i=1}^n x_i}} = \left(\frac{p_1}{p_0}\right)^{\sum_{i=1}^n x_i} \cdot \left(\frac{1-p_1}{1-p_0}\right)^{n-\sum_{i=1}^n x_i},$$

und der beste Test zum Niveau α für $H_0 : p = p_0$ gegen $H_1 : p = p_1$ hat die Entscheidungsregel:

H_0 wird zum Niveau α verworfen, falls

$$\left(\frac{p_1}{p_0}\right)^{\sum_{i=1}^n X_i} \cdot \left(\frac{1-p_1}{1-p_0}\right)^{n-\sum_{i=1}^n X_i} > k_\alpha^*$$

mit k_α^* möglichst klein, so dass $1 - \beta(p_0) = P(H_0 \text{ verwerfen} \mid p = p_0) \leq \alpha$, das heißt

$$P\left(\left(\frac{p_1}{p_0}\right)^{\sum_{i=1}^n X_i} \cdot \left(\frac{1-p_1}{1-p_0}\right)^{n-\sum_{i=1}^n X_i} > k_\alpha^* \mid p = p_0\right) \leq \alpha.$$

Aus diesem Zusammenhang ist k_α^* sehr schwer zu bestimmen; aber in der Teststatistik steckt $\sum_{i=1}^n X_i$, und die Verteilung dieser Größe ist bekannt. Gemäß der Bemerkung nach dem **Neyman-Pearson-Lemma** ▶199 kann man einen Test durch eine streng monotone Transformation äquivalent umformen. Wir wählen hier eine Transformation mit dem natürlichen Logarithmus:

$$\ln\left(\frac{f^{X_1,\dots,X_n}(x_1,\dots,x_n;\vartheta_1)}{f^{X_1,\dots,X_n}(x_1,\dots,x_n;\vartheta_0)}\right)$$

$$= \ln\left(\left(\frac{p_1}{p_0}\right)^{\sum_{i=1}^n X_i} \cdot \left(\frac{1-p_1}{1-p_0}\right)^{n-\sum_{i=1}^n X_i}\right)$$

$$= \left(\sum_{i=1}^n X_i\right) \cdot \ln\left(\frac{p_1}{p_0}\right) + \left(n - \sum_{i=1}^n X_i\right) \cdot \ln\left(\frac{1-p_1}{1-p_0}\right)$$

$\Rightarrow$ H_0 wird zum Niveau α verworfen, falls

$$\left(\sum_{i=1}^{n} X_i\right) \cdot \ln\left(\frac{p_1}{p_0}\right) + \left(n - \sum_{i=1}^{n} X_i\right) \cdot \ln\left(\frac{1-p_1}{1-p_0}\right) > \ln(k_\alpha^*)$$

$$\Leftrightarrow \quad \left(\sum_{i=1}^{n} X_i\right) \cdot \left(\ln\left(\frac{p_1}{p_0}\right) - \ln\left(\frac{1-p_1}{1-p_0}\right)\right) > \ln(k_\alpha^*) - n \cdot \ln\left(\frac{1-p_1}{1-p_0}\right)$$

$$\Leftrightarrow \quad \sum_{i=1}^{n} X_i > \frac{\ln(k_\alpha^*) - n \cdot \ln\left(\frac{1-p_1}{1-p_0}\right)}{\ln\left(\frac{p_1}{p_0}\right) - \ln\left(\frac{1-p_1}{1-p_0}\right)} =: \tilde{k}_\alpha^*$$

(Für die letzte Umformung benötigt man die Voraussetzung, dass $p_0 < p_1$, sonst bliebe das Ungleichheitszeichen nicht erhalten.)

Es gilt also

$$H_0 \text{ wird zum Niveau } \alpha \text{ verworfen, falls } \sum_{i=1}^{n} X_i > \tilde{k}_\alpha^*.$$

Dabei ist jetzt noch $\tilde{k}_\alpha^*$ so zu bestimmen, dass $1 - \beta(p_0) \leq \alpha$ (und $\tilde{k}_\alpha^*$ möglichst klein).

Beachte: wäre $p_0 > p_1$, so würde die Testentscheidung lauten

$$H_0 \text{ wird zum Niveau } \alpha \text{ verworfen, falls } \sum_{i=1}^{n} X_i < \tilde{k}_\alpha^*.$$

Die obige Bedingung an $\tilde{k}_\alpha^*$ ist äquivalent mit $\tilde{k}_\alpha^*$ möglichst klein, so dass

$$P\left(\sum_{i=1}^{n} X_i > \tilde{k}_\alpha^* \,|\, p = p_0\right) \leq \alpha$$

$$\Leftrightarrow \quad 1 - P\left(\sum_{i=1}^{n} X_i \leq \tilde{k}_\alpha^* \,|\, p = p_0\right) \leq \alpha$$

$$\Leftrightarrow \quad P\left(\sum_{i=1}^{n} X_i \leq \tilde{k}_\alpha^* \,|\, p = p_0\right) \geq 1 - \alpha.$$

Im oben angesetzten Bernoulli-Modell ist $\sum_{i=1}^{n} X_i \sim \text{Bin}(n; p)$, das heißt, unter Gültigkeit von H_0 (falls also $p = p_0$) gilt $\sum_{i=1}^{n} X_i \sim \text{Bin}(n; p_0)$. Die Bedingung an $\tilde{k}_\alpha^*$ sagt dann nichts Anderes, als dass k_α^* das $(1-\alpha)$-Quantil der $\text{Bin}(n; p_0)$-Verteilung ist.

Für die beiden Interviewer sei bekannt, dass bei Interviewer 1 die Beantwortungswahrscheinlichkeit $p_0 = 0,5$ beträgt, bei Interviewer 2 hingegen $p_1 = 0,75$. Für die von Interviewer 1 abgegebenen $n = 8$ Bögen vermutet man, dass er sie von Interviewer 2 genommen hat.
Zu testen ist also

$$H_0 : p = 0,5 \quad \text{gegen} \quad H_1 : p = 0,75.$$

Der Test soll zum Niveau $\alpha = 0,05$ durchgeführt werden.
Dazu zieht man den oben hergeleiteten Test heran:

$$H_0 \text{ wird zum Niveau } \alpha \text{ verworfen, falls } \sum_{i=1}^{n} X_i > \widetilde{k}_\alpha^*$$

mit $\widetilde{k}_\alpha^*$ das $(1 - \alpha)$-Quantil der Bin$(8; 0,5)$-Verteilung.

Zur Bestimmung des Quantils stellen wir die Verteilungsfunktion der Bin$(8; 0,5)$ auf:

y	0	1	2	3	4
F(y)	0,0039	0,0351	0,1445	0,3633	0,6367

y	5	6	7	8
F(y)	0,8555	0,9649	0,9861	1

$\Rightarrow P\left(\sum X_i \le 6 \mid p = 0,5\right) = 0,9649 \ge 0,95 = 1 - 0,05$, und 6 ist die kleinste Zahl, so dass dieser Zusammenhang gilt $\Rightarrow \widetilde{k}_\alpha^* = 6$.
Damit wird H_0 zum Niveau α verworfen, falls

$$\sum_{i=1}^{n} X_i > 6.$$

Dies ist die Testentscheidung des besten Tests zum Niveau $\alpha = 0,05$ für $H_0 : p = 0,5$ gegen $H_1 : p = 0,75$.
Befinden sich unter den abgegebenen 8 Bögen 7 oder 8 beantwortete, so lehnt man H_0 zu Gunsten von H_1 ab und geht davon aus, dass Interviewer 1 sich bei Interviewer 2 bedient hat. Andernfalls gilt Interviewer 1 weiterhin als „unschuldig".

Im Beispiel der beiden Interviewer liegt bei der Bestimmung des kritischen Werts des Tests ein Fall vor, wo die Bedingung $1 - \beta(\vartheta_0) = \alpha$ nicht exakt zu erfüllen ist. Als besten „Ersatz" bestimmt man den kritischen Wert möglichst klein, so dass noch $1 - \beta(\vartheta_0) \le \alpha$ gilt. Die Ursache dafür liegt in der Teststatistik $\sum_{i=1}^{n} X_i$, die im Fall des Beispiels eine diskrete Zufallsvariable ist ($\sum_{i=1}^{n} X_i$ binomialverteilt).

In einem solchen Fall kann man zum nominalen Testniveau α (im Beispiel $\alpha = 0,05$) zusätzlich das tatsächliche Niveau des Tests bestimmen, also $P(H_0 \text{ verwerfen} \mid \vartheta = \vartheta_0)$, im Beispiel:

$$P\left(\sum_{i=1}^{8} X_i > 6 \mid p = 0,5\right) = 1 - 0,9649 = 0,0451.$$

Da diese Wahrscheinlichkeit echt kleiner ist als $\alpha = 0,05$, sagt man auch, der Test **schöpft das Niveau nicht vollständig aus.**

Definition Konservativer Test

Ist die Teststatistik eines statistischen Tests selbst eine diskrete Zufallsvariable, so kann die Niveaubedingung α nicht immer exakt mit Gleichheit erfüllt werden. Falls bedingt durch diese Tatsache für einen Test in der Regel die Wahrscheinlichkeit für den Fehler 1. Art echt kleiner ist als das vorgegebene Signifikanzniveau α, also

$$P(H_0 \text{ verwerfen} \mid H_0 \text{ ist wahr}) < \alpha,$$

so heißt dieser Test **konservativ**. Man sagt auch, er schöpft das Niveau nicht vollständig aus.

Beispiel (Fortsetzung ▶200) Interviewer

Im Beispiel der beiden Interviewer bestimmt man die Wahrscheinlichkeit für den Fehler 2. Art als

$$\begin{aligned}
\beta(p_1) &= 1 - P\left(H_0 \text{ verwerfen} \mid p = p_1\right) \\
&= 1 - P\left(\sum X_i > 6 \mid p = 0,75\right) = P\left(\sum X_i \leq 6 \mid p = 0,75\right) \\
&= F_{\text{Bin}(8;0,75)}(6) = 0,6329.
\end{aligned}$$

Dabei ist $F_{\text{Bin}(8;0,75)}$ die Verteilungsfunktion der Binomialverteilung mit Parametern $n = 8$ und $p = 0,75$.

Im Beispiel ▶200 zeigt sich, dass der beste Test von $H_0 : p = p_0$ gegen $H_1 : p = p_1$ eigentlich nur von p_0, nicht jedoch von p_1 abhängt, außer, dass $p_1 > p_0$ gelten muss. Für alle $p_1 > p_0$ würde man also denselben besten Test für dieses Testproblem erhalten. Allerdings hängt die Wahrscheinlichkeit für den Fehler 2. Art vom jeweiligen Wert von p_1 ab.

Regel Gleichmäßig bester Test bei einfacher Nullhypothese

Betrachtet wird eines der beiden Testprobleme

1. $H_0 : \tilde{\vartheta} = \vartheta_0$ gegen $H_1 : \tilde{\vartheta} > \vartheta_0$

2. $H_0 : \tilde{\vartheta} = \vartheta_0$ gegen $H_1 : \tilde{\vartheta} < \vartheta_0$.

Dann ist der Test mit Testentscheidung

H_0 wird zum Niveau α verworfen, falls $\dfrac{f^{X_1,\ldots,X_n}(x_1,\ldots,x_n;\vartheta_1)}{f^{X_1,\ldots,X_n}(x_1,\ldots,x_n;\vartheta_0)} > k_\alpha^*$

1. gleichmäßig bester Test für das Testproblem

$$H_0 : \tilde{\vartheta} = \vartheta_0 \quad \text{gegen} \quad H_1 : \tilde{\vartheta} > \vartheta_0,$$

wenn er für ein $\vartheta_1 > \vartheta_0$ konstruiert wurde,

2. gleichmäßig bester Test für das Testproblem

$$H_0 : \tilde{\vartheta} = \vartheta_0 \quad \text{gegen} \quad H_1 : \tilde{\vartheta} < \vartheta_0,$$

wenn er für ein $\vartheta_1 < \vartheta_0$ konstruiert wurde.

Zweiseitige Alternative

Für das Testproblem $H_0 : \tilde{\vartheta} = \vartheta_0$ gegen $H_1 : \tilde{\vartheta} \neq \vartheta_0$ gibt es in der Regel keinen gleichmäßig besten Test.

4.4 Wie kommt man zu einem Test?

4.4

Zusammenhang zwischen Konfidenzintervall und Test

Allgemein kann man das folgende Prinzip nutzen, wenn man einen Test für ein interessierendes Testproblem über einen Parameter einer Verteilung konstruiert:

– Identifizierung des Parameters, über den eine Aussage getroffen werden soll.

— Schätzung dieses Parameters auf Basis der vorliegenden Stichprobe.
— Spricht der geschätzte Wert eher für die Nullhypothese oder für die Alternative? Dazu

    —— Bestimmung von Grenzen, innerhalb derer der geschätzte Wert noch für die Nullhypothese spricht bzw. bei deren Überschreitung alles gegen die Nullhypothese und damit für die Alternative spricht;

    —— Testentscheidung anhand des Vergleichs des geschätzten Werts mit diesen Grenzen.

Das folgende Beispiel verdeutlicht diese Vorgehensweise.

B   **Beispiel** (Fortsetzung ▶178) Schokoladentafeln

Für die Schokoladentafeln der Firma Schoko ist bekannt, dass ihr Gewicht X eine normalverteilte Zufallsgröße ist mit $X \sim \mathcal{N}(\mu, \sigma^2)$, wobei $\sigma^2 = 1,44$ gilt. Die Firma behauptet, dass die produzierten Tafeln im Mittel 100 Gramm schwer sind, dass also $\mu = 100$ ist.

Den Verbraucher interessiert, ob diese Angabe stimmt, bzw. ob die Tafeln (zu Gunsten des Verbrauchers) vielleicht sogar etwas schwerer sind? In diesem Fall wäre der Verbraucher zufrieden und würde die Schokolade anstandslos akzeptieren. Falls aber das mittlere Gewicht kleiner wäre als 100 Gramm, würde der Verbraucher protestieren.

Aus der Sicht des Verbrauchers ergibt sich also folgendes Testproblem

$$H_0 : \mu \geq 100 \quad \text{gegen} \quad H_1 : \mu < 100.$$

Um dieses Problem anhand einer Stichprobe von n Tafeln Schokolade zu entscheiden, schätzt man zunächst das erwartete Gewicht mit einem geeigneten Schätzer. Man betrachtet dazu die Gewichte der Schokoladentafeln $x_1, \ldots, x_n$ als Realisationen von unabhängigen Zufallsvariablen $X_1, \ldots, X_n$, die alle der gleichen Verteilung folgen wie X. Dann ist $\overline{X}$ ein vernünftiger Schätzer für μ (siehe hierzu die Abschnitte zu den Gütekriterien für Schätzer).

Ist das durch $\overline{X}$ geschätzte erwartete Gewicht deutlich größer als 100, so spricht dies nicht gegen H_0 (im Gegenteil). Ist $\overline{X}$ ungefähr gleich 100 oder liegt knapp darunter, dann spricht das auch noch nicht gegen H_0. Ist $\overline{X}$ aber deutlich kleiner als 100, ist dies ein starker Hinweis gegen H_0 und damit für H_1. Der Schätzer $\overline{X}$ dient also gleichzeitig als Prüfgröße oder Teststatistik.

Natürlich stellt sich unmittelbar die Frage: Wann ist $\overline{X}$ deutlich kleiner als 100? Wo setzt man die Grenze? Dies geschieht durch die Vorgabe des Signifikanzniveaus α. Die Grenze hängt von der gewünschten Wahrscheinlichkeit für den Fehler 1. Art ab. Dazu betrachtet man die Stelle, an der sich die Nullhypothese und Alternative „treffen", das heißt, man betrachtet den Fall $\mu = 100$. In der oben beschriebenen Modellsituation ist

$$\sqrt{n} \cdot \frac{\overline{X} - 100}{1,2} = \sqrt{n} \cdot \frac{\overline{X} - \mu}{1,2} \sim \mathcal{N}(0,1),$$

falls exakt $\mu = 100$ gilt. Man verwendet daher statt $\overline{X}$ lieber die **standardisierte** ▶43 Größe als Teststatistik. Bei Gültigkeit der Nullhypothese soll die Wahrscheinlichkeit für den Fehler 1. Art höchstens gleich α sein. Man stellt diesen Zusammenhang wieder für den Trennpunkt zwischen Nullhypothese und Alternative her, das heißt

$$P(\text{Fehler 1. Art} \mid \mu = 100) = P\left(\sqrt{n} \cdot \frac{\overline{X} - 100}{1,2} < k_\alpha^* \mid \mu = 100\right) \le \alpha.$$

Gleichzeitig möchte man die Schranke k_α^* bei dem hier untersuchten Testproblem möglichst groß wählen, damit Abweichungen nach unten vom postulierten Gewicht von $\mu \ge 100$ Gramm möglichst schnell erkannt werden.
Beide Bedingungen liefern, dass k_α^* als z_α^*, das α-Quantil der $\mathcal{N}(0,1)$ gewählt werden muss. Durch diese Kontrolle des Fehlers 1. Art an der Stelle $\mu = 100$, also am Trennpunkt zwischen Nullhypothese und Alternative kann der Fehler 1. Art für alle Werte aus der Nullhypothese $\mu \ge 100$ kontrolliert werden:

$$\begin{aligned} P(\text{Fehler 1. Art} \mid \mu) &= P\left(\sqrt{n} \cdot \frac{\overline{X} - 100}{1,2} < z_\alpha^* \mid \mu\right) \\ &= P\left(\sqrt{n} \cdot \frac{\overline{X} - \mu}{1,2} < z_\alpha^* - \sqrt{n} \cdot \frac{\mu - 100}{1,2} \mid \mu\right) \le \alpha, \end{aligned}$$

da $\sqrt{n} \cdot \frac{\overline{X} - \mu}{1,2}$ standardnormalverteilt ist und $z_\alpha^* - \sqrt{n} \cdot \frac{\mu - 100}{1,2} \le z_\alpha^*$.

Insgesamt erhält man auf diese Weise die folgende Entscheidungsregel:
Lehne $H_0 : \mu \ge 100$ zu Gunsten von $H_1 : \mu < 100$ ab, falls

$$\sqrt{n} \cdot \frac{\overline{X} - 100}{1,2} < k_\alpha^* = z_\alpha^*.$$

Ein Verbraucher kauft $n = 25$ zufällig ausgewählte Tafeln Schokolade und ermittelt als durchschnittliches Gewicht einen realisierten Wert von $\overline{x} = 99$ Gramm. Für den Test zum Niveau $\alpha = 0,05$ ermittelt er

$$\sqrt{n} \cdot \frac{\overline{x} - 100}{1,2} = \sqrt{25} \cdot \frac{99 - 100}{1,2} = -4,167 < -1,6449 = z_{0,05}^*.$$

Die Hypothese kann also zum Niveau $\alpha = 0,05$ verworfen werden. Das erwartete Gewicht der Schokoladentafeln liegt unter 100 Gramm.   ◀B

Der Test, der hier beispielhaft hergeleitet wurde, ist der so genannte Gauß-Test ▶222.

Man sieht an diesem Beispiel, dass das oben beschriebene allgemeine Prinzip zur Herleitung eines Tests hier eine Verfeinerung erfahren hat: nicht der eigentliche Schätzer $\overline{X}$ des interessierenden Parameters μ wird schließlich zur Testentscheidung herangezogen, sondern eine Transformation dieser Größe, deren Verteilung man kennt. Hier ist es $T(X_1, \ldots, X_n) = \sqrt{n} \cdot \frac{\overline{X} - 100}{1,2} = \sqrt{n} \cdot \frac{\overline{X} - \mu_0}{\sigma}$, wobei μ_0 der Parameterwert ist, an dem sich Nullhypothese und Alternative treffen. Der kritische Bereich $\mathcal{K}$ ▶190 des im Beispiel hergeleiteten Tests ist

$$\mathcal{K} = (-\infty; k_\alpha^*) = (-\infty, ; z_\alpha^*) = (-\infty; -1,6449)$$

für den Test zum Niveau α. Damit ist der zu $\mathcal{K}$ komplementäre Akzeptanzbereich ▶191 gegeben durch

$$[z_\alpha^*; \infty),$$

oder, wenn man ihn formal exakt aufschreibt, als

$$\{T(X_1, \ldots, X_n), \text{ so dass } T(X_1, \ldots, X_n) = \sqrt{n} \cdot \frac{\overline{X} - \mu_0}{\sigma} \geq z_\alpha^*\}.$$

Dabei gilt wegen der Definition eines Akzeptanzbereichs als Komplement des kritischen Bereichs eines Test, dass $\mathrm{P}\left(\frac{\overline{X} - \mu_0}{\sigma} \geq z_\alpha^* \,|\, \mathrm{H}_0 \text{ gilt, } \mu = \mu_0\right) = 1 - \alpha$.

Formen wir die Ungleichung, die diesen Akzeptanzbereich definiert, äquivalent um, so erhalten wir

$$\sqrt{n} \cdot \frac{\overline{X} - \mu_0}{\sigma} \geq z_\alpha^* \quad \Leftrightarrow \quad \overline{X} - \mu_0 \geq z_\alpha^* \cdot \frac{\sigma}{\sqrt{n}}$$

$$\Leftrightarrow \quad -\mu_0 \geq -\overline{X} + z_\alpha^* \cdot \frac{\sigma}{\sqrt{n}} \quad \Leftrightarrow \quad \mu_0 \leq \overline{X} - z_\alpha^* \cdot \frac{\sigma}{\sqrt{n}}.$$

Die Wahrscheinlichkeitsaussage für den Akzeptanzbereich gilt natürlich weiterhin, so dass auch

$$\mathrm{P}\left(\mu_0 \leq \overline{X} - z_\alpha^* \cdot \frac{\sigma}{\sqrt{n}} \,|\, \mathrm{H}_0 \text{ gilt, } \mu = \mu_0\right)$$

$$= \mathrm{P}\left(\mu \le \overline{X} - z_\alpha^* \cdot \frac{\sigma}{\sqrt{n}} \,\middle|\, \mu = \mu_0\right) = 1 - \alpha.$$

Über diese letzte Beziehung ist gerade ein (einseitiges, unteres) Konfidenz-intervall für den Erwartungswert μ bei Normalverteilung mit be-kannter Varianz ▶153 definiert

$$\left(-\infty; \overline{X} - z_\alpha^* \cdot \frac{\sigma}{\sqrt{n}}\right] = \left(-\infty; \overline{X} + z_{1-\alpha}^* \cdot \frac{\sigma}{\sqrt{n}}\right].$$

Beziehung zwischen Konfidenzintervallen und Tests

Man kann den kritischen Bereich eines Tests stets in ein Konfidenzinter-vall für den zu testenden Parameter umformen und umgekehrt. Dabei führen die kritischen Bereiche von Tests zu einseitigen Testproblemen auch zu einseitigen Konfidenzintervallen. Zweiseitige Konfidenzintervalle entsprechen den kritischen Bereichen zu zweiseitigen Testproblemen.

Beispiel (Fortsetzung ▶206) Schokoladentafeln   B

Damit ergeben sich aus den entsprechenden Konfidenzintervallen ▶153 im gleichen Testproblem wie im obigen Beispiel ▶206 die folgenden kritischen Bereiche für die Tests der beiden anderen möglichen Testprobleme: Für das Testproblem

$$\mathrm{H}_0 : \mu \le \mu_0 \quad \text{gegen} \quad \mathrm{H}_1 : \mu > \mu_0$$

erhalten wir aus dem einseitigen, oberen $(1 - \alpha)$-Konfidenzintervall für μ

$$\left[\overline{X} - z_{1-\alpha}^* \cdot \frac{\sigma}{\sqrt{n}}; \infty\right)$$

den kritischen Bereich des Tests zum Niveau α als

$$\{T(X_1, \ldots, X_n), \text{ so dass } T(X_1, \ldots, X_n) = \sqrt{n} \cdot \frac{\overline{X} - \mu_0}{\sigma} > z_{1-\alpha}\}.$$

Für das Testproblem

$$\mathrm{H}_0 : \mu = \mu_0 \quad \text{gegen} \quad \mathrm{H}_1 : \mu \ne \mu_0$$

ergibt sich aus dem zweiseitigen $(1 - \alpha)$-Konfidenzintervall für μ

$$\left[\overline{X} - z_{1-\alpha/2}^* \cdot \frac{\sigma}{\sqrt{n}}; \overline{X} + z_{1-\alpha/2}^* \cdot \frac{\sigma}{\sqrt{n}}\right]$$

als kritischer Bereich des Tests zum Niveau α

$$\{T(X_1,\ldots,X_n), \text{ so dass } |T(X_1,\ldots,X_n)| = \left|\sqrt{n}\cdot\frac{\overline{X}-\mu_0}{\sigma}\right| > z^*_{1-\alpha/2}\}.$$

◀B

Likelihood-Quotienten-Test

Aus den Überlegungen zu besten bzw. gleichmäßig besten Tests bei speziellen Typen von Hypothesen kann man ein weiteres generelles Prinzip zur Testkonstruktion ableiten:
verwendet wurde in der einfachsten Situation als Teststatistik

$$\frac{f^{X_1,\ldots,X_n}(x_1,\ldots,x_n;\vartheta_1)}{f^{X_1,\ldots,X_n}(x_1,\ldots,x_n;\vartheta_0)},$$

das heißt ein Quotient aus der Likelihood unter H_1 und der Likelihood unter H_0. Die Argumentation zur Verwerfung von H_0 war: wenn unter H_1 die Likelihood deutlich höher ist als unter H_0 (und damit der Quotient groß wird), so ist H_0 zu verwerfen.
Im Fall zusammengesetzter Hypothesen könnte man diese Argumentation erweitern, indem man unter Nullhypothese und Alternative jeweils die höchste Likelihood bestimmt:

$$\sup_{\vartheta\in\Theta_0} f^{X_1,\ldots,X_n}(x_1,\ldots,x_n;\vartheta)$$

bzw.

$$\sup_{\vartheta\in\Theta_1} f^{X_1,\ldots,X_n}(x_1,\ldots,x_n;\vartheta),$$

und diese beiden ins Verhältnis setzt.
Statt des Quotienten

$$\frac{\sup_{\vartheta\in\Theta_1} f^{X_1,\ldots,X_n}(x_1,\ldots,x_n;\vartheta)}{\sup_{\vartheta\in\Theta_0} f^{X_1,\ldots,X_n}(x_1,\ldots,x_n;\vartheta)}$$

(mit Ablehnung von H_0, falls der Quotient zu groß wird)
kann man auch den Kehrwert

$$\frac{\sup_{\vartheta\in\Theta_0} f^{X_1,\ldots,X_n}(x_1,\ldots,x_n;\vartheta)}{\sup_{\vartheta\in\Theta_1} f^{X_1,\ldots,X_n}(x_1,\ldots,x_n;\vartheta)}$$

heranziehen (mit Ablehnung von H_0, falls der Quotient zu klein wird).
In einem letzten Schritt überlegt man, dass die Suche nach der höchsten

Likelihood unter H_1 auch ersetzt werden kann durch eine Suche auf ganz $\Theta = \Theta_0 \cup \Theta_1$ (denn falls dabei herauskommt, dass sich der höchste Wert für ein $\vartheta \in \Theta_0$ ergibt, entspricht der Nenner dem Zähler, der Quotient wird 1 und ist damit nicht klein; H_0 wird nicht verworfen).

Likelihood-Quotienten-Test

Betrachtet wird das Testproblem
$H_0 : \widetilde{\vartheta} \in \Theta_0$ gegen $H_1 : \widetilde{\vartheta} \in \Theta_1$. Der Test mit der Entscheidungsregel

H_0 wird zum Niveau α verworfen, falls

$$\mathrm{LQ} := \frac{\sup_{\vartheta \in \Theta_0} f^{X_1,\dots,X_n}(x_1,\dots,x_n;\vartheta)}{\sup_{\vartheta \in \Theta} f^{X_1,\dots,X_n}(x_1,\dots,x_n;\vartheta)} < k_\alpha^*$$

heißt **Likelihood-Quotienten-Test** für das angegebene Testproblem. Dabei ist für einen Test zum Niveau α der kritische Wert k_α^*, $0 < k_\alpha^* < 1$, so zu wählen, dass

$$\sup_{\vartheta \in \Theta_0} P(\mathrm{LQ} < k_\alpha^* \,|\, \widetilde{\vartheta} = \vartheta) = \alpha,$$

falls es ein solches k_α^* gibt, sonst so, dass k_α^* möglichst groß und zugleich

$$P(\mathrm{LQ} < k_\alpha^* \,|\, \widetilde{\vartheta} = \vartheta) < \alpha \quad \text{für alle } \vartheta \in \Theta_0.$$

Außerdem wird festgelegt, dass

$$\mathrm{LQ} = 1, \qquad \text{falls } \sup_{\vartheta \in \Theta} f^{X_1,\dots,X_n}(x_1,\dots,x_n;\vartheta) = \infty$$

$$\text{und } \sup_{\vartheta \in \Theta_0} f^{X_1,\dots,X_n}(x_1,\dots,x_n;\vartheta) > 0,$$

$$\mathrm{LQ} = 0, \qquad \text{falls } \sup_{\vartheta \in \Theta} f^{X_1,\dots,X_n}(x_1,\dots,x_n;\vartheta) = 0.$$

Beispiel Likelihood-Quotienten-Test   B

Seien die Stichprobenvariablen $X_1,\dots,X_n$ unabhängige und identisch normalverteilte Zufallsvariablen mit Erwartungswert $\mu \in \mathbb{R}$ und Varianz $\sigma^2 = 0,25$ sowie gemeinsamer Dichtefunktion

$$f^{X_1,\dots,X_n}(x_1,\dots,x_n) = \left(\frac{1}{\sqrt{\pi}}\right)^n \cdot \exp\left\{-\sum_{i=1}^{n}(x_i - \mu)^2\right\}, \; x_1,\dots,x_n \in \mathbb{R}.$$

Gesucht ist ein Likelihood-Quotienten-Test zum Niveau α für das Testproblem

$$H_0 : \mu = \mu_0 \quad \text{gegen} \quad H_1 : \mu \neq \mu_0$$

für einen festen Wert μ_0. Hier ist $\Theta_0 = \{\mu_0\}$, und der ganze Parameterraum ist $\Theta = \mathbb{R}$. Dann lautet die Likelihood-Funktion unter H_0

$$\sup_{\mu \in \Theta_0} f^{X_1,\ldots,X_n}(x_1,\ldots,x_n;\mu) = \left(\frac{1}{\sqrt{\pi}}\right)^n \cdot \exp\left\{-\sum_{i=1}^{n}(x_i - \mu_0)^2\right\}.$$

Da $f^{X_1,\ldots,X_n}(x_1,\ldots,x_n;\mu) = (\frac{1}{\sqrt{\pi}})^n \cdot \exp\{-\sum_{i=1}^{n}(x_i - \mu)^2\}$ bezüglich μ maximiert wird an der Stelle $\hat{\mu} = \bar{x} = \frac{1}{n}\sum_{i=1}^{n} x_i$, welche der `Maximum-Likelihood-Schätzung` ▶111 entspricht, gilt

$$\sup_{\mu \in \Theta} f^{X_1,\ldots,X_n}(x_1,\ldots,x_n;\mu) = f^{X_1,\ldots,X_n}(x_1,\ldots,x_n;\hat{\mu})$$

$$= \left(\frac{1}{\sqrt{\pi}}\right)^n \cdot \exp\left\{-\sum_{i=1}^{n}(x_i - \bar{x})^2\right\}.$$

Der Likelihood-Quotient ist dann gegeben als

$$\text{LQ} = \frac{\left(\frac{1}{\sqrt{\pi}}\right)^n \cdot \exp\left\{-\sum_{i=1}^{n}(x_i - \mu_0)^2\right\}}{\left(\frac{1}{\sqrt{\pi}}\right)^n \cdot \exp\left\{-\sum_{i=1}^{n}(x_i - \bar{x})^2\right\}} = \exp\left\{-n \cdot (\bar{x} - \mu_0)^2\right\}.$$

Um nun einen Test zum Niveau α zu finden, müssen wir den größten Wert k_α^* bestimmen, so dass gilt $\sup_{\mu \in \Theta_0} P(\text{LQ} < k_\alpha^* \,|\, \mu) \leq \alpha$ wobei gilt

$$\sup_{\mu \in \Theta_0} P(\text{LQ} < k_\alpha^* \,|\, \mu) = P(\text{LQ} < k_\alpha^* \,|\, \mu = \mu_0)$$

$$= P\left(n \cdot (\bar{X} - \mu_0)^2 > -\log(k_\alpha^*) \,|\, \mu = \mu_0\right)$$

$$= P\left(\sqrt{n} \cdot \frac{|\bar{X} - \mu_0|}{\sigma} > \frac{\sqrt{-\log(k_\alpha^*)}}{\sigma} \,\middle|\, \mu = \mu_0\right).$$

Da $\sqrt{n} \cdot \frac{\bar{X} - \mu_0}{\sigma} \sim \mathcal{N}(0,1)$ für $\mu = \mu_0$, folgt, dass

$$P(\sqrt{n} \cdot \frac{|\bar{X} - \mu_0|}{\sigma} > z_{1-\alpha/2}^* \,|\, \mu = \mu_0) = \alpha,$$

wobei $z_{1-\alpha/2}^*$ das $(1-\alpha/2)$-Quantil der Standardnormalverteilung ist, so dass

$$z_{1-\alpha/2}^* = \frac{\sqrt{-\log(k_\alpha^*)}}{\sigma} \quad \Leftrightarrow \quad k_\alpha^* = \exp\left\{-\sigma^2 \cdot (z_{1-\alpha/2}^*)^2\right\}$$

für $\sigma^2 = 0,25$. Damit wird im Likelihood-Quotienten-Test die Nullhypothese zum Niveau α verworfen, wenn gilt

$$LQ < k_\alpha^* = \exp\left\{-\sigma^2 \cdot (z_{1-\alpha/2}^*)\right\} \quad \Leftrightarrow \quad \sqrt{n} \cdot \frac{|\bar{X} - \mu_0|}{\sigma} > z_{1-\alpha/2}^*.$$

◀B

Kapitel 5

Verschiedene Situationen –
verschiedene Tests

5   Verschiedene Situationen –
verschiedene Tests   217

5.1   Situationen 217

5.2   Parametrische Tests 222

5.3   Nichtparametrische Tests 314

5

5 Verschiedene Situationen – verschiedene Tests

5.1 Situationen

In praktischen Fragestellungen, die mit statistischen Tests untersucht werden, taucht eine Reihe von typischen Situationen immer wieder auf. Für derartige Standardsituationen gibt es bekannte Testverfahren, die in den folgenden Abschnitten dieses Kapitels dargestellt werden. Es handelt sich dabei um Tests für die so genannten Einstichproben-, Zweistichproben- und Mehrstichprobenprobleme über die Lage einer Verteilung, um Tests über die Streuung einer Verteilung, Tests auf einen Anteil, Unabhängigkeitstests, Anpassungstests und Tests im Regressionsmodell. Je nachdem, ob es sich um Tests über die Parameter von Verteilungen handelt oder nicht, unterscheiden wir die in den Situationen zu verwendenden Verfahren nach parametrischen und nichtparametrischen Testverfahren.

Tests im Einstichprobenproblem

Betrachtet wird eine Zufallsvariable X mit Verteilung F^X. Im so genannten **Einstichprobenproblem für die Lage** interessieren Aussagen über die Lage der Verteilung von X: streuen die Werte von X im Mittel um einen bestimmten vorgegebenen Wert? Liegen Realisationen von X im Schnitt unterhalb einer interessierenden Grenze? Zur Beantwortung dieser Fragen wird eine Stichprobe $x_1, \ldots, x_n$ von Realisationen der Stichprobenvariablen $X_1, \ldots, X_n$ beobachtet, die unabhängig und identisch wie X verteilt sind. Anhand der in dieser Stichprobe enthaltenen Information wird eine Antwort auf die Frage nach der Lage von F^X gefunden. Da hier nur eine Stichprobe eines Merkmales eine Rolle spielt, spricht man vom **Einstichprobenproblem** oder **Einstichprobenfall**. Betrachtet man solche Fragen im Rahmen eines parametrischen Modells, so interessiert man sich typischerweise für Aussagen über den Erwartungswert von X. Tests, die in diesem Fall üblich sind, sind der Gauß-Test ▶222 und der t-Test ▶236. Befindet man sich dagegen in einer nichtparametrischen Modellsituation, wird die Lage oft charakterisiert durch den Median der Verteilung F^X. Ein nichtparametrischer Test über den Median der Verteilung von X ist der Vorzeichen-Test ▶317.

Einstichprobenproblem

Nördlich von Berlin wird eine neue Kleingartenanlage angelegt. Laut Inserat beträgt die durchschnittliche Kleingartengröße 150 m². Eine Gruppe interessierter Käufer befürchtet, dass die Grundstücke tatsächlich kleiner sind. Halten die Grundstücke, was das Inserat verspricht, oder hat die Interessentengruppe Recht? ◀B

Tests im Zweistichprobenproblem

Im **Zweistichprobenproblem** werden zwei Zufallsvariablen X und Y mit Verteilungen F^X und F^Y betrachtet. Hier interessiert man sich beispielsweise dafür, ob sich diese beiden Verteilungen hinsichtlich ihrer Lage unterscheiden. Streuen die Werte von X im Mittel um dieselbe Größe wie die Werte von Y? Tendiert Y im Mittel zu kleineren Werten als X? In dieser Situation werden zur Beantwortung der Fragen zwei Stichproben $x_1, \ldots, x_n$ und $y_1, \ldots, y_m$ betrachtet. Diese werden als Realisationen der Stichprobenvariablen $X_1, \ldots, X_n$ bzw. $Y_1, \ldots, Y_m$ angesehen, die unabhängig und identisch wie X bzw. Y verteilt und insgesamt voneinander unabhängig sind. Da bei der Beantwortung der Fragen zwei Stichproben eine Rolle spielen, spricht man vom **Zweistichprobenproblem** oder **Zweistichprobenfall**. Beim Zweistichprobenproblem unterscheiden wir die Situation, in der die Lage der Verteilungen F^X und F^Y interessiert, und die Situation, in der die Varianzen der beiden Verteilungen von Interesse sind. Für das **Lageproblem** sind im Fall parametrischer Modelle der `Gauß-Test` ▶222 und der t-`Test` ▶242 die gängigen Tests. Im Fall eines nichtparametrischen Ansatzes verwendet man den `Wilcoxon-Rangsummen-Test` ▶324. Für das **Streuungsproblem** betrachten wir den `F-Test zum Vergleich zweier Varianzen` ▶260, der für ein parametrisches Modell konstruiert ist. Es gibt aber auch nichtparametrische Tests für dieses Problem, wie zum Beispiel den `Mood-Test` oder den `Siegel-Tukey-Test`, die beispielsweise in Büning, Trenkler (1994) zu finden sind.

B

Zweistichprobenproblem für die Lage

In einem Agrar-Betrieb gibt es zwei Maschinen, die Getreide in Säcke abfüllen. Der Betrieb will gewährleisten, dass die Käufer des Getreides Säcke mit identischem Gewicht (bis auf kleine Zufallsschwankungen) erhalten, unabhängig davon, welche der beiden Maschinen das Getreide eingefüllt hat. Füllen also beide Maschinen im Mittel gleich viel Getreide in die Säcke? ◀B

Beispiel Zweistichprobenproblem für die Streuung

Es ist bekannt, dass Mineralwasser mit einem relativ hohen Magnesiumgehalt empfehlenswert ist. Für zwei von Verbrauchern bevorzugte Sorten Mineralwasser, die im Mittel den gleichen Magnesiumgehalt aufweisen, soll überprüft werden, ob beide Sorten den Magnesiumgehalt gleichmäßig gut sicherstellen. Dazu muss untersucht werden, ob für beide Mineralwässer die Varianz des Magnesiumgehalts gleich ist oder ob sich die beiden Sorten hierbei unterscheiden.   ◀B

Tests im k-Stichprobenproblem

Das k-Stichprobenproblem für die Lage ist eine Verallgemeinerung des Zweistichproben-Lageproblems auf die Situation von mehr als zwei Zufallsvariablen. Betrachtet werden k Zufallsvariablen $X_1, \ldots, X_k$ mit Verteilungen $F^{X_1}, \ldots, F^{X_k}$. Es interessiert, ob alle diese Verteilungen dieselbe Lage haben oder ob sich mindestens zwei von ihnen hinsichtlich ihrer Lage unterscheiden. Streuen die Werte von $X_1, \ldots, X_k$ im Mittel alle um denselben Wert? Im Gegensatz zum Zweistichprobenproblem für die Lage möchte man hier nur eine Aussage über Unterschiede zwischen den Lagewerten der Verteilungen treffen, man fragt aber nicht nach den Richtungen eventueller Unterschiede. Zum Aufdecken möglicher Lageunterschiede werden nun k Stichproben $x_{1_1}, \ldots, x_{1_{n_1}}, \ldots, x_{k_1}, \ldots, x_{k_{n_k}}$ herangezogen. Sie werden als Realisationen entsprechender Stichprobenvariablen betrachtet, die jeweils unabhängig und identisch wie X_i verteilt und insgesamt voneinander unabhängig sind, $i = 1, \ldots, k$. Da bei der Beantwortung der Fragen k Stichproben eine Rolle spielen, spricht man vom **k-Stichprobenproblem** oder **k-Stichprobenfall**. Für den parametrischen Fall stellen wir den **F-Test zum Vergleich mehrerer Stichproben** ▶269 vor, für den nichtparametrischen Fall den **Kruskal-Wallis-Test** ▶335. Das k-Stichprobenproblem für die Streuung wird hier nicht behandelt. Tests, die die Gleichheit der Varianzen für k Stichproben überprüfen, sind zum Beispiel **Bartlett's Test** (Bartlett, (1967)) oder der **Levene-Test** (Netter et al. (1996)).

Beispiel k-Stichprobenproblem für die Lage

Die Wartezeit beim Arztbesuch ist ein wiederkehrendes Thema. Viele Patienten sind der Meinung, dass sie zu lange im Wartezimmer sitzen, bis sie zur Behandlung vorgelassen werden. Insbesondere die Wartezeit beim Zahnarzt wird häufig als unangemessen lang empfunden. Unterscheidet sich die mittlere Wartezeit bei Zahnärzten tatsächlich von der bei anderen Ärzten, wie zum Beispiel Allgemeinmedizinern oder Hautärzten, oder ist dieser Eindruck doch durch die verbreitete Angst vor dem Zahnarzt begründet?   ◀B

Tests auf einen Anteil

Betrachtet wird eine Grundgesamtheit, in der ein Anteil p der Objekte eine interessierende Eigenschaft besitzen. Es interessieren Fragen über diesen Anteil p. Besitzen beispielsweise weniger als 50% der Objekte in der Grundgesamtheit die interessierende Eigenschaft? Sind es genau 50% der Objekte? Diese Situation kann mit der Situation im Einstichprobenproblem verglichen werden. Definiert man die Zufallsvariable X durch die Zuordnung $X = 1$, falls ein Objekt die interessierende Eigenschaft besitzt, und $X = 0$ sonst, so ist X bernoulliverteilt ▶38 mit Parameter p. Der Erwartungswert als Lageparameter dieser Verteilung ist gerade p. Es ist also eine Aussage über die Lage der Verteilung von X zu treffen. Da es sich hier aber um eine ganz spezielle Verteilung handelt, mit der man sich auseinander setzt, werden Probleme dieses Typs gesondert behandelt. Zu den **Tests auf einen Anteil** gehören der exakte Binomialtest ▶278 und der approximative Binomialtest ▶285.

B   **Beispiel** Problem für einen Test auf einen Anteil

Der Produzent einer Ware muss sicherstellen, dass seine Lieferungen keinen zu hohen Anteil an Ausschussware enthalten. Anderenfalls muss er mit zu vielen Reklamationen rechnen, die ihn Geld für Reparatur oder Ersatz kosten. Enthält eine Lieferung höchstens den vorgegebenen Ausschussanteil oder wird der vom Produzenten als hinnehmbar angesehene Anteil überschritten?   ◀B

Anpassungstests

Die von **Anpassungstests** untersuchte Problemstellung bezieht sich auf die Frage, ob eine interessierende Zufallsvariable X einer Verteilung F^X folgt, die zu einer bestimmten Menge von Verteilungen gehört. Handelt es sich bei F^X beispielsweise um eine Normalverteilung ▶42? Folgt X einer Poissonverteilung ▶41 mit Parameter $\lambda = 0,3$? Fragen dieses Typs beantwortet der χ^2-Anpassungstest ▶290. Ein nichtparametrischer Test für diese Problemstellung ist der Kolmogorow-Smirnow-Test (Büning, Trenkler (1994)).

Beispiel Problem für einen Anpassungstest   B

In einem Computer-Netzwerk ist der zentrale Server die Komponente, die nach Möglichkeit nie ausfallen darf. Der Ausfall eines Servers sollte entsprechend ein seltenes Ereignis sein. Erhebt man die Anzahl der Ausfälle eines Servers pro Woche, so sollte dieses Merkmal poissonverteilt sein. Besitzt die Zufallsvariable **Anzahl der Ausfälle eines Servers pro Woche** tatsächlich eine Poissonverteilung?   ◀B

Unabhängigkeitstests

Betrachtet werden zwei Zufallsvariablen X und Y, die an denselben Untersuchungsobjekten beobachtet werden. Man möchte wissen, ob die beiden interessierenden Merkmale miteinander zusammenhängen, oder ob sie voneinander unabhängig sind. Kann man basierend auf beobachteten Werten von X auf die Werte von Y schließen? Oder bringt die Information über X keine Kenntnis über Y? Mit anderen Worten: sind X und Y **stochastisch unabhängig** ▶31? Zur Beantwortung dieser Fragen zieht man eine Stichprobe $(x_1, y_1), \ldots, (x_n, y_n)$, wobei jeweils x_i und y_i am selben Objekt beobachtet werden. Statistische **Unabhängigkeitstests** beantworten anhand der Information aus dieser Stichprobe die Frage der Unabhängigkeit von X und Y. Wir betrachten den χ^2-**Unabhängigkeitstest** ▶300 und den **exakten Test nach Fisher** ▶306.

Beispiel Problem für einen Unabhängigkeitstest   B

Im Rahmen der Gleichstellungsdiskussionen kommt immer wieder die Frage auf, ob mittlerweile Frauen bei gleicher Arbeitsleistung auch das gleiche Einkommen erhalten wie Männer. Ein Unabhängigkeitstest könnte anhand erhobener Daten aus verschiedenen Berufszweigen überprüfen, ob die beiden Merkmale **Einkommen** und **Geschlecht** stochastisch unabhängig sind und damit die Gleichstellung beim Einkommen mittlerweile erreicht ist.   ◀B

Tests im linearen Regressionsmodell

Betrachtet wird eine Zufallsvariable Y, die durch einen einfachen linearen Zusammenhang von einer deterministischen Einflussgröße x abhängt: $Y = \beta_0 + \beta_1 \cdot x + \varepsilon$, die so genannte Regressionsgerade ▶135 ▶e. Es interessieren Aussagen über die Regressionskoeffizienten β_0 und β_1. Der Zusammenhang zwischen Y und x wird nach der Modellgleichung im Wesentlichen durch eine Gerade mit Achsenabschnitt β_0 und Steigung β_1 beschrieben.

Liegt der Achsenabschnitt in einer bestimmten vorgegebenen Höhe? Ist die Geradensteigung positiv oder negativ? Ist sie überhaupt von Null verschieden? Zur Beantwortung dieser Fragen wird eine Stichprobe $(x_1, y_1), \ldots, (x_n, y_n)$ herangezogen, wobei zu festen Werten $x_1, \ldots, x_n$ die realisierten Werte $y_1, \ldots, y_n$ beobachtet werden. Anhand der in dieser Stichprobe enthaltenen Information werden Antworten auf Fragen über die Regressionskoeffizienten gesucht. Die entsprechenden Verfahren sind bei den **Tests im linearen Regressionsmodell** ▶309 zusammengestellt.

B

Beispiel Problem im linearen Regressionsmodell

Die Wettervorhersage bietet immer wieder Anlass zur Kritik. Manche Leute sind der Meinung, dass die Vorhersage „morgen wird das Wetter genau so wie heute" noch die zuverlässigste Prognose liefert. Bei der Temperaturvorhersage kann man jeweils die prognostizierte Durchschnittstemperatur für einen Tag mit der an diesem Tag tatsächlich eingetretenen Durchschnittstemperatur vergleichen. Wenn die Prognosen im Wesentlichen stimmen, müssten die Beobachtungspaare, bestehend aus prognostizierter und eingetretener Temperatur, entlang einer Geraden mit Steigung 1 und Achsenabschnitt 0 streuen. Kann man anhand beobachteter Daten nachweisen, dass die Prognosen der letzten drei Monate gut waren? ◀B

5.2 Parametrische Tests

Gauß-Test

Der Gauß-Test ist ein Test über den Erwartungswert einer normalverteilten Zufallsvariablen X. Ausgehend von unabhängigen und identisch normalverteilten Stichprobenvariablen $X_1, \ldots, X_n$, die der gleichen Normalverteilung folgen wie X selbst, basiert der Test auf dem arithmetischen Mittel der Stichprobenvariablen

$$\overline{X} = \frac{1}{n} \sum_{i=1}^{n} X_i.$$

Voraussetzung für die Anwendung des Tests ist, dass die Varianz σ^2 von X bekannt ist. Diese Voraussetzung stellt naturgemäß in der praktischen

Anwendung einen Nachteil dar, da σ^2 dort nur selten bekannt ist. Alternativ findet dann der t-Test seine Anwendung.

Der Vorteil des Gauß-Tests liegt darin, dass man ihn bei ausreichend großem Stichprobenumfang n auch anwenden kann, wenn die Stichprobenvariablen $X_1, \ldots, X_n$ nicht normalverteilt sind. In diesem Fall sind $X_1, \ldots, X_n$ unabhängig und identisch wie X verteilt, wobei X einer beliebigen Verteilung folgen kann mit bekannter Varianz σ^2. Da die Teststatistik des Gauß-Tests auf dem arithmetischen Mittel $\overline{X}$ beruht und dieses gemäß dem Zentralen Grenzwertsatz ►e für genügend großem Stichprobenumfang n approximativ normalverteilt ist, unabhängig von der Verteilung der Stichprobenvariablen $X_1, \ldots, X_n$, darf der Gauß-Test auch unter diesen gelockerten Voraussetzungen angewendet werden. Somit beruht die Testentscheidung beim Gauß-Test auf der Annahme, dass die Verteilung der Teststatistik zumindest approximativ einer Normalverteilung entspricht.

Voraussetzungen

Die Anwendung des Gauß-Tests setzt folgende Annahmen an die Daten voraus

- Die Beobachtungswerte $x_1, \ldots, x_n$ sind Realisierungen unabhängiger und identisch verteilter Stichprobenvariablen $X_1, \ldots, X_n$, die der gleichen Verteilung folgen wie die Zufallsvariable X.

- Die Zufallsvariable X

  ist normalverteilt mit Erwartungswert $\mathrm{E}(X) = \mu$ und bekannter Varianz $\mathrm{Var}(X) = \sigma^2$. Das heißt, für die Stichprobenvariablen gilt $\mathrm{E}(X) = \mu$ und $\mathrm{Var}(X_i) = \sigma^2, i = 1, \ldots, n$.

  oder

  folgt einer beliebigen Verteilung mit Erwartungswert $\mathrm{E}(X) = \mu$ und bekannter Varianz $\mathrm{Var}(X) = \sigma^2$ wobei der Stichprobenumfang mindestens $n \geq 30$ betragen sollte. In diesem Fall greift der Zentrale Grenzwertsatz ►e, der gewährleistet, dass das arithmetische Mittel der Stichprobenvariablen approximativ normalverteilt ist.

- Zu testen sei eine Hypothese über den Erwartungswert μ der Zufallsvariablen X.

Überprüfbarkeit der Voraussetzungen in der Praxis

In der Praxis ist die Annahme, dass die gesammelten Daten Realisierungen unabhängiger und identisch verteilter Stichprobenvariablen sind, nicht leicht überprüfbar. Im Allgemeinen ist es ausreichend, sicherzustellen, dass die Beobachtungen aus einer Zufallsstichprobe stammen. Das heißt, die Beobachtungen wurden zufällig und damit auch unabhängig voneinander aus der Grundgesamtheit ausgewählt. Für den Fall, dass keine Normalverteilung zu Grunde liegt, ist es nicht immer zwingend, mindestens 30 Beobachtungen zu haben. Ist die Verteilung stetig und liegen keine extrem von der Hauptmasse der Daten abweichenden Beobachtungen vor, so sind auch kleinere Stichprobengrößen ausreichend. Dennoch gilt: Je größer die Stichprobe ist, desto besser kann die Verteilung des arithmetischen Mittels durch die Normalverteilung approximiert werden.

B   Beispiel Anwendbarkeit des Gauß-Tests

— Der Intelligenzquotient (IQ) von Menschen wird durch so genannte Intelligenztests bestimmt. Das Resultat eines solchen Tests ist eine Größe X, die normalverteilt ist mit Erwartungswert μ und Standardabweichung $\sigma=16$, also $X_i \sim \mathcal{N}(\mu, 256)$. Ist eine Hypothese über μ zu testen, so kann der Gauß-Test benutzt werden, wenn die Voraussetzungen erfüllt sind. Beispielhaft sind für $n = 4$ Stichprobenvariablen $X_1, \ldots, X_4$, die unabhängig und identisch wie X verteilt sind, die Voraussetzungen erfüllt, da hiermit $X_1, \ldots, X_4$ unabhängig und identisch normalverteilt sind mit bekannter Varianz $\sigma^2 = 256$. Die **Anwendung** des Gauß-Tests basierend auf den vier Beobachtungen ist **erlaubt**.

— Die Brenndauer X einer bestimmten Sorte von Glühbirnen kann als exponentialverteilt mit einer zu erwartenden Brenndauer von ϑ Stunden angenommen werden. Zu testen ist eine Hypothese über $E(X) = \vartheta$. Eine Stichprobe vom Umfang $n = 4$ ist hier nicht ausreichend, da die Stichprobenvariablen $X_1, \ldots, X_4$ zwar unabhängig und identisch wie X verteilt sind, jedoch keiner Normalverteilung folgen. Benötigt wird eine Stichprobe von $n \geq 30$ Beobachtungen. Die **Anwendung** des Gauß-Tests basierend auf den vier Beobachtungen ist hier **nicht erlaubt**.

◀B

Hypothesen

Für den Erwartungswert $E(X) = \mu \in \mathbb{R}$ der Zufallsvariablen X können folgende Testprobleme mit dem Gauß-Test untersucht werden

Problem (1): $H_0 : \mu = \mu_0$ gegen $H_1 : \mu \neq \mu_0$ (zweiseitig)
Problem (2): $H_0 : \mu \leq \mu_0$ gegen $H_1 : \mu > \mu_0$ (rechtsseitig)
Problem (3): $H_0 : \mu \geq \mu_0$ gegen $H_1 : \mu < \mu_0$ (linksseitig)

Problem (1) beleuchtet die Frage, ob der Erwartungswert einem Zielwert entspricht oder nicht, während Problem (2) sich um den Nachweis dreht, dass der Erwartungswert tatsächlich größer ist als unter der Nullhypothese angenommen wird. Problem (3) wird demzufolge aufgestellt, wenn es das Ziel ist zu zeigen, dass der wahre Erwartungswert von X kleiner ist als unter Nullhypothese angenommen.

Beispiel Hypothesen   B

— Eine Molkerei liefert Frischmilch in 0,5 l Flaschen. Im Rahmen der Qualitätskontrolle überprüft die Molkerei, ob die Abfüllanlage die vorgegebene Abfüllmenge einhält. Getestet wird

$$H_0 : \mu = 0,5 \quad \text{gegen} \quad H_1 : \mu \neq 0,5.$$

Dabei bezeichnet μ die erwartete Abfüllmenge der Anlage.

— Nördlich von Berlin wird eine neue Kleingartenanlage angelegt. Die durchschnittliche Kleingartengröße μ beträgt laut Inserat 150 m². Eine Gruppe interessierter Käufer hat jedoch die Vermutung, dass die Grundstücke kleiner sind, als im Inserat ausgeschrieben. Sie geben einem Vermessungsbüro den Auftrag, eine Stichprobe von Kleingärten auszumessen, um die Vermutung zu überprüfen

$$H_0 : \mu \geq 150 \quad \text{gegen} \quad H_1 : \mu < 150.$$

— Ein Automobilhersteller behauptet, dass das Unternehmen die Emission von CO_2 Gasen für ein neu entwickeltes Modell von ursprünglich 140 g/km entscheidend verringert hat. Eine Umweltbehörde vermutet jedoch, dass diese Angabe nicht der Wahrheit entspricht und nur zu Werbezwecken eingeführt wurde. Die Umweltbehörde beantragt daraufhin, basierend auf einer Stichprobe, die Überprüfung der erwarteten CO_2 Emission μ dieser Fahrzeuge. Zu testen ist daher

$$H_0 : \mu \leq 140 \quad \text{gegen} \quad H_1 : \mu > 140.$$

◀B

Teststatistik

Sei X eine Zufallsvariable mit unbekanntem Erwartungswert $E(X) = \mu$ und bekannter Varianz $Var(X) = \sigma^2$. Unter den eingeführten Voraussetzungen folgt das **arithmetische Mittel** $\overline{X}$ ▶43 ▶e der Stichprobenvariablen $X_1, \ldots, X_n$ unter der Annahme $\mu = \mu_0$ einer Normalverteilung mit Erwartungswert μ_0 und Varianz σ^2/n:

$$\overline{X} \sim \mathcal{N}\left(\mu_0, \frac{\sigma^2}{n}\right),$$

wobei die Verteilungsaussage nur approximativ gilt, wenn $X_1, \ldots, X_n$ nicht selbst normalverteilt sind.

Damit ergibt sich als **Teststatistik**:

$$Z = \sqrt{n} \cdot \frac{\overline{X} - \mu_0}{\sigma}.$$

Die Teststatistik Z folgt unter der Annahme $\mu = \mu_0$ einer Standardnormalverteilung $\mathcal{N}(0,1)$, wobei dies nur approximativ gilt, wenn $X_1, \ldots, X_n$ nicht selbst normalverteilt sind.

Testentscheidung und Interpretation

Die Testentscheidung kann anhand des kritischen Werts oder mit Hilfe des p-Werts herbeigeführt werden.

– **Entscheidungsregel basierend auf dem kritischen Wert**
  Abhängig von der Wahl des Signifikanzniveaus α und des Testproblems gelten folgende Entscheidungsregeln: Die Nullhypothese H_0 wird zum Niveau α verworfen, falls

Problem (1):	$\lvert Z \rvert$	$> z^*_{1-\alpha/2}$	(zweiseitig)
Problem (2):	Z	$> z^*_{1-\alpha}$	(rechtsseitig)
Problem (3):	Z	$< z^*_{\alpha} = -z^*_{1-\alpha}$	(linksseitig)

Dabei entspricht Z der Teststatistik, deren Wert z_{beo} basierend auf den Beobachtungen $x_1, \ldots, x_n$ ausgerechnet und mit dem kritischen Wert verglichen wird. Der kritische Wert $z^*_{1-\alpha}$ ist das $(1-\alpha)$-Quantil der Standardnormalverteilung $\mathcal{N}(0,1)$.

— **Entscheidungsregel basierend auf dem p-Wert**

Anstelle des kritischen Werts kann die Testentscheidung auch mit Hilfe des p-Werts herbeigeführt werden: Die Nullhypothese H_0 wird zum Niveau α abgelehnt, falls der

$$\text{p-Wert} < \alpha$$

ist, wobei sich der p-Wert der Teststatistik Z berechnet als

Problem (1):	$2 \cdot P(Z \geq |z_{beo}|)$	(zweiseitig)
Problem (2):	$P(Z \geq z_{beo})$	(rechtsseitig)
Problem (3):	$P(Z \leq z_{beo})$	(linksseitig)

Dabei ist z_{beo} der errechnete (*beobachtete*) Wert der Teststatistik für die Beobachtungen $x_1, \ldots, x_n$. Für einen p-Wert kleiner dem Wert von α wird gesagt, dass das Ergebnis statistisch signifikant ist zum Niveau α.

Zur Berechnung des kritischen Werts und des p-Werts kann das Programmpaket R benutzt werden.

Berechnung des kritischen Werts und des p-Werts in R

Der kritische Wert $z_{1-\alpha}^*$ bzw. z_α^* lässt sich in R wie folgt berechnen

Problem (1):	`qnorm(1-alpha/2)`	(zweiseitig)
Problem (2):	`qnorm(1-alpha)`	(rechtsseitig)
Problem (3):	`qnorm(alpha)`	(linksseitig)

Für einen beobachteten Wert z_{beo} der Teststatistik Z kann der p-Wert wie folgt erhalten werden

Problem (1):	`2*pnorm(abs(z.beo), lower.tail = FALSE)`
Problem (2):	`pnorm(z.beo, lower.tail = FALSE)`
Problem (3):	`pnorm(z.beo, lower.tail = TRUE)`

Beispiel (Fortsetzung ▶178) Schokoladentafeln   B

Ein Produzent von Schokolade möchte Tafeln zu einem Gewicht von 100 g herstellen. Das Gewicht der Schokoladentafeln kann als normalverteilte Zufallsvariable betrachtet werden. Das erwartete Gewicht beträgt 100 g mit einer bekannten Varianz von 1 g. Im Rahmen der Qualitätskontrolle wird überprüft, ob die Tafeln das auf der Verpackung angegebene Gewicht haben. Um das zu kontrollieren, werden regelmäßig Zufallsstichproben von 10 Tafeln gezogen. Eine solche Stichprobe lieferte folgende Werte (in Gramm)

| 100,78 | 100,01 | 99,33 | 100,30 | 98,46 | 98,91 | 101,34 | 100,75 | 100,43 | 101,10 |

Das interessierende Testproblem ist zweiseitig, da sowohl Abweichungen nach oben als auch nach unten eine Rolle spielen. Es lässt sich somit ausdrücken durch die Hypothesen

$$H_0 : \mu = 100 \quad \text{gegen} \quad H_1 : \mu \neq 100.$$

Die Nullhypothese soll zu einem Niveau von $\alpha = 0,05$ getestet werden. Das Gewicht der Schokoladentafeln ist normalverteilt, und die Varianz ist bekannt. Daher ist der Gauß-Test auf diese Fragestellung anwendbar. Die Teststatistik lautet

$$Z = \sqrt{n} \cdot \frac{\overline{X} - \mu_0}{\sigma}.$$

Für das aus den Daten der Stichprobe errechnete arithmetische Mittel ergibt sich ein Wert von 100,78 g. Der Stichprobenumfang beträgt $n = 10$ Tafeln und $\sigma = 1$. Einsetzen in die Gleichung ergibt

$$z_{beo} = \sqrt{10} \cdot \frac{100,78 - 100}{1} = 2,45.$$

Die beobachtete Größe der Teststatistik wird nun mit dem $(1 - \alpha/2)$-Quantil $z_{1-\alpha/2}^*$ der Standardnormalverteilung verglichen. Für $\alpha = 0,05$ entspricht $z_{1-\alpha/2}^*$ dem 0,975-Quantil, welches mit $z_{0,975}^* = 1,9599$ gegeben ist. Die Nullhypothese H_0 wird zum Niveau $\alpha = 0,05$ abgelehnt, da $z_{beo} = 2,45 > 1,9599$ ist. Das Durchschnittsgewicht der Schokoladentafeln unterscheidet sich also signifikant von den geforderten 100 g.   ◄B

B   **Beispiel** Weinkonsum

In einer Stadt an der Mosel interessiert man sich für den durchschnittlichen Weinkonsum pro Einwohner in einem Jahr. Im letzten Jahr trank jeder Deutsche durchschnittlich 20 Liter Wein. Es wird allerdings vermutet, dass der örtliche Konsum höher ist. Aus diesem Grund wird aus der Stadtbevölkerung eine repräsentative Stichprobe von 100 Personen gezogen, deren Liter-Verbrauch an Wein in einem Jahr kontrolliert wird. Das aus diesen Daten resultierende Mittel beträgt 20,3 Liter. Es wird vorausgesetzt, dass die

Standardabweichung des Konsums pro Person 3 Liter beträgt. Da überprüft werden soll, ob die Einwohner einen höheren Verbrauch an Wein haben als 20 Liter, ist das Testproblem ein rechtsseitiges, und die Hypothesen müssen wie folgt aufgestellt werden

$$H_0 : \mu \leq 20 \quad \text{gegen} \quad H_1 : \mu > 20.$$

Getestet wird zu einem Niveau von $\alpha = 0,05$. Bei einem Stichprobenumfang von $n = 100$ kann man davon ausgehen, dass das arithmetische Mittel $\overline{X}$ approximativ normalverteilt ist. Außerdem ist die Varianz bekannt. Daher ist das gegebene Testproblem mit dem Gauß-Test überprüfbar. Das Einsetzen der entsprechenden Größen in die Teststatistik

$$Z = \sqrt{n} \cdot \frac{\overline{X} - \mu_0}{\sigma} \quad \text{ergibt} \quad z_{beo} = \sqrt{100} \cdot \frac{20,3 - 20}{3} = 0,9985.$$

Die Realisation der Teststatistik wird nun mit dem $(1 - \alpha)$-Quantil $z^*_{1-\alpha}$ der Standardnormalverteilung verglichen. Für $\alpha = 0,05$ entspricht $z^*_{1-\alpha}$ dem 0,95-Quantil, welches mit $z^*_{0,95} = 1,6449$ gegeben ist. Die Nullhypothese H_0 wird zum Niveau $\alpha = 0,05$ nicht abgelehnt, da $z_{beo} = 0,9985 < 1,6449$. Damit kann kein signifikanter Unterschied im durchschnittlichen Weinkonsum des Moselstädtchens im Vergleich zu dem der Gesamtbevölkerung nachgewiesen werden. ◀B

Beispiel Akkus   B

Eine Firma, die elektrische Zahnbürsten herstellt, bezieht ihre Akkus für die Zahnbürsten von einer Zulieferfirma. Die Laufzeit der Akkus folgt nach Angaben der Lieferfirma einer Normalverteilung mit Erwartungswert $\mu = 80$ Stunden und einer Standardabweichung $\sigma = 2$ Stunden. Eine zufällige Stichprobe von 10 Beobachtungen liefert die folgenden Laufzeiten bis zur Erschöpfung der Akkus

74,76	78,27	74,81	77,10	78,91	71,37	80,63	73,59	85,63	78,59

Anhand dieser Stichprobe soll nun überprüft werden, ob die durchschnittliche Laufzeit der Akkus nicht geringer ist, als es die Lieferfirma angegeben hat. Es ergibt sich also folgendes linksseitiges Testproblem

$$H_0 : \mu \geq 80 \quad \text{gegen} \quad H_1 : \mu < 80,$$

das zu einem Niveau von $\alpha = 0,05$ überprüft werden soll. Da die Akku-Laufzeit normalverteilt und die Varianz bekannt ist, kann der Gauß-Test für die Überprüfung der Hypothese verwendet werden. Zu berechnen ist also die Teststatistik

$$Z = \sqrt{n} \cdot \frac{\overline{X} - \mu_0}{\sigma}.$$

Aus den gegebenen $n = 10$ Beobachtungen ergibt sich als arithmetisches Mittel $\overline{x} = 74,74$. Bekanntermaßen ist $\sigma = 2$ Stunden. Durch Einsetzen dieser Werte in die Gleichung erhält man

$$z_{beo} = \sqrt{10} \cdot \frac{74,74 - 80}{2} = -8,32.$$

Verglichen wird das Ergebnis der Teststatistik mit dem α-Quantil z_α^* der Standardnormalverteilung. Für $\alpha = 0,05$ entspricht z_α^* dem 0,05-Quantil, welches mit $z_{0,05}^* = -1,6449$ gegeben ist. Bei dem gewählten Signifikanzniveau von $\alpha = 0,05$ wird die Nullhypothese H_0 abgelehnt, da $z_{beo} = -8,32 < -1,6449$. Damit scheint die Laufzeit der Akkus durchschnittlich geringer als 80 Stunden zu sein.   ◀B

Gütefunktion für den Gauß-Test

Die Güte eines Tests ist definiert als die Wahrscheinlichkeit, die Nullhypothese H_0 abzulehnen, wenn diese tatsächlich falsch ist. Sie wird in Abhängigkeit eines konkreten Parameterwerts aus dem Bereich der Alternativhypothese berechnet und kann deshalb als Funktion des Parameters aufgefasst werden. Für den Gauß-Test lässt sich die Güte wie folgt aufschreiben:

Bezeichne $\mathcal{K}$ den kritischen Bereich des Gauß-Tests, Z die Teststatistik sowie μ den zu testenden Parameter. Dann lässt sich die Gütefunktion als Funktion von μ schreiben als

$$P_\mu(Z \in \mathcal{K}) = P(Z \in \mathcal{K} \mid \mu) = P(H_0 \text{ ablehnen} \mid \mu),$$

die Wahrscheinlichkeit, H_0 abzulehnen, wenn der Erwartungswert von X gleich μ ist. Die Güte eines Tests ist in Abhängigkeit vom Ablehnbereich des Tests zu sehen. Für das Testproblem

— $H_0 : \mu \leq \mu_0$ gegen $H_1 : \mu > \mu_0$ wird die Nullhypothese verworfen, falls der auf den Daten basierende Wert der Teststatistik $Z > z_{1-\alpha}^*$ ist, das heißt die Gütefunktion berechnet sich als

$$P_\mu(Z \in \mathcal{K}) = P_\mu\left(\sqrt{n} \cdot \frac{\overline{X} - \mu_0}{\sigma} > z_{1-\alpha}^*\right),$$

wobei der kritische Bereich $\mathcal{K} = (z_{1-\alpha}^*, \infty)$ ist. Es kann gezeigt werden, dass sich die obige Gleichung umformen lässt zu

$$P_\mu(Z \in \mathcal{K}) = 1 - \Phi\left(z_{1-\alpha}^* - \sqrt{n} \cdot \frac{\mu - \mu_0}{\sigma}\right),$$

wobei Φ die Verteilungsfunktion der Standardnormalverteilung $\mathcal{N}(0,1)$ bezeichnet.

Analog ergibt sich die Gütefunktion für die verbleibenden Testprobleme.

Gütefunktion für den Gauß Test

— $H_0 : \mu \leq \mu_0$ gegen $H_1 : \mu > \mu_0$

$$\begin{aligned}
P_\mu(Z \in \mathcal{K}) &= 1 - \Phi\left(z_{1-\alpha}^* - \sqrt{n} \cdot \frac{\mu - \mu_0}{\sigma}\right) \\
&= \Phi\left(-z_{1-\alpha}^* - \sqrt{n} \cdot \frac{\mu - \mu_0}{\sigma}\right)
\end{aligned}$$

— $H_0 : \mu \geq \mu_0$ gegen $H_1 : \mu < \mu_0$

$$P_\mu(Z \in \mathcal{K}) = \Phi\left(z_\alpha^* - \sqrt{n} \cdot \frac{\mu - \mu_0}{\sigma}\right)$$

— $H_0 : \mu = \mu_0$ gegen $H_1 : \mu \neq \mu_0$

$$\begin{aligned}
P_\mu(Z \in \mathcal{K}) = {}& \Phi\left(-z_{1-\alpha/2}^* + \sqrt{n} \cdot \frac{\mu - \mu_0}{\sigma}\right) \\
&+ \Phi\left(-z_{1-\alpha/2}^* - \sqrt{n} \cdot \frac{\mu - \mu_0}{\sigma}\right)
\end{aligned}$$

Die Gütefunktion hängt von drei Faktoren ab. Als Funktion des Parameters nimmt sie unterschiedliche Werte in Abhängigkeit des Parameters an. Der Stichprobenumfang n sowie die Wahl des Signifikanzniveaus α haben jedoch ebenfalls einen Einfluss auf den Wert der Gütefunktion. Man vergleiche hierzu auch die Ausführungen im Kapitel zur **Güte** ▶193.

B

Beispiel (Fortsetzung ▶178 ▶227) Schokoladentafeln

Die Güte für das zweiseitige Testproblem aus dem **Beispiel Schokoladen-tafeln** ist von Interesse. Angenommen, der Schokoladentafelproduzent stellt tatsächlich Tafeln mit einem durchschnittlichem Gewicht von 101 g her. Wie groß ist die Wahrscheinlichkeit, dass die Testentscheidung richtig ist, das heißt die Behauptung $\mu = 100$ g abgelehnt wird. Der wahre Parameter μ hat den Wert 101, und für die Güte dieses Tests ergibt sich

$$
\begin{aligned}
P_\mu(Z \in \mathcal{K} \mid \mu = 101) &= \Phi\left(-1,9599 + \sqrt{10} \cdot \frac{101 - 100}{1}\right) \\
&\quad + \Phi\left(-1,9599 - \sqrt{10} \cdot \frac{101 - 100}{1}\right) \\
&= \Phi\left(-1,9599 + \sqrt{10}\right) + \Phi\left(-1,9599 - \sqrt{10}\right) \\
&= 0,8854.
\end{aligned}
$$

Die Wahrscheinlichkeit, die Nullhypothese richtigerweise abzulehnen, wenn $\mu = 101$ ist, beträgt also 88,54%. Für andere Werte aus der Alternative ändert sich die Güte natürlich.   ◀B

B

Beispiel (Fortsetzung ▶228) Weinkonsum

Betrachtet wird nun das rechtsseitige Testproblem aus dem **Beispiel Wein-konsum**. Trinken die Bewohner des Moselstädtchens tatsächlich überdurch-schnittlich viel Wein, ist zum Beispiel $\mu = 21$, so ist die Güte

$$
\begin{aligned}
P_\mu(Z \in \mathcal{K} \mid \mu = 21) &= 1 - \Phi\left(z_{1-\alpha}^* - \sqrt{n} \cdot \frac{\mu - \mu_0}{\sigma}\right) \\
&= 1 - \Phi\left(1,6449 - \sqrt{100} \cdot \frac{21 - 20}{3}\right) \\
&= 1 - \Phi\left(1,6449 - \frac{\sqrt{100}}{3}\right) \\
&= 0,9543.
\end{aligned}
$$

Das heißt, die Wahrscheinlichkeit, die Nullhypothese korrekterweise zu ver-werfen, wenn $\mu = 21$ ist, ist 95,43%.   ◀B

Beispiel (Fortsetzung ▶229) Akkus

Die Güte für das linksseitge Testproblem aus dem **Beispiel Akkus** für einen Wert von $\mu = 78,5$ lässt sich berechnen durch

$$
\begin{aligned}
P_\mu(Z \in \mathcal{K} \mid \mu = 78,5) &= \Phi\left(z_\alpha^* - \sqrt{n} \cdot \frac{\mu - \mu_0}{\sigma}\right) \\
&= \Phi\left(-1,6449 - \sqrt{10} \cdot \frac{78,5 - 80}{2}\right) \\
&= \Phi\left(-1,6449 - \sqrt{10} \cdot 0,75\right) \\
&= 0,7663.
\end{aligned}
$$

Damit beträgt die Wahrscheinlichkeit, die Nullhypothese abzulehnen, wenn der wahre Parameter $\mu = 78,5$ ist, 76,63%. ◀B

Der Gauß-Test im Zweistichprobenproblem

Ist nicht nur die Lage einer Zufallsvariable X von Interesse, sondern der Vergleich zweier Zufallsvariablen X und Y bezüglich ihrer Lage, so befinden wir uns im so genannten **Zweistichprobenproblem** ▶218. Die Anwendung des Gauß-Tests im Zweistichprobenfall ist eher selten, da vorausgesetzt wird, dass die Varianz sowohl von X als auch von Y bekannt ist, was in der Praxis sehr unwahrscheinlich ist. Alternativ wird dann der **t-Test** ▶242 verwendet.

Voraussetzungen

Folgende Voraussetzungen müssen für die Anwendung der Testprozedur erfüllt sein

— Gegeben sei ein Merkmal, das in zwei verschiedenen Grundgesamtheiten interessiert.

— Das Merkmal in Grundgesamtheit 1 sei charakterisiert durch eine Zufallsvariable X mit Erwartungswert $E(X) = \mu_X$ und Varianz $Var(X) = \sigma_X^2$. Dabei ist σ_X^2 bekannt. Entsprechend sei das Merkmal in Grundgesamtheit 2 beschrieben durch eine Zufallsvariable Y mit Erwartungswert $E(Y) = \mu_Y$ und Varianz $Var(Y) = \sigma_Y^2$. Dabei ist σ_Y^2 bekannt.

– Betrachtet werden die zugehörigen Stichprobenvariablen $X_1, \ldots, X_n$ und $Y_1, \ldots, Y_m$, die jeweils für sich genommen unabhängig und identisch wie X bzw. Y verteilt sind.

  —— $X_1, \ldots, X_n$ folgen einer Normalverteilung mit Erwartungswert μ_X und Varianz σ_X^2, also $X_i \sim \mathcal{N}(\mu_X, \sigma_X^2)$ für $i = 1, \ldots, n$,

  oder

  die Stichprobe $X_1, \ldots, X_n$ ist mindestens vom Umfang $n \geq 30$.

  —— $Y_1, \ldots, Y_m$ folgen einer Normalverteilung mit Erwartungswert μ_Y und Varianz σ_Y^2, also $Y_i \sim \mathcal{N}(\mu_Y, \sigma_Y^2)$ für $i = 1, \ldots, m$,

  oder

  die Stichprobe $Y_1, \ldots, Y_m$ ist mindestens vom Umfang $m \geq 30$.

– $X_1, \ldots, X_n, Y_1, \ldots, Y_m$ sind voneinander unabhängig.

– Zu testen sei eine Hypothese über die Differenz der Erwartungswerte μ_X und μ_Y der Zufallsvariablen X und Y.

Hypothesen

Für den Vergleich der Erwartungswerte ergeben sich folgende Testmöglichkeiten

Problem (1): $H_0 : \mu_X = \mu_Y$ gegen $H_1 : \mu_X \neq \mu_Y$ (zweiseitig)
Problem (2): $H_0 : \mu_X \leq \mu_Y$ gegen $H_1 : \mu_X > \mu_Y$ (rechtsseitig)
Problem (3): $H_0 : \mu_X \geq \mu_Y$ gegen $H_1 : \mu_X < \mu_Y$ (linksseitig)

Der Test zu Problem (1) überprüft, ob die Differenz $\mu_X - \mu_Y$ verschieden von Null ist oder ob die beiden Erwartungswerte gleich sind. Soll geprüft werden, ob μ_X größer als μ_Y ist, so muss der Test zu Problem (2) gewählt werden. Der Test zu Problem (3) wird durchgeführt, wenn gezeigt werden soll, dass μ_X kleiner ist als μ_Y.

Teststatistik

Seien X und Y Zufallsvariablen mit unbekanntem Erwartungswert $E(X) = \mu_X$ und $E(Y) = \mu_Y$ sowie bekannten Varianzen $\mathrm{Var}(X) = \sigma_X^2$ und $\mathrm{Var}(Y) = \sigma_Y^2$. Bezeichne $\overline{X}$ das **arithmetische Mittel** ▶46 der Stichprobenvariablen $X_1, \ldots, X_n$ und $\overline{Y}$ das arithmetische Mittel der Stichprobenvariablen $Y_1, \ldots, Y_m$. Unter der Annahme, dass $\mu_X = \mu_Y$ gilt, folgt die Teststatistik

$$Z = \frac{\overline{X} - \overline{Y} - (\mu_X - \mu_Y)}{\sqrt{\frac{\sigma_X^2}{n} + \frac{\sigma_Y^2}{m}}}$$

einer Standardnormalverteilung $\mathcal{N}(0,1)$, wobei dies nur approximativ gilt, wenn $X_1, \ldots, X_n, Y_1, \ldots, Y_m$ nicht normalverteilt sind.

Testentscheidung und Interpretation

Die Testentscheidung kann anhand des kritischen Werts oder mit Hilfe des p-Werts herbeigeführt werden.

- **Entscheidungsregel basierend auf dem kritischen Wert**
  Abhängig von der Wahl des Signifikanzniveaus α und des Testproblems gelten folgende Entscheidungsregeln: Die Nullhypothese H_0 wird zum Niveau α verworfen, falls

Problem (1):	$\lvert Z \rvert$	$> z_{1-\alpha/2}^*$	(zweiseitig)
Problem (2):	Z	$> z_{1-\alpha}^*$	(rechtsseitig)
Problem (3):	Z	$< z_{\alpha}^* = -z_{1-\alpha}^*$	(linksseitig)

  Dabei bezeichnet Z die Teststatistik, deren Wert z_{beo} aus den Beobachtungen $x_1, \ldots, x_n, y_1, \ldots, y_m$ berechnet und mit dem kritischen Wert verglichen werden muss. Der kritische Wert $z_{1-\alpha}^*$ ist das $(1-\alpha)$-Quantil der Standardnormalverteilung $\mathcal{N}(0,1)$.

- **Entscheidungsregel basierend auf dem p-Wert**
  Anstelle des kritischen Werts kann die Testentscheidung auch mit Hilfe des p-Werts herbeigeführt werden: Die Nullhypothese H_0 wird zum Niveau α abgelehnt, falls der

$$\text{p-Wert} < \alpha$$

ist, wobei sich der p-Wert der Teststatistik Z berechnet als

Problem (1): $2 \cdot \mathrm{P}(Z \geq |z_{beo}|)$ (zweiseitig)

Problem (2): $\mathrm{P}(Z \geq z_{beo})$ (rechtsseitig)

Problem (3): $\mathrm{P}(Z \leq z_{beo})$ (linksseitig)

Dabei ist z_{beo} der errechnete (*beobachtete*) Wert der Teststatistik für die Beobachtungen $x_1, \ldots, x_n, y_1, \ldots, y_m$. Für einen p-Wert kleiner dem Wert von α wird gesagt, dass das Ergebnis statistisch signifikant ist zum Niveau α.

Die Berechnung der kritischen Werte oder des p-Werts kann analog zum Einstichprobenproblem wieder mit dem `Programmpaket` R ▶227 erfolgen.

Der t-Test

Der t-Test im Einstichprobenfall

Eine Stichprobe vom Umfang n stamme aus einer normalverteilten Grundgesamtheit mit unbekanntem Erwartungswert und unbekannter Varianz. Ziel einer statistischen Analyse können Aussagen über den Lageparameter der Grundgesamtheit sein, zum Beispiel in Form eines Tests $H_0 : \mu = \mu_0$ gegen $H_1 : \mu \neq \mu_0$. Tests für den Lageparameter μ einer normalverteilten Grundgesamtheit basieren auf dem Stichprobenmittelwert $\overline{X}$. Die Verteilung von $\overline{X}$ besitzt den Erwartungswert μ und die Varianz σ^2/n. Ist σ^2 bekannt, folgt $\overline{X}$ einer Normalverteilung, und Tests bezüglich des Lageparameters μ können basierend auf dem `Gauß-Test` ▶222 durchgeführt werden. Die Annahme, dass die Varianz der zugrunde liegenden Grundgesamtheit bekannt ist, ist jedoch eher unrealistisch, und σ^2 muss häufig zunächst aus den beobachteten Daten geschätzt werden. Dies führt zu einer erhöhten Gesamtvariabilität von $\overline{X}$, da die aus der Schätzung von σ^2 resultierende Variabilität mit berücksichtigt werden muss. Eine Normalverteilungsannahme von $\overline{X}$ ist dann nicht mehr gerechtfertigt. Eine Verteilung, die diese zusätzliche Variabilität auffängt, ist die **Student-t-Verteilung**, kurz t-Verteilung. Die t-Verteilung ist im Gegensatz zur Normalverteilung durch eine größere Wahrscheinlichkeitsmasse in ihren Rändern charakterisiert, ihre Dichte ist aber ebenfalls glockenförmig.

B   Beispiel Weinkellerei

In der folgenden Situation zeigt sich eine sinnvolle Anwendung des t-Tests. Eine Weinkellerei hat in eine neue Abfüllanlage investiert, welche Wein in

0,75 Liter Flaschen abfüllt. Von Interesse für die Weinkellerei ist, ob die
mittlere Abfüllmenge im Wesentlichen tatsächlich 0,75 Liter beträgt, oder
ob sie sich von diesem Wert signifikant unterscheidet. Wird nämlich zu viel
Wein abgefüllt, bedeutet das einen Verlust für die Weinkellerei, liegen dagegen die Abfüllmengen im Mittel unter 0,75 Litern, muss die Weinkellerei
mit Reklamationen rechnen. Durch zufallsbedingte, technische Schwankungen entspricht die Abfüllmenge der Flaschen einer normalverteilten Zufallsvariablen. Aufgrund der fehlenden Erfahrung mit der neuen Abfüllanlage muss
die Varianz jedoch aus Stichproben noch geschätzt werden und kann nicht
als bekannt vorausgesetzt werden.   ◀B

Voraussetzungen

Für die Anwendung des t-Tests müssen die gleichen Annahmen erfüllt sein
wie für den Gauß-Test ▶222. Der einzige Unterschied besteht darin, dass
die Varianz der Grundgesamtheit nicht mehr als bekannt vorausgesetzt,
sondern zunächst aus der Stichprobe geschätzt wird.

— Die Beobachtungswerte $x_1, \ldots, x_n$ sind Realisierungen unabhängiger
  und identisch verteilter Stichprobenvariablen $X_1, \ldots, X_n$, die der gleichen Verteilung folgen wie die Zufallsvariable X.

— Die Zufallsvariable X ist

     normalverteilt mit Erwartungswert $E(X) = \mu$ und unbekannter
     Varianz $\mathrm{Var}(X) = \sigma^2$

  oder

     beliebig verteilt mit Erwartungswert $E(X) = \mu$ und unbekann-
     ter Varianz $\mathrm{Var}(X) = \sigma^2$; in diesem Fall muss der Stichpro-
     benumfang $n \geq 30$ sein. (Dann gewährleistet der Zentrale
     Grenzwertsatz ▶e, dass das arithmetische Mittel aus den
     Stichprobenvariablen approximativ normalverteilt ist und bei
     unbekannter Varianz entsprechend t-verteilt ist.)

— Zu testen sei eine Hypothese über den Erwartungswert μ der Zufallsvariablen X.

Das Problem der Überprüfbarkeit der Voraussetzungen in der Praxis stellt
sich auch beim t-Test. Analog verweisen wir wieder auf ▶224

Hypothesen

Für den Erwartungswert $E(X) = \mu \in \mathbb{R}$ ergeben sich folgende Testmöglichkeiten

Problem (1): $H_0 : \mu = \mu_0$ gegen $H_1 : \mu \neq \mu_0$ (zweiseitig)

Problem (2): $H_0 : \mu \leq \mu_0$ gegen $H_1 : \mu > \mu_0$ (rechtsseitig)

Problem (3): $H_0 : \mu \geq \mu_0$ gegen $H_1 : \mu < \mu_0$ (linksseitig)

Der Test zu Problem (1) überprüft die Ungleichheit der beiden Erwartungswerte, während der Test zu Problem (2) für den Nachweis geeignet ist, dass der Erwartungswert tatsächlich größer ist als unter der Nullhypothese angenommen wird. Problem (3) eignet sich demzufolge, wenn gezeigt werden soll, dass der wahre Erwartungswert von X kleiner ist als unter der Nullhypothese angenommen wird.

B

Beispiel Hypothesen

— Eine Umfrage einer studentischen Zeitung aus dem letzten Semester ergab, dass die Studierenden im Schnitt 150 Euro monatlich für Lebensmittel ausgaben. Aufgrund der gestiegenen Inflationsrate vermutet ein Leser, dass 150 Euro im jetzigen Semester nicht mehr ausreichend sind. Zu testen ist

$$H_0 : \mu \leq 150 \quad \text{gegen} \quad H_1 : \mu > 150.$$

Dabei bezeichnet μ die erwarteten monatlichen Ausgaben für Lebensmittel im jetzigen Semester.

— Ein Lebensmittelhersteller behauptet in seiner Werbung, dass er durch verbesserte Verarbeitungstechniken die Konservierungsstoffe in seinem Produkt von ursprünglich 3 mg signifikant reduzieren konnte. Bezeichne μ die durchschnittliche Menge an Konservierungsstoffen in seinem Produkt, so ist zum Nachweis der Behauptung des Herstellers zu testen

$$H_0 : \mu \geq 3 \quad \text{gegen} \quad H_1 : \mu < 3.$$

— Goldene Rechtecke sind Rechtecke, bei denen die lange Seite zur kurzen Seite im Verhältnis des Goldenen Schnitts stehen, das heißt Breite und Länge des Rechtecks haben ein Verhältnis von 0,618. Der Ursprung dieser als besonders ästhetisch angesehenen geometrischen Form wird allgemein bei den Griechen angesiedelt, welche auch bei der Gestalt des menschlichen Körpers wiedergefunden werden kann. Es heißt nämlich, dass das

Verhältnis des Abstandes vom Fuß bis zum Bauchnabel geteilt durch den Abstand vom Fuß zum Kopf von als besonders schön angesehenen Menschen genau diesem Verhältnis von 0,618 entspricht. Genügt das menschliche Schönheitsideal dem Goldenen Schnitt?

$$H_0 : \mu = 0,618 \quad \text{gegen} \quad H_1 : \mu \neq 0,618.$$

◄B

Teststatistik

Sei X eine Zufallsvariable mit unbekanntem Erwartungswert $E(X) = \mu$ und unbekannter Varianz $\text{Var}(X) = \sigma^2$. Bezeichne $\overline{X}$ das **arithmetische Mittel** ►46 und S die **Stichprobenstandardabweichung** ►46 der Stichprobenvariablen $X_1, \ldots, X_n$. Unter der Annahme, dass $\mu = \mu_0$ gilt, folgt die Teststatistik

$$T = \sqrt{n} \cdot \frac{\overline{X} - \mu_0}{S}$$

einer t-Verteilung mit $n - 1$ Freiheitsgraden, $T \sim t_{n-1}$. Die Anzahl der Freiheitsgrade entspricht der Anzahl der Beobachtungen n minus 1. Die Verteilungsaussage gilt nur approximativ, wenn $X_1, \ldots, X_n$ nicht selbst normalverteilt sind.

Testentscheidung und Interpretation

Die Testentscheidung kann basierend auf dem kritischen Wert oder mit Hilfe des p-Werts herbeigeführt werden.

- **Entscheidungsregel basierend auf dem kritischen Wert**
  Abhängig von der Wahl des Signifikanzniveaus α und des Testproblems gelten folgende Entscheidungsregeln: Die Nullhypothese H_0 wird zum Niveau α verworfen, falls

$$\text{Problem (1):} \quad |T| \;>\; t^*_{n-1;1-\alpha/2} \qquad \text{(zweiseitig)}$$
$$\text{Problem (2):} \quad T \;>\; t^*_{n-1;1-\alpha} \qquad \text{(rechtsseitig)}$$
$$\text{Problem (3):} \quad T \;<\; t^*_{n-1;\alpha} = -t^*_{n-1;1-\alpha} \quad \text{(linksseitig)}$$

Dabei ist T die Teststatistik, deren konkreter Wert t_{beo} basierend auf den Beobachtungen $x_1, \ldots, x_n$ errechnet werden muss. Der kritische Wert $t^*_{n-1;1-\alpha}$ ist das $(1 - \alpha)$-Quantil der t-Verteilung mit $n - 1$ Freiheitsgraden.

– Entscheidungsregel basierend auf dem p-Wert

Anstelle des kritischen Werts kann die Testentscheidung auch mit Hilfe des p-Werts herbeigeführt werden: Die Nullhypothese H_0 wird zum Niveau α abgelehnt, falls der

$$\text{p-Wert} < \alpha$$

ist, wobei sich der p-Wert der Teststatistik T berechnet als

Problem (1):	$2 \cdot P(T \geq	t_{beo}	)$	(zweiseitig)
Problem (2):	$P(T \geq t_{beo})$	(rechtsseitig)
Problem (3):	$P(T \leq t_{beo})$	(linksseitig)

Dabei ist t_{beo} der errechnete (*beobachtete*) Wert der Teststatistik basierend auf den Beobachtungen $x_1, \ldots, x_n$. Für einen p-Wert kleiner dem Wert von α spricht man von einer zum Niveau α signifikanten Entscheidung.

Zur Berechnung des kritischen Werts und des p-Werts kann das Programmpaket R verwendet werden.

Berechnung des kritischen Werts und des p-Werts in R

Der kritische Wert $t^*_{n-1;1-\alpha}$ bzw. $t^*_{n-1;\alpha}$ lässt sich wie folgt berechnen

Problem (1):	`qt(1-alpha/2, n-1)`	(zweiseitig)
Problem (2):	`qt(1-alpha, n-1)`	(rechtsseitig)
Problem (3):	`qt(alpha, n-1)`	(linksseitig)

Für einen beobachteten Wert t_{beo} der Teststatistik T kann der p-Wert wie folgt erhalten werden

Problem (1):	`2*pt(abs(t.beo), n-1, lower.tail = FALSE)`
Problem (2):	`pt(t.beo, n-1, lower.tail = FALSE)`
Problem (3):	`pt(t.beo, n-1, lower.tail = TRUE)`

B   Beispiel (Fortsetzung ▶236) Weinkellerei

Im Beispiel Weinkellerei wird die Abfüllung in 0,75 Liter Flaschen betrachtet. Es interessiert, ob die Zielmenge von 0,75 Liter im Wesentlichen eingehalten wird. Im Rahmen der Qualitätskontrolle werden regelmäßig Stichproben von je 15 Flaschen genommen, wobei davon ausgegangen werden kann, dass die Abfüllmenge einer Normalverteilung mit Erwartungswert μ folgt. Als Signifikanzniveau ist $\alpha=0,05$ vorgegeben. Eine Zufallsstichprobe von 15 Messungen ergibt die folgenden Werte

0,77	0,77	0,74	0,73	0,71	0,74	0,79	0,73
0,74	0,74	0,72	0,76	0,74	0,73	0,75	

Für die Weinkellerei ist es wichtig, dass die Abfüllmenge möglichst exakt bei 0,75 Litern liegt, da sowohl eine höhere als auch eine niedrigere Abfüllmenge mit Nachteilen für die Kellerei verbunden wären. Eine sinnvolle Formulierung des Testproblems ist gegeben durch

$$H_0 : \mu = 0,75 \quad \text{gegen} \quad H_1 : \mu \neq 0,75.$$

Die Teststatistik ist gegeben durch

$$T = \sqrt{n} \cdot \frac{\overline{X} - \mu_0}{S} \quad \text{mit}$$

$$\overline{X} = \frac{1}{n} \sum_{i=1}^{n} X_i \quad \text{und} \quad S = \sqrt{\frac{1}{n-1} \sum_{i=1}^{n} (X_i - \overline{X})^2}.$$

Für die Daten ergibt sich damit

$$\overline{x} = \frac{1}{15} \cdot (0,77 + 0,77 + 0,74 + \ldots + 0,75) = 0,744$$

und

$$s = \sqrt{\frac{1}{14} \cdot (0,77 - 0,744)^2 + \ldots + (0,75 - 0,744)^2} \approx 0,021.$$

Der Wert der Teststatistik errechnet sich zu

$$t_{beo} = \sqrt{15} \cdot \frac{0,744 - 0,75}{0,021} = -1,1066.$$

Das gewählte Signifikanzniveau beträgt $\alpha = 0,05$. Bei $n = 15$ Beobachtungen ist der kritische Wert des Tests aus einer t-Verteilung mit 14 Freiheitsgraden zu bestimmen. Somit ist $t^*_{n-1;1-\alpha/2} = t^*_{14;0,975} = 2,1448$. Entsprechend der Entscheidungsregel wird die Nullhypothese verworfen, falls $|T| > 2,1448$ ist. Der Absolutbetrag des beobachteten Werts der Teststatistik $|t_{beo}| = 1,1066$

ist kleiner als der kritische Wert, somit kann die Nullhypothese nicht verworfen werden. Würde man den p-Wert zur Testentscheidung heranziehen, so ließe sich mit dem Programmpaket R ▶240 der p-Wert exakt ausrechnen:

```
2*pt(1.1066, 14, lower.tail = FALSE)
```

Der exakte p-Wert beträgt 0,2871, das heißt das kleinste Signifikanzniveau zu dem die Nullhypothese verworfen werden könnte, ist 0,2871. Ein signifikanter Unterschied der Abfüllmenge zu 0,75 Litern konnte aus der Stichprobe nicht nachgewiesen werden.   ◀B

B   **Beispiel** Radarmessgerät

Für die Polizei wurde ein neues Radarmessgerät für Geschwindigkeiten von Fahrzeugen entwickelt. Um das Gerät zu testen, wurden $n = 100$ Messungen eines genau 30 km/h fahrenden Kraftfahrzeugs durchgeführt. Als arithmetisches Mittel der Geschwindigkeitsmessungen $x_1, \ldots, x_{100}$ ergibt sich $\overline{x} = 30,2$ km/h und eine Standardabweichung von $s = 1,3$ km/h. Es wird angenommen, dass die Messwerte Realisierungen von unabhängigen und identisch $\mathcal{N}(\mu, \sigma^2)$–verteilten Zufallsvariablen sind. Wir wollen zum Niveau $\alpha = 0,1$ testen, ob das neue Messgerät im Mittel die richtige Geschwindigkeit anzeigt. Dazu wird folgendes Testproblem formuliert

$$H_0 : \mu = 30 \quad \text{gegen} \quad H_1 : \mu \neq 30.$$

Für die Teststatistik

$$T = \sqrt{n} \cdot \frac{\overline{X} - \mu_0}{S} \quad \text{ergibt sich} \quad t_{beo} = \sqrt{100} \cdot \frac{30,2 - 30}{1,3} = 1,54.$$

Für $\alpha = 0,1$ entspricht $t^*_{n-1;1-\alpha/2}$ dem 0,95-Quantil einer t-Verteilung mit 99 Freiheitsgraden, welches $t_{99;0,95} = 1,6604$ ist. Der aus den Daten erhaltene Wert der Teststatistik ist kleiner als 1,6604. Damit kann die Nullhypothese nicht verworfen werden. Die Daten enthalten also nicht ausreichend Beweiskraft, dass das neue Messgerät im Mittel nicht richtig messen würde.   ◀B

Der t-Test im Zweistichprobenfall

In den meisten wissenschaftlichen Studien ist mehr als nur eine Behandlungsmethode von Interesse. In der Regel werden zwei oder mehrere Behandlungsarten miteinander verglichen oder es erfolgt zumindest der Vergleich mit einer Standardbehandlung, also einer Kontrollgruppe. Daher ist die Anwendung des Einstichproben-t-Tests eher begrenzt. Der t-Test im Zweistichprobenfall wird analog zum Einstichprobenfall durchgeführt. Betrachtet werden die Differenzen der beiden Stichprobenmittelwerte. Dabei ist zu beachten, ob es sich bei den zu untersuchenden Stichproben um so genannte **verbundene** oder **unverbundene** Stichproben handelt.

Definition   Verbundene Stichproben   ◄

Von **verbundenen Stichproben** spricht man, wenn an demselben Merkmalsträger ein interessierendes Merkmal für zwei verschiedene Behandlungen erhoben wird. Das heißt, es liegen für jeden Merkmalsträger zwei Beobachtungen vor. Unter Behandlungen sind dabei nicht notwendigerweise nur Behandlungen im medizinischen Sinne zu verstehen.

Typische Beispiele für diese Situationen sind so genannte Vorher-Nachher-Behandlungen.

Beispiel   B

— In einem Sportverein wird eine neue Trainingsmethode für 100 m Läufer ausprobiert. Dazu laufen die Sportler zunächst vor Beginn der neuen Trainingsmethode. Sechs Wochen später werden ihre Zeiten erneut gemessen. Für jeden Sportler werden also zwei Zeiten gemessen, eine vor und eine nach dem Training.

Sportler	1	2	3	4	5	6	7
vorher	13,27	12,48	12,19	13,05	13,96	12,13	11,98
nachher	13,01	12,52	12,08	12,97	13,90	12,11	11,71

Sportler	8	9	10	11
vorher	11,74	12,65	12,89	12,56
nachher	11,70	12,57	12,80	12,64

— Gymnasten werden immer von mehreren Wettkampfrichtern benotet. Eine häufige Spekulation ist, dass Sportler aus dem eigenen Land von den Wettkampfrichtern besser benotet werden, als Sportler von anderen Nationen. Die folgenden Daten sind aus einem Wettbewerb mit acht Sportlern

Sportler	1	2	3	4	5	6	7	8
eigene Nation	9,763	9,710	9,575	9,720	9,441	9,591	9,560	9,738
andere Nation	9,739	9,641	9,650	9,700	9,450	9,525	9,645	9,683

◄B

▶ Definition Unverbundene Stichproben

Unverbundene Stichproben charakterisieren sich dadurch, dass die erhobenen Stichproben voneinander unabhängig sind. Die Erhebung eines Merkmals erfolgt grundsätzlich an verschiedenen Merkmalsträgern, die voneinander unabhängig sind.

B

Beispiel Unverbundene Stichproben

— Im Rahmen einer medizinischen Studie der Europäischen Union wird das Gewicht von neugeborenen Jungen zweier Mitgliedsstaaten auf eventuelle Unterschiede hin verglichen. Eine zufällige Stichprobe in beiden Ländern zum gleichen Zeitpunkt ergab die folgenden Daten (in Gramm)

Gewicht	1	2	3	4	5	6	7	8	9	10
Land A	3542	3614	3377	3294	4092	2885	3208	3012	3019	4084
Land B	2836	3288	3303	3141	2970	3201	3535	3515	3251	3256

— Im Rahmen eines Psychologiekurses einer 13. Klasse wird diskutiert, ob eher Frauen oder Männer eine höhere Handynutzung haben. Die Höhe der Handynutzung wird dabei anhand der monatlichen Kosten gemessen. Dazu werden alle Schüler der Jahrgangsstufe mit Handy ermittelt. Unter ihnen werden zufällig acht Jungen und acht Mädchen ausgewählt, deren durchschnittliche Rechnungshöhe der letzten 3 Monate erfasst wird.

Betrag	1	2	3	4	5	6	7	8
Jungen	87,45	42,18	25,43	13,08	92,58	37,21	62,39	43,27
Mädchen	36,37	72,75	32,81	81,56	61,87	18,18	83,74	71,54

◀B

Der t-Test im Zweistichprobenfall - unverbundene Stichproben

Betrachten wir noch einmal das **Beispiel** ▶244 der medizinischen Studie der Europäischen Union zum Geburtsgewicht neugeborener Jungen in zwei Mitgliedsstaaten.

Aufgrund langjähriger Erfahrungen kann das Geburtsgewicht sowohl für Jungen als auch für Mädchen als normalverteilt angenommen werden. Die Varianz des Geburtsgewichtes ist für beide Grundgesamtheiten unbekannt. Man kann ebenfalls nicht davon ausgehen, dass sie in beiden Ländern gleich ist. Sie muss daher zunächst aus den jeweiligen Stichproben geschätzt werden. Aufgrund der unbekannten Varianzen ist die Verwendung des Gauß-Tests ▶222 trotz der normalverteilten Grundgesamtheiten nicht mehr erlaubt. Die durch die Schätzung zusätzlich eingeführte Variabilität kann durch die t-Verteilung aufgefangen werden, weswegen sich der t-Test für dieses Testproblem anbietet.

Voraussetzungen

Folgende Voraussetzungen müssen für die Anwendung der Testprozedur erfüllt sein

— Gegeben sei ein Merkmal, das in zwei verschiedenen Grundgesamtheiten interessiert.

— Das Merkmal in Grundgesamtheit 1 sei durch eine Zufallsvariable X beschrieben mit Erwartungswert $E(X) = \mu_X$ und Varianz $\mathrm{Var}(X) = \sigma_X^2$. Dabei ist σ_X^2 unbekannt. Entsprechend sei das Merkmal in Grundgesamtheit 2 beschrieben durch eine Zufallsvariable Y mit $E(Y) = \mu_Y$ und $\mathrm{Var}(Y) = \sigma_Y^2$. Dabei ist σ_Y^2 unbekannt.

— Betrachtet werden die zugehörigen Stichprobenvariablen $X_1, \ldots, X_n$ und $Y_1, \ldots, Y_m$, die jeweils für sich genommen unabhängig und identisch wie X bzw. Y verteilt sind.

⸺ $X_1, \ldots, X_n$ folgen einer Normalverteilung mit Erwartungswert μ_X und Varianz σ_X^2, also $X_i \sim \mathcal{N}(\mu_X, \sigma_X^2)$ für $i = 1, \ldots, n$.

oder

die Stichprobe $X_1, \ldots, X_n$ ist mindestens vom Umfang $n \geq 30$.

⸺ $Y_1, \ldots, Y_m$ folgen einer Normalverteilung mit Erwartungswert μ_Y und Varianz σ_Y^2, also $Y_i \sim \mathcal{N}(\mu_Y, \sigma_Y^2)$ für $i = 1, \ldots, m$.

oder

die Stichprobe $Y_1, \ldots, Y_m$ ist mindestens vom Umfang $m \geq 30$.

— $X_1, \ldots, X_n, Y_1, \ldots, Y_m$ sind voneinander unabhängig.

— Zu testen sei eine Hypothese über die Differenz der Erwartungswerte μ_X und μ_Y der Zufallsvariablen X und Y.

Hypothesen

Für den Vergleich der Erwartungswerte ergeben sich folgende Testmöglichkeiten

Problem (1): $H_0 : \mu_X = \mu_Y$ gegen $H_1 : \mu_X \neq \mu_Y$ (zweiseitig)

Problem (2): $H_0 : \mu_X \leq \mu_Y$ gegen $H_1 : \mu_X > \mu_Y$ (rechtsseitig)

Problem (3): $H_0 : \mu_X \geq \mu_Y$ gegen $H_1 : \mu_X < \mu_Y$ (linksseitig)

Diese Schreibweise ist äquivalent zu

Problem (1): $H_0 : \mu_X - \mu_Y = 0$ gegen $H_1 : \mu_X - \mu_Y \neq 0$ (zweiseitig)

Problem (2): $H_0 : \mu_X - \mu_Y \leq 0$ gegen $H_1 : \mu_X - \mu_Y > 0$ (rechtsseitig)

Problem (3): $H_0 : \mu_X - \mu_Y \geq 0$ gegen $H_1 : \mu_X - \mu_Y < 0$ (linksseitig)

In Problem (1) überprüft der Test, ob die Differenz $\mu_X - \mu_Y$ verschieden von Null ist oder ob die beiden Erwartungswerte gleich sind. Soll geprüft werden, ob μ_X größer als μ_Y ist, so muss der Test aus Problem (2) gewählt werden. Der Test aus Problem (3) wird durchgeführt, wenn gezeigt werden soll, dass μ_X kleiner ist als μ_Y.

B   **Beispiel** Hypothesen

— Im Lehrplan Physik der 6. Klasse steht Wärmelehre an. Es stehen zwei verschiedene Lehrmethoden (LM) zur Auswahl, für die sich ein Lehrer entscheiden kann. Ziel soll sein, dass die Schüler schließlich den Stoff anhand von Aufgaben zügig und fehlerfrei bearbeiten können. Zum Vergleich der beiden Methoden wird eine Studie in verschiedenen 6. Klassen durchgeführt. Die an der Studie beteiligten Klassen werden zufällig einer der beiden Methoden (LM 1, LM 2) zugeordnet. Alle Klassen schreiben nach der Vermittlung des Stoffes den gleichen Test. Aus jeder Gruppe (LM 1, LM 2) werden zufällig die Bearbeitungszeiten von 50 Schülern erhoben. Es soll überprüft werden, ob überhaupt ein signifikanter Unterschied in der Bearbeitungsgeschwindigkeit zwischen beiden Gruppen besteht. Getestet werden soll also

$$H_0 : \mu_{LM\,1} = \mu_{LM\,2}   \text{gegen}   H_1 : \mu_{LM\,1} \neq \mu_{LM\,2}$$

Dabei bezeichnen $\mu_{LM\,1}$, $\mu_{LM\,2}$ die erwarteten Bearbeitungsgeschwindigkeiten nach Vermittlung des Stoffes durch LM 1 bzw. LM 2.

— Eine Verbraucherschutzorganisation untersucht ein kürzlich auf dem Markt eingeführtes Sortiment von Bioprodukten. Unter anderem wird überprüft, ob das im Sortiment enthaltene Olivenöl signifikant weniger Schadstoffanteile enthält als ein Olivenöl aus konventionellem Anbau. Sind die erwarteten Schadstoffanteile der beiden Produkte mit μ_{Bio} und μ_{Konv} bezeichnet, so testet man

$$H_0 : \mu_{\text{Bio}} \geq \mu_{\text{Konv}} \qquad \text{gegen} \qquad H_1 : \mu_{\text{Bio}} < \mu_{\text{Konv}},$$

oder äquivalent

$$H_0 : \mu_{\text{Konv}} \leq \mu_{\text{Bio}} \qquad \text{gegen} \qquad H_1 : \mu_{\text{Konv}} > \mu_{\text{Bio}}.$$

◀B

Teststatistik

Seien X und Y Zufallsvariablen mit unbekanntem Erwartungswert $E(X) = \mu_X$ und $E(Y) = \mu_Y$ sowie unbekannten Varianzen $\text{Var}(X) = \sigma_X^2$ und $\text{Var}(Y) = \sigma_Y^2$. Bezeichne $\overline{X}$ das **arithmetische Mittel** ▶46 und S_X^2 die **Stichprobenvarianz** ▶69 der Stichprobenvariablen $X_1, \ldots, X_n$, sowie $\overline{Y}$ das arithmetische Mittel und S_Y^2 die Stichprobenvarianz der Stichprobenvariablen $Y_1, \ldots, Y_m$. Unter der Annahme, dass $\mu_X = \mu_Y$ gilt, folgt die Teststatistik

$$T = \frac{\overline{X} - \overline{Y}}{\sqrt{\frac{S_X^2}{n} + \frac{S_Y^2}{m}}}$$

approximativ einer t-Verteilung mit f Freiheitsgraden, $T \sim t_f$.

Testentscheidung und Interpretation

Die Testentscheidung kann anhand des kritischen Werts oder mit Hilfe des p-Werts herbeigeführt werden.

- **Entscheidungsregel basierend auf dem kritischen Wert**

  Abhängig von der Wahl des Signifikanzniveaus α und des Testproblems gelten folgende Entscheidungsregeln: Die Nullhypothese H_0 wird zum Niveau α verworfen, falls

Problem (1):	$\lvert T \rvert > t^*_{f;1-\alpha/2}$	(zweiseitig)
Problem (2):	$T > t^*_{f;1-\alpha}$	(rechtsseitig)
Problem (3):	$T < t^*_{f;\alpha} = -t^*_{f;1-\alpha}$	(linksseitig)

Dabei entspricht T der Teststatistik, deren Wert t_{beo} basierend auf den Beobachtungen $x_1, \ldots, x_n, y_1, \ldots, y_m$ bestimmt werden muss. Der kritische Wert $t^*_{f,1-\alpha}$ ist das $(1-\alpha)$-Quantil der t-Verteilung mit f Freiheitsgraden.

Bestimmung der Freiheitsgrade f:

Man bestimmt f durch

$$f = \left\lfloor \frac{\left(\frac{S_X^2}{n} + \frac{S_Y^2}{m}\right)^2}{\frac{1}{n-1} \cdot \left(\frac{S_X^2}{n}\right)^2 + \frac{1}{m-1} \cdot \left(\frac{S_Y^2}{m}\right)^2} \right\rfloor .$$

Dabei steht die Schreibweise $\lfloor \ \ \rfloor$ für die so genannte Gaußklammerfunktion. Die in den eckigen Klammern stehende Zahl wird, falls es sich nicht um eine ganze Zahl handelt, auf die nächstkleinere ganze Zahl abgerundet. Auf eine ganze Zahl hat die Gaußklammer keinen Effekt.

In der Literatur (Moore, 2000) findet man für die Wahl der Freiheitsgrade auch $f = \min\{n, m\}$. Dies ist wesentlich einfacher, hat aber den Nachteil, dass der Test dadurch konservativer ▶204 wird, das heißt, die Nullhypothese wird später abgelehnt.

– **Entscheidungsregel basierend auf dem p-Wert**

Anstelle des kritischen Werts kann die Testentscheidung auch mit Hilfe des p-Werts herbeigeführt werden: Die Nullhypothese H_0 wird zum Niveau α abgelehnt, falls der

$$\text{p-Wert} < \alpha$$

ist, wobei sich der p-Wert der Teststatistik T berechnet als

Problem (1):	$2 \cdot P(T \geq |t_{beo}|)$	(zweiseitig)
Problem (2):	$P(T \geq t_{beo})$	(rechtsseitig)
Problem (3):	$P(T \leq t_{beo})$	(linksseitig)

Dabei ist t_{beo} der errechnete (*beobachtete*) Wert der Teststatistik für die Beobachtungen $x_1, \ldots, x_n, y_1, \ldots, y_m$. Für einen p-Wert kleiner dem Wert von α wird gesagt, dass das Ergebnis statistisch signifikant ist zum Niveau α.

Die Berechnung der kritischen Werte oder des p-Werts kann analog zum Einstichprobenfall wieder mit dem **Programmpaket R** ▶240 erfolgen. Dabei ist zu beachten, dass statt $n-1$ hier f für die Anzahl der Freiheitsgrade einzusetzen ist.

Gleiche Varianzen $\sigma_X^2 = \sigma_Y^2$

Unter der Annahme, dass die Varianzen σ_X^2 und σ_Y^2 zwar unbekannt, aber identisch sind, also $\sigma_X^2 = \sigma_Y^2$, wird folgende Teststatistik verwendet

$$T = \frac{\overline{X} - \overline{Y}}{\sqrt{\left(\frac{1}{n} + \frac{1}{m}\right) \cdot \frac{(n-1)\cdot S_X^2 + (m-1)\cdot S_Y^2}{n+m-2}}}.$$

Der Term

$$S_p^2 = \frac{(n-1) \cdot S_X^2 + (m-1) \cdot S_Y^2}{n+m-2}$$

wird als **gepoolte Varianz** bezeichnet. Die Teststatistik T ist dann unter der Annahme, dass $\mu_X = \mu_Y$ gilt, t-verteilt mit $n + m - 2$ Freiheitsgraden, also $T \sim t_{n+m-2}$. Die Testentscheidung verläuft analog zum vorher beschriebenen Fall, es muss jedoch zur Bestimmung der kritischen Werte die t-Verteilung mit $n + m - 2$ Freiheitsgraden zugrunde gelegt werden. Die Verteilungsaussage gilt nur approximativ, wenn $X_1, \ldots, X_n$ und $Y_1, \ldots, Y_m$ nicht normalverteilt sind.

Verallgemeinerung der Hypothesen

Die Hypothesen lassen sich weiter verallgemeinern, indem die zu testende Differenz von $\mu_X - \mu_Y$ einem beliebigen Wert δ_0 entsprechen kann, der nicht notwendigerweise gleich Null ist

Problem (1): $H_0 : \mu_X - \mu_Y = \delta_0$ gegen $H_1 : \mu_X - \mu_Y \neq \delta_0$ (zweiseitig)
Problem (2): $H_0 : \mu_X - \mu_Y \leq \delta_0$ gegen $H_1 : \mu_X - \mu_Y > \delta_0$ (rechtsseitig)
Problem (3): $H_0 : \mu_X - \mu_Y \geq \delta_0$ gegen $H_1 : \mu_X - \mu_Y < \delta_0$ (linksseitig)

Teststatistik

Die Teststatistik sieht dann wie folgt aus

1. bei unbekannten Varianzen $\sigma_X^2 \neq \sigma_Y^2$

$$T = \frac{(\overline{X} - \overline{Y}) - \delta_0}{\sqrt{\frac{S_X^2}{n} + \frac{S_Y^2}{m}}},$$

2. bei unbekannten Varianzen $\sigma_X^2 = \sigma_Y^2$

$$T = \frac{(\overline{X} - \overline{Y}) - \delta_0}{\sqrt{\left(\frac{1}{n} + \frac{1}{m}\right) \cdot \frac{(n-1) \cdot S_X^2 + (m-1) \cdot S_Y^2}{n+m-2}}}.$$

Die Entscheidungsregeln bleiben in allen Fällen unverändert.

B

Beispiel Getreidesäcke

In einem Agrar-Betrieb werden bei zwei Maschinen, die Getreide in Säcke abfüllen, die Gewichte von $n = 8$ bzw. $m = 9$ Säcken bestimmt. Dabei erhielt man die folgenden Messwerte $x_1, \ldots, x_8$ bzw. $y_1, \ldots, y_9$ (in kg)

x_i	100,2	100,3	101	99,8	99,9	100,1	100,1	100	
y_i	99,9	100,7	100,4	101,2	101,1	100,9	99,8	100,8	100,5

Es kann angenommen werden, dass die Daten Realisierungen von unabhängigen und identisch normalverteilten Zufallsvariablen $X_1, \ldots, X_8$ mit Erwartungswert μ_X und Varianz σ_X^2 sind bzw. von identisch normalverteilten Zufallsvariablen $Y_1, \ldots, Y_9$ mit Erwartungswert μ_Y und Varianz σ_Y^2. Außerdem kann angenommen werden, dass die Varianzen zwar unbekannt sind, aber $\sigma_X^2 = \sigma_Y^2$ gilt. Zum Niveau $\alpha = 0,1$ soll überprüft werden, ob die Abfüllgewichte bei beiden Maschinen im Mittel gleich sind. Das Testproblem formuliert sich dann als

$$H_0 : \mu_X = \mu_Y \quad \text{gegen} \quad H_1 : \mu_X \neq \mu_Y.$$

Da angenommen werden kann, dass $\sigma_X^2 = \sigma_Y^2$ gilt, verwenden wir die **Teststatistik für gleiche Varianzen** ▶249

$$T = \frac{\overline{X} - \overline{Y}}{\sqrt{\left(\frac{1}{n} + \frac{1}{m}\right) \cdot \frac{(n-1) \cdot S_X^2 + (m-1) \cdot S_Y^2}{n+m-2}}}.$$

Für die Berechnung der Teststatistik müssen das arithmetische Mittel und die Stichprobenvarianzen bestimmt werden

$$\overline{x} = \frac{1}{8} \sum_{i=1}^{8} x_i = 100,175 \qquad s_X^2 = \frac{1}{7} \sum_{i=1}^{8} (x_i - \overline{x})^2 = 0,136$$

$$\bar{y} = \frac{1}{9}\sum_{i=1}^{9} y_i = 100,589 \qquad s_Y^2 = \frac{1}{8}\sum_{i=1}^{9}(y_i - \bar{y})^2 = 0,241.$$

Damit errechnet sich die Teststatistik

$$t_{beo} = \frac{100,175 - 100,589}{\sqrt{\left(\frac{1}{8} + \frac{1}{9}\right) \cdot \frac{7\cdot 0,136 + 8\cdot 0,241}{15}}} = -1,944.$$

Für $\alpha = 0,1$ ist das $t^*_{m+n-2;1-\alpha/2}$-Quantil $t^*_{15;0,95} = 1,7531$. Damit kann die Nullhypothese zum Niveau $\alpha = 0,1$ verworfen werden, denn $|t_{beo}| = 1,944 > 1,7531$. Das heißt, wir können davon ausgehen, dass die beiden Maschinen im Mittel jeweils ein unterschiedliches Gewicht in die Getreidesäcke abfüllen.

◀B

Beispiel (Fortsetzung ▶244) Geburtsgewicht   B

Wir betrachten noch einmal die Daten aus dem Vergleich zweier europäischer Länder aus dem Einführungsbeispiel

Gewicht	1	2	3	4	5	6	7	8	9	10
Land A	3542	3614	3377	3294	4092	2885	3208	3012	3019	4084
Land B	2836	3288	3303	3141	2970	3201	3535	3515	3251	3256

Das arithmetische Mittel sowie die Stichprobenvarianz für beide Stichproben berechnen sich zu

Land A:

$$\bar{x} = \frac{1}{10}\sum_{i=1}^{10} x_i = 3\,412,7 \qquad s_X^2 = \frac{1}{9}\sum_{i=1}^{10}(x_i - \bar{x})^2 = 180\,069,6$$

Land B:

$$\bar{y} = \frac{1}{10}\sum_{i=1}^{10} y_i = 3\,229,6 \qquad s_Y^2 = \frac{1}{9}\sum_{i=1}^{10}(y_i - \bar{y})^2 = 46\,184,04$$

Soll anhand der Daten überprüft werden, ob das Geburtsgewicht der Jungen in Land A tatsächlich geringer ist als in Land B, so formuliert sich das Testproblem wie folgt

$$H_0 : \mu_X \geq \mu_Y \quad \text{gegen} \quad H_1 : \mu_X < \mu_Y$$

äquivalent zu

$$H_0 : \mu_X - \mu_Y \geq 0 \quad \text{gegen} \quad H_1 : \mu_X - \mu_Y < 0.$$

Die Varianz für beide Länder ist unbekannt und kann auch nicht als gleich vorausgesetzt werden, weshalb als Teststatistik

$$T = \frac{\overline{X} - \overline{Y}}{\sqrt{\frac{S_X^2}{n} + \frac{S_Y^2}{m}}}$$

verwendet werden sollte.

Werden die entsprechenden Größen in die Formel eingesetzt, so ergibt sich als Realisierung der Teststatistik

$$t_{beo} = \frac{3\,412,7 - 3\,229,6}{\sqrt{\frac{180\,069,6}{10} + \frac{46\,184,04}{10}}} = 1,217.$$

Bestimmung des kritischen Werts $t^*_{f;\alpha} = -t^*_{f;1-\alpha}$:

$$f = \left\lfloor \frac{\left(\frac{s_X^2}{n} + \frac{s_Y^2}{m}\right)^2}{\frac{1}{n-1} \cdot \left(\frac{s_X^2}{n}\right)^2 + \frac{1}{m-1} \cdot \left(\frac{s_Y^2}{m}\right)^2} \right\rfloor$$

$$= \left\lfloor \frac{\left(\frac{180069,6}{10} + \frac{46184,04}{10}\right)^2}{\frac{1}{9} \cdot \left(\frac{180069,6}{10}\right)^2 + \frac{1}{9} \cdot \left(\frac{46184,04}{10}\right)^2} \right\rfloor = \lfloor 13,332 \rfloor = 13.$$

Zur Bestimmung des kritischen Werts legen wir also eine t-Verteilung mit 13 Freiheitsgraden zu Grunde. Der kritische Wert ist somit $-t^*_{13;0,95} = -1,7709$. Laut Entscheidungsregel kann die Nullhypothese verworfen werden, wenn $T < -t^*_{f,1-\alpha}$ gilt. In unserem Beispiel ist $t_{beo} = 1,217 > -1,7709$, das heißt, die Nullhypothese kann nicht verworfen werden.

Anhand der Daten konnte nicht nachgewiesen werden, dass das Geburtsgewicht in Land A signifikant geringer ist als in Land B.   ◄B

t-Test im Zweistichprobenfall - verbundene Stichproben

Betrachten wir erneut das `Beispiel` ▶243 der Trainingsmethoden für Sportler. Die gemessenen 100 m Zeiten mit alter und neuer Trainingsmethode waren

Sportler	1	2	3	4	5	6	7
vorher	13,27	12,48	12,19	13,05	13,96	12,13	11,98
nachher	13,01	12,52	12,08	12,97	13,90	12,11	11,71
Differenzen	0,26	-0,04	0,11	0,08	0,06	0,02	0,27
Sportler	8	9	10	11			
vorher	11,74	12,65	12,89	12,56			
nachher	11,70	12,57	12,80	12,64			
Differenzen	0,04	0,08	0,09	-0,08			

Ziel ist es zu überprüfen, ob die neue Trainingsmethode zu besseren Laufzeiten geführt hat. Dies würde bedeuten, dass die Differenzen der beiden Laufzeiten im Mittel größer als Null sind, wobei jede Differenz als `Laufzeit vorher` minus `Laufzeit nachher` definiert ist.

Voraussetzungen

Folgende Voraussetzungen müssen für die Anwendung der Testprozedur erfüllt sein

— Gegeben ist ein Merkmal, das in zwei verschiedenen Varianten interessiert. Beispielsweise in der Variante vor und nach einem Ereignis oder allgemein unter zwei verschiedenen Behandlungen.

— Das Merkmal sei unter Behandlung 1 durch eine Zufallsvariable X mit Erwartungswert $E(X) = \mu_X$ beschrieben, unter Behandlung 2 durch eine Zufallsvariable Y mit Erwartungswert $E(Y) = \mu_Y$.

— Betrachtet werden die zugehörigen Stichprobenvariablen $X_1, \ldots, X_n$ und $Y_1, \ldots, Y_n$, die jeweils für sich genommen unabhängig und identisch wie X bzw. Y verteilt sind.

— Die Stichprobenvariablen werden gepaart beobachtet, das heißt, das Paar (X_i, Y_i) gehört zum selben Objekt in der Stichprobe, $i = 1, \ldots, n$. Die Variablen X_i und Y_i sind somit nicht unabhängig.

— Mit $D_1, \ldots, D_n$ werden die Differenzen $D_i = X_i - Y_i$, $i = 1, \ldots, n$ der Stichprobenvariablen für die n Merkmalsträger bezeichnet, welche den Erwartungswert $\mu_D = \mu_X - \mu_Y$ besitzen mit unbekannter Varianz σ_D^2.

– $D_1, \ldots, D_n$ folgen einer Normalverteilung mit Erwartungswert μ_D und Varianz σ_D^2, $D_i \sim \mathcal{N}(\mu_D, \sigma_D^2)$ für $i = 1, \ldots, n$, oder der Stichprobenumfang beträgt mindestens $n \geq 30$.

– Zu testen sei eine Hypothese über die Differenz der Erwartungswerte μ_X, μ_Y der Zufallsvariablen X und Y.

Hypothesen

Für den Erwartungswert $\mu_D = \mu_X - \mu_Y \in \mathbb{R}$ der Differenzen ergeben sich folgende Testmöglichkeiten

Problem (1): $H_0 : \mu_D = 0$ gegen $H_1 : \mu_D \neq 0$ (zweiseitig)
Problem (2): $H_0 : \mu_D \leq 0$ gegen $H_1 : \mu_D > 0$ (rechtsseitig)
Problem (3): $H_0 : \mu_D \geq 0$ gegen $H_1 : \mu_D < 0$ (linksseitig)

In Problem (1) überprüft der Test die Ungleichheit der beiden Erwartungswerte μ_X und μ_Y, testet also, ob die Differenz $\mu_X - \mu_Y$ verschieden von Null ist. Soll gezeigt werden, dass μ_X größer als μ_Y ist, so muss der Test in Problem (2) gewählt werden, bzw. der in Problem (3), wenn überprüft werden soll, ob μ_X kleiner ist als μ_Y.

B   **Beispiel** Hypothesen

– Ein Hersteller von Motorölen behauptet, dass die Verwendung seines neuen Motoröls den Treibstoffverbrauch eines Kraftfahrzeugs senken kann. Zum Nachweis seiner Behauptung wird der Treibstoffverbrauch von 15 Fahrzeugen jeweils einmal mit einem handelsüblichen und einmal mit dem propagierten neuen Öl ermittelt. Der Händler testet dann

$$H_0 : \mu_D \geq 0 \quad \text{gegen} \quad H_1 : \mu_D < 0.$$

Dabei bezeichnet hier μ_X den Verbrauch bei Benutzung des neuen Motoröls, μ_Y den Verbrauch mit dem alten Öl, und $\mu_D = \mu_X - \mu_Y$. Hat der Händler Recht, müsste sich dies in Differenzen niederschlagen, die im Mittel signifikant kleiner sind als Null.

– Im **Beispiel** ▶243 aus der Einführung sollte überprüft werden, ob die neue Trainingsmethode tatsächlich zu kürzeren Laufzeiten für die 100 m führt. Zu testen ist also, ob die Laufzeit unter der neuen Trainingsmethode signifikant kürzer ist als unter der alten. Auf die Differenzen (Laufzeit vorher minus Laufzeit nachher) bezogen heißt das, es ist zu überprüfen, ob die Differenzen im Mittel signifikant größer sind als Null. Bezeichnet man die erwartete Laufzeit unter der alten Trainingsmethode mit μ_X und die unter der neuen Methode erwartete Zeit mit μ_Y, so ist für die erwartete Differenz $\mu_D = \mu_X - \mu_Y$ zu testen

$$H_0 : \mu_D \leq 0 \quad \text{gegen} \quad H_1 : \mu_D > 0.$$

— Zur Entwicklung und Produktion von militärischen Ausrüstungen führt die Bundeswehr eine Studie durch, welche herausfinden soll, ob es einen Unterschied in der Sehkraft zwischen dem rechten und dem linken Auge gibt. Dazu müssen Testpersonen einen orangefarbenen Kreis zunächst mit beiden Augen fixieren. Es wird die Position ihrer Pupillen gemessen. Anschließend müssen sie jeweils ein Auge abdecken, und es wird erneut die Position der Pupille des nicht bedeckten Auges gemessen. Pro Auge wird die Differenz der Pupillenpositionen ermittelt. Sind beide Augen gleich sehstark, so sollte die erwartete Differenz μ_X für das linke Auge mit μ_Y für das rechte Auge übereinstimmen. Um festzustellen, ob es einen Unterschied $\mu_D = \mu_X - \mu_Y$ bezüglich der Sehkraft der Augen gibt, soll die Hypothese

$$H_0 : \mu_D = 0 \quad \text{gegen} \quad H_1 : \mu_D \neq 0$$

getestet werden.

◀B

Verallgemeinerung der Hypothesen

Die Hypothesen lassen sich weiter verallgemeinern, indem die zu testende Differenz von $\mu_D = \mu_X - \mu_Y$ einem beliebigen Wert δ_0 entsprechen kann, der nicht notwendigerweise gleich Null ist.

Problem (1): $H_0 : \mu_D = \delta_0$ gegen $H_1 : \mu_D \neq \delta_0$ (zweiseitig)

Problem (2): $H_0 : \mu_D \leq \delta_0$ gegen $H_1 : \mu_D > \delta_0$ (rechtsseitig)

Problem (3): $H_0 : \mu_D \geq \delta_0$ gegen $H_1 : \mu_D < \delta_0$ (linksseitig)

Teststatistik

Sei $D = X - Y$ die Differenz der Zufallsvariablen X und Y mit unbekanntem Erwartungswert $E(D) = \mu_D$ und unbekannter Varianz $\text{Var}(D) = \sigma_D^2$. Bezeichne $\overline{D}$ das **arithmetische Mittel** ▶46 und S_D die **Stichprobenstandardabweichung** ▶46 der Stichprobenvariablen $D_1, \ldots, D_n$. Unter der Annahme, dass $\mu_D = \delta_0$ gilt, folgt die Teststatistik

$$T = \sqrt{n} \cdot \frac{\overline{D} - \delta_0}{S_D},$$

einer t-Verteilung mit $n - 1$ Freiheitsgraden, $T \sim t_{n-1}$. Die Anzahl der Freiheitsgrade entspricht der Anzahl der Beobachtungen n minus 1. Die Verteilungsaussage gilt nur approximativ, wenn $D_1, \ldots, D_n$ nicht selbst normalverteilt sind.

Die Teststatistik ist analog der **im Einstichprobenfall** ▶236 anzusehen, hier ersetzen die Differenzen $D_1, \ldots, D_n$ die dortigen Variablen $X_1, \ldots, X_n$.

Testentscheidung und Interpretation

Die Testentscheidung kann anhand des kritischen Werts oder mit Hilfe des p-Werts herbeigeführt werden.

– **Entscheidungsregel basierend auf dem kritischen Wert**
   Abhängig von der Wahl des Signifikanzniveaus α und des Testproblems gelten folgende Entscheidungsregeln: Die Nullhypothese H_0 wird zum Niveau α verworfen, falls

Problem (1):	$\|T\|$	$> t^*_{n-1;1-\alpha/2}$	(zweiseitig)
Problem (2):	T	$> t^*_{n-1;1-\alpha}$	(rechtsseitig)
Problem (3):	T	$< t^*_{n-1;\alpha} = -t^*_{n-1;1-\alpha}$	(linksseitig)

Dabei ist T die Teststatistik, deren realisierter Wert t_{beo} auf Basis der Beobachtungen $d_1, \ldots, d_n$ berechnet wird. Die kritischen Werte $t^*_{n-1;\alpha}$ sind die $(1 - \alpha)$ Quantile der t-Verteilung mit $n - 1$ Freiheitsgraden.

— **Entscheidungsregel basierend auf dem p-Wert**
Anstelle des kritischen Werts kann die Testentscheidung auch mit Hilfe des p-Werts herbeigeführt werden: Die Nullhypothese H_0 wird zum Niveau α abgelehnt, falls der

$$\text{p-Wert} < \alpha$$

ist, wobei sich der p-Wert der Teststatistik T berechnet als

Problem (1):	$2 \cdot P(T \geq	t_{beo}	)$	(zweiseitig)
Problem (2):	$P(T \geq t_{beo})$	(rechtsseitig)
Problem (3):	$P(T \leq t_{beo})$	(linksseitig)

Dabei ist t_{beo} der realisierte (*beobachtete*) Wert der Teststatistik T basierend auf den Beobachtungen $d_1, \ldots, d_n$. Ist der p-Wert kleiner als das Signifikanzniveau α, nennt man das Testergebnis statistisch signifikant zum Niveau α.

Analog zum `Einstichprobenfall` ▶240 können die kritischen Werte und der p-Wert wieder mit dem `Programmpaket` R berechnet werden.

Beispiel (Fortsetzung ▶243) Trainingsmethode   B

Zur Vollständigkeit seien noch einmal die Daten aufgeführt.

Sportler	1	2	3	4	5	6	7
vorher	13,27	12,48	12,19	13,05	13,96	12,13	11,98
nachher	13,01	12,52	12,08	12,97	13,90	12,11	11,71
Differenzen	0,26	-0,04	0,11	0,08	0,06	0,02	0,27
Sportler	8	9	10	11			
vorher	11,74	12,65	12,89	12,56			
nachher	11,70	12,57	12,80	12,64			
Differenzen	0,04	0,08	0,09	-0,08			

Das `Testproblem` ▶243 war wie folgt formuliert

$$H_0 : \mu_D \leq 0 \qquad \text{gegen} \qquad H_1 : \mu_D > 0.$$

Der Test soll zu einem Signifikanzniveau von $\alpha = 0,05$ durchgeführt werden. Mit Hilfe des folgenden Programms in R können das arithmetische Mittel und die Standardabweichung der Differenzen berechnet werden:

Programm in R:

```
Daten<-c( 0.26, -0.04, 0.11, 0.08, 0.06, 0.02, 0.27, 0.04, 0.08,
0.09, -0.08)
arithmetisches.Mittel<-mean(Daten)
Standardabweichung<-sqrt(var(Daten))
arithmetisches.Mittel
Standardabweichung
```

Als arithmetisches Mittel und Standardabweichung der Differenzen ergeben sich

$$\bar{d} = \frac{1}{11} \sum_{i=1}^{11} d_i = 0,081 \quad \text{sowie} \quad s_D = \sqrt{\frac{1}{10} \sum_{i=1}^{11} (d_i - \bar{d})^2} = 0,1073.$$

Die Teststatistik

$$T = \sqrt{n} \cdot \frac{\overline{D} - \delta_0}{S_D}$$

errechnet sich zu

$$t_{beo} = \sqrt{11} \cdot \frac{0,081 - 0}{0,1073} = 2,5037.$$

Für $\alpha = 0,05$ ist das $t_{n-1;1-\alpha}^*$-Quantil mit $t_{10;0,95} = 1,8125$ gegeben. Da $t_{beo} > t_{10;0,95}^*$ ist, kann die Nullhypothese verworfen werden, das heißt, die neue Trainingsmethode ist tatsächlich besser.

Auch lassen sich der kritische Wert und der p-Wert mit Hilfe von R bestimmen.

kritischer Wert: qt(0.95,10)

p-Wert: pt(2.5037, 10, lower.tail=FALSE)

Der p-Wert beträgt hier 0,01562, welcher kleiner als das vorgegebene Signifikanzniveau ist.   ◀B

B   **Beispiel** (Fortsetzung ▶254) Motoröl

Der Hersteller von Motorölen aus dem früheren **Beispiel** ▶254 behauptet, dass die Verwendung seines neuen Motoröls den Treibstoffverbrauch eines Kraftfahrzeugs sogar um mehr als 0,4 1/100 km verbessern kann. Es wurden Tests mit 15 Fahrzeugen eines Typs durchgeführt. Die Messergebnisse $x_1, \ldots, x_{15}$ der Verbrauchswerte (in 1/100 km) bei Verwendung des neuen Öls und die Messwerte $y_1, \ldots, y_{15}$ unter Verwendung eines herkömmlichen

Öls sind in der folgenden Tabelle angegeben. Es kann angenommen werden, dass die Messwerte $x_1 \ldots, x_{15}$ bzw. $y_1, \ldots, y_{15}$ jeweils Realisierungen unabhängiger und identisch normalverteilter Zufallsvariablen sind. Somit kann man auch ihre Differenzen $d_i = x_i - y_i, i = 1, \ldots, 15$, als Realisierungen unabhängiger und identisch normalverteilter Zufallsvariablen betrachten.

Fahrzeug	1	2	3	4	5	6	7	8
Verbr. mit neuem Öl	8,1	8,2	7,8	8,5	8,1	7,9	8,3	8,6
Verbr. mit herkömml. Öl	8,5	8,7	8,2	8,9	8,5	8,3	8,9	9,1
Differenz	-0,4	-0,5	-0,4	-0,4	-0,4	-0,4	-0,6	-0,5
Fahrzeug	9	10	11	12	13	14	15	
Verbr. mit neuem Öl	8,0	8,4	8,0	8,1	7,9	8,2	8,2	
Verbr. mit herkömml. Öl	8,4	8,8	8,5	8,6	8,3	8,7	8,5	
Differenz	-0,4	-0,4	-0,5	-0,5	-0,4	-0,5	-0,3	

Wir möchten zum Niveau $\alpha = 0,05$ testen, ob sich der Treibstoffverbrauch unter Verwendung des neuen Öls um mehr als 0,4 l verbessert hat. Dazu muss das Testproblem wie folgt formuliert werden

$$H_0 : \mu_D \geq -0,4 \qquad \text{gegen} \qquad H_1 : \mu_D < -0,4.$$

Die Verbesserung des Treibstoffverbrauchs wird beschrieben durch die Werte $d_i = x_i - y_i, i = 1, \ldots, 15$, der verbundenen Stichprobe $(x_1, y_1), \ldots, (x_{15}, y_{15})$. Das **arithmetische Mittel** ▶46 und die **Stichprobenstandardabweichung** ▶46 berechnen sich zu $\overline{d} = 0,44$ und $s_D = 0,0737$.

Die Teststatistik lautet

$$T = \sqrt{n} \cdot \frac{\overline{D} - \delta_0}{S_D}$$

und errechnet sich zu

$$t_{beo} = \sqrt{15} \cdot \frac{(-0,44 + 0,4)}{0,0737} = -2,102.$$

Für $\alpha = 0,05$ ist das 0,05-Quantil gegeben als $t_{14;0,05}^* = -t_{14;0,95}^* - 1,7613$ und somit $t_{beo} = -2,102 < -1,7613$. Das heißt, die Nullhypothese kann zum 5%-Niveau verworfen werden, und wir können davon ausgehen, dass mit dem neuen Öl die Fahrzeuge mindestens 0,4 l / 100 km weniger Treibstoff verbrauchen als vorher.   ◀B

Der F-Test

Der F-Test zum Vergleich zweier Varianzen

Eine Kaufhauskette erleidet durch Ladendiebstähle nicht unerhebliche Verluste. Um diese einzudämmen, soll eine verstärkte Überwachung der Kunden stattfinden. Dazu stehen zwei Varianten zur Auswahl, die in einigen Filialen ausprobiert werden, um ihre Wirksamkeit einzuschätzen, bevor man sich flächendeckend für eine von ihnen entscheidet.

Variante 1:   Videoüberwachung, mehrere Angestellte beobachten Monitore, als Diebe Verdächtige werden an das Personal im Verkaufsraum gemeldet.

Variante 2:   Kaufhausdetektive halten sich, als Kunden getarnt, im Verkaufsraum auf und stellen verdächtige Personen direkt.

Das Kriterium, mit dem die Wirksamkeit der Maßnahmen gemessen wird, ist die erreichte Umsatzsteigerung, wenn die Überwachung stattfindet, im Vergleich zum Umsatz im ursprünglichen Zustand ohne verstärkte Überwachung. Zur Einschätzung der Wirksamkeit setzt die Kette an einer Reihe von räumlich weit entfernten Standorten jeweils eine der beiden Überwachungsstrategien ein, wobei die Verteilung der Strategien auf die Standorte zufällig erfolgt. Es werden n Filialen mit Variante 1 und m Filialen mit Variante 2 überwacht. Häufig wird man n und m gleich wählen. Wenn man hingegen zum Beispiel eine Vermutung darüber hat, welche Strategie besser ist, kann es sinnvoller sein, n und m verschieden zu wählen.

Wir gehen im folgenden davon aus, dass die $n + m$ an den verschiedenen Orten gemessenen prozentualen Umsatzänderungen Realisierungen normalverteilter Zufallsvariablen sind, wobei sich die Beobachtungen für Strategie 1 durch $\mathcal{N}(\mu_X, \sigma_X^2)$- und die für Strategie 2 durch $\mathcal{N}(\mu_Y, \sigma_Y^2)$-verteilte Zufallsvariablen beschreiben lassen. Unter diesen Annahmen reduziert sich der Vergleich der beiden Überwachungsstrategien also auf den Vergleich der erwarteten Umsatzänderungen μ_X und μ_Y oder der Varianzen σ_X^2 und σ_Y^2. Während μ_X und μ_Y als mittlere Umsatzänderungen zu interpretieren sind, messen σ_X^2 und σ_Y^2 die dabei auftretende Unsicherheit, also ein Risiko. Daher kann es von Interesse sein, σ_X^2 und σ_Y^2 zu vergleichen. Genau dies leistet der F-Test zum Vergleich zweier Varianzen. Er überprüft die Gleichheit der Varianzen normalverteilter Zufallsvariablen bei unbekanntem Erwartungswert.

Der **F-Test zum Vergleich zweier Varianzen** erlaubt es zu überprüfen,
ob die Streuung in zwei normalverteilten Grundgesamtheiten gleich ist. Er bedient sich also einer konkreten Verteilungsannahme und ist somit ein parametrisches Verfahren. Er wird oft vor der Durchführung eines t-Tests ▶244 zum
Mittelwertvergleich durchgeführt, um die Gleichheit der Varianzen zu überprüfen. Je nachdem, ob der F-Test die Gleichheit der Varianzen verwirft oder
eine Gleichheit nicht ausschließt, verwendet man anschließend den t-Test
für den Fall unbekannter, verschiedener Varianzen ▶247 oder den
t-Test für den Fall unbekannter, aber gleicher Varianzen ▶249.

Von unmittelbarem Interesse ist der hier beschriebene F-Test, wenn die Varianz als Maß eines Risikos oder einer Genauigkeit interpretiert wird. So kann
die Präzision zweier Waagen, welche mathematisch definiert ist als der Kehrwert der Varianz, anhand wiederholter Messungen von Prototypen verglichen
werden.

Voraussetzungen

Für die Anwendung des F-Tests zum Vergleich zweier Varianzen müssen
folgende Voraussetzungen erfüllt sein

— Gegeben sei ein Merkmal, das in zwei verschiedenen Grundgesamtheiten interessiert.

— Das Merkmal in Grundgesamtheit 1 sei durch eine Zufallsvariable X
  beschrieben mit Erwartungswert $E(X) = \mu_X$ und Varianz $Var(X) = \sigma_X^2$. Entsprechend sei das Merkmal in Grundgesamtheit 2 beschrieben
  durch eine Zufallsvariable Y mit $E(Y) = \mu_Y$ und $Var(Y) = \sigma_Y^2$.

— Betrachtet werden die zugehörigen Stichprobenvariablen $X_1, \ldots, X_n$
  und $Y_1, \ldots, Y_m$, die jeweils für sich genommen unabhängig und identisch wie X bzw. Y verteilt sind.
  —— $X_1, \ldots, X_n$ folgen einer Normalverteilung mit Erwartungswert
      μ_X und Varianz σ_X^2, also $X_i \sim \mathcal{N}(\mu_X, \sigma_X^2)$ für $i = 1, \ldots, n$.

  oder

  die Stichprobe $X_1, \ldots, X_n$ ist mindestens vom Umfang $n \geq 30$.

— $Y_1, \ldots, Y_m$ folgen einer Normalverteilung mit Erwartungswert μ_Y und Varianz σ_Y^2, also $Y_i \sim \mathcal{N}(\mu_Y, \sigma_Y^2)$ für $i = 1, \ldots, m$.
oder
die Stichprobe $Y_1, \ldots, Y_m$ ist mindestens vom Umfang $m \geq 30$.

— $X_1, \ldots, X_n, Y_1, \ldots, Y_m$ sind voneinander unabhängig.

—   Zu testen sei eine Hypothese über die Varianzen σ_X^2 und σ_Y^2 der Zufallsvariablen X und Y.

Hypothesen

Der F-Test wird zur Überprüfung der Gleichheit der Varianzen σ_X^2 und σ_Y^2 herangezogen. Es ist eine Überprüfung der folgenden Hypothesen möglich

Problem (1): $H_0 : \sigma_X^2 = \sigma_Y^2$ gegen $H_1 : \sigma_X^2 \neq \sigma_Y^2$ (zweiseitig)
Problem (2): $H_0 : \sigma_X^2 \leq \sigma_Y^2$ gegen $H_1 : \sigma_X^2 > \sigma_Y^2$ (rechtsseitig)
Problem (3): $H_0 : \sigma_X^2 \geq \sigma_Y^2$ gegen $H_1 : \sigma_X^2 < \sigma_Y^2$ (linksseitig)

B   Beispiel Hypothesen

—   Es ist bekannt, dass Mineralwasser mit einem relativ hohen Magnesiumgehalt empfehlenswert ist. Ein langjähriger Vergleich zwischen zwei angebotenen Sorten ergab, dass beide im Mittel den gleichen Gehalt an Magnesium aufweisen. Außerdem kann man davon ausgehen, dass der Magnesiumgehalt von Mineralwasser eine normalverteilte Zufallsgröße ist. Ein unabhängiges Institut soll nun prüfen, ob die beiden Sorten den Magnesiumgehalt auch gleichmäßig gut sicherstellen. Dazu muss untersucht werden, ob für beide Mineralwässer die Varianz des Magnesiumgehalts gleich ist oder ob sich die beiden Sorten hierbei unterscheiden.

$$H_0 : \sigma_X^2 = \sigma_Y^2 \quad \text{gegen} \quad H_1 : \sigma_X^2 \neq \sigma_Y^2$$

—   Ein Energieversorger muss sicherstellen, dass die Stromversorgung gleichmäßig geschieht. Die Stromspannung im Netz ist niemals ganz konstant, kleine Schwankungen sind üblich, und die Stromspannung kann als normalverteilt angenommen werden. Große Schwankungen in der Spannung sind jedoch unerwünscht. Ein großer Energieversorger vermutet, dass ein Marktkonkurrent ein „Schwarzes Schaf" ist und die Stromspannung nicht so gleichmäßig aufrecht erhält wie sein eigenes Unternehmen. Will er dem Konkurrenten dies nachweisen, so muss er untersuchen, ob die Variabilität in der Stromspannung beim Konkurrenten tatsächlich größer ist als bei ihm selbst.

$$H_0 : \sigma_X^2 \leq \sigma_Y^2 \quad \text{gegen} \quad H_1 : \sigma_X^2 > \sigma_Y^2$$

— Ein Apotheker, der selbst Rezepturen anmischt, benötigt unter Anderem eine sehr präzise Waage. Das von der Waage angezeigte Gewicht ist eine Zufallsgröße, die man als normalverteilt betrachten kann. Ein Verteter für Präzisionswaagen möchte den Apotheker dazu bringen, eine neue (teure) Waage zu kaufen. Der Apotheker wird sein altes Gerät nur ersetzen, wenn der Vertreter nachweisen kann, dass das von ihm verkaufte neue Gerät wirklich genauer misst. Er will daher nachweisen, dass die Varianz der Messungen bei der neuen Waage geringer ist als bei der alten des Apothekers.

$$H_0 : \sigma_X^2 \geq \sigma_Y^2 \quad \text{gegen} \quad H_1 : \sigma_X^2 < \sigma_Y^2$$

◀B

Beispiel Kaufhauskette   B

Im **Beispiel** aus der Einführung ▶260 könnte als Vorinformation für die Durchführung eines Lagevergleichs mit einem t-Test interessieren, ob die Variabilität der Umsatzänderungen sich unter den beiden Überwachungsstrategien unterscheidet. Wäre dies der Fall, so müsste der Vergleich der Wirksamkeit beider Strategien mit Hilfe des t-Tests **für den Fall ungleicher Varianzen** ▶247 durchgeführt werden. Sollte sich hingegen herausstellen, dass man nicht auf Unterschiede in den Varianzen schließen kann, reicht die Anwendung des t-Tests **für den Fall gleicher Varianzen** ▶249. Zu testen ist demzufolge

$$H_0 : \sigma_X^2 = \sigma_Y^2 \quad \text{gegen} \quad H_1 : \sigma_X^2 \neq \sigma_Y^2.$$

◀B

Teststatistik

Der F-Test zum Vergleich zweier Varianzen beruht auf einem Vergleich der Stichprobenvarianzen. Sei $\overline{X}$ das **arithmetische Mittel** ▶46 der Stichprobenvariablen $X_1, \ldots, X_n$ aus Grundgesamtheit 1 und $\overline{Y}$ entsprechend das arithmetische Mittel der Stichprobenvariablen aus Grundgesamtheit 2. Die Stichprobenvarianzen der beiden Gruppen von Stichprobenvariablen sind dann

$$S_X^2 = \frac{1}{n-1} \cdot \sum_{i=1}^{n} (X_i - \overline{X})^2 \quad \text{und} \quad S_Y^2 = \frac{1}{m-1} \cdot \sum_{i=1}^{m} (Y_i - \overline{Y})^2.$$

Die mit F bezeichnete Teststatistik errechnet sich als Quotient der Stichprobenvarianzen

$$F = \frac{S_X^2}{S_Y^2}.$$

Unter der Annahme, dass $\sigma_X^2 = \sigma_Y^2$ gilt, folgt die Teststatistik einer F-Verteilung mit $n-1$ und $m-1$ Freiheitsgraden. Diese Verteilungsaussage gilt nur approximativ, wenn $X_1, \ldots, X_n$ und $Y_1, \ldots, Y_m$ nicht normalverteilt sind.

Testentscheidung und Interpretation

Die Testentscheidung kann anhand des kritischen Werts oder mit Hilfe des p-Werts herbeigeführt werden.

– **Entscheidungsregel basierend auf dem kritischen Wert**

In Abhängigkeit vom gewählten Signifikanzniveau α gelten für die Testprobleme (1) bis (3) folgende Entscheidungsregeln: Die Nullhypothese H_0 der Gleichheit der Varianzen wird zum Niveau α verworfen, falls

Problem (1): $F < F_{n-1;m-1;\alpha/2}^*$ oder $F > F_{n-1;m-1;1-\alpha/2}^*$ (zweiseitig)

Problem (2): $F > F_{n-1;m-1;1-\alpha}^*$ (rechtsseitig)

Problem (3): $F < F_{n-1;m-1;\alpha}^*$ (linksseitig)

Dabei bezeichnet F die Teststatistik, deren Realisation basierend auf den Beobachtungen $x_1, \ldots, x_n, y_1, \ldots, y_m$ bestimmt werden muss. Der kritische Werte $F_{n-1;m-1;\alpha}^*$ ist das α-Quantil der F-Verteilung mit $n-1$ und $m-1$ Freiheitsgraden. Es gilt folgender Zusammenhang

$$F_{n-1;m-1;\alpha}^* = \frac{1}{F_{m-1;n-1;1-\alpha}^*}.$$

— Entscheidungsregel basierend auf dem p-Wert

Anstelle des kritischen Werts kann die Testentscheidung auch mit Hilfe des p-Werts herbeigeführt werden: Die Nullhypothese H_0 wird zum Niveau α abgelehnt falls der

$$p\text{-Wert} < \alpha$$

ist, wobei sich der p-Wert der Teststatistik F berechnet als

Problem (1):	$2 \cdot \min\{P(F \geq f_{beo}), P(F \leq f_{beo})\}$	(zweiseitig)
Problem (2):	$P(F \geq f_{beo})$	(rechtsseitig)
Problem (3):	$P(F \leq f_{beo})$	(linksseitig)

Dabei ist f_{beo} der errechnete (*beobachtete*) Wert der Teststatistik für die Beobachtungen $x_1, \ldots, x_n, y_1, \ldots, y_m$. Für einen p-Wert kleiner dem Wert von α wird gesagt, dass das Ergebnis statistisch signifikant ist zum Niveau α.

Wird die Nullhypothese verworfen, so kann man daraus schließen, dass es einen signifikanten Unterschied zwischen den Varianzen in den beiden Grundgesamtheiten gibt (Problem (1)) bzw. dass das interessierende Merkmal in Grundgesamtheit 1 stärker / schwächer streut als in Grundgesamheit 2 (Problem (2) / Problem (3)).

Die kritischen Werte und der p-Wert können wieder mit dem Programmpaket R berechnet werden.

Berechnung des kritischen Werts und des p-Werts in R

Die kritischen Werte $F^*_{n-1;m-1;1-\alpha}$ bzw. $F^*_{n-1;m-1;\alpha}$ lassen sich wie folgt berechnen

Problem (1):	`qf(n-1,m-1,alpha/2)` `qf(n-1,m-1,1-alpha/2)`	(zweiseitig)
Problem (2):	`qf(n-1,m-1,1-alpha)`	(rechtsseitig)
Problem (3):	`qf(n-1,m-1,alpha)`	(linksseitig)

Für einen beobachteten Wert f_{beo} der Teststatistik F kann der p-Wert wie folgt erhalten werden

Problem (1):	`p<-pf(f.beo, n-1,m-1)` `2*min(p, 1-p)`	(zweiseitig)
Problem (2):	`pf(f.beo, n-1,m-1,lower.tail = FALSE)`	(rechtsseitig)
Problem (3):	`pf(f.beo, n-1,m-1,lower.tail = TRUE)`	(linksseitig)

Beispiel (Fortsetzung ▶263) Kaufhauskette

Im eingangs beschriebenen Beispiel ▶260 werden die beiden Überwachungs-strategien in verschiedenen zufällig ausgewählten Filialen jeweils eine Woche lang eingesetzt. Welche Filiale nach welcher Strategie überwacht wird, wird dabei zufällig zugeordnet, um den Einfluss anderer Effekte auszuschließen. Überwachungsvariante 1 wird in sechs Filialen eingesetzt, Variante 2 in fünf Filialen. Hierbei ergeben sich für Variante 1 gegenüber der Vorwoche die prozentualen Umsatzsteigerungen

4,88	2,37	6,32	5,87	3,92	4,36

und für Variante 2

5,12	3,56	1,82	2,77	3,18

Auf Grund der zufälligen Auswahl der Filialen und der ebenfalls zufälligen Zuweisung der Überwachungsstrategien können wir annehmen, dass die den Daten zugrunde liegenden Zufallsvariablen unabhängig sind. Die Normierung der Umsatzänderungen durch Verwendung von Prozentwerten bewirkt, dass die Zufallsvariablen auf der gleichen Skala gemessen werden. Die Größe der jeweiligen Filiale und der absolute Umsatz spielen dadurch keine Rolle. In-nerhalb der mit Strategie 1 bzw. 2 überwachten Gruppe können wir daher die Umsatzsteigerungen jeweils als identisch verteilt ansehen. Des Weiteren sind die Messwerte stetig und können als näherungsweise normalverteilt an-genommen werden.

Da uns interessiert, ob die Variabilität der Umsatzänderungen sich unter den beiden Überwachungsstrategien unterscheidet, wollen wir anhand der gegebenen Daten die Nullhypothese der Gleichheit der Varianzen gegen die allgemeine Alternative der Ungleichheit testen

$$H_0 : \sigma_X^2 = \sigma_Y^2 \quad \text{gegen} \quad H_1 : \sigma_X^2 \neq \sigma_Y^2.$$

Wir wählen hierbei das Signifikanzniveau $\alpha = 0,1$. Das **arithmetische Mittel** ▶46 der ersten Gruppe errechnet sich zu $\bar{x} = 4,62$, dasjenige der zweiten Gruppe zu $\bar{y} = 3,29$. Damit können wir die Stichprobenvarianzen berechnen

$$s_X^2 = \frac{1}{5} \sum_{i=1}^{6} (x_i - 4,62)^2 = 2,02804$$

und

$$s_Y^2 = \frac{1}{4} \sum_{j=1}^{5} (y_j - 3,29)^2 = 1,4663.$$

Die realisierte Teststatistik f_{beo} ergibt sich als Quotient der Stichprobenvarianzen

$$f_{beo} = \frac{2,02804}{1,4663} \approx 1,3831.$$

Die Nullhypothese kann verworfen werden für $F < F^*_{n-1;m-1;\alpha/2}$ oder $F > F^*_{n-1;m-1;1-\alpha/2}$. Mit $n = 6$ und $m = 5$ sind die kritischen Werte $F^*_{5;4;0,05} = 0,1354$ und $F^*_{5;4;0,95} = 6,2561$. Wegen

$$F^*_{5;4;0,05} = 0,1354 < f_{beo} = 1,3831 < F^*_{5;4;0,95} = 6,2561$$

kann die Nullhypothese H_0 zum Niveau $\alpha = 0,1$ nicht verworfen werden. Die Daten konnten keinen Hinweis darauf geben, dass der Erfolg der beiden Überwachungsstrategien mit unterschiedlichen Unsicherheiten behaftet ist.

Durchführung eines anschließenden t-Tests auf Lageunterschiede

Nachdem kein Unterschied in den Varianzen festzustellen war, kann man im Anschluss an die gerade durchgeführte Prozedur noch versuchen herauszufinden, ob es Unterschiede im Erfolg der beiden Überwachungsstragien gibt. Dieser Erfolg drückt sich in der erwarteten Umsatzveränderung aus, so dass nun ein Test über die Gleichheit der Erwartungswerte μ_X und μ_Y anzuschließen ist. Die Kaufhauskette ist zunächst nur daran interessiert, ob die beiden Strategien überhaupt unterschiedlichen Erfolg haben, so dass wir als Testproblem aufstellen

$$H_0 : \mu_X = \mu_Y \quad \text{gegen} \quad H_1 : \mu_X \neq \mu_Y.$$

Dies sei zum Niveau $\alpha = 0,1$ zu testen. Da angenommen werden kann, dass $\sigma_X^2 = \sigma_Y^2$ gilt, verwenden wir die Teststatistik ▶249

$$T = \frac{\overline{X} - \overline{Y}}{\sqrt{\left(\frac{1}{n} + \frac{1}{m}\right) \cdot \frac{(n-1)\cdot S_X^2 + (m-1)\cdot S_Y^2}{n+m-2}}}.$$

Aus der Berechnung der Teststatistik des F-Tests sind die Mittelwerte und Varianzen der Stichproben bereits bekannt. Es war $\overline{x} = 4,62$, $\overline{y} = 3,29$,

$s_X^2 = 2,02804$ und $s_Y^2 = 1,4663$. Damit ist

$$t_{beo} = \frac{4,62 - 3,29}{\sqrt{\left(\frac{1}{6} + \frac{1}{5}\right) \cdot \frac{5 \cdot 2,02804 + 4 \cdot 1,4663}{9}}} = 1,6470.$$

Für $\alpha = 0,1$ ist der kritische Wert $t^*_{m+n-2;1-\alpha/2} = t^*_{9;0,95} = 1,8331$. Die Nullhypothese kann zum Niveau $\alpha = 0,1$ verworfen werden, wenn $|T| > t^*_{9;0,95}$ gilt. Hier ist $|t_{beo}| = 1,6470 < 1,8331$, das heißt, wir können die Nullhypothese nicht verwerfen. Die Daten lassen nicht darauf schließen, dass die beiden Überwachungsstrategien zu unterschiedlichen Erfolgen führen. Für die Kaufhauskette bedeutet das: sie kann sich für die preiswertere der beiden Strategien entscheiden und diese in allen Filialen einführen. ◀B

B

Beispiel Mineralwasser

Im **Beispiel** ▶262 zum Vergleich der beiden Mineralwässer werden von beiden Sorten zufällig jeweils 20 Flaschen aus verschiedenen Abfüllungen ausgewählt und ihr Magnesiumgehalt bestimmt. In der folgenden Tabelle sind die Ergebnisse der Untersuchung dargestellt (Angaben in mg/l):

Mineralwasser 1

80,41	81,25	80,22	80,89	81,07	80,55	79,99	80,76	80,02	81,11
80,57	79,98	81,03	80,64	80,21	80,66	80,52	81,10	80,42	80,88

Mineralwasser 2

80,42	82,24	78,03	80,05	81,22	80,56	80,98	82,08	80,53	79,42
80,30	81,97	80,39	78,58	79,99	80,77	80,26	81,10	80,21	80,85

Es sollte untersucht werden, ob für beide Mineralwassersorten die Varianz des Magnesiumgehalts gleich ist oder ob sich die beiden Sorten hierbei unterscheiden. Wir wollen den Test hier zum Niveau $\alpha = 0,05$ durchführen. Da der Magnesiumgehalt von Mineralwasser als normalverteilte Zufallsgröße angesehen werden kann, ist der F-Test zum Vergleich zweier Varianzen für dieses Problem geeignet. Da es hier nur darum geht, gegebenenfalls einen Unterschied in den Varianzen nachzuweisen, ist das Testproblem

$$H_0 : \sigma_X^2 = \sigma_Y^2 \quad \text{gegen} \quad H_1 : \sigma_X^2 \neq \sigma_Y^2$$

angemessen. Dabei bezeichnet σ_X^2 die Varianz des Magnesiumgehalts in der Mineralwassersorte 1, σ_Y^2 die entsprechende Varianz der Sorte 2.

Zur Berechnung der Teststatistik bestimmen wir zunächst die Varianzen in den beiden Stichproben

$$\bar{x} = 80,614 \quad \Rightarrow \quad s_X^2 = \frac{1}{19} \sum_{i=1}^{20} (x_i - 80,614)^2 = 0,1579$$

und

$$\bar{y} = 80,4975 \quad \Rightarrow \quad s_Y^2 = \frac{1}{19} \sum_{j=1}^{20} (y_j - 80,4975)^2 = 1,0847.$$

Der beobachtete Wert f_{beo} der Teststatistik ergibt sich als

$$f_{beo} = \frac{0,1579}{1,0847} \approx 0,1456.$$

Für $\alpha = 0,05$ ist $F^*_{n-1;m-1;1-\alpha/2} = F^*_{19;19;0,975} = 2,5264$ und $F^*_{n-1;m-1;\alpha/2} = F^*_{19;19;0,025} = 1/F^*_{19;19;0,975} = 1/2,5264 = 0,3958$.

Wegen

$$f_{beo} = 0,1456 < F^*_{19;19;0,025} = 0,3958$$

wird die Nullhypothese H_0 zum Niveau $\alpha = 0,05$ verworfen. Wir können daraus schließen, dass die beiden Mineralwässer den mittleren Magnesiumgehalt nicht in gleicher Weise genau einhalten. Die Varianzen des Merkmals Magnesiumgehalt unterscheiden sich signifikant zwischen den beiden Mineralwassersorten.   ◀B

Der F-Test zum Vergleich mehrerer Stichproben

Im Beispiel ▶263 ging es um die Eindämmung von Ladendiebstahl durch verstärkte Überwachung der Kunden. Es wurden zwei Überwachungsvarianten ausprobiert. Stellen wir uns vor, dass statt zwei Varianten drei zur Verfügung stehen, nämlich

Variante 1:   Videoüberwachung, mehrere Angestellte beobachten Monitore, als Diebe Verdächtige werden an das Personal im Verkaufsraum gemeldet.

Variante 2:   Kaufhausdetektive halten sich, als Kunden getarnt, im Verkaufsraum auf und stellen verdächtige Personen direkt.

Variante 3:   Alle Waren werden mit codierten Aufklebern versehen, die von Lesegeräten an den Ausgängen interpretiert werden können. Beim Bezahlen der Ware an der Kasse werden die Codes freigeschaltet, bezahlte Ware passiert die Lesegeräte ohne Alarm. Nicht bezahlte Ware hingegen führt zu einem lauten Alarmsignal.

Wiederum ist die Umsatzsteigerung unter Einsatz der Überwachung im Vergleich zum Umsatz ohne verstärkte Überwachung ein Indikator für die Wirksamkeit der Maßnahme. Da die Einführung der Maßnahmen unterschiedlich teuer ist, interessiert die Kaufhauskette in einem ersten Schritt, ob sich die drei Maßnahmen in ihrer Wirksamkeit unterscheiden.

Testweise werden die drei Überwachungsstrategien in sechs (Strategie 1), fünf (Strategie 2) bzw. sieben (Strategie 3) zufällig ausgewählten Kaufhäusern der Kette für eine Woche eingeführt. Von Interesse ist, ob sich die Umsatzänderungen (jeweils im Vergleich zur Vorwoche) unter den drei Überwachungsvarianten unterscheiden. Wie im Beispiel Kaufhauskette ▶263 ▶266 können wir unterstellen, dass es sich bei den zugrunde liegenden Zufallsvariablen um normalverteilte Größen handelt. In einem solchen Fall ist der F-Test zum Vergleich mehrerer Stichproben der angemessene Test, um die betrachtete Frage zu beantworten.

Der **F-Test zum Vergleich mehrerer Stichproben** untersucht, ob für ein Merkmal die Beobachtungen aus mehr als zwei unabhängigen Stichproben aus derselben zugrunde liegenden Normalverteilung stammen könnten. Voraussetzung ist, dass die betrachteten Normalverteilungen alle dieselbe (unbekannte) Varianz aufweisen. Daher untersucht man mit dem F-Test tatsächlich nur, ob die Erwartungswerte des interessierenden Merkmals in k betrachteten Grundgesamtheiten ($k > 2$) gleich sind oder ob sie sich unterscheiden.

Der F-Test zum Vergleich mehrerer Stichproben ist ein parametrischer Test, er ist eine Erweiterung des t-Tests im Zweistichprobenfall ▶244. Im Gegensatz zum t-Test unterscheidet man beim F-Test jedoch nicht weiter in die Spezialfälle bekannter und unbekannter Varianzen. Wie sein nichtparametrisches Gegenstück, der Kruskal-Wallis-Test ▶335, deckt der F-Test nur auf, ob es Lageunterschiede zwischen den betrachteten Verteilungen gibt. Er weist nicht aus, zwischen welchen der Verteilungen diese Unterschiede gegebenenfalls bestehen. Hierzu müssten paarweise Vergleiche von je zwei Stichproben auf Lageunterschiede durchgeführt werden. Zu diesem Zweck existieren so genannte multiple Testprozeduren, die insbesondere dafür sorgen, dass bei mehreren statistischen Tests am gleichen Datenmaterial der Fehler 1. Art für die insgesamt getroffene Aussage unter Kontrolle bleibt.

Voraussetzungen

Für die Anwendung des F-Tests zum Vergleich mehrerer Stichproben müssen folgende Voraussetzungen erfüllt sein

— Betrachtet wird ein interessierendes Merkmal X in k Grundgesamtheiten.

— Die Zufallsvariablen $X_1, X_2, \ldots, X_k$ der k Grundgesamtheiten sind voneinander stochastisch unabhängig.

— Die Zufallsvariable X_i, $i = 1, \ldots, k$ besitzt Erwartungswert $\mathrm{E}(X_i) = \mu_i$ und Varianz $\mathrm{Var}(X_i) = \sigma^2$. Die Varianz σ^2 ist unbekannt, aber in allen betrachteten Grundgesamtheiten gleich.

— Die Zufallsvariable X_i, $i = 1, \ldots, k$ ist normalverteilt, $X_i \sim \mathcal{N}(\mu_i, \sigma^2)$ oder die i-te Stichprobe $X_{i_1}, X_{i_2}, \ldots X_{i_{n_i}}$ ist mindestens von Umfang $n_i \geq 30$, $i = 1, \ldots, k$.

— Die Stichprobenvariablen $X_{i_1}, X_{i_2}, \ldots X_{i_{n_i}}$, $i = 1, \ldots, k$, sind voneinander unabhängig und jeweils identisch verteilt wie X_i, wobei n_i den Stichprobenumfang der i-ten Stichprobe bezeichnet.

— Zu testen sei eine Hypothese über die Gleichheit der Erwartungswerte $\mu_1, \mu_2, \ldots, \mu_k$ der Zufallsvariablen $X_1, X_2, \ldots, X_k$.

Damit wird unterstellt, dass die Verteilungen des Merkmals in den k Grundgesamtheiten sämtlich Normalverteilungen sind, die die gleiche Streuung besitzen, sich aber in ihrer Lage unterscheiden können.

Hypothesen

Der F-Test zum Vergleich mehrerer Stichproben überprüft global die Hypothese, ob alle Stichproben aus der gleichen Normalverteilung stammen können. Er kann nur aufdecken, ob sich mindestens zwei der Verteilungen in ihrer Lage unterscheiden. Er entscheidet nicht, zwischen welchen Verteilungen und in welche Richtung diese Unterschiede bestehen. Damit sind einseitige Hypothesen ausgeschlossen. Das Testproblem formuliert sich daher wie folgt

$$H_0 : \mu_1 = \mu_2 \ldots = \mu_k \quad \text{gegen} \quad H_1 : \mu_i \neq \mu_j$$

für mindestens eine Kombination $(i, j), i \neq j$.

Unter der Nullhypothese haben die Zufallsvariablen $X_1, \ldots, X_k$ identische Verteilungsfunktionen. Unter der Alternativhypothese wird angenommen, dass sich für mindestens ein Paar i und j, $1 \leq i, j, \leq k$, die zugehörigen Normalverteilungen bezüglich ihrer Lage unterscheiden.

B   **Beispiel** Hypothesen

— Es wird vermutet, dass Kühe unterschiedliche Mengen an Milch geben, je nachdem, ob sie im Stall Musik zu hören bekommen oder nicht. Auch die Art der Musik könnte dabei eine Rolle spielen. In einem Experiment soll dies geklärt werden. Dazu werden in einem landwirtschaftlichen Großbetrieb insgesamt 15 Milchkühe zufällig ausgewählt und ihre Milchleistung (in Litern pro Tag) festgehalten. Anschließend werden die Tiere in speziellen Ställen untergebracht. In den Stall 1 kommen fünf der Kühe, um einige Wochen lang täglich klassische Musik zu hören. Stall 2 werden sechs Kühe zugeordnet, die Rockmusik zu hören bekommen. Stall 3 dient als „Kontrollstall", indem die vier dort untergebrachten Tiere ohne Musikbeschallung stehen. Wieder wird die Milchleistung der Tiere erhoben. Die Unterschiede zwischen der Leistung in der experimentellen und in der Standardsituation geben Auskunft darüber, ob die Musikbeschallung einen Einfluss auf die Milchleistung hat.

$$H_0 : \mu_1 = \mu_2 = \mu_3 \quad \text{gegen} \quad H_1 : \mu_i \neq \mu_j$$

für mindestens eine Kombination $(i, j), i \neq j$.

— Die Haltbarkeit von Lebensmitteln hängt unmittelbar mit den sich auf den Lebensmitteln befindlichen Bakterien zusammen, welche letztlich dazu führen, dass das Lebensmittel verdirbt. Zur Verlängerung der Haltbarkeit von Fleisch wird eine Studie durchgeführt, in welcher das Fleisch mit radioaktiven Strahlen behandelt wird. Dabei handelt es sich um Mengen, die für den Menschen als ungefährlich angenommen werden können. Die Strahlung wird in drei unterschiedlichen Dosen verabreicht. Zudem gibt es eine Kontrollgruppe, bei der das Fleisch keinerlei Strahlung erhält. Gemessen wird die Haltbarkeit des Fleisches anhand der Anzahl der im Fleisch befindlichen Bakterien.

$$H_0 : \mu_1 = \mu_2 = \mu_3 = \mu_4 \quad \text{gegen} \quad H_1 : \mu_i \neq \mu_j$$

für mindestens eine Kombination $(i, j), i \neq j$.

◄B

Beispiel (Fortsetzung ►263 ►266) Kaufhauskette   B

Im **Beispiel** ►260 aus der Einführung interessiert sich die Kaufhauskette dafür, ob drei Strategien unterschiedlich wirksam sind. Daher testet sie die Hypothese, dass die drei Strategien gleich gut wirken, gegen die Alternative, dass es Unterschiede in der Wirksamkeit der Maßnahmen gibt

$$H_0 : \mu_1 = \mu_2 = \mu_3 \quad \text{gegen} \quad H_1 : \mu_1 \neq \mu_2 \text{ oder } \mu_1 \neq \mu_3 \text{ oder } \mu_2 \neq \mu_3.$$

◄B

Der F-Test zum Vergleich mehrerer Stichproben untersucht, wie stark die Mittelwerte der einzelnen Stichproben vom Gesamtmittelwert aller Stichproben abweichen. Dies geschieht basierend auf der Variabilität der Stichprobenmittelwerte untereinander, welche verglichen wird mit der Variabilität innerhalb der Stichproben. Ist die Variabilität zwischen den Stichprobenmittelwerten zu groß im Vergleich zur Variabilität innerhalb der einzelnen Stichproben, deutet dies auf Lageunterschiede zwischen den zugrunde liegenden Verteilungen in den Grundgesamtheiten hin.

Teststatistik

Die Teststatistik ist definiert durch

$$F = \frac{\frac{1}{k-1} \cdot \sum_{i=1}^{k} n_i \cdot (\overline{X}_i - \overline{X})^2}{\frac{1}{N-k} \cdot \sum_{i=1}^{k} \sum_{j=1}^{n_i} (X_{i_j} - \overline{X}_i)^2}.$$

Dabei ist

$$N = \sum_{i=1}^{k} n_i \text{ der betrachtete Gesamtumfang}$$

$$\overline{X}_i = \frac{1}{n_i} \cdot \sum_{j=1}^{n_i} X_{ij} \text{ der Mittelwert der Stichprobenvariablen}$$

aus der i-ten Grundgesamtheit

$$\overline{X} = \frac{1}{N} \cdot \sum_{i=1}^{k} \sum_{j=1}^{n_i} X_{ij} \text{ der Gesamtmittelwert.}$$

Sind die Erwartungswerte $\mu_1, \ldots, \mu_k$ in allen Grundgesamtheiten gleich, das heißt, die Nullhypothese H_0 gilt, so folgt die Teststatistik einer F-Verteilung mit $k - 1$ und $N - k$ Freiheitsgraden. Diese Verteilungsaussage gilt nur approximativ, wenn die Zufallsvariablen $X_1, \ldots, X_k$ nicht normalverteilt sind.

Testentscheidung und Interpretation

In Abhängigkeit des Niveaus α gilt die folgende Entscheidungsregel:
Die Nullhypothese H_0 wird zu einem vorgegebenen Signifikanzniveau α verworfen, falls

$$F > F_{k-1; N-k; 1-\alpha}^{*}.$$

Dabei ist $F_{k-1; N-k; 1-\alpha}^{*}$ das $(1 - \alpha)$-Quantil der F-Verteilung mit $k - 1$ und $N - k$ Freiheitsgraden, und F bezeichnet die Teststatistik, deren realisierter Wert basierend auf den Beobachtungen $x_{1_1}, \ldots, x_{1_{n_1}}, \ldots, x_{k_1}, \ldots, x_{k_{n_k}}$ bestimmt wird.
Wird die Nullhypothese verworfen, so kann geschlossen werden, dass es einen Unterschied bezüglich des Erwartungswerts des interessierenden Merkmals in mindestens zwei der betrachteten Grundgesamtheiten gibt.

B **Beispiel** (Fortsetzung ▶263 ▶266 ▶273) Kaufhauskette

In der Fortsetzung des **Beispiels Kaufhauskette** aus der Einführung ▶269 werden die drei Überwachungsstrategien in den sechs (Strategie 1), fünf (Strategie 2) bzw. sieben (Strategie 3) zufällig ausgewählten Kaufhäusern eingesetzt. Die Zuweisung der Überwachungsstrategien zu den Filialen erfolgt nach einem Zufallsprinzip, um den Einfluss anderer Effekte auszuschließen. Man

beobachtet die folgenden prozentualen Umsatzänderungen (jeweils gegenüber
der Vorwoche, in der keine besondere Überwachung stattfand)

Variante 1	4,88	2,37	6,32	5,87	3,92	4,36	
Variante 2	5,12	3,56	1,82	2,77	3,18		
Variante 3	4,81	3,44	4,08	3,79	4,21	4,01	3,66

Da die Filialen zufällig ausgewählt und die Überwachungsvarianten ebenfalls
zufällig zugewiesen wurden, kann man davon ausgehen, dass die zugrunde
liegenden Zufallsvariablen unabhängig sind. Durch die Erhebung prozentua-
ler Umsatzänderungen liegen alle Zufallsvariablen auf der gleichen Skala vor
und sind damit vergleichbar. Insbesondere können wir deshalb annehmen,
dass innerhalb der einzelnen Grundgesamtheiten (mit Strategie 1, 2 bzw. 3
überwachte Filialen) die Umsatzänderungen jeweils identisch verteilt sind. Es
spricht nichts gegen eine Normalverteilungsannahme.

Zu testen ist, ob sich die Umsatzänderungen unter den verschiedenen Überwachungsstrategien im Schnitt unterscheiden

$$H_0 : \mu_1 = \mu_2 = \mu_3 \quad \text{gegen} \quad H_1 : \mu_1 \neq \mu_2 \text{ oder } \mu_1 \neq \mu_3 \text{ oder } \mu_2 \neq \mu_3.$$

Das Signifikanzniveau soll $\alpha = 0,05$ betragen. Die **arithmetischen Mittelwerte** ▶46 in den drei betrachteten Gruppen errechnen sich zu

$$\overline{x}_1 = 4,62, \quad \overline{x}_2 = 3,29, \quad \overline{x}_3 = 4.$$

Weiter ist der Gesamtstichprobenumfang

$$N = \sum_{i=1}^{3} n_i = 6 + 5 + 7 = 18$$

und

$$\overline{x} = \frac{1}{N} \cdot \sum_{i=1}^{3} \sum_{j=1}^{n_i} x_{i_j} = 72,17/18 \approx 4,01$$

der Gesamtmittelwert. Damit ergibt sich als realisierter Wert der Teststatistik

$$f_{beo} = \frac{\frac{1}{k-1} \cdot \sum_{i=1}^{k} n_i \cdot (\overline{x}_i - \overline{x})^2}{\frac{1}{N-k} \cdot \sum_{i=1}^{k} \sum_{j=1}^{n_i} (x_{i_j} - \overline{x}_i)^2}$$

Zähler: $\dfrac{1}{2} \cdot \left(6 \cdot (4,62 - 4,01)^2 + 5 \cdot (3,29 - 4,01)^2 + 7 \cdot (4 - 4,01)^2 \right)$

$$= \frac{1}{2} \cdot (0,3721 + 0,5184 + 0,0001) = \frac{0,8906}{2} = 0,4453$$

Nenner: $\frac{1}{15} \cdot ((4,88 - 4,62)^2 + \ldots + (4,36 - 4,62)^2 + (5,12 - 3,29)^2$

$+ \ldots + (3,18 - 3,29)^2 + (4,81 - 4)^2 + \ldots + (3,66 - 4)^2)$

$= \frac{1}{15} \cdot (10,1402 + 5,8652 + 1,18) = \frac{17,1854}{15} \approx 1,1457$

gesamt : $\frac{0,4453}{1,1457} \approx 0,3887.$

Die realisierte Teststatistik ergibt sich also als $f_{beo} = 0,3887$. Der kritische Wert ist $F^*_{2;15;0,95} = 3,6823$.

Wegen

$$f_{beo} = 0,3887 < F^*_{2;15;0,95} = 3,6823$$

kann die Nullhypothese H_0 zum Niveau $\alpha = 0,05$ nicht verworfen werden. Die Daten konnten keinen Hinweis darauf geben, dass die drei Überwachungsstrategien zu unterschiedlichen Erfolgen führen.   ◄B

B   **Beispiel** (Fortsetzung ►272) Milchleistung bei Musik

Im **Beispiel** zur Musikbeschallung von Milchkühen ►272 wurden folgende Unterschiede zwischen der Leistung in der experimentellen und in der Standardsituation für die drei Ställe notiert

Stall 1	0,5	0,7	1,2	0,1	0,6	
Stall 2	0,2	-0,2	-0,3	-0,5	-0,8	0,1
Stall 3	-0,3	0,2	0,2	-0,1		

Die Unterschiede in den Leistungen können wir als Realisierungen normalverteilter Zufallsvariablen betrachten. Die Unterschiede in Stall 1 sind dabei Realisationen von X_1, dem Unterschied in der Milchleistung zwischen der Berieselung mit klassischer Musik und ohne Musikbeschallung. Entsprechend beschreibt für Stall 2 X_2 den Unterschied in der Leistung, wenn die Tiere Rockmusik hören bzw. keine Musik. Die Zufallsvariable X_3 beschreibt die Differenz in der durchschnittlichen Milchmenge pro Tag zwischen der Experimentsituation ohne Musik und der Standardsituation ohne Musik.

Wir wollen wissen, ob es einen Unterschied in der Änderung der Milchmenge gibt, je nachdem ob verschiedene Musik bzw. keine Musik gespielt wird. Bezeichnet man den erwarteten Unterschied in der Milchleistung für Stall i mit

μ_i, so wollen wir also testen

$$H_0 : \mu_1 = \mu_2 = \mu_3 \quad \text{gegen} \quad H_1 : \mu_i \neq \mu_j$$

für mindestens ein Paar (i, j). Als Signifikanzniveau wählen wir $\alpha = 0,1$. Zur Berechnung der Teststatistik bestimmen wir zunächst die arithmetischen Mittelwerte der Leistungsunterschiede in den drei Ställen

$$\overline{x}_1 = 0,62, \quad \overline{x}_2 = -0,25, \quad \overline{x}_3 = 0.$$

Außerdem ist der Gesamtstichprobenumfang

$$N = \sum_{i=1}^{3} n_i = 5 + 6 + 4 = 15$$

und

$$\overline{x} = \frac{1}{N} \cdot \sum_{i=1}^{3} \sum_{j=1}^{n_i} x_{ij} = 1,6/15 \approx 0,11$$

der Gesamtmittelwert. Für die Teststatistik erhalten wir

$$f_{beo} = \frac{\frac{1}{k-1} \cdot \sum_{i=1}^{k} n_i \cdot (\overline{x}_i - \overline{x})^2}{\frac{1}{N-k} \cdot \sum_{i=1}^{k} \sum_{j=1}^{n_i} (x_{ij} - \overline{x}_i)^2}$$

Zähler: $\quad \dfrac{1}{2} \cdot \left(5 \cdot (0,62 - 0,11)^2 + 6 \cdot (-0,25 - 0,11)^2 \right.$

$\qquad\qquad \left. + 4 \cdot (0 - 0,11)^2 \right)$

$\quad = \dfrac{1}{2} \cdot (0,3721 + 0,5184 + 0,0001) = 1,06325$

Nenner: $\quad \dfrac{1}{12} \cdot \left((0,5 - 0,62)^2 + \ldots + (0,6 - 0,62)^2 + (0,2 + 0,25)^2 \right.$

$\qquad\qquad \left. + \ldots + (0,1 + 0,25)^2 + (-0,3)^2 + \ldots + (-0,1)^2 \right)$

$\quad = \dfrac{1}{12} \cdot (0,628 + 0,695 + 0,18) = \dfrac{1,503}{12} = 0,12525$

zusammen : $\quad \dfrac{1,06325}{0,12525} \approx 8,4890.$

Der realisierte Wert f_{beo} der Teststatistik ist $f_{beo} = 8,4890$. Der kritische Wert ist $F^*_{2;12;0,9} = 2,8068$.

Damit ist

$$F_{2;12;0,9}^{*} = 2,8068 < f_{beo} = 8,4890,$$

und die Nullhypothese H_0 kann zum Niveau $\alpha = 0,1$ verworfen werden. Die Milchleistung der Kühe unterscheidet sich signifikant, je nachdem, ob und welche Musik sie im Stall zu hören bekommen.   ◄B

Der exakte Binomialtest

Der Binomialtest ist ein Test über die Erfolgswahrscheinlichkeit p einer bernoulliverteilten ►38 Zufallsvariable X.

Eine Biologin möchte überprüfen, wie hoch der Anteil an Lachsforellen in einem Teich ist, indem sowohl Lachs- als auch Regenbogenforellen leben. Sie kann dazu nicht den ganzen Teich leer fischen, sondern entnimmt stattdessen eine Stichprobe vom Umfang n. Bei jedem gefangenen Tier bestimmt sie, ob es eine Lachsforelle ist oder nicht. Sie führt also n unabhängige Bernoulli-Experimente ►38 mit den Ausgängen Erfolg (Lachsforelle) und Misserfolg (keine Lachsforelle) durch. Die zugehörigen Stichprobenvariablen $X_1, \ldots, X_n$ sind demnach unabhängig und identisch bernoulliverteilt, $X_i \sim \text{Bin}(1; p)$, und die Erfolgswahrscheinlichkeit p entspricht dem gesuchten Anteil an Lachsforellen im Teich. Der Binomialtest beruht auf der Summe der Stichprobenvariablen, $\sum_{i=1}^{n} X_i$, die eine Binomialverteilung besitzt, woraus sich der Name des Tests ableitet. Da die Erfolgswahrscheinlichkeit p auch als Anteil der Objekte in der Grundgesamtheit betrachtet werden kann, die eine bestimmte Eigenschaft besitzen (hier: Lachsforelle), spricht man beim Binomialtest auch von einem Test über einen **Anteil**.

Voraussetzungen

— Das zu untersuchende Merkmal X muss dichotom sein, das heißt es besitzt genau zwei Merkmalsausprägungen.

— Zur Bestimmung der Anteile dieser Merkmalsausprägungen in der Grundgesamtheit wird eine unabhängige Stichprobe $x_1, x_2, \ldots, x_n$ vom Umfang n gezogen, wobei die x_i Realisierungen einer bernoulliverteilten Zufallsvariablen X mit Parameter p sind.

— Zu testen sei eine Hypothese über den Anteil p einer Merkmalsausprägung einer dichotomen Zufallsvariablen X.

Im eingeführten Beispiel würde unabhängiges Ziehen bedeuten, dass vor dem Einfangen des nächsten Tieres das vorige wieder ins Wasser gesetzt und ausreichend lange gewartet wird.

Hypothesen

Der unbekannte zu überprüfende Parameter ist p, während mit p_0 der unter der Nullhypothese unterstellte Wert bezeichnet wird. Das Testproblem lautet dann in Abhängigkeit der gewünschten Alternativhypothese

$$\text{Problem (1):} \quad H_0 : p = p_0 \quad \text{gegen} \quad H_1 : p \neq p_0 \quad \text{(zweiseitig)}$$
$$\text{Problem (2):} \quad H_0 : p \leq p_0 \quad \text{gegen} \quad H_1 : p > p_0 \quad \text{(rechtsseitig)}$$
$$\text{Problem (3):} \quad H_0 : p \geq p_0 \quad \text{gegen} \quad H_1 : p < p_0 \quad \text{(linksseitig)}$$

Problem (1) beleuchtet die Frage, ob der Anteil einem Zielwert entspricht oder nicht, während Problem (2) sich um den Nachweis dreht, dass der Anteil tatsächlich größer ist als unter der Nullhypothese angenommen wird. Problem (3) wird demzufolge aufgestellt, wenn es das Ziel ist zu zeigen, dass der wahre Anteil kleiner ist als unter der Nullhypothese angenommen.

Beispiel Hypothesen   B

— Eine Biologin möchte wissen, wie sich der Anteil an Lachsforellen und Regenbogenforellen in einem Teich zueinander verhält. Getestet wird, ob es genauso viele Lachs- wie Regenbogenforellen gibt, das heißt

$$H_0 : p = 0,5 \quad \text{gegen} \quad H_1 : p \neq 0,5.$$

Dabei bezeichnet p die Erfolgswahrscheinlichkeit, eine Lachsforelle aus dem Teich zu ziehen.

— Ein Geschäftsführer überprüft eine eingegangene Warenlieferung und möchte sicherstellen, dass die gelieferte Ware keinen höheren Ausschussanteil als 10% aufweist. Es wird getestet

$$H_0 : p \leq 0,1 \quad \text{gegen} \quad H_1 : p > 0,1.$$

Dabei steht p für die Wahrscheinlichkeit, ein defektes Teil in der Lieferung zu finden.

— Die vom Bundesministerium 2003 eingeführte Aufklärungskampagne, welche auf die gesundheitlichen Gefahren des Rauchens hinweist, hat zu ausdrücklichen Warnhinweisen auf Zigarettenschachteln geführt. Um die Effektivität dieser Kampage zu überprüfen, soll eine Studie durchgeführt werden. Hat früher jeder zweite Jugendliche im Alter zwischen 12 und 16 Jahren mindestens einmal eine Zigarette geraucht, so erhofft man sich, dass sich diese Zahl mit Hilfe der Aufklärungskampage verringert hat. Hier soll also getestet werden

$$\text{H}_0 : p \geq 0,5 \quad \text{gegen} \quad \text{H}_1 : p < 0,5.$$

Mit p wird die Wahrscheinlichkeit bezeichnet, dass ein Jugendlicher zwischen 12 und 16 Jahren das Rauchen zumindest einmal ausprobiert.

◀B

Teststatistik

Sei mit $\mathcal{M}$ die interessierende Merkmalsausprägung der Zufallsvariablen X bezeichnet, die mit Wahrscheinlichkeit p eintritt. Die Stichprobenvariablen $X_1, X_2, ..., X_n$ werden wie folgt definiert

$$X_i = \begin{cases} 1 & \text{falls } i\text{-tes Objekt Ausprägung } \mathcal{M} \text{ zeigt,} \\ 0 & \text{falls } i\text{-tes Objekt nicht Ausprägung } \mathcal{M} \text{ zeigt.} \end{cases}$$

Die Teststatistik ist definiert durch

$$Y = \sum_{i=1}^{n} X_i,$$

wobei Y unter der Nullhypothese binomialverteilt ist mit Parametern n und p_0, $Y \sim \text{Bin}(n; p_0)$.

Testentscheidung

Die Testentscheidung wird basierend auf den Quantilen der Binomialverteilung mit Parametern n und p_0 herbeigeführt. Für einen Wert α mit $0 < \alpha < 1$ bezeichne $q_{\alpha;\text{u}}$ die **kleinste** ganze Zahl für die gilt

$$\text{P}(Y \leq q_{\alpha;\text{u}}) = \text{P}(Y = 0) + \text{P}(Y = 1) + \ldots + \text{P}(Y = q_{\alpha;\text{u}}) > \alpha$$

und $q_{\alpha;\text{o}}$ die **größte** ganze Zahl mit

$$\text{P}(Y \geq q_{\alpha;\text{o}}) = \text{P}(Y = n) + \text{P}(Y = n - 1) + \ldots + \text{P}(Y = q_{\alpha;\text{o}}) > \alpha.$$

Die Wahrscheinlichkeit errechnet sich wie folgt

$$P(Y = y) = \binom{n}{y} \cdot p_0^y \cdot (1 - p_0)^{n-y}, \quad y = 0, \dots, n.$$

Die Nullhypothese H_0 wird dann zum Niveau α abgelehnt, falls

Problem (1): $Y < q_{\alpha/2;u}$ oder $Y > q_{\alpha/2;o}$ (zweiseitig)

Problem (2): $Y > q_{\alpha;o}$ (rechtsseitig)

Problem (3): $Y < q_{\alpha;u}$ (linksseitig)

Der exakte Binomialtest ist **konservativ** ▶204, das heißt, das Niveau α wird nicht immer ganz ausgeschöpft. Für große Stichprobenumfänge ist es sinnvoll, den **approximativen Binomialtest** ▶285 zu verwenden, da die Berechnung der Quantile mit größer werdendem Stichprobenumfang n aufwändiger wird.

Beispiel (Fortsetzung ▶182) Sport   B

In Kapitel 4 wurden die Fehlerwahrscheinlichkeiten für den **Fehler 1. Art** ▶182 und den **Fehler 2. Art** ▶183, welche beim Testen von Hypothesen auftreten können, besprochen. Das **Beispiel Sport** diente dabei zur Illustration, dass der Fehler 1. Art kontrollierbar ist, in dem man sich eine obere Schranke für die Wahrscheinlichkeit seines Auftretens vor der Durchführung des Tests vorgeben kann, während dies für den Fehler 2. Art nicht zutrifft. Dieser hängt insbesondere von Parameterwert aus der Alternative ab, was wir auch grafisch dargestellt hatten. Die der Grafik zugrunde liegenden Berechnungen sollen nun an dieser Stelle nachgeholt werden.

Dazu berechnen wir zunächst den Fehler 1. Art:

$$
\begin{aligned}
\alpha = P(\text{Fehler 1. Art}) \quad &= \quad P(\text{lehne } H_0 \text{ ab} \,|H_0 \text{ ist wahr}) \\
&= \quad P(Z > 19 \,|\, p = 0,5) \\
&= \quad \sum_{z=20}^{30} \binom{30}{z} \cdot (0,5)^z \cdot (1 - 0,5)^{30-z} \\
&= \quad 0,0494 \approx 0,05 \,,
\end{aligned}
$$

wobei mit Z die Anzahl der Sporttreibenden unter den befragten Studierenden bezeichnet wurde.

Der Fehler 2. Art berechnet sich für einen Wert aus der Alternative von $p = 0,55$ als

$$
\begin{aligned}
\text{P(Fehler 2. Art} \mid p = 0,55) \;=\;& \text{P(lehne } H_0 \text{ nicht ab} \mid p = 0,55) \\
=\;& \text{P}(Z \leq 19 \mid p = 0,55) \\
=\;& \sum_{z=0}^{19} \binom{30}{z} \cdot (0,55)^z \cdot (1 - 0,55)^{30-z} \\
\approx\;& 0,865.
\end{aligned}
$$

Für $p = 0,80$, welcher wesentlich weiter von dem unter der Nullhypothese postulierten Wert von $p = 0,5$ entfernt ist, wird der Fehler 2. Art entscheidend kleiner:

$$
\begin{aligned}
\text{P(Fehler 2. Art} \mid p = 0,80) \;=\;& \text{P(lehne } H_0 \text{ nicht ab} \mid p = 0,80) \\
=\;& \text{P}(Z \leq 19 \mid p = 0,80) \\
=\;& \sum_{z=0}^{19} \binom{30}{z} \cdot (0,80)^z \cdot (1 - 0,80)^{30-z} \\
\approx\;& 0,026.
\end{aligned}
$$

◀B

B

Beispiel Jaguare und Panter

In der Familie der Jaguare gibt es Tiere, die anstelle eines hellen Fells mit schwarzen Flecken ein komplett schwarzes Fell besitzen. Wir kennen sie als Panter. In einem großen Reservat in Mittelamerika wurde der Anteil der Panter in den vergangenen Jahren konstant mit 25% geschätzt. Wildhüter haben jedoch seit ungefähr einem Jahr vermehrt Panter gesichtet. Nun soll die Nullhypothese getestet werden, dass in dem Reservat höchstens 25% aller Jaguar Panter sind. Als Signifikanzniveau wird $\alpha = 0,05$ gewählt. Die Observierung der Tiere wird dabei so durchgeführt, dass die benötigte Annahme der Unabhängigkeit der Beobachtungen gerechtfertigt werden kann.

Das Testproblem lautet damit

$$
H_0 : p \leq 0,25 \quad \text{gegen} \quad H_1 : p > 0,25.
$$

Es handelt sich also um ein rechtsseitiges Testproblem. Die interessierende Merkmalsausprägung $\mathcal{M}$ ist, dass der Jaguar schwarz ist. Von sieben beobachteten Tieren waren sechs schwarz. Die realisierte Teststatistik ergibt sich somit zu

$$y_{beo} = \sum_{i=1}^{7} x_i = 6.$$

Die Nullhypothese wird zum Niveau α verworfen, falls $Y > q_{\alpha;o}$ ist, wobei $q_{\alpha;o}$ der kritische Wert einer Binomialverteilung mit $n = 7$ und $p = 0,25$ ist. Zur Bestimmung von $q_{\alpha;o}$ stellt man zunächst die Wahrscheinlichkeiten $P(Y = y)$ zusammen

y	0	1	2	3	4	5	6	7
$P(Y = y)$	0,1355	0,3114	0,3015	0,1730	0,0577	0,0116	0,0012	0,0001

Je mehr Panter in der Stichprobe sind, desto stärker sprechen die Daten gegen die Nullhypothese. Zur Bestimmung von $q_{\alpha;o}$ beginnt man damit, den kritischen Bereich ab $y = 7$ aufzufüllen. Dies geschieht so lange wie die Wahrscheinlichkeit, dass Y in diesen Bereich fällt, noch kleiner oder gleich $\alpha = 0,05$ ist. Dabei bestimmt man diese Wahrscheinlichkeit für $p = 0,25$:

– $P(Y = 7) = 0,0001 \leq 0,05$, das heißt, 7 gehört in den kritischen Bereich.

– $P(Y \geq 6) = P(Y = 6) + P(Y = 7) = 0,0014 \leq 0,05$, das heißt, 6 gehört ebenfalls in den kritischen Bereich.

– $P(Y \geq 5) = P(Y = 5) + P(Y \geq 6) = 0,0129 \leq 0,05$, das heißt, 5 gehört in den kritischen Bereich.

– $P(Y \geq 4) = P(Y = 4) + P(Y \geq 5) = 0,0706 > 0,05$, das heißt, 4 gehört nicht mehr in den kritischen Bereich, $y = 4$ ist nämlich die größte ganze Zahl, für die $P(Y \geq y) > \alpha = 0,05$ gilt.

Demnach ist der kritische Wert $q_{\alpha;o} = 4$, und da der aus den Daten resultierende Wert der Teststatistik $y_{beo} = 6 > 4$ ist, kann die Nullhypothese H_0 zum Niveau $\alpha = 0,05$ abgelehnt werden. Der Anteil an Pantern im Reservat scheint also höher als 25% zu sein. ◀B

Beispiel Unterhaltungsshow

Ein Kandidat einer abendlichen Unterhaltungsshow wettet, dass er bei mindestens 90% aller Handyklingelmelodien den zugehörigen Titel und Interpreten sowie das Herstellerfabrikat erkennt. In der Show werden ihm 15 verschiedene Melodien vorgespielt, von denen er mindestens 13 richtig erkennen muss, um die Wette zu gewinnen.

Ein an Statistik interessierter Fernsehzuschauer überlegt, ob diese Bedingung sinnvoll gewählt ist. Er nimmt an, dass p die Wahrscheinlichkeit ist, mit welcher der Kandidat eine zufällig eingespielte Melodie richtig erkennt. Auch sei die komplette Anzahl an verfügbaren Melodien so groß, dass die Unabhängigkeitsannahme gerechtfertigt ist. Betrachtet wird dann das Testproblem

$$H_0 : p \geq 0,9 \quad \text{gegen} \quad H_1 : p < 0,9$$

zu einem Niveau $\alpha = 0,05$. Seien $X_1, \ldots, X_{15}$ die Antworten des Kandidaten zur i-ten Klingelmelodie, $i = 1, \ldots, 15$. Die uns interessierende Merkmalsausprägung ist die richtige Antwort, kodiert mit 1, während eine falsche Antwort mit 0 kodiert ist. Y bezeichne dann die Gesamtzahl der richtigen Antworten. Da hier ein linksseitiger Test vorliegt, muss der kritische Wert $q_{\alpha;U}$ so bestimmt werden, dass $q_{\alpha;U}$ die kleinstmögliche ganze Zahl ist, für die gilt

$$P(Y \leq q_{\alpha;U}) > 0,05.$$

Dabei wird diese Wahrscheinlichkeit berechnet für $Y \sim \text{Bin}(15; 0,9)$. Es ist möglich, diesen Wert durch Berechnen und Aufsummieren von $P(Y = 0)$, $P(Y = 1)$, $P(Y = 2), \ldots, P(Y = 15)$ zu erhalten. In unserem Fall ist es jedoch einfacher, die kleinstmögliche ganze Zahl zu bestimmen, für die gilt

$$P(Y > q_{\alpha;U}) \leq 0,95,$$

was äquivalent zur obigen Vorgehensweise ist. Dazu berechnen wir für die unter der Nullhypothese angenommene Binomialverteilung die folgenden Wahrscheinlichkeiten

y	15	14	13	12	11	10	...
$P(Y = y)$	0,2059	0,3432	0,2669	0,1285	0,0428	0,0105	...
$P(Y > y)$	0	0,2059	0,5490	0,8159	0,9444	0,9873	...

Der kleinste Wert für y, für den $P(Y > y) \leq 0,95$ gilt, ist $y = 11$. Da $P(Y > 11) \leq 0,95$ ist, ist $P(Y \leq 11) > 0,05$ und wir erhalten $q_{\alpha;U} = 11$. Das bedeutet, selbst wenn der Kandidat mit 11 oder 12 richtigen Antworten seine

Wette verlieren sollte, so spricht das auf einem 5%-Niveau nicht gegen die Annahme, dass er tatsächlich mit 90%iger Wahrscheinlichkeit Klingelmelodien richtig erkennen kann. ◀B

Beispiel Platondialog B

Archäologen haben auf einer Pergamentschriftrolle, auf der sich die Abschrift eines Platon-Dialoges befindet, entdeckt, dass sich darunter vorher eine eventuell gelöschte und überschriebene Abschrift eines anderen, möglicherweise antiken Textes befand. Nachdem Fragmente dieses Textes entziffert werden konnten, glaubt ein Wissenschaftler, dass es sich dabei um ein bislang unbekanntes Stück aus einem anderen Platon-Dialog handeln könnte. Nach einer Theorie des Wissenschaftlers findet sich in 80% aller Sätze mindestens ein von Platon so genanntes Füllwort, das für den Satzinhalt unwichtig ist. Um seine Behauptung über den Autor des gefundenen Textes zu untermauern, will er einen Test für die Hypothesen

$$H_0 : p = 0,8 \quad \text{gegen} \quad H_1 : p \neq 0,8$$

durchführen. Dabei bezeichnet p den Anteil der Sätze der Dialogpartner, der mindestens eins der Füllwörter enthält. Der Test soll zum Niveau $\alpha = 0,05$ durchgeführt werden. Insgesamt konnten auf der Schriftrolle $n = 24$ Sätze der Dialogpartner entziffert werden. In $y_{beo} = 23$ Sätzen findet sich ein solches Füllwort. Für einen zweiseitigen Test berechnen sich die kritischen Werte $q_{\alpha/2;u}$ und $q_{\alpha/2;o}$, so dass gilt $P(Y \leq q_{\alpha/2;u}) > 0,025$ und $P(Y \geq q_{\alpha/2;o}) > 0,025$, wobei die Wahrscheinlichkeiten für $Y \sim \text{Bin}(24; 0,8)$ berechnet werden.

Man erhält $P(Y \leq 14) = 0,013$ und $P(Y \leq 15) = 0,036$, damit ist $q_{\alpha/2;u} = 15$. Analog berechnen sich $P(Y \geq 24) = 0,005$ und $P(Y \geq 23) = 0,033$, also ist $q_{\alpha/2;o} = 23$. Da die Anzahl der beobachteten Sätze mit Füllwort weder größer 23 noch kleiner 15 ist, kann die Nullhypothese nicht abgelehnt werden. ◀B

Der approximative Binomialtest

Bei größer werdenden Stichprobenumfängen steigt auch der Aufwand zur Durchführung des **exakten Binomialtests** ▶278. Für eine Stichprobe vom Umfang $n = 100$ sei unter den üblichen Voraussetzungen die Hypothese

$$H_0 : p \leq 0,5 \quad \text{gegen} \quad H_1 : p > 0,5$$

zum Niveau $\alpha = 0,05$ zu testen. Gemäß der beim exakten Binomialtest beschriebenen Vorgehensweise ist das Quantil $q_{\alpha;o}$ der Bin$(100; 0,5)$-Verteilung als kritischer Wert des Tests zu bestimmen. Gesucht ist also der kleinste Wert $q_{\alpha;o}$, so dass

$$\sum_{y=q_{\alpha;o}}^{100} P(Y = y) > \alpha$$

für Bin$(100; 0,5)$. Dazu müssten die Summen

$$\sum_{y=k}^{100} P(Y = y) \quad \text{für} \quad k = 100, 99, 98, \ldots$$

sukzessiv berechnet werden, bis derjenige Wert von k gefunden ist, für den diese Summe zum ersten Mal größer wird als $\alpha = 0,05$. In unserem Fall bedeutet das, 57 Summen zu bestimmen, da $q_{\alpha;o} = 57$.

Bei ausreichend großem Stichprobenumfang kann statt des exakten Binomialtests auch der approximative Binomialtest verwendet werden. Dieser basiert auf der Normalverteilung, die eine Approximation für die Binomialverteilung darstellt, wenn die unten genannten Voraussetzungen erfüllt sind.

Voraussetzungen

Seien $X_1, \ldots, X_n$ unabhängige und identisch verteilte Zufallsvariablen, die den Wert 1 mit Wahrscheinlichkeit p und den Wert 0 mit Wahrscheinlichkeit $(1 - p)$ annehmen. Dann ist

$$Y = \sum_{i=1}^{n} X_i \quad \text{binomialverteilt mit Parametern } n \text{ und } p, \ Y \sim \text{Bin}(n; p)$$

Gilt für p aus der Nullhypothese $n \cdot p \geq 5$ und $n \cdot (1 - p) \geq 5$, so ist Y approximativ normalverteilt mit Erwartungswert $n \cdot p$ und Varianz $\sigma^2 = n \cdot p \cdot (1 - p)$. Diese Annahme ermöglicht die Testentscheidung basierend auf einer approximativ normalverteilten Teststatistik.

Zu testen sei eine Hypothese über den Anteil einer Merkmalsausprägung einer dichotomen Zufallsvariable X.

Hypothesen

Bezeichne p den unbekannten zu überprüfenden Parameter, während p_0 der Wert ist, mit dem dieser verglichen werden soll. Das Testproblem lautet dann in Abhängigkeit der gewünschten Alternativhypothese

Problem (1): $H_0 : p = p_0$ gegen $H_1 : p \neq p_0$ (zweiseitig)

Problem (2): $H_0 : p \leq p_0$ gegen $H_1 : p > p_0$ (rechtsseitig)

Problem (3): $H_0 : p \geq p_0$ gegen $H_1 : p < p_0$ (linksseitig)

Problem (1) beleuchtet die Frage, ob die Erfolgswahrscheinlichkeit einem Zielwert entspricht oder nicht, während Problem (2) sich um den Nachweis dreht, dass die Erfolgswahrscheinlichkeit tatsächlich größer ist als unter der Nullhypothese angenommen wird. Problem (3) wird demzufolge aufgestellt, wenn es das Ziel ist zu zeigen, dass die wahre Erfolgswahrscheinlichkeit von X kleiner ist als unter der Nullhypothese angenommen.

Teststatistik

Die Teststatistik für den approximativen Binomialtest lautet

$$Z = \frac{Y - n \cdot p_0}{\sqrt{n \cdot p_0 \cdot (1 - p_0)}}$$

und folgt approximativ einer Standardnormalverteilung unter der Annahme, dass $p = p_0$ gilt.

Testentscheidung

Die Testentscheidung kann anhand des kritischen Werts oder mit Hilfe des p-Werts herbeigeführt werden.

- **Entscheidungsregel basierend auf dem kritischen Wert**
  Abhängig von der Wahl des Signifikanzniveaus α und des Testproblems gelten folgende Entscheidungsregeln: Die Nullhypothese H_0 wird zum Niveau α verworfen, falls

Problem (1): $|Z| > z^*_{1-\alpha/2}$ (zweiseitig)

Problem (2): $Z > z^*_{1-\alpha}$ (rechtsseitig)

Problem (3): $Z < z^*_\alpha = -z^*_{1-\alpha}$ (linksseitig)

Dabei entspricht Z der Teststatistik, deren Wert z_{beo} basierend auf den Beobachtungen $x_1, \ldots, x_n$ ausgerechnet wird. Der kritische Wert $z^*_{1-\alpha}$ ist das $(1 - \alpha)$-Quantil der Standardnormalverteilung $\mathcal{N}(0, 1)$.

– Entscheidungsregel basierend auf dem p-Wert

Anstelle des kritischen Werts kann die Testentscheidung auch mit Hilfe des p-Werts herbeigeführt werden: Die Nullhypothese H_0 wird zum Niveau α abgelehnt, falls der

$$\text{p-Wert} < \alpha$$

ist, wobei sich der p-Wert der Teststatistik Z berechnet als

Problem (1):	$2 \cdot P(Z \geq |z_{beo}|)$	(zweiseitig)
Problem (2):	$P(Z \geq z_{beo})$	(rechtsseitig)
Problem (3):	$P(Z \leq z_{beo})$	(linksseitig)

Dabei ist z_{beo} der errechnete (*beobachtete*) Wert der Teststatistik Z für die Beobachtungen $x_1, \ldots, x_n$. Für einen p-Wert kleiner dem Wert von α wird gesagt, dass das Ergebnis statistisch signifikant ist zum Niveau α.

Die Berechnung der kritischen Werte und des p-Werts ist wieder mit dem **Programmpaket** R möglich. Da die zugrunde liegende Verteilung die Standardnormalverteilung ist, entsprechen die Programmvorschriften denen beim Gauß-Test ▶227.

B   Beispiel Trinkwasser

Eine Gemeinde möchte im Zuge durchzuführender Sanierungsmaßnahmen den Anteil aller sanierungsbedürftigen Wasserleitungen der Gemeinde überprüfen. Die Gemeinde ist davon überzeugt, dass nach bereits erfolgten Maßnahmen der Anteil inzwischen auf weniger als 15% gesunken ist. Daraufhin werden in $n = 158$ zufällig ausgewählten Haushalten der Gemeinde alle Wasserleitungen überprüft. Als Signifikanzniveau wird $\alpha = 0,025$ vor Durchführung der Untersuchung festgelegt.

Ziel der Untersuchung ist es zu zeigen, dass der Anteil p von sanierungsbedürftigen Leitungen geringer als 0,15 ist. Das Testproblem lautet also

$$H_0 : p \geq 0,15 \qquad \text{gegen} \qquad H_1 : p < 0,15.$$

Die Untersuchung der Wasserleitungen erbrachte 54 sanierungsbedürftige Leitungen. Der Stichprobenumfang ist mit $n \cdot p_0 = 158 \cdot 0,15 = 23,7 > 5$ und

$n \cdot (1 - p_0) = 158 \cdot 0,85 = 134,3 > 5$ ausreichend groß, um den approximativen Binomialtest durchzuführen.

Die Teststatistik berechnet sich zu

$$z_{beo} = \frac{y_{beo} - n \cdot p_0}{\sqrt{n \cdot p_0 \cdot (1 - p_0)}} = \frac{54 - 158 \cdot 0,15}{\sqrt{158 \cdot 0,15 \cdot 0,85}} = 0,9580.$$

Für $\alpha = 0,025$ ist das 0,025-Quantil mit $z_{0,025}^* = -1,9599$ gegeben. Für den beobachteten Wert der Teststatistik gilt $z_{beo} = 0,9580 > -1,9599$. Somit kann die Hypothese nicht zum 2,5%-Niveau abgelehnt werden. Die Daten sprechen nicht dafür, dass der Anteil sanierungsbedürftiger Wasserleitungen gesunken ist.   ◀B

Beispiel Faire 50 Cent Münze   B

Wäre die 50 Cent Münze fair, so würde die Wahrscheinlichkeit für Kopf beim Wurf der Münze $p = 0,5$ betragen. Ein Tourist aus Übersee glaubt nach intensiver Betrachtung einer 50 Cent Münze nicht, dass diese fair sein kann, und wirft die Münze unabhängig voneinander 100-mal. Dabei erscheint 40-mal Kopf. Lässt sich damit zu einem Signifikanzniveau von $\alpha = 0,05$ nachweisen, dass die Münze nicht fair ist? Das Testproblem dafür muss wie folgt formuliert werden

$$H_0 : p = 0,5 \qquad \text{gegen} \qquad H_1 : p \neq 0,5.$$

Unter der Nullhypothese ist die Anzahl der Erfolge Y in den 100 Würfen, also die Anzahl der Würfe mit Kopf binomialverteilt mit Parametern $n = 100$ und $p = 0,5$, $Y \sim Bin(100; 0,5)$.

Unter der Annahme, dass $p_0 = 0,5$ gilt, ist die Voraussetzung für die Anwendung des approximativen Binomialtests $n \cdot p_0 = 50 = n \cdot (1 - p_0) > 5$ erfüllt. Die beobachtete Anzahl an Erfolgen ist $y_{beo} = 40$. Damit berechnet sich die Teststatistik zu

$$z_{beo} = \frac{y_{beo} - n \cdot p_0}{\sqrt{n \cdot p_0 \cdot (1 - p_0)}} = \frac{40 - 50}{\sqrt{100 \cdot 0,5 \cdot 0,5}} = -2.$$

Für $\alpha = 0,05$ ist das $(1 - \alpha/2)$-Quantil der Standardnormalverteilung gegeben als $z_{0,975}^* = 1,9599$. Da der Absolutbetrag der beobachteten Teststatistik $|z_{beo}| = 2$ größer als $1,9599$, kann die Nullhypothese verworfen werden. Das heißt, der Tourist aus Übersee kann tatsächlich davon ausgehen, dass die 50 Cent Münze, die er hat unfair ist.   ◀B

Ernährungswissenschaftler vermuten, dass mehr als die Hälfte aller Bundesbürger täglich mehr Kalorien zu sich nimmt, als empfohlen. Für genauere Ergebnisse führen sie dazu eine umfangreiche Studie durch, in welcher auch die unterschiedlichen Altersklassen, der Grad der körperlichen Belastung und das Geschlecht berücksichtigt werden. Die Studie soll überprüfen, ob der Anteil der Bundesbürger mit erhöhter täglicher Kalorienzufuhr größer ist als $0,5$. Innerhalb einer der untersuchten Gruppen wird dazu für 11 zufällig ausgewählte Personen die durchschnittliche tägliche Kalorienaufnahme ermittelt. In der Auswahl finden sich 9 Personen, deren Kalorienaufnahme höher als empfohlen ist. Kann zu einem Signifikanzniveau von $\alpha = 0,05$ geschlossen werden, dass in der Gruppe mehr als 50% der Personen eine erhöhte Kalorienaufnahme aufweisen? Das Testproblem kann formuliert werden als

$$H_0 : p \leq 0,5 \quad \text{gegen} \quad H_1 : p > 0,5.$$

Dabei gibt p die Wahrscheinlichkeit an, dass eine Person eine höhere Kalorienaufnahme als die empfohlene hat. Die Anwendung des approximativen Binomialtests ist hier erlaubt, denn es gilt $n \cdot p_0 = n \cdot (1 - p_0) = 11 \cdot 0,5 = 5,5 > 5$. Die Teststatistik berechnet sich als

$$z_{beo} = \frac{y_{beo} - n \cdot p_0}{\sqrt{n \cdot p_0 \cdot (1 - p_0)}} = \frac{9 - 5,5}{1,658} = 2,11.$$

Für $\alpha = 0,05$ erhalten wir als kritischen Wert $z^*_{0,95} = 1,65$. Der beobachtete Wert der Teststatistik $z_{beo} = 2,11$ ist größer als $1{,}65$. Die Nullhypothese kann also verworfen werden und es kann zum 5% Niveau geschlossen werden, dass für die untersuchte Gruppe mehr als die Hälfte der Personen täglich zu viele Kalorien zu sich nimmt.   ◀B

Der χ^2-Anpassungstest

Nicht immer ist beim Testen ein spezieller Parameter einer Verteilung von Interesse, sondern vielmehr die zugrunde liegende Verteilung selbst. Beispielsweise könnte ein Unternehmen überprüfen, ob montags und freitags die Anzahl der Krankmeldungen doppelt so hoch ist wie an den restlichen Arbeitstagen der Woche. Einem unglaubwürdigen Glücksspieler ließe sich nachweisen, ob jede Augenzahl bei seinem Würfel mit gleicher Wahrscheinlichkeit auftritt oder nicht. Der χ^2-Anpassungstest untersucht allgemein gesprochen, ob die vorliegenden Daten den Schluss zulassen, dass sie aus einer speziellen Verteilung stammen.

Folgende Idee steckt dahinter: Der Wertebereich des Merkmals wird zunächst in k Klassen eingeteilt. In der Nullhypothese wird unterstellt, dass die Daten aus einer bestimmten Verteilung stammen. Auf dieser Annahme beruhend berechnet man, welche Besetzungszahlen für die einzelnen Klassen in diesem Fall zu erwarten sind. Diese so genannten erwarteten Häufigkeiten vergleicht man mit den tatsächlich beobachteten Besetzungszahlen in der vorliegenden Stichprobe. Je weniger die beobachteten von den unter der Nullhypothese erwarteten Häufigkeiten abweichen, desto stärker unterstützt dies die Annahme, dass die Beobachtungen aus der in der Nullhypothese angenommenen Verteilung stammen.

Voraussetzungen

$X_1, \ldots, X_n$ seien stochastisch unabhängige Stichprobenvariablen, die identisch verteilt sind wie X. Der Wertebereich von X wird in k disjunkte Klassen eingeteilt. Für die realisierte Stichprobe $x_1, \ldots, x_n$ werden die Klassenhäufigkeiten n_i für die k Klassen bestimmt

Klasse	1	2	3	...	k
Anzahl der Beobachtungen	n_1	n_2	n_3	...	n_k

Dabei gilt $\sum_{i=1}^{k} n_i = n$, das heißt, in der Summe addieren sich die einzelnen Klassenhäufigkeiten wieder zum Gesamtstichprobenumfang n. Im Fall einer diskreten Zufallsvariable X mit einer kleinen Anzahl k von möglichen Ausprägungen bilden diese die Klassen. Bei einer höheren Anzahl möglicher Ausprägungen werden jeweils mehrere zu einer Klasse zusammengefasst. Im Fall einer stetigen Zufallsvariablen wird die x-Achse in k disjunkte, aneinander angrenzende Intervalle eingeteilt, die beispielsweise wie folgt gewählt werden können

$$(a_0, a_1], (a_1, a_2], \ldots, (a_{k-1}, a_k]$$
$$\text{oder} \quad [a_0, a_1), [a_1, a_2), \ldots, [a_{k-1}, a_k),$$

wobei $a_0 = -\infty$ und $a_k = \infty$ möglich sind.

Für die Durchführung des Tests müssen die Klassen stark genug besetzt sein. Die zu überprüfende Faustregel wird nach Aufstellung der Nullhypothese besprochen.

Zu testen sei eine Hypothese über die Verteilung F^X einer Zufallsvariablen X.

Hypothesen

Sei $F^X(x)$ die unbekannte, wahre Verteilungsfunktion von X und $F^0(x)$ die unter H_0 unterstellte. Dann ist das Testproblem definiert als

$$H_0 : F^X(x) = F^0(x) \text{ für alle } x \in \mathbb{R}$$

gegen

$$H_1 : \text{Es existiert mindestens ein } \tilde{x} \in \mathbb{R} \text{ mit } F^X(\tilde{x}) \neq F^0(\tilde{x}).$$

Das Testproblem kann alternativ auch in Form der Wahrscheinlichkeiten $p_1, \ldots, p_k$ formuliert werden, wobei p_i die Wahrscheinlichkeit ist, dass sich die Zufallsvariable X in der i-ten Klasse realisiert. Das Testproblem lautet dann

$$H_0 : p_1 = p_{1_0}, \; p_2 = p_{2_0}, \; \ldots, \; p_k = p_{k_0}$$

gegen

$$H_1 : p_i \neq p_{i_0} \quad \text{für mindestens ein } i, \; i = 1, \ldots, k,$$

wobei p_{i_0} die unter der Nullhypothese angenommene Wahrscheinlichkeit für die i–te Klasse ist.

B   **Beispiel** Hypothesen

– Es ist eine weit verbreitete Meinung, dass sich Babies für ihre Geburt die für uns eher unpässlichen Nachtstunden aussuchen. Ist diese Meinung berechtigt, so müssten nachts weitaus mehr Babies geboren werden als tagsüber. Die Geburtszeit wäre also nicht über den Tag hinweg gleichverteilt sein. Zur Überprüfung dieser These teilen wir den Tag in vier Abschnitte von je 6 Stunden ein: 1 = (0 - 6 Uhr], 2 = (6 - 12 Uhr], 3 = (12 - 18 Uhr] und 4 = (18 - 24 Uhr]. Wäre die Geburtszeit über den Tag hinweg gleichmäßig verteilt, so würde man etwa 1/4 aller an einem Tag geborenen Babies für jedem der vier Zeitabschnitte erwarten.

Bezeichne p_1 die Wahrscheinlichkeit, dass ein Kind in den ersten sechs Stunden eines Tages geboren wird, also dass die Geburtszeit in das Intervall 1 = (0 - 6 Uhr] fällt, $p_1 = P(X = 1)$. Analog seien $p_2 = P(X = 2)$, $p_3 = P(X = 3)$ und $p_4 = P(X = 4)$ definiert. Das Testproblem kann dann formuliert werden als

$$H_0 : \quad p_{1_0} = p_{2_0} = p_{3_0} = p_{4_0} = \frac{1}{4} \qquad \text{gegen}$$

$$H_1 : \quad \text{für mindestens einen Zeitabschnitt ist die angenommene Wahrscheinlichkeit falsch}$$

Mit diesem Testproblem überprüfen wir nur die Gleichverteilung der Geburtszeiten. Wir können nicht zeigen, dass nachts tatsächlich mehr Kinder zur Welt kommen. Dazu dürften wir den Tag nur in die zwei Zeitabschnitte nachts und nicht nachts einteilen. An dieser Stelle soll uns aber nur interessieren, ob die Vermutung überhaupt begründet ist.

— Allem neuzeitlichen Aufkärungsgeist zum Trotz hält sich in der Bevölkerung immer noch der Aberglaube vom Freitag, dem 13., als Unglückstag. Eine große Versicherung analysiert ihre Schadensmeldungen, um zu überprüfen, ob dieser Aberglaube tatsächlich berechtigt ist oder nicht. Sie schaut sich dazu die Anzahl der Schadensmeldungen für den 13. eines jeden Monats, gruppiert nach den Wochentagen an. Ist der Aberglaube berechtigt, so müsste es mehr Schadensmeldungen geben (einen höheren Anteil), wenn der 13. auf einen Freitag fällt, als für die anderen Wochentage.

$$H_0: \quad p_{1_0} = P(\text{Schaden, wenn 13. nicht Fr}) = \frac{6}{7},$$

$$p_{2_0} = P(\text{Schaden, wenn 13. Fr}) = \frac{1}{7}$$

gegen

$$H_1: \quad \text{für mindestens einen der Wochenabschnitte ist die}$$
angenommene Wahrscheinlichkeit falsch.

◀B

Teststatistik
Die Teststatistik ist definiert als

$$V = \sum_{i=1}^{k} \frac{(n_i - n \cdot p_{i_0})^2}{n \cdot p_{i_0}},$$

wobei n_i die beobachtete Klassenhäufigkeit in der i-ten Klasse und $n \cdot p_{i_0}$ die unter H_0 erwartete Häufigkeit in Klasse i bezeichnet. Unter den genannten Voraussetzungen ist unter der Nullhypothese V approximativ χ^2-verteilt mit $(k-1)$ Freiheitsgraden, $V \sim \chi^2_{k-1}$.

Faustregel: Für die Gültigkeit der Approximation müssen die erwarteten Klassenhäufigkeiten die Voraussetzung $n \cdot p_{i_0} \geq 5$ für alle $i = 1, \ldots, k$ erfüllen.

Die Testentscheidung kann anhand des kritischen Werts oder mit Hilfe
des p-Werts herbeigeführt werden.

- **Entscheidungsregel basierend auf dem kritischen Wert**
  Je größer der Wert von V ist, desto stärker spricht das Testergebnis
  für die Alternativhypothese. Die Nullhypothese H_0 wird zum Signifikanzniveau α abgelehnt, falls gilt

$$V > \chi^2_{k-1;1-\alpha},$$

  wobei $\chi^2_{k-1;1-\alpha}$ das $(1-\alpha)$-Quantil der χ^2-Verteilung mit $k-1$ Freiheitsgraden ist.

- **Entscheidungsregel basierend auf dem p-Wert**
  Anstelle des kritischen Werts kann die Testentscheidung auch mit Hilfe
  des p-Werts herbeigeführt werden: Die Nullhypothese H_0 wird zum
  Niveau α abgelehnt, falls der

$$\text{p-Wert} < \alpha$$

  ist, wobei sich der p-Wert der Teststatistik V berechnet als

$$P(V \geq v_{beo})$$

  Dabei ist v_{beo} der errechnete (*beobachtete*) Wert der Teststatistik basierend auf den Beobachtungen. Für einen p-Wert kleiner dem Wert
  von α wird gesagt, dass das Ergebnis statistisch signifikant ist zum
  Niveau α.

Mit dem Programmpaket R kann der kritische Wert wie folgt berechnet
werden

```
qchisq(1-alpha, k-1)
```

Den p-Wert erhält man mit

```
pchisq(v.beo, k-1, lower.tail = FALSE)
```

Betrachten wir noch einmal die Vermutung der von Babies bevorzugten Zeiten, um auf die Welt zu kommen. Als Signifikanzniveau legen wir $\alpha = 0,05$ fest. Die gesammelten Daten eines Krankenhauses im Verlaufe eines Jahres ergaben

Zeitabschnitt	(0 - 6]	(6 - 12]	(12 - 18]	(18 - 24]	Summe
beob. Geburten	623	377	336	418	1754

Wie schon im **Beispiel zu Hypothesen** ▶292 gesehen, kann das Testproblem formuliert werden als

H_0 : $p_{1_0} = p_{2_0} = p_{3_0} = p_{4_0} = \dfrac{1}{4}$ gegen

H_1 :   für mindestens einen Zeitabschnitt ist die angenommene Wahrscheinlichkeit falsch

Unter der Annahme der Nullhypothese berechnen sich die erwarteten Häufigkeiten für alle Zeitabschnitte zu

$$1754 \cdot \frac{1}{4} = 438,5.$$

Die Teststatistik

$$V = \sum_{i=1}^{5} \frac{(n_i - n \cdot p_{i_0})^2}{n \cdot p_{i_0}}$$

berechnet sich dann zu

$$v_{beo} = \frac{(623 - 438,5)^2}{438,5} + \frac{(377 - 438,5)^2}{438,5} + \frac{(336 - 438,5)^2}{438,5}$$
$$+ \frac{(418 - 438,5)^2}{438,5} = 111,1717.$$

Der kritische Wert zum Niveau $\alpha = 0,05$ ist gegeben mit $\chi^2_{4-1;0,95} = \chi^2_{3;0,95} = 7,815$. Der Wert der Teststatistik 111,1717 ist größer als der kritische Wert 7,815. Damit kann H_0 zum Niveau $\alpha = 0,05$ verworfen werden. Es scheint also tatsächlich nicht unberechtigt zu sein, dass sich Babies den Zeitpunkt für den Start ins Leben willkürlich aussuchen.   ◀B

Beispiel Motoren

Ein japanischer Autofabrikant möchte beruhend auf Daten eingegangener Beschwerden während der Garantiezeit überprüfen, ob die Lebensdauer in Kilometern X eines seiner Automotoren exponentialverteilt ist mit einem Erwartungswert von nur 50 000 km statt der eigentlich angestrebten Kilometerzahl. Zur Überprüfung dieser Hypothese wurden die gefahrenen Kilometer bis zum ersten Motorschaden für 60 zufällig ausgewählte PKW's des Herstellers ermittelt. Als Signifikanzniveau wurde $\alpha = 0,05$ festgelegt. Die Daten sind angegeben als gefahrene Kilometer bis zum ersten Motorschaden

33272	1640	12504	167623	35501	25842	45134	10229	79803
3421	69322	53749	38448	42185	42029	54303	23481	28097
2847	50415	129307	8365	73700	30099	20202	42763	16177
95442	31949	22184	3945	74931	27308	5288	142996	19182
132824	50069	66169	13544	49549	73146	34588	5947	22036
97585	25946	11602	14027	32370	12440	75012	17768	88867
109138	158960	163972	61062	63448	7828			

Zu testen ist die Nullhypothese

$$H_0 : F^X(x) = \begin{cases} 1 - \exp\left\{-\frac{1}{50\,000} \cdot x\right\} & x \geq 0 \\ 0 & x < 0 \end{cases}$$

gegen die Alternativhypothese

$$H_1 : \text{Es existiert mindestens ein } \tilde{x} \in \mathbb{R} \text{ mit}$$

$$F^X(\tilde{x}) \neq \begin{cases} 1 - \exp\left\{-\frac{1}{50\,000} \cdot \tilde{x}\right\} & \tilde{x} \geq 0 \\ 0 & \tilde{x} < 0 \end{cases} .$$

Es handelt sich bei X um ein stetiges Merkmal, so dass die Beobachtungen in k Klassen einzuteilen sind. Hier seien dies die 5 Klassen

1	2	3	4	5
$(0; 25\,000]$	$(25\,000; 50\,000]$	$(50\,000; 75\,000]$	$(75\,000; 100\,000]$	$(100\,000; \infty)$

Unter der Nullhypothese ergeben sich als Klassenwahrscheinlichkeiten

$$\begin{aligned} p_{1_0} &= P(0 < x \leq 25\,000) = \left(1 - \exp\left\{-\frac{25\,000}{50\,000}\right\}\right) - \left(1 - \exp\left\{-\frac{0}{50\,000}\right\}\right) \\ &= 1 - \exp\left\{-\frac{1}{2}\right\} = 0,393 \end{aligned}$$

$$p_{2_0} = \mathrm{P}(25\,000 < X \le 50\,000) = \left(1 - \exp\left\{-\frac{50\,000}{50\,000}\right\}\right)$$

$$- \left(1 - \exp\left\{-\frac{25\,000}{50\,000}\right\}\right) = 0,239$$

$$p_{3_0} = \mathrm{P}(50\,000 < X \le 75\,000) = \left(1 - \exp\left\{-\frac{75\,000}{50\,000}\right\}\right)$$

$$- \left(1 - \exp\left\{-\frac{50\,000}{50\,000}\right\}\right) = 0,145$$

$$p_{4_0} = \mathrm{P}(75\,000 < X \le 100\,000) = \left(1 - \exp\left\{-\frac{100\,000}{50\,000}\right\}\right)$$

$$- \left(1 - \exp\left\{-\frac{75\,000}{50\,000}\right\}\right) = 0,088$$

$$p_{5_0} = \mathrm{P}(X > 100\,000) = 1 - \mathrm{P}(X \le 100\,000)$$

$$= 1 - 0,393 - 0,239 - 0,145 - 0,088 = 0,135.$$

Damit kann das Testproblem auch folgendermaßen dargestellt werden

$$\mathrm{H}_0 : p_1 = 0,393,\ p_2 = 0,239,\ p_3 = 0,145,\ p_4 = 0,088,\ p_5 = 0,135$$

gegen

$$\mathrm{H}_1 : p_i \ne p_{i_0} \quad \text{für mindestens ein } i,\ i = 1, \ldots, 5,$$

wobei $p_1, \ldots, p_5$ die Wahrscheinlichkeiten angeben, dass sich X in der i-ten Klasse realisiert.

Die erwarteten Klassenhäufigkeiten betragen

i	1	2	3	4	5
$n \cdot p_{i_0}$	23,608	14,319	8,685	5,268	8,120

so dass die Faustregel $n \cdot p_{i_0} \ge 5$ für alle $i = 1, \ldots, 5$ erfüllt ist. Für die beobachteten Lebensdauern ergeben sich als Klassenhäufigkeiten und relative Häufigkeiten

i	1	2	3	4	5
n_i	21	16	11	5	7
p_i	0,35	0,267	0,183	0,083	0,117

Die Teststatistik ist definiert als

$$V = \sum_{i=1}^{5} \frac{(n_i - n \cdot p_{i_0})^2}{n \cdot p_{i_0}}$$

und berechnet sich zu

$$v_{beo} = \frac{(21 - 23,608)^2}{23,608} + \frac{(16 - 14,319)^2}{14,319} + \frac{(11 - 8,685)^2}{8,685}$$

$$+ \frac{(5 - 5,268)^2}{5,268} + \frac{(7 - 8,120)^2}{8,120} = 1,271.$$

Der kritische Wert für $\alpha = 0,05$ beträgt $\chi^2_{5-1;0,95} = \chi^2_{4;0,95} = 9,4877$, welcher größer als der beobachtete Wert $1,271$ der Teststatistik ist. Somit kann H_0 zum Niveau $\alpha = 0,05$ nicht verworfen werden. Das heißt, die Daten sprechen nicht gegen die Behauptung, dass die Lebensdauer der Motoren exponentialverteilt ist mit einem Erwartungswert von $50\,000$ km.

Eine Testentscheidung basierend auf dem p-Wert wäre zum gleichen Ergebnis gekommen. Der p-Wert, berechnet in R mit

```
pchisq(1.271, 4, 0.95, lower.tail=FALSE)
```

ist $0,9086381 > 0,05$. Das heißt, die Nullhypothese kann nicht verworfen werden. ◄B

Sind die Parameter der Verteilung aus der Nullhypothese unbekannt, so kann der χ^2-Anpassungstest trotzdem angewendet werden. Bezeichnen wir mit $F^0(x; \vartheta_1, \ldots, \vartheta_r), x \in \mathbb{R}$ eine Verteilungsfunktion unter der Nullhypothese, welche von r unbekannten Parametern $\vartheta_1, \ldots, \vartheta_r$ abhängt. Die unbekannten Parameter werden zunächst aus den Daten geschätzt. Dies geschieht in der Praxis meist durch eine Maximum-Likelihood-Schätzung ▶119 basierend auf der Dichtefunktion $f^0(x; \vartheta_1, \ldots, \vartheta_r)$. Mit den erhaltenen Schätzungen $\hat{\vartheta}_1, \ldots, \hat{\vartheta}_r$ können wir dann die k Wahrscheinlichkeiten $p_1, \ldots, p_k$ für die k Klassen schätzen $(\hat{p}_1, \ldots, \hat{p}_k)$ und diese zur Berechnung der Teststatistik einsetzen

$$V = \sum_{i=1}^{k} \frac{(n_i - n \cdot \hat{p}_i)^2}{n \cdot \hat{p}_i}.$$

Die Teststatistik V folgt nun approximativ einer χ^2-Verteilung mit $(k-r-1)$ Freiheitsgraden, das heißt, die Anzahl der Freiheitsgrade verringert sich um die Anzahl der zu schätzenden Parameter.

Für Daten aus einer großen sozialwissenschaftlichen Studie über 500 Familien mit 2 Kindern soll überprüft werden, ob die Anzahl von Mädchen, X, in der Familie binomialverteilt ist. Als Niveau sei $\alpha=0{,}05$ vorgegeben.

Anzahl Mädchen in der Familie i	0	1	2
Anzahl Familien n_i	118	254	128

Die zu überprüfende Nullhypothese lautet

$$H_0 : F^X(x) = \sum_{t=0}^{x} \binom{2}{t} \cdot p^t \cdot (1-p)^{2-t}$$

für $x = 0, 1, 2$ mit unbekanntem Parameter p. Zur Berechnung der Teststatistik

$$V = \sum_{i=1}^{k} \frac{(n_i - n \cdot \widehat{p}_i)^2}{n \cdot \widehat{p}_i}$$

sind zunächst Schätzwerte für

$$p_i = P(X = i) = \binom{2}{i} \cdot p^i \cdot (1-p)^{2-i}, \quad i = 0, 1, 2$$

zu bestimmen, wobei p die Wahrscheinlichkeit für eine Mädchengeburt bezeichnet. Die Maximum-Likelihood-Schätzung für p aus allen Daten ist gegeben durch die relative Häufigkeit von Mädchen, das heißt

$$\widehat{p} = \frac{\text{Anzahl Mädchen}}{\text{Anzahl Kinder}} = \frac{0 \cdot 118 + 1 \cdot 254 + 2 \cdot 128}{500 \cdot 2} = 0{,}51.$$

Damit gilt

$$\widehat{p}_0 = \binom{2}{0} \cdot (\widehat{p})^0 \cdot (1-\widehat{p})^2 = \binom{2}{0} \cdot (0{,}51)^0 \cdot (0{,}49)^2 = 0{,}2401$$

$$\widehat{p}_1 = \binom{2}{1} \cdot (\widehat{p})^1 \cdot (1-\widehat{p})^1 = \binom{2}{1} \cdot (0{,}51)^1 \cdot (0{,}49)^1 = 0{,}4998$$

$$\widehat{p}_2 = \binom{2}{2} \cdot (\widehat{p})^2 \cdot (1-\widehat{p})^0 = \binom{2}{2} \cdot (0{,}51)^2 \cdot (0{,}49)^0 = 0{,}2601$$

und der Wert der Teststatistik kann berechnet werden als

$$v_{beo} = \sum_{i=1}^{k} \frac{(n_i - n \cdot \widehat{p}_i)^2}{n \cdot \widehat{p}_i} = \frac{(118 - 500 \cdot 0{,}2401)^2}{500 \cdot 0{,}2401}$$

$$+\frac{(254 - 500 \cdot 0,4998)^2}{500 \cdot 0,4998} + \frac{(128 - 500 \cdot 0,2601)^2}{500 \cdot 0,2601} = 0,1346.$$

Da die Binomialverteilung nur von einem unbekannten Parameter, nämlich p, abhängt und dieser zunächst geschätzt werden musste, verringert sich die Anzahl der Freiheitsgrade von $(k-1)$ auf $(k-2)$. Für $\alpha = 0,05$ ist der kritische Wert somit gegeben als $\chi^2_{1;0,95} = 3,84$. Der beobachtete Wert der Teststatistik $v_{beo} = 0,1346$ ist kleiner als 3,84 woraus folgt, dass die Nullhypothese nicht verworfen werden kann. Das heißt, es besteht kein Hinweis darauf, dass die Annahme einer Binomialverteilung nicht gerechtfertigt ist.   ◀B

Der χ^2-Unabhängigkeitstest

Werden in einer Studie an unabhängigen Untersuchungsobjekten jeweils zwei Merkmale beobachtet, so stellt sich die Frage nach dem Zusammenhang bzw. der Unabhängigkeit dieser Merkmale. Mit Hilfe des χ^2-Unabhängigkeitstests kann die Hypothese der Unabhängigkeit zweier Merkmale untersucht werden. Ein Vorteil dieser Methode ist, dass bereits nominales Messniveau der Merkmale zur Anwendung ausreicht.

Voraussetzungen

— Betrachtet werden zwei Merkmale, die durch Zufallsvariablen X und Y mit Ausprägungen $k_1, \ldots, k_m$ bzw. $l_1, \ldots, l_q$ beschrieben werden. Dabei müssen X und Y mindestens nominal skaliert sein. Für stetige Zufallsvariablen werden die Wertebereiche in m bzw. q disjunkte, aneinander angrenzende Intervalle eingeteilt. Die Klasseneinteilung muss vollständig sein, das heißt jedes Objekt gehört zu genau einer Klasse.

— Die Stichprobenvariablen $(X_1, Y_1), \ldots, (X_n, Y_n)$ sind unabhängig und identisch wie das Paar (X, Y) verteilt.

— Als Ausgangspunkt wird eine zweidimensionale Stichprobe $(x_1, y_1), \ldots, (x_n, y_n)$ vom Umfang n gezogen. Die Darstellung der Daten ist in Form einer Häufigkeitstabelle möglich, welche als Kontingenztafel bezeichnet wird.

	l_1	l_2	$\ldots$	l_q	Summe
k_1	n_{11}	n_{12}	$\ldots$	n_{1q}	$n_{1\bullet}$
k_2	n_{21}	n_{22}	$\ldots$	n_{2q}	$n_{2\bullet}$
$\vdots$	$\ldots$	$\ldots$	$\ldots$	$\ldots$	$\ldots$
k_m	n_{m1}	n_{m2}	$\cdots$	n_{mq}	$n_{m\bullet}$
Summe	$n_{\bullet 1}$	$n_{\bullet 2}$	$\ldots$	$n_{\bullet q}$	n

n_{ij} stellt die absolute Klassenhäufigkeit der Kombination (k_i, l_j) dar, also die Anzahl der Beobachtungspaare mit Merkmalsausprägung k_i von X und Merkmalsausprägung l_j von Y. Mit $n_{i\bullet}$ wird die Summe der Häufigkeiten n_{ij} für die i-te Merkmalsausprägung der Zufallsvariable X über alle q Merkmalsausprägungen von Y bezeichnet: $n_{i\bullet} = \sum_{j=1}^{q} n_{ij}$. Die Größe $n_{i\bullet}$ heißt Randhäufigkeit von k_i. Analog bezeichnet $n_{\bullet j} = \sum_{i=1}^{m} n_{ij}$ die Randhäufigkeit der j-ten Merkmalsausprägung l_j von Y.

— Damit gewährleistet werden kann, dass die Teststatistik unter der Nullhypothese approximativ χ^2-verteilt ist, muss für die erwarteten Klassenhäufigkeiten gelten

$$\tilde{n}_{ij} = \frac{n_{i\bullet} \cdot n_{\bullet j}}{n} \geq 5.$$

— Zu testen sei eine Hypothese über die Unabhängigkeit der Zufallsvariablen X und Y.

Hypothesen

Es ergibt sich die Fragestellung, ob die Merkmale voneinander unabhängig sind oder nicht. Im stochastischen Sinne liegt Unabhängigkeit von zwei Ereignissen A und B genau dann vor, wenn $P(A \cap B) = P(A) \cdot P(B)$ gilt. Diese Beziehung führt zu folgender Formulierung der Hypothesen

$$H_0 : p_{ij} = p_{i\bullet} \cdot p_{\bullet j} \qquad \text{für } i = 1, \ldots, m \text{ und } j = 1, \ldots, q$$

gegen

$$H_1 : p_{ij} \neq p_{i\bullet} \cdot p_{\bullet j} \quad \text{für mindestens ein Paar } (i, j).$$

Dabei ist

– $p_{ij} = P(X = k_i, Y = l_j)$ die Wahrscheinlichkeit, dass X die i-te und Y die j-te Merkmalsausprägung annimmt.

– $p_{i\bullet} = P(X = k_i)$ die Wahrscheinlichkeit, dass X die i-te Merkmalsausprägung annimmt, unabhängig von der Ausprägung von Y und

– $p_{\bullet j} = P(Y = l_j)$ die Wahrscheinlichkeit, dass Y die j-te Merkmalsausprägung annimmt, unabhängig von der Ausprägung von X.

Anders ausgedrückt, lautet das Testproblem

$$H_0 : X \text{ und } Y \text{ sind } \textbf{stochastisch unabhängig}$$

gegen

$$H_1 : X \text{ und } Y \text{ sind } \textbf{stochastisch abhängig.}$$

B   **Beispiel** Hypothesen

– Hängen die Reihenfolge der Geburt von Geschwistern und der erzielte Ausbildungsgrad zusammen? Oft wird beobachtet, dass Erstgeborene einen längeren Bildungsweg einschlagen als ihre jüngeren Geschwister. Dies wird psychologisch damit begründet, dass sich die jüngeren Geschwister oft von ihren älteren Geschwistern abgrenzen wollen. Als Testproblem ergibt sich

H_0 : Die Variablen `Geburtsreihenfolge` und `Ausbildungsgrad` sind stochastisch unabhängig   gegen

H_1 : Die Variablen `Geburtsreihenfolge` und `Ausbildungsgrad` sind stochastisch abhängig.

– Gibt es einen Zusammenhang zwischen dem Geschlecht und der Teevorliebe? Der Inhaber eines Teeladens möchte dies herauszufinden, um den Kunden gezielt verschiedene Tees anzubieten. Als Testproblem ergibt sich

H_0 : Die Variablen `Geschlecht` und `Teevorliebe` sind stochastisch unabhängig   gegen

H_1 : Die beiden Variablen sind stochastisch abhängig.

◀B

Die Teststatistik des χ^2-Unabhängigkeitstests misst den Unterschied zwischen den tatsächlich beobachteten Häufigkeiten n_{ij} der Kontingenztafel und den unter der Nullhypothese erwarteten Häufigkeiten $\tilde{n}_{ij}$. Die Randwahrscheinlichkeiten $p_{i\bullet}$ und $p_{\bullet j}$ werden durch die relativen Häufigkeiten

$$\widehat{p}_{i\bullet} = \frac{n_{i\bullet}}{n} \quad \text{und} \quad \widehat{p}_{\bullet j} = \frac{n_{\bullet j}}{n}$$

geschätzt, wobei n der Gesamtstichprobenumfang ist.

Unter der Nullhypothese $H_0 : p_{ij} = p_{i\bullet} \cdot p_{\bullet j}$ wird die Wahrscheinlichkeit p_{ij} geschätzt durch $\widehat{p}_{ij} = \widehat{p}_{i\bullet} \cdot \widehat{p}_{\bullet j}$. Die Teststatistik ist definiert als

$$V = \sum_{i=1}^{m} \sum_{j=1}^{q} \frac{(n_{ij} - \tilde{n}_{ij})^2}{\tilde{n}_{ij}},$$

mit $\tilde{n}_{ij} = \dfrac{n_{i\bullet} \cdot n_{\bullet j}}{n} = n \cdot \widehat{p}_{ij}$.

Unter der Nullhypothese ist V approximativ χ^2 verteilt mit $(m-1)\cdot(q-1)$ Freiheitsgraden,

$$V \sim \chi^2_{(m-1)\cdot(q-1)}.$$

Faustregel: Die Approximation ist umso besser, je größer n ist. Es sollte $\tilde{n}_{ij} \geq 5$ für alle i, j gelten.

Die Testentscheidung kann anhand des kritischen Werts oder mit Hilfe des p-Werts herbeigeführt werden.

- **Entscheidungsregel basierend auf dem kritischen Wert**

  Je größer der Wert von V ist, desto stärker spricht das Testergebnis für die Alternativhypothese. Die Nullhypothese H_0 wird zum Signifikanzniveau α abgelehnt, falls gilt

$$V > \chi^2_{(m-1)\cdot(q-1);1-\alpha},$$

  wobei $\chi^2_{(m-1)\cdot(q-1);1-\alpha}$ das $(1-\alpha)$-Quantil der χ^2-Verteilung mit $(m-1) \cdot (q-1)$ Freiheitsgraden ist.

– **Entscheidungsregel basierend auf dem p-Wert**
Anstelle des kritischen Werts kann die Testentscheidung auch mit Hilfe des p-Wertes herbeigeführt werden: Die Nullhypothese H_0 wird zum Niveau α abgelehnt, falls der

$$p\text{-Wert} < \alpha$$

ist, wobei sich der p-Wert der Teststatistik V berechnet als

$$P(V \geq v_{beo}).$$

Dabei ist v_{beo} der errechnete (*beobachtete*) Wert der Teststatistik basierend auf den Beobachtungen. Für einen p-Wert kleiner dem Wert von α wird gesagt, dass das Ergebnis statistisch signifikant ist zum Niveau α.

Berechnung des kritischen Werts und des p-Werts in R
Mit dem Programmpaket R kann der kritische Wert wie folgt berechnet werden

```
qchisq(1-alpha, (m-1)*(q-1))
```

Den p-Wert erhält man mit

```
pchisq(v.beo, (m-1)*(q-1), lower.tail = FALSE)
```

B   Beispiel Unabhängigkeit von Einkommen und Geschlecht

Eine Untersuchung der Merkmale

$X = $ Einkommen mit Ausprägungen niedrig, mittel und hoch
$Y = $ Geschlecht mit Ausprägungen männlich und weiblich

bei $n = 500$ Personen erbrachte die folgenden Ergebnisse

	männlich	weiblich	Summe
niedrig	50	100	150
mittel	110	140	250
hoch	70	30	100
Summe	230	270	500

Die gemeinsame Verteilung von X und Y ist in einer Kontingenztafel darstellbar: sie besitzt $m = 3$ Zeilen und $q = 2$ Spalten.

Als Nullhypothese interessiert

H_0 : Die Variablen **Geschlecht** und **Einkommen** sind stochastisch unabhängig

gegen

H_1 : Die Variablen **Geschlecht** und **Einkommen** sind stochastisch abhängig.

Der Test wird zum Signifikanzniveau $\alpha = 0,01$ durchgeführt.

Die erwarteten Häufigkeiten berechnen sich zu

$$\tilde{n}_{ij} = \frac{n_{i\bullet} \cdot n_{\bullet j}}{n} = n \cdot \hat{p}_{ij} \quad \text{für } i = 1, 2, 3 \text{ und } j = 1, 2,$$

und es ergibt sich

$$\tilde{n}_{11} = \frac{150 \cdot 230}{500} = 69, \quad \tilde{n}_{12} = \frac{150 \cdot 270}{500} = 81, \quad \tilde{n}_{21} = \frac{250 \cdot 230}{500} = 115,$$

$$\tilde{n}_{22} = \frac{250 \cdot 270}{500} = 135, \quad \tilde{n}_{31} = \frac{100 \cdot 230}{500} = 46, \quad \tilde{n}_{32} = \frac{100 \cdot 270}{500} = 54.$$

Die beobachtete und die unter Unabhängigkeit der Merkmale zu erwartende Kontingenztafel sehen im Vergleich also folgendermaßen aus

Einkommen	Geschlecht			
	beobachtet n_{ij}		erwartet $\tilde{n}_{ij}$	
	männlich	weiblich	männlich	weiblich
niedrig	50	100	69	81
mittel	110	140	115	135
hoch	70	30	46	54

Die Teststatistik V bestimmt nun, wie groß der Unterschied zwischen diesen beiden Tafeln ist. Die Teststatistik ist definiert als

$$V = \sum_{i=1}^{3} \sum_{j=1}^{2} \frac{(n_{ij} - \tilde{n}_{ij})^2}{\tilde{n}_{ij}}.$$

Damit berechnet sie sich zu

$$v_{beo} = \frac{(50-69)^2}{69} + \frac{(100-81)^2}{81} + \frac{(110-115)^2}{115} + \frac{(140-135)^2}{135}$$

$$+ \frac{(70-46)^2}{46} + \frac{(30-54)^2}{54} = 33,28.$$

Der kritische Wert zum Niveau $\alpha = 0,01$ ist $\chi^2_{(3-1)\cdot(2-1);0,99} = \chi^2_{2;0,99} = 9,21$. Da der beobachtete Wert 33,28 der Teststatistik größer als der kritische Wert ist, kann H_0 verworfen werden. Zu einem Signifikanzniveau von $\alpha = 0,01$ lässt sich nachweisen, dass eine Abhängigkeit zwischen den Variablen Geschlecht und Einkommen besteht. ◀B

Der Exakte Test nach Fisher

Bei 2×2- Kontingenztafeln ($m = q = 2$) und kleinen Stichprobenumfängen kann auch der exakte Test von Fisher zur Überprüfung der Unabhängigkeitshypothese angewandt werden.

Hypothese
Getestet werden soll die Nullhypothese

$$H_0 : p_{ij} = p_{i\bullet} \cdot p_{\bullet j} \quad \text{für } i = 1, 2 \text{ und } j = 1, 2$$

gegen

$$H_1 : p_{ij} \neq p_{i\bullet} \cdot p_{\bullet j} \quad \text{für mindestens ein Paar } (i, j)$$

Die Idee des Tests von Fisher ist es, die beobachtete 2×2-Tafel mit allen übrigen Tafeln zu vergleichen, die bei gleichbleibender Randhäufigkeit hätten beobachtet werden können. Durch die Häufigkeit n_{11} ist jede dieser Tafeln mit fest vorgegebener Randsumme eindeutig bestimmt, n_{11} dient daher als Teststatistik.

Teststatistik
Die Teststatistik lautet $X = n_{11}$.

Gilt die Nullhypothese, das heißt, sind die beiden Merkmale unabhängig, so wird die bedingte Wahrscheinlichkeit für das Auftreten einer Tafel mit Häufigkeit n_{11} bei festen Randhäufigkeiten RHF $= (n_{1\bullet}, n_{\bullet 1}, n_{\bullet 2}, n)$ beschrieben durch eine hypergeometrische Verteilung

$$P(X = n_{11}|\text{RHF}) = \frac{\binom{n_{\bullet 1}}{n_{11}}\binom{n_{\bullet 2}}{n_{1\bullet} - n_{11}}}{\binom{n}{n_{1\bullet}}}, \quad n_{11,\min} \leq n_{11} \leq n_{11,\max},$$

wobei $n_{11,\min} = \max\{0, n_{1\bullet} - n_{\bullet 2}\}$, $n_{11,\max} = \min\{n_{\bullet 1}, n_{1\bullet}\}$. Zu kleine oder zu große Werte für X führen zur Ablehnung der Nullhypothese.

Testentscheidung

Die Nullhypothese H_0 wird zum Niveau α abgelehnt, falls der

$$\text{p-Wert} < \alpha$$

ist, wobei sich der p-Wert der Teststatistik X berechnet als

$$\text{p-Wert} = \sum_{n_{11} \in M_{n_{11}}} P(X = n_{11}|\text{RHF}),$$

$$M_{n_{11}} = \left\{ n_{11} : n_{11,\min} \leq n_{11} \leq n_{11,\max}, \frac{P(X = n_{11}|\text{RHF})}{P(X = n_{11,beo}|\text{RHF})} \leq 1 \right\}.$$

Dabei ist die bedingte Verteilung von $X \,|\, \text{RHF}$ eine hypergeometrische Verteilung $\text{Hyp}(n, n_{\bullet 1}, n_{1\bullet})$, und $n_{11,beo}$ ist der errechnete (*beobachtete*) Wert der Teststatistik X basierend auf der ersten Häufigkeit in der Tafel. $M_{n_{11}}$ bezeichnet die Menge der möglichen Ereignisse, die eine kleinere bedingte Wahrscheinlichkeit haben als $X = n_{11,beo}$.

Beispiel (Fortsetzung ▶302) Teevorliebe

B

Der Inhaber eines Teeladens befragt alle Kunden eines Tages, ob sie lieber Früchtetee oder schwarzen Tee trinken. Zudem notiert er das Geschlecht der Kunden.

	männlich	weiblich	Summe
Früchtetee	3	9	12
schwarzer Tee	3	15	18
Summe	6	24	30

Der Besitzer vermutet, dass ein Zusammenhang zwischen Geschlecht und Teevorliebe besteht. Um diese Vermutung zu überprüfen, wird das folgende Testproblem formuliert

H_0 : Die Variablen **Geschlecht** und **Teevorliebe** sind stochastisch unabhängig

gegen

H_1 : Die Variablen **Geschlecht** und **Teevorliebe** sind stochastisch abhängig.

Das heißt, formal

$$H_0 : p_{ij} = p_{i\bullet} \cdot p_{\bullet j} \quad \text{für } i = 1, 2 \text{ und } j = 1, 2$$

gegen

$$H_1 : p_{ij} \neq p_{i\bullet} \cdot p_{\bullet j} \quad \text{für mindestens ein Paar } (i, j),$$

wobei für die Teesorten

der Früchtetee mit 1 und der schwarze Tee mit 2 kodiert sind, für das Geschlecht die Ausprägung männlich als 1 und weiblich als 2. Mit p_{ij} ist die Wahrscheinlichkeit für die i-te Teesorte und das j-te Geschlecht bezeichnet.

Es soll ein Test zum Niveau $\alpha = 0,1$ durchgeführt werden. Die Teststatistik des exakten Tests von Fisher nimmt den Wert $n_{11,beo} = 3$ an. Mit der bedingten hypergeometrischen Verteilung $X \mid \text{RHF} \sim \text{Hyp}(30, 12, 6)$, wobei $\text{RHF} = (n_{1\bullet}, n_{\bullet 1}, n_{\bullet 2}, n) = (12, 6, 24, 30)$ ist, wird der p-Wert berechnet

$$\text{p-Wert} \geq \text{P}(X = n_{11,beo} = 3) = \frac{\binom{6}{3}\binom{24}{12-3}}{\binom{30}{12}} = 0,3023.$$

Der p-Wert muss größer als $\alpha = 0,1$ sein, da $n_{11,beo} = 3 \in M_{n_{11}}$. Damit kann die Hypothese der Unabhängigkeit der Variablen **Geschlecht** und **Teevorliebe** zum Niveau $\alpha = 0,1$ nicht abgelehnt werden.   ◀B

Tests im linearen Regressionsmodell

Im einfachen linearen Regressionsmodell

$$Y_i = \beta_0 + \beta_1 \cdot x_i + \varepsilon_i, \quad \text{für } i = 1, \ldots, n$$

gibt es die beiden Parameter β_0 und β_1. Dabei entspricht β_0 dem Achsenabschnitt und β_1 der Steigung der Regressionsgeraden. Häufig will man wissen, ob die Steigung signifikant von Null verschieden ist. Sollte dies nicht der Fall sein, so kann man gemäß dem linearen Regressionsmodell davon ausgehen, dass kein signifikanter linearer Zusammenhang zwischen den beiden betrachteten Merkmalen Y und x besteht. So könnte die Bedienung aus dem Beispiel ▶135 daran interessiert sein zu wissen, ob es sich für sie überhaupt lohnt, mehr Gäste am Abend zu bedienen (das heißt ob $\beta_1 > 0$), zum Beispiel durch das Übernehmen eines größeren Bedienbereichs. Im Beispiel ▶140 ▶167 der Intelligenz möchten die Initiatoren der Studie erfahren, ob intelligentere Abiturienten die gestellte Aufgabe tatsächlich signifikant schneller lösen können (das heißt ob $\beta_1 < 0$).

Natürlich kann man sich auch allgemeiner fragen, ob sich der Steigungsparameter signifikant von einem festen Wert $c \in \mathbb{R}$ unterscheidet. Ebenso kann man überprüfen, ob sich der Achsenabschnitt signifikant von Null oder von einem anderen vorgegebenen Wert unterscheidet.

Voraussetzungen

Zur Anwendung der Tests über die Parameter des einfachen linearen Regressionsmodells müssen folgende Voraussetzungen erfüllt sein

— Betrachtet werden unabhängige Zufallsvariablen $Y_1, \ldots, Y_n$, zusammen mit zugehörigen Werten $x_1, \ldots, x_n$ der Einflussgröße. Alle Paare (x_i, Y_i) folgen dem gleichen einfachen linearen Regressionsmodell

$$Y_i = \beta_0 + \beta_1 \cdot x_i + \varepsilon_i, \quad i = 1, \ldots, n.$$

— Beobachtet seien die Paare $(x_1, y_1), \ldots, (x_n, y_n)$.

— Für die Modellfehler ε_i gilt: ε_i sind unabhängig und identisch normalverteilt, $\varepsilon_i \sim \mathcal{N}(0, \sigma^2)$, $i = 1, \ldots, n$.

— Damit sind auch die Zufallsvariablen Y_i normalverteilt mit $\mathrm{E}(Y_i) = \beta_0 + \beta_1 \cdot x_i$, $i = 1, \ldots, n$.

Hypothesen

Für die Parameter β_0 und β_1 des einfachen linearen Regressionsmodells können folgende Testprobleme betrachtet werden

Problem (1): $H_0 : \beta_j = c$ gegen $H_1 : \beta_j \neq c$ (zweiseitig)

Problem (2): $H_0 : \beta_j \leq c$ gegen $H_1 : \beta_j > c$ (rechtsseitig)

Problem (3): $H_0 : \beta_j \geq c$ gegen $H_1 : \beta_j < c$ (linksseitig)

Dabei ist $c \in \mathbb{R}$ ein fest vorgegebener Wert, und die Testprobleme können für $j = 0, 1$ aufgestellt werden.

Teststatistik

Wie bei der Herleitung der **Konfidenzintervalle für die Regressionskoeffizienten** (Verteilungen der Parameterschätzer ▶164) sind die Größen

$$\frac{T_{\beta_j}^{\mathrm{KQ}} - \beta_j}{\sqrt{T_{\sigma_j^2}}}, \quad j = 0, 1$$

t-verteilt mit $n - 2$ Freiheitsgraden.
Hierbei sind für $j = 0, 1$

$$T_{\beta_j}^{\mathrm{KQ}} \quad \text{die KQ Schätzer ▶138 für } \beta_j,$$

$$\sigma_j^2 = \mathrm{Var}(T_{\beta_j}^{\mathrm{KQ}}) \text{ die Varianzen der Schätzer } T_{\beta_j}^{\mathrm{KQ}},$$

$$T_{\sigma_0^2} = T_{\sigma^2}^{\mathrm{U}} \cdot \frac{\sum_{i=1}^{n} x_i^2}{n \cdot \sum_{i=1}^{n} (x_i - \overline{x})^2},$$

$$T_{\sigma_1^2} = \frac{T_{\sigma^2}^{\mathrm{U}}}{\sum_{i=1}^{n} (x_i - \overline{x})^2},$$

$$T_{\sigma^2}^{\mathrm{U}} = \frac{1}{n-2} \cdot \sum_{i=1}^{n} (Y_i - \widehat{Y}_i)^2,$$

wobei $T_{\sigma_0^2}, T_{\sigma_1^2}, T_{\sigma^2}$ Varianzschätzer für $\sigma_0^2, \sigma_1^2, \sigma^2$ bezeichnen. Unter der Annahme, dass $\beta_j = c$ gilt, sind daher die Teststatistiken

$$T_j = \frac{T_{\beta_j}^{\mathrm{KQ}} - c}{\sqrt{T_{\sigma_j^2}}}, \quad j = 0, 1$$

t-verteilt mit $n - 2$ Freiheitsgraden.

Testentscheidung und Interpretation

Die Testentscheidung kann anhand des kritischen Werts oder mit Hilfe des p-Werts herbeigeführt werden.

— **Entscheidungsregel basierend auf dem kritischen Wert**

In Abhängigkeit vom gewählten Signifikanzniveau α gelten für die Testprobleme (1) bis (3) folgende Entscheidungsregeln: Die Nullhypothese H_0 wird zum Niveau α verworfen, wenn

$$\text{Problem (1):} \quad |T_j| \; > \; t^*_{n-2;1-\alpha/2} \qquad \text{(zweiseitig)}$$

$$\text{Problem (2):} \quad T_j \quad > \; t^*_{n-2;1-\alpha} \qquad \text{(rechtsseitig)}$$

$$\text{Problem (3):} \quad T_j \quad < \; t^*_{n-2;\alpha} \qquad \text{(linksseitig)}$$

für $j = 0, 1$. Dabei bezeichnet T_j die Teststatistik, deren Realisation basierend auf den Beobachtungen $(x_1, y_1), \ldots, (x_n, y_n)$ bestimmt werden muss. Der kritische Wert $t^*_{n-2;\alpha}$ ist das α-Quantil der t-Verteilung mit $n - 2$ Freiheitsgraden.

— **Entscheidungsregel basierend auf dem p-Wert**

Anstelle des kritischen Werts kann die Testentscheidung auch mit Hilfe des p-Werts herbeigeführt werden: Die Nullhypothese H_0 wird zum Niveau α abgelehnt, falls der

$$\text{p-Wert} < \alpha$$

ist, wobei sich der p-Wert der Teststatistik T_j berechnet als

$$\text{Problem (1):} \qquad 2 \cdot P(T_j \geq |t_{j,beo}|) \qquad \text{(zweiseitig)}$$

$$\text{Problem (2):} \qquad P(T_j \geq t_{j,beo}) \qquad \text{(rechtsseitig)}$$

$$\text{Problem (3):} \qquad P(T_j \leq t_{j,beo}) \qquad \text{(linksseitig)}$$

Dabei ist $t_{j,beo}$ der errechnete (*beobachtete*) Wert der Teststatistik für die Beobachtungen $(x_1, y_1), \ldots, (x_n, y_n)$. Für einen p-Wert kleiner dem Wert von α wird gesagt, dass das Ergebnis statistisch signifikant ist zum Niveau α.

Beispiel (Fortsetzung ▶135 ▶138 ▶165) Gewinn eines Unternehmers

Im Beispiel des Unternehmers ▶135 ▶138 ▶165 waren die folgenden Daten beobachtet worden

Menge x_i (in 1 000 Stück)	5	6	8	10	12
Gewinn y_i (in Euro)	2 600	3 450	5 555	7 700	9 350

Das einfache lineare Regressionsmodell

$$Y_i = \beta_0 + \beta_1 \cdot x_i + \varepsilon_i$$

erscheint nach **graphischer Überprüfung** ▶139 des Zusammenhangs zwischen den produzierten Mengen und den erzielten Gewinnen angemessen. Da die erzielten Gewinne zufälligen Schwankungen unterliegen, die sich aus einer Vielzahl kleiner Einflüsse zusammensetzen, spricht auch nichts dagegen, eine Normalverteilung der Fehler zu unterstellen.

Den Unternehmer interessiert, ob der Gewinnzuwachs bei einer Produktionssteigerung um 1 000 Einheiten signifikant mehr als 900 beträgt. Er stellt daher das Testproblem

$$\mathrm{H}_0 : \beta_1 \leq 900 \quad \text{gegen} \quad \mathrm{H}_1 : \beta_1 > 900$$

auf. Als Signifikanzniveau wählt er $\alpha = 0,05$. Die zu berechnende Teststatistik ist

$$T_1 = \frac{T_{\beta_1}^{\mathrm{KQ}} - 900}{\sqrt{T_{\sigma_1^2}}}.$$

Aus den vorherigen Berechnungen zum **Gewinn eines Unternehmers** ▶138 sind die folgenden realisierten Größen bereits bekannt

$$\widehat{\beta}_1 = 986,860, \text{ die KQ Schätzung für } \beta_1,$$

$$\widehat{\sigma}_1^2 = 686,5503, \text{ die geschätzte Varianz des Schätzers } T_{\beta_1}^{\mathrm{KQ}}.$$

Die realisierte Teststatistik $t_{1,beo}$ ergibt sich zu

$$t_{1,beo} = \frac{\widehat{\beta}_1 - 900}{\sqrt{\widehat{\sigma}_1^2}} = \frac{86,860}{26,2021} = 3,3150.$$

Der kritische Werte ist das 0,95-Quantil der t-Verteilung mit 3 Freiheitsgraden $t_{3;0,95}^* = 2,3534$.

Wegen

$$t_{3;0,95}^* = 2,3534 < t_{1,beo} = 3,3150$$

kann die Nullhypothese H_0 zum Niveau $\alpha = 0,05$ verworfen werden. Der Gewinnzuwachs bei einer Erhöhung der Produktion um 1 000 Einheiten ist signifikant größer als 900. ◀B

Beispiel (Fortsetzung ▶140 ▶167) Intelligenz und Problemlösen   B

Im **Beispiel** der Untersuchung des Zusammenhangs zwischen der Intelligenz und der Problemlösefähigkeit von Abiturienten ▶140 ▶167 waren die folgenden Daten beobachtet worden:

x_i	100	105	110	115	120	125	130	135
y_i	3,8	3,3	3,4	2,0	2,3	2,6	1,8	1,6

Die **graphische Überprüfung** ▶141 des Zusammenhangs zwischen den Intelligenzquotienten und den Zeiten bis zur Problemlösung ergibt keinen Hinweis, der gegen den Ansatz eines einfachen linearen Regressionsmodells

$$Y_i = \beta_0 + \beta_1 \cdot x_i + \varepsilon_i$$

spricht. Eine Normalverteilung der Fehler kann ebenfalls unterstellt werden.

Die Initiatoren der Studie interessiert, ob eine höhere Intelligenz zu signifikant geringerer Zeit bis zur Lösung des gestellten Problems führt. Sie möchten also

$$H_0 : \beta_1 \geq 0 \quad \text{gegen} \quad H_1 : \beta_1 < 0$$

testen. Als Signifikanzniveau soll $\alpha = 0,1$ gewählt werden. Die zu berechnende Teststatistik ist

$$T_1 = \frac{T_{\beta_1}^{KQ} - 0}{\sqrt{T_{\sigma_1^2}}}.$$

Aus den Berechnungen zu **Intelligenz und Problemlösen** ▶140 wissen wir, dass

die KQ Schätzung für β_1 den Wert $\widehat{\beta_1} = -0,060$ hat und

die geschäzte Varianz des Schätzers $T_{\beta_1}^{KQ}$ gerade $\widehat{\sigma}_1^2 = 0,0002$ ist.

Man berechnet die realisierte Teststatistik $t_{1,beo}$ als

$$t_{1,beo} = \frac{\widehat{\beta}_1}{\sqrt{\widehat{\sigma}_1^2}} = \frac{-0,060}{0,0141} = -4,2553.$$

Als kritischen Wert erhält man das 0,1-Quantil der t-Verteilung mit 6 Freiheitsgraden: $t^*_{6;0,1} = -t^*_{6;0,9} = -1,4398$. Wegen

$$t^*_{6;0,1} = -1,4398 > t_{1,beo} = -4,2553$$

kann die Nullhypothese H_0 zum Niveau $\alpha = 0,1$ verworfen werden. Abiturienten mit einem höheren IQ lösen die Aufgabe signifikant schneller.   ◀B

5.3 Nichtparametrische Tests

Eine Großzahl statistischer Verfahren unterstellt, dass die beobachteten Daten aus einer Grundgesamtheit stammen, die sich durch ein statistisches Modell aus einer bekannten Verteilungsklasse beschreiben lässt. Damit wird angenommen, dass die Daten durch einen bestimmten Mechanismus erzeugt wurden, nämlich durch eine spezielle Verteilung, die bis auf die sie charakterisierenden Parameter bekannt ist. (Der Erwartungswert und die Varianz einer Zufallsvariablen sind oftmals Funktionen dieser Parameter, wenn die Zufallsvariable dieser Verteilung folgt.) Methoden, die auf der obigen Annahme aufbauen, werden allgemein als **parametrische Verfahren** bezeichnet. Häufig geht diese Annahme so weit, dass zur Anwendung eines statistischen Verfahrens speziell das Vorliegen von Daten aus einer normalverteilten Grundgesamtheit gefordert wird.

Diese Anforderung an die Daten ist jedoch nicht immer zu rechtfertigen. In diesen Fällen bedarf es alternativer Methoden, den so genannten **nichtparametrischen Verfahren**.

Da die Kenntnis der zugrunde liegenden Verteilung in der nichtparametrischen Statistik nicht vorausgesetzt wird, werden nichtparametrische Verfahren insbesondere dann eingesetzt, wenn wenig oder keine Information über die Verteilung, aus der die Daten stammen, vorliegt. Darüber hinaus zeigt sich ein weiterer Vorteil in der zumeist einfachen Anwendung dieser Methoden. Die Verfahren basieren oft auf den Rängen der Beobachtungen oder auf den Vorzeichen, die aus den Abweichungen von einem bestimmten Wert resultieren.

Grundlagen

In diesem Abschnitt wollen wir zunächst benötigte Grundlagen für die Durchführung nichtparametrischer Tests einführen. Diese beziehen sich hauptsächlich auf das Verhalten von Ordnungstatistiken, da beispielsweise der `Wilcoxon-Rangsummen-Test` ▶209 oder auch der `Kruskal-Wallis-Test` ▶335 auf den Rängen der geordneten Beobachtungen aus der Stichprobe basieren. Dazu führen wir zunächst Ränge und den Begriff der Bindungen ein.

Betrachtet wird eine Stichprobe $z_1, \dots, z_{n+m}$ vom Umfang $n+m$. Dabei kann es sich um Beobachtungen eines Merkmals handeln, aber auch um die Kombination von Beobachtungen verschiedener Merkmale. Die Merkmale müssen mindestens ordinal skaliert sein.

Regel Verfahren zur Rangbildung:

Die Beobachtungen $z_1, \dots, z_{n+m}$ werden der Größe nach geordnet, beginnend mit der kleinsten. Den geordneten Beobachtungen werden Platznummern, die so genannten **Ränge** zugewiesen. Die kleinste Beobachtung erhält dabei den Rangwert 1, die nächst größere den Rangwert 2 und so weiter. Die Rangwerte reichen von 1 bis $n + m$. Der Rang der i-ten Beobachtung wird mit $R(z_i)$ bezeichnet. Stimmen mehrere Beobachtungen überein (`Bindungen`), so werden ihnen `Durchschnittsränge` zugewiesen.

Bindungen

Besitzen zwei oder mehrere Beobachtungen in einer Stichprobe den gleichen Wert, so wird dies als Bindung bezeichnet. Eine eindeutige Zuweisung der Ränge ist nicht mehr möglich. In der Praxis werden dann häufig Durchschnittsränge gebildet.

In der Theorie ist das Auftreten von Bindungen bei der Betrachtung stetiger Zufallsvariablen X und Y ausgeschlossen. Die Praxis jedoch ermöglicht in vielen Situationen nur bedingt exakte Messungen, so dass sich gleiche Werte nicht immer vermeiden lassen.

Durchschnittsränge

Kann für zwei oder mehrere Beobachtungen der Rang nicht eindeutig zugewiesen werden, so wird ihr Durchschnittsrang ermittelt. Dieser errechnet sich aus dem arithmetischen Mittel der betroffenen Ränge.

Den von Bindungen betroffenen Beobachtungen können die Ränge auch basierend auf einem Zufallsprinzip zugewiesen werden. Diese Methode ist aber aus statistischer Sichtweise weniger effizient und ist daher in der Praxis unüblich.

B

Beispiel Quiz Show

In einer Quiz Show stehen sich die zwei Teams *Blau* und *Rot* mit je vier Kandidaten gegenüber. Allen Kandidaten werden je zehn Fragen gestellt, die individuell beantwortet werden müssen. Für jede richtige Antwort gibt es einen Punkt. Es gewinnt das Team, das am Ende die höchste Punktzahl hat. Gegeben sei folgender Spielausgang:

Team	Blau				Rot			
Punkte je Kandidat	6	6	6	5	5	8	2	4
Summe	23				19			

Innerhalb des blauen Teams erzielten drei Kandidaten die gleiche Punktzahl (6 Punkte). Ebenso gibt es je einen Kandidaten in beiden Teams mit 5 Punkten. Die geordneten Daten sehen wie folgt aus:

geordnete Beobachtungen	2	4	5	5	6	6	6	8
Rang (r_i)	1	2						8

Die Ränge $\{3;4\}$ und $\{5;6;7\}$ lassen sich nicht eindeutig vergeben. Daher werden die jeweiligen Durchschnittsränge gebildet:

$$r_{3;4} = \frac{3+4}{2} = 3,5 \qquad \text{und} \qquad r_{5;6;7} = \frac{5+6+7}{3} = 6.$$

Die Ränge werden somit wie folgt zugewiesen:

geordnete Beobachtungen	2	4	5	5	6	6	6	8
Rang (r_i)	1	2	3,5	3,5	6	6	6	8

◀B

Der Vorzeichen-Test

In einem Sägewerk werden Bretter zugeschnitten. Die Soll-Länge beträgt 100 cm, die tatsächlich geschnittenen Längen variieren aufgrund von Zufallsschwankungen. Man kann zwar davon ausgehen, dass sie sich im Mittel symmetrisch um einen festen Wert verteilen, die zugrunde liegende Verteilung der Schnittlänge ist jedoch unbekannt. Der Besitzer des Sägewerks möchte überprüfen, ob seine Maschine, die die Bretter zuschneidet, im Mittel die korrekte Schnittlänge einhält. Könnte man unterstellen, dass die Schnittlänge einer Normalverteilung folgt, wäre der t-Test im Einstichprobenfall der angemessene Test für dieses Problem.

Im Fall des Sägewerks kann man lediglich von einer symmetrischen Verteilung, jedoch nicht von einer Normalverteilung der Schnittlängen ausgehen. In einem solchen Fall kann man auf den nichtparametrischen Vorzeichen-Test zurückgreifen. Seine Testentscheidung basiert auf den Abweichungen der Daten zum Median der zugrunde liegenden Verteilung.

Voraussetzungen

Seien $X_1, \ldots, X_n$ unabhängige und identisch wie X verteilte Stichprobenvariablen mit stetiger Verteilungsfunktion $F^X(x)$. Das Messniveau der Daten muss mindestens ordinal sein.

Zu testen sei eine Hypothese über den Median ▶13 ▶e x_{med} einer Zufallsvariablen X.

Hypothesen

Der unbekannte Median der Zufallsvariable X wird mit x_{med} bezeichnet, während δ_0 ein gegebener, unter der Nullhypothese unterstellter Wert sei. Das Testproblem lautet dann in Abhängigkeit der gewünschten Alternativhypothese

Problem (1): $H_0 : x_{med} = \delta_0$ gegen $H_1 : x_{med} \neq \delta_0$ (zweiseitig)

Problem (2): $H_0 : x_{med} \leq \delta_0$ gegen $H_1 : x_{med} > \delta_0$ (rechtsseitig)

Problem (3): $H_0 : x_{med} \geq \delta_0$ gegen $H_1 : x_{med} < \delta_0$ (linksseitig)

Teststatistik

Die Teststatistik beim Vorzeichen-Test ist definiert als

$$Y = \text{Anzahl der } X_i \text{ mit einem Wert kleiner als } \delta_0.$$

Es wird also für jede Beobachtung festgehalten, ob sie kleiner oder größer bzw. gleich dem Wert δ_0 ist. Dies lässt sich als **Bernoulliversuch** ▶38 auffassen, und die Teststatistik Y ist somit unter der Annahme $x_{med} = \delta_0$ binomialverteilt mit Parametern n und $p = 0,5$, $Y \sim \text{Bin}(n; 0,5)$.

Der Wert 0,5 für den Parameter p lässt sich damit begründen, dass für $x_{med} = \delta_0$ die Wahrscheinlichkeit dafür, dass X_i kleiner als δ_0 ist, gerade 0,5 beträgt. Dies folgt aus der Definition des Medians. Beim linksseitigen und rechtsseitigen Test ist der Fall $x_{med} = \delta_0$ lediglich der Grenzfall der Hypothese. Dennoch führt das Vorgehen in der beschriebenen Form (siehe Testentscheidung) zu einer validen Überprüfung der entsprechenden Nullhypothese.

Testentscheidung und Interpretation

Die Testentscheidung kann anhand des kritischen Werts oder mit Hilfe des p-Werts herbeigeführt werden.

– **Entscheidungsregel basierend auf dem kritischen Wert**
  Für einen Wert α mit $0 < \alpha < 1$ bezeichne q_α die **kleinste** ganze Zahl für die gilt

$$P(Y \leq q_\alpha) = P(Y = 0) + P(Y = 1) + \ldots + P(Y = q_\alpha) > \alpha.$$

Große Werte der Teststatistik Y (Y nahe an n, dem Stichprobenumfang) sprechen für $x_{med} < \delta_0$, kleine Werte (Y nahe bei 0) hingegen für $x_{med} > \delta_0$. Die Nullhypothese H_0 wird zum Niveau α abgelehnt, falls

Problem (1):	$Y < q_{\alpha/2}$ oder $Y > n - q_{\alpha/2}$	(zweiseitig)
Problem (2):	$Y < q_\alpha$	(rechtsseitig)
Problem (3):	$Y > n - q_\alpha$	(linksseitig)

— **Entscheidungsregel basierend auf dem p-Wert**
Anstelle des kritischen Werts kann die Testentscheidung auch mit Hilfe
des p-Werts herbeigeführt werden. Die Nullhypothese H_0 wird zum
Niveau α abgelehnt, falls der

$$\text{p-Wert} < \alpha$$

ist, wobei sich der p-Wert der Teststatistik Y berechnet als

Problem (1):

$$\text{p-Wert} = 2 \cdot [P(Y = 0) + \ldots + P(Y = \min\{y_{beo}, n - y_{beo}\})]$$

$$= 2 \cdot 0{,}5^n \cdot \left[\binom{n}{0} + \binom{n}{1} + \ldots + \binom{n}{\min\{y_{beo}, n - y_{beo}\}} \right]$$

Problem (2):

$$\text{p-Wert} = P(Y = 0) + P(Y = 1) + \ldots + P(Y = y_{beo})$$

$$= 0{,}5^n \cdot \left[\binom{n}{0} + \binom{n}{1} + \ldots + \binom{n}{y_{beo}} \right]$$

Problem (3):

$$\text{p-Wert} = P(Y = n) + P(Y = n - 1) + \ldots + P(Y = y_{beo})$$

$$= 0{,}5^n \cdot \left[\binom{n}{n} + \binom{n}{n - 1} + \ldots + \binom{n}{y_{beo}} \right]$$

Der Vorzeichen-Test ist ein **konservativer** ▶204 Test, das heißt, das Niveau
α wird nicht immer ganz ausgeschöpft. Da die Berechnungen der Quantile
für große Stichprobenumfänge sehr aufwändig werden, kann die Approximation der Binomialverteilung durch die Normalverteilung zur Bestimmung der
Quantile oder des p-Werts verwendet werden. Der Vorzeichen-Test kann auch
zum Vergleich der mittleren Lage (im Sinne des Medians) zweier Zufallsvariablen herangezogen werden. Seien hierzu $(X_1, Y_1), \ldots, (X_n, Y_n)$ unabhängige
und identisch wie (X, Y) verteilte Zufallsvariablen mit stetigen Verteilungsfunktionen $F^X(x)$ und $F^Y(y)$. Besitzen X und Y den gleichen Median, so ist
der Median von $X - Y$ gleich 0, so dass die Gleichheit der mittleren Lage
von X und Y anhand von $X_1 - Y_1, \ldots, X_n - Y_n$ getestet werden kann, indem für den Schwellenwert $\delta_0 = 0$ angenommen wird. Dieses Vorgehen ist

genauso wie im Fall normalverteilter Zufallsvariablen X und Y beim t-Test im Zweistichprobenfall für unverbundene Stichproben.

Beispiel Sägewerk

In einem Sägewerk sollen Bretter mit einer Länge von 100 cm hergestellt werden, dazu wird die Säge auf den Sollwert von 100 cm eingestellt. Zusätzlich muss jedoch von Schwankungen ausgegangen werden, die zufällig, aber begrenzt sind. Die Firma überprüft in regelmäßigen Abständen, ob die Maschine richtig zentriert ist. Sie erhebt dazu eine Stichprobe und führt einen Vorzeichen-Test zum Signifikanzniveau $\alpha = 0,2$ durch. Ist es das Ziel, die Solllänge von 100 cm zu überprüfen, so muss auf Abweichungen in beide Richtungen vom Sollwert getestet werden. Damit ist folgendes zweiseitiges Testproblem adäquat

$$H_0 : x_{med} = 100 \quad \text{gegen} \quad H_1 : x_{med} \neq 100$$

Die Stichprobe besteht aus $n = 9$ Brettern. Unter der Nullhypothese ist die Anzahl der Bretter in der Stichprobe, die kürzer als 100 cm sind, binomialverteilt mit $n = 9$ und $p = 0,5$.

In folgender Tabelle sind die Dichte $P(Y = x)$ und die Verteilungsfunktion $F(x) = P(Y \leq x)$ dieser Binomialverteilung tabelliert, wobei Y die Teststatistik bezeichnet. Y war definiert als die Anzahl der Beobachtungen, die kleiner als der vorgegebene Sollwert von $\delta_0 = 100$ sind.

x	0	1	2	3	4	5	6	7
$P(Y = x)$	0,0020	0,0175	0,0703	0,1641	0,2461	0,2461	0,1641	0,0703
$P(Y \leq x)$	0,0020	0,0195	0,0898	0,2539	0,5000	0,7461	0,9102	0,9805

Zum Signifikanzniveau $\alpha = 0,2$ ist der kritische Wert $q_{\alpha/2} = q_{0,1} = 3$, da $P(Y \leq 2) \leq 0,1 < P(Y \leq 3)$ gilt. Beobachtet wurden die folgenden Längen

x	1	2	3	4	5	6	7	8	9
Länge	99,0	100,2	99,8	100,4	100,5	100,1	99,5	100,3	100,1

Da genau 3 Bretter kürzer als 100 cm sind, ist der Wert der Teststatistik $y_{beo} = 3$. Entsprechend der Entscheidungsregel gilt: $q_{\alpha/2} = 3 = y_{beo} = 3 < n - q_{\alpha/2} = 6$, und H_0 kann zum Niveau $\alpha = 0,2$ nicht verworfen werden. Alternativ kann auch der p-Wert für die Testentscheidung herangezogen werden

$$\text{p-Wert} \;=\; 2 \cdot [P(Y = 0) + P(Y = 1) + P(Y = 2) + P(Y = 3)]$$

$$= \quad 2 \cdot P(Y \leq 3) = 2 \cdot 0,2539 = 0,5068.$$

Der p-Wert 0,5068 ist erwartungsgemäß größer als α, da ja beide Entscheidungskriterien äquivalent sind. H_0 kann zum Niveau $\alpha = 0,2$ nicht verworfen werden.   ◀B

Beispiel Schadstoff   B

Nach einem Industrieunfall in einem Chemieunternehmen wurde im Grundwasser ein Schadstoff festgestellt. Der von der EU vorgegebene Grenzwert von 5 ppm wurde nicht überschritten. Man ist sich jedoch einig, dass schon geringere Konzentrationen des Schadstoffes Schäden an Fauna und Flora in der Umgebung mit hoher Wahrscheinlichkeit verursachen können. Experten nennen einen geringeren Grenzwert von 1 ppm, bei dem man sicher sein kann, dass eine Schadstoffmenge unterhalb dieses Werts keine negativen Auswirkungen auf die Umwelt hat.

Die ansässige Umweltbehörde entscheidet, dass teure Entgiftungsmaßnahmen nur dann nicht vorgenommen werden müssen, wenn mindestens 50% der Fläche im verseuchten Gebiet eine Konzentration von weniger als 1 ppm aufweist. Dazu werden Bodenproben von verschiedenen Stellen genommen und die Schadstoffkonzentrationen im Labor gemessen. Basierend auf dieser Stichprobe soll mit Hilfe eines Vorzeichen-Tests zum Niveau $\alpha = 0,05$ eine Entscheidung herbeigeführt werden.

Probe	1	2	3	4	5	6	7	8	9
Menge in ppm	0,5	0,8	0,4	2,3	0,6	1,6	0,2	0,3	0,9
Probe	10	11	12	13	14	15	16	17	
Menge in ppm	3,4	0,8	0,1	1,2	0,7	0,2	0,8	0,9	

Die Schadstoffmessungen in ppm werden entsprechend der Herleitung des Vorzeichen-Tests als X_i, $i = 1, 2, 3, \ldots, 17$ bezeichnet. Die Zufallsvariablen X_i werden als unabhängig und identisch wie eine Zufallsvariable X verteilt angenommen. Es stellt sich nun die Frage, ob der Median von X kleiner oder doch größer als der strenge Wert $\delta_0 = 1$ ist. Es handelt sich hierbei also um ein linksseitiges Testproblem

$$H_0: \quad x_{med} \geq \delta_0 \quad \text{gegen} \quad H_1: \quad x_{med} < \delta_0,$$

da nur eine Ablehnung der Nullhypothese die Entscheidung unterstützen kann, keine Maßnahmen vorzunehmen. In 13 der 17 Proben wurde eine Konzentration geringer als 1 ppm, dem Vergleichswert, festgestellt. Der realisierte

Wert der Teststatistik beträgt also $y_{beo} = 13$. Die Testentscheidung soll basierend auf dem kritischen Wert herbeigeführt werden. Als Signifikanzniveau ist $\alpha = 0,05$ gewählt worden. Dazu brauchen wir nur das Quantil $q_\alpha = q_{0,05}$ der Binomialverteilung mit $n = 17$ und $p = 0,5$. Wir berechnen die Werte der Verteilungsfunktion $P(X \leq x)$ bis zu dem ersten x, für das $P(X \leq x) > 0,05$ gilt

$$P(X \leq 0) = 0,5^{17} \cdot \binom{17}{0} < 0,0001$$

$$P(X \leq 1) = P(X \leq 0) + 0,5^{17} \cdot \binom{17}{1} < 0,0001$$

$$P(X \leq 2) = P(X \leq 1) + 0,5^{17} \cdot \binom{17}{2} = 0,0012$$

$$P(X \leq 3) = P(X \leq 2) + 0,5^{17} \cdot \binom{17}{3} = 0,0064$$

$$P(X \leq 4) = P(X \leq 3) + 0,5^{17} \cdot \binom{17}{4} = 0,0245$$

$$P(X \leq 5) = P(X \leq 4) + 0,5^{17} \cdot \binom{17}{5} = 0,0717$$

Das Quantil ist gegeben durch $q_{0,05} = 5$, denn für $x = 4$ ist der Wert der Verteilungsfunktion noch kleiner als 0,05, für $x = 5$ jedoch schon größer als 0,05. Da der obere kritische Wert $n - q_{0,05} = 17 - 5 = 12$ ist und der Wert der Teststatistik $y_{beo} = 13$ ist, ist $y_{beo} > n - q_{0,05}$ und die Nullhypothese kann entsprechend der Entscheidungsregel abgelehnt werden.

Das heißt, es werden keine Maßnahmen zur Entgiftung des betroffenen Gebietes getroffen, da man zu 95% sicher sein kann, dass höchstens die Hälfte des Gebietes eine Schadstoffverschmutzung zwischen 1 ppm und 5 ppm aufweist.   ◀B

B   **Beispiel** Tägliche Regenmenge

Auf Saramsanu sagt man, dass es im Inland der kleinen Insel stärker regnet als an der Küste. Um diese Behauptung zu überprüfen, soll ein Vorzeichen-Test zum Niveau $\alpha = 0,05$ durchgeführt werden. Der Vorzeichen-Test eignet sich, da über die Verteilung der Regenmenge aus Saramsanu keine hinreichende

Information vorliegt. Zur Durchführung werden an mehreren Tagen an jeweils einer Stelle im Inland und einer Stelle an der Küste die Niederschläge in Liter pro Quadratmeter gemessen. Wir nehmen dabei an, dass die Beobachtungen voneinander unabhängig sind.

Tag	1	2	3	4	5	6	7	8	9	10
Inland	16,3	1,9	11,3	34,8	15,1	19,6	1,5	0,1	56,1	32,8
Küste	20,2	1,7	0	23,3	14,3	45,0	0,8	0,2	10,8	28,9

Die tägliche Niederschlagsmenge werde im Inland mit X, die an der Küste mit U bezeichnet. Das für die Fragestellung benötigte Testproblem lautet nun

$$H_0: \quad x_{med} \leq u_{med} \quad \text{gegen} \quad H_1: \quad x_{med} > u_{med},$$

wobei wir anhand der Daten überprüfen wollen, ob die Nullhypothese verworfen werden kann. Bei näherer Betrachtung ist festzustellen, dass dieses Testproblem nicht für den Vorzeichen-Test definiert worden ist (siehe Hypothesen). Jedoch können wir uns auf die Bemerkung berufen, welche besagt, dass das Testproblem entsprechend umgeformt werden kann. Dazu betrachten wir die Differenz der beiden Regenmengen, bezeichnet mit $Z = X - U$, welche genau dann den Wert Null annimmt, wenn $x_{med} = u_{med}$ gilt. Wir betrachten nun also die Zufallsvariable $Z = X - U$ bzw. die Stichprobenvariablen $Z_1, \ldots, Z_{10}$ und formulieren das Testproblem entsprechend. Das obige Testproblem kann dann auch als rechtsseitig geschrieben werden

$$H_0: \quad z_{med} \leq 0 \quad \text{gegen} \quad H_1: \quad z_{med} > 0,$$

wie es für den Vorzeichen-Test eingeführt wurde.

Die Teststatistik Y entspricht der Anzahl der Z_i, die kleiner sind als 0. Für unsere Daten beträgt der Wert der Teststatistik $y_{beo} = 3$. Das Quantil $q_{0,05}$ der Binomialverteilung mit $n = 10$ und $p = 0,5$ ist gegeben durch $q_{0,05} = 2$, da $P(Y \leq 1) = 0,0107 < 0,05$ und $P(Y \leq 2) = 0,0547 > 0,05$. Die Nullhypothese kann also nicht abgelehnt werden, denn der Wert der Teststatistik ist größer als der kritische Wert: $y_{beo} = 3 > q_{0,05} = 2$. Somit konnte die obige Vermutung einer höheren Niederschlagsmenge basierend auf der Stichprobe und der gewählten Methode nicht nachgewiesen werden. ◀B

Der Wilcoxon-Rangsummen-Test

Beispiel IT Branche

Eine noch junge Firma aus dem IT-Bereich möchte ihre Position in der Branche festigen, indem sie ihren Marktanteil und damit verbunden den jährlichen Umsatz steigert.

Basierend auf den bisherigen Erfahrungen und den Umsatzzahlen beschließt das Unternehmen, zwei favorisierte Verkaufsstrategien auszuprobieren.

Für einen möglichst fairen Vergleich erfolgt eine zufällige Zuteilung der beiden Strategien auf je zehn der insgesamt zwanzig Filialen. Unter ansonsten gleichen Bedingungen wird in jeder Filiale die Zeit (in Minuten) bis zur Tätigung der ersten 50 Verkäufe gemessen. Die gewinnbringendere Strategie soll dann einheitlich in allen Filialen verwendet werden.

Das Bestreben nach einer möglichst zuverlässigen Entscheidung ist nachvollziehbar, da eine im Mittel effizientere Verkaufspsychologie einen höheren Umsatz für das Unternehmen bedeutet.   ◀B

Allgemein lassen sich solche Entscheidungen mit Hilfe geeigneter statistischer Methoden aus der Schätz- und Testtheorie treffen. In dem Fallbeispiel kann davon ausgegangen werden, dass die Wartezeiten bis zur Tätigung der ersten 50 Verkäufe keiner Normalverteilung folgen und dass zu wenig Information zur Annahme einer anderen Verteilung vorliegt. Die Anwendung eines nichtparametrischen Entscheidungsverfahrens erscheint daher sinnvoll.

Der Wilcoxon-Rangsummen-Test ist ein Rangtest auf Lagealternativen für Daten aus unabhängigen Stichproben mit mindestens ordinalem Messniveau. Er gehört in die Klasse der nichtparametrischen Verfahren und wird angewendet, wenn zwei unbekannte Verteilungen bezüglich ihrer Lage miteinander verglichen werden sollen oder es sich bei den Verteilungen nicht um Normalverteilungen handelt.

Anwendungen dieses Tests finden sich in allen natur- und gesellschaftswissenschaftlichen Fachgebieten. Häufig ist der Vergleich zweier Behandlungen mit dem Ziel, einen möglichen Unterschied in ihrer Wirksamkeit nachzuweisen, von Interesse. Die Bezeichnung Rangtest ergibt sich aus der Tatsache, dass anstelle der eigentlichen Beobachtungen nur deren Ränge in die Teststatistik eingehen.

Kann den Daten eine Normalverteilung unterstellt werden, so sollte aus statistischer Sichtweise das parametrische Gegenstück des Wilcoxon-Rangsummen-Tests, der t-Test, verwendet werden.

Voraussetzungen

Für eine Anwendung des Wilcoxon-Rangsummen-Tests müssen folgende Voraussetzungen erfüllt sein

— Betrachtet werden zwei Merkmale, dargestellt durch Zufallsvariablen X und Y, die mindestens ordinal skaliert sind.

— Die Zufallsvariablen X und Y sind stochastisch unabhängig.

— Die Zufallsvariablen X und Y haben die stetigen Verteilungsfunktionen $F^X(x)$ und $G^Y(y)$.

— Die Verteilungsfunktion $G^Y(z)$ an der Stelle $z \in \mathbb{R}$ ergibt sich aus einer Verschiebung der Verteilungsfunktion $F^X(z)$ um einen Wert $\delta \in \mathbb{R}$: $F^X(z) = G^Y(z - \delta)$.

Dies bedeutet: Beide Verteilungen besitzen die gleiche Gestalt und damit auch die gleiche Streuung, sie unterscheiden sich jedoch in ihrer Lage.

Zu testen sei eine Hypothese über die Lageparameter der Zufallsvariablen X und Y.

Zu beachten ist, dass es sich hierbei um Voraussetzungen an die Verteilungen $F^X(x)$ und $G^Y(y)$ der Zufallsvariablen X und Y handelt. Die Stichprobenvariablen $X_1, \ldots, X_n$ sollen voneinander unabhängig und identisch gemäß $F^X(x)$ verteilt sein, $Y_1, \ldots, Y_m$ voneinander unabhängig und identisch verteilt gemäß der Verteilung $G^Y(y)$. Beobachtet werden die Stichproben $x_1, \ldots, x_n$ und $y_1, \ldots, y_m$.

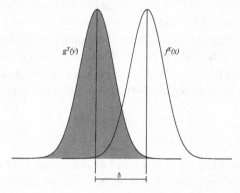

Ein positiver Wert von δ bedeutet, dass $G^Y(z)$ oberhalb von $F^X(z)$ liegt, bzw. dass die Dichtefunktion $g^Y(z)$ im Verhältnis zu $f^X(z)$ nach links verschoben ist. Die Zufallsvariable Y nimmt also mit größerer Wahrscheinlichkeit kleinere Werte an als X. Für $\delta < 0$ gilt der umgekehrte Sachverhalt.

Der Wilcoxon-Rangsummen-Test überprüft die Lageverschiebung der Verteilungsfunktion $F^X(z)$ durch die Überprüfung des Parameters δ. Eine Verschiebung liegt vor, wenn δ verschieden von Null ist. (Zur Erinnerung: Die Verteilungsfunktion $F^X(z)$ ist um einen Wert $\delta \in \mathbb{R}$ verschoben, wenn gilt $F^X(z) = G^Y(z - \delta)$.) Ist die Richtung der vermuteten Verschiebung bekannt, so wird getestet, ob δ größer oder kleiner als Null ist, andernfalls erfolgt ein Test, ob δ von Null verschieden ist.

Hypothesen

Für den Parameter $\delta \in \mathbb{R}$ ergeben sich für den Test auf Lagealternativen folgende mögliche Hypothesen

- Problem (1): $H_0 : \delta = 0$ gegen $H_1 : \delta \neq 0$ (zweiseitig)
- Problem (2): $H_0 : \delta \leq 0$ gegen $H_1 : \delta > 0$ (rechtsseitig)
- Problem (3): $H_0 : \delta \geq 0$ gegen $H_1 : \delta < 0$ (linksseitig)

In Problem(1) wird getestet, ob generell eine Lageverschiebung der Verteilungsfunktion F^X um einen Wert δ vorliegt. Während Problem (2) und (3) von einer Lageverschiebung der Verteilungsfunktion F^X gezielt in eine Richtung ausgehen.

B   Beispiel Hypothesen

- In vielen Reisezentren der Deutschen Bahn wurde lange ein Servicesystem verwendet, das für jeden geöffneten Schalter eine eigene Warteschlange vorsieht. Alternativ gibt es die Möglichkeit der Bildung einer gemeinschaftlichen Schlange für alle Schalter. Von Interesse ist, ob die Strategie der Bildung einer gemeinschaftlichen Schlange die mittlere Wartezeit der Kunden verkürzt. Bezeichne X die Wartezeit der Kunden bei separaten Warteschlangen und Y die Wartezeit bei einer gemeinschaftlichen Warteschlange. Dann lässt sich das Testproblem wie folgt formulieren

$$H_0 : \delta \leq 0 \quad \text{gegen} \quad H_1 : \delta > 0.$$

- Ein pharmazeutisches Unternehmen hat ein neues Antibiotikum zur Behandlung von Tuberkulose entwickelt. Nun möchte es dessen Wirkeffizienz mit der eines herkömmlichen Mittels vergleichen. Bei einer Überlegenheit soll der neue Wirkstoff das herkömmliche Antibiotikum ersetzen. Eine Zielvariable der Untersuchung ist damit die mittlere Behandlungsdauer der Patienten. Seien mit X bzw. Y die Behandlungszeiten bei Anwendung des Standardantibiotikums bzw. des neuen Antibiotikums bezeichnet. Dann muss das Testproblem formuliert werden als

$$H_0 : \delta \leq 0 \quad \text{gegen} \quad H_1 : \delta > 0.$$

— Ein Bauer möchte Kresse an einen nahe gelegenen Supermarkt verkaufen. Aufgrund seiner Erfahrungen vermutet der Bauer, dass die Aussaat der Kresse auf Watte mit zugesetzten Nährstoffen ertragreicher ist als eine Aussaat auf handelsüblicher Erde, die mit Bakterien oder anderen Schädlingen kontaminiert sein kann. Er entschließt sich, beide Methoden in einem Versuch zu vergleichen, in der Hoffnung, seine Vermutung durch die Daten untermauern zu können. Bezeichne X den Ertrag bei Aussaat der Kresse auf Erde und Y den Ertrag bei Aussaat auf Watte. Dann formulieren sich Null- und Alternativhypothese als

$$H_0 : \delta \geq 0 \quad \text{gegen} \quad H_1 : \delta < 0.$$

◀B

Beispiel (Fortsetzung ▶324) IT Branche   B

Greifen wir zurück auf das Beispiel aus der Einführung. Die Firma aus der IT-Branche hat das Ziel, unter zwei verschiedenen Verkaufsstrategien die gewinnbringendere herauszufinden.

Angenommen das Unternehmen hat schon zu Beginn die Vermutung, dass eine der Strategien (bezeichnet mit Strategie 2) effizienter ist, als die andere (bezeichnet mit Strategie 1). Es erwartet also für die Filialen, die Strategie 2 einsetzen, jeweils kürzere Zeiten für die ersten 50 Verkäufe, als für diejenigen Filialen, die Strategie 1 verwenden.
Seien X und Y Zufallsvariablen, die die Zeit bis zur Tätigung der ersten 50 Verkäufe pro Filiale unter Strategie 1 bzw. Strategie 2 beschreiben.
Unter der effizienteren Strategie ist es wahrscheinlicher, kürzere Wartezeiten zu beobachten. Die Verteilungsfunktion von Y sollte also in Bezug auf die von X nach links verschoben sein. Um die Vermutung des Unternehmens zu überprüfen, ist also die Hypothese zu testen, dass δ positiv ist.

Es ergibt sich damit das Testproblem mit den Hypothesen H_0 und H_1:

$$H_0 : \delta \leq 0 \quad \text{gegen} \quad H_1 : \delta > 0 \quad .$$

◀B

Teststatistik

Die mit W bezeichnete Teststatistik errechnet sich aus der Summe der Ränge der Stichprobenvariablen $X_1, \ldots, X_n$:

$$W = \sum_{i=1}^{n} R(X_i),$$

wobei $R(X_i)$ der Rang von X_i in der kombinierten Stichprobe ist. Man beachte, dass die Ränge der Stichprobenvariablen $Y_1, \ldots, Y_m$ nicht in die Teststatistik eingehen.

Zuweisung der Ränge

– Die Beobachtungen $x_1, \ldots, x_n, y_1, \ldots, y_m$ werden zu einer kombinierten Stichprobe $z_1, \ldots, z_{n+m}$ zusammengefasst.
– In der kombinierten Stichprobe werden den Beobachtungen ihre Ränge zugeordnet. Die Rangzahlen reichen dabei von 1 bis $n + m$.
– Bei gleichen Beobachtungswerten (Bindungen) werden die Durchschnittsränge zugewiesen.

Die Ränge $R(x_i)$ bzw. $R(y_i)$, die den Beobachtungen $x_1, \ldots, x_n, y_1, \ldots, y_m$ zugeordnet werden, sind selbst Realisierungen einer gleichverteilten Zufallsvariablen R. Damit kann die Verteilung der Teststatistik über kombinatorische Überlegungen bestimmt werden, die in der einschlägigen Literatur zu finden sind, siehe zum Beispiel Büning, Trenkler (1994).

Liegen Bindungen innerhalb einer Stichprobe vor, also zwischen zwei x- oder zwei y-Werten, so bleibt die Teststatistik davon unberührt. Bindungen zwischen Beobachtungen der einzelnen Stichproben hingegen haben einen Einfluss auf den Wert der Teststatistik W und somit auch auf die Verteilung von W. Dieser Einfluss ist jedoch begrenzt, wenn die Anzahl der Bindungen gering ist.

Testentscheidung und Interpretation

Abhängig von der Wahl des Signifikanzniveaus α gelten für die Probleme (1)-(3) folgende Entscheidungsregeln: Die Nullhypothese H_0 wird zum Niveau α verworfen, wenn

$$\text{Problem (1):} \quad W \leq w^*_{\alpha/2} \text{ oder } W \geq w^*_{1-\alpha/2} \quad \text{(zweiseitig)}$$

$$\text{Problem (2):} \quad W \geq w^*_{1-\alpha} \quad \text{(rechtsseitig)}$$

$$\text{Problem (3):} \quad W \leq w^*_{\alpha} \quad \text{(linksseitig)}$$

Der kritische Wert w^*_α ist das α-Quantil der Verteilung von W. Die Symmetrie der Verteilung der Teststatistik W erlaubt die Berechnung von $w^*_{1-\alpha}$ mit Hilfe von w^*_α.

Es gilt folgender Zusammenhang:

$$w^*_{1-\alpha} = n \cdot (m + n + 1) - w^*_\alpha,$$

wobei n und m jeweils die Stichprobenumfänge für die Zufallsvariablen X und Y sind. Dabei müssen n und m nicht notwendigerweise gleich groß sein.

Basierend auf der Testentscheidung, kann nun eine Schlussfolgerung bezüglich der ursprünglichen Problemstellung gezogen werden. Zum Beispiel, ob tatsächlich eine Lageverschiebung vorliegt und was diese im Zusammenhang mit der ursprünglichen Problemstellung bedeutet. Dabei sollte ersichtlich werden, welche Information aus den Daten gewonnen werden konnte.

Auf das Programmpaket R kann zur Berechnung der kritischen Werte nicht zurückgegriffen werden, da R eine andere Teststatistik verwendet.

Beispiel (Fortsetzung ▶324 ▶327) IT Branche   B

Die Firma aus der IT-Branche hat zur Untersuchung der beiden vorgeschlagenen Strategien die Zeit in Minuten bis zur Abhandlung der ersten 50 Verkäufe pro Filiale gemessen. Zu einem Niveau $\alpha = 0,05$ soll überprüft werden, ob sich eine Überlegenheit der Strategie 2 nachweisen läßt.

Es wurden folgende Zeiten (in min) beobachtet

Strategie	1					2				
Minuten	101	98	210	141	112	58	237	86	74	125

Seien X und Y die Zufallsvariablen, die die Zeit bis zur Tätigung der ersten 50 Verkäufe pro Filiale unter Strategie 1 bzw. Strategie 2 beschreiben. Das Messniveau von X und Y ist somit metrisch und X und Y haben stetige Verteilungsfunktionen $F^X(x)$ und $G^Y(y)$. (Zu beachten ist jedoch, dass die Zeit nur diskret gemessen werden kann.)

Wird von den unterschiedlichen Strategien 1 und 2 abgesehen, sind die Bedingungen für alle Filialen ansonsten gleich. Daher kann angenommen werden, dass sich die Verteilungsfunktionen $F^X(x)$ und $G^Y(y)$ höchstens bezüglich ihrer Lage unterscheiden. Eine Normalverteilung als zugrunde liegende Verteilung ist nicht zu vermuten, da es sich bei X und Y um Wartezeiten handelt.

Ist Strategie 2 tatsächlich überlegen, so sollte sich dies in signifikant kürzeren Verkaufszeiten widerspiegeln. Die Dichtefunktion der Zufallsvariablen Y (Strategie 2) würde also nach links verschoben sein, das heißt $\delta > 0$. Das Testproblem lautet damit:

$$H_0 : \delta \leq 0 \quad \text{gegen} \quad H_1 : \delta > 0.$$

Die Beobachtungen der kombinierten Stichprobe werden, beginnend mit der kleinsten, der Größe nach geordnet.

Strategie	2	2	2	1	1	1	2	1	1	2
	y_1	y_4	y_3	x_2	x_1	x_5	y_5	x_4	x_3	y_2
Beobachtungen	58	74	86	98	101	112	125	141	210	237
Rang (r_i)	1	2	3	4	5	6	7	8	9	10

Zur Berechnung der Teststatistik W werden alle Ränge, die zu Beobachtungen der Zufallsvariablen X gehören, aufsummiert. Die Realisierung w_{beo} ergibt sich damit als

$$w_{beo} = \sum_{i=1}^{5} R(x_i) = 1 + 2 + 3 + 7 + 10 = 23.$$

Der kritische Wert $w^*_{1-\alpha}$ ist mit $n = m = 5$ und $\alpha = 0,05$ als $w^*_{1-\alpha} = 36$ gegeben.

Der kritische Wert $w^*_{0,95} = 36$ ist größer als der Wert der Teststatistik $w_{beo} = 23$. Die Nullhypothese kann damit zu einem Signifikanzniveau von $\alpha = 0,05$ nicht verworfen werden. Aufgrund der Daten lässt sich also keine Überlegenheit von Strategie 2 nachweisen.   ◀B

Erhöht sich die Anzahl der Beobachtungen in den einzelnen Stichproben, so lässt sich die Verteilung von W durch eine Normalverteilung approximieren. Als Faustregel gilt, dass m oder n größer als 25 sein sollten. Die standardisierte Teststatistik

$$Z = \frac{W - \mu_W}{\sigma_W}$$

ist für $m, n \longrightarrow \infty$ mit $\frac{m}{n} \longrightarrow \gamma \neq 0, \infty$ unter der Nullhypothese H_0 asymptotisch standardnormalverteilt, das heißt $Z \sim \mathcal{N}(0,1)$. Erwartungswert und die Varianz von W sind gegeben durch

$$\mu_W = n \cdot (n + m + 1)/2 \quad \text{und} \quad \sigma_W^2 = n \cdot m \cdot (n + m + 1)/12.$$

Teststatistik

Die Teststatistik Z lässt sich also schreiben als

$$Z = \frac{W - n \cdot (n + m + 1)/2}{\sqrt{n \cdot m \cdot (n + m + 1)/12}}.$$

und folgt unter der Annahme $\delta = 0$ einer Standardnormalverteilung $\mathcal{N}(0,1)$.

Testentscheidung

Für große Stichprobenumfänge gelten damit folgende Entscheidungsregeln: Die Nullhypothese H_0 wird zum Niveau α verworfen, falls

Problem (1):	$|Z|$	$> z^*_{1-\alpha/2}$	(zweiseitig)
Problem (2):	Z	$> z^*_{1-\alpha}$	(rechtsseitig)
Problem (3):	Z	$< z^*_\alpha = -z^*_{1-\alpha}$	(linksseitig)

Der kritische Wert $z_\alpha*$ ist das α-Quantil der $\mathcal{N}(0,1)$-Verteilung.

Die Normalverteilung ist eine stetige Verteilung, während W nur ganze Zahlen annehmen kann und damit von diskreter Natur ist. Die Approximation durch die Normalverteilung lässt sich verbessern, wenn eine so genannte **Stetigkeitskorrektur** durchgeführt wird. Dabei wird 0,5 vom Wert der Teststatistik W subtrahiert

$$Z_k = \frac{W - 0,5 - \mu_W}{\sigma_W} = \frac{W - 0,5 - n \cdot (n + m + 1)/2}{\sqrt{n \cdot m \cdot (n + m + 1)/12}}.$$

B

Beispiel Kresse

Erinnern wir uns an das `Beispiel` ▶326, in dem der Bauer nachweisen möchte, dass die Aussaat von Kresse auf Watte ertragreicher ist als eine Aussaat auf handelsüblicher Erde.

Seien X und Y Zufallsvariablen, die das Wachstum der Kresse auf Erde bzw. Watte beschreiben.
Sollte die Kresse auf Watte tatsächlich besser wachsen, so ist von einer Rechtsverschiebung der Verteilungsfunktion $G^Y(z)$ im Bezug zu $F^X(z)$ auszugehen und damit von $\delta < 0$. Es ergibt sich folgendes Testproblem:

$$H_0: \quad \delta \geq 0 \quad \text{gegen} \quad H_1: \quad \delta < 0.$$

Der Bauer hat in einem Versuch je 30 Kressesamen auf Erde und gedüngter Watte ausgesät. Nach 10 Tagen wurden folgende Längen der Kressestängel (in mm) gemessen:

Erde:

x_1	x_2	x_3	x_4	x_5	x_6	x_7	x_8	x_9	x_{10}
12,8	13,1	13,4	13,6	13,8	14,0	14,5	14,6	15,1	15,4
x_{11}	x_{12}	x_{13}	x_{14}	x_{15}	x_{16}	x_{17}	x_{18}	x_{19}	x_{20}
15,5	15,8	15,9	16,1	16,3	17,1	17,7	17,9	18,5	18,9
x_{21}	x_{22}	x_{23}	x_{24}	x_{25}	x_{26}	x_{27}	x_{28}	x_{29}	x_{30}
19,1	19,6	19,9	20,8	21,2	21,5	21,9	22,7	23,4	23,9

Watte:

y_1	y_2	y_3	y_4	y_5	y_6	y_7	y_8	y_9	y_{10}
12,9	13,9	14,9	15,2	15,7	16,4	16,5	16,9	17,3	18,1

y_{11}	y_{12}	y_{13}	y_{14}	y_{15}	y_{16}	y_{17}	y_{18}	y_{19}	y_{20}
18,2	18,6	18,7	19,2	19,5	19,8	20	20,2	20,6	21,0

y_{21}	y_{22}	y_{23}	y_{24}	y_{25}	y_{26}	y_{27}	y_{28}	y_{29}	y_{30}
21,4	22,1	22,5	23,2	23,3	23,6	23,8	24,5	25,1	25,6

Die geordnete Gesamtstichprobe ist somit wie folgt gegeben

	x_1	y_1	x_2	x_3	x_4	x_5	y_2	x_6	x_7	x_8
Beob.	12,8	12,9	13,1	13,4	13,6	13,8	13,9	14,0	14,5	14,6
Rang	1	2	3	4	5	6	7	8	9	10

	y_3	x_9	y_4	x_{10}	x_{11}	y_5	x_{12}	x_{13}	x_{14}	x_{15}
Beob.	14,9	15,1	15,2	15,4	15,5	15,7	15,8	15,9	16,1	16,3
Rang	11	12	13	14	15	16	17	18	19	20

	y_6	y_7	y_8	x_{16}	y_9	x_{17}	x_{18}	y_{10}	y_{11}	x_{19}
Beob.	16,4	16,5	16,9	17,1	17,3	17,7	17,9	18,1	18,2	18,5
Rang	21	22	23	24	25	26	27	28	29	30

	y_{12}	y_{13}	x_{20}	x_{21}	y_{14}	y_{15}	x_{22}	y_{16}	x_{23}	y_{17}
Beob.	18,6	18,7	18,9	19,1	19,2	19,5	19,6	19,8	19,9	20,0
Rang	31	32	33	34	35	36	37	38	39	40

	y_{18}	y_{19}	x_{24}	y_{20}	x_{25}	y_{21}	x_{26}	x_{27}	y_{22}	y_{23}
Beob.	20,2	20,6	20,8	21,0	21,2	21,4	21,5	21,9	22,1	22,5
Rang	41	42	43	44	45	46	47	48	49	50

	x_{28}	y_{24}	y_{25}	x_{29}	y_{26}	y_{27}	x_{30}	y_{28}	y_{29}	y_{30}
Beob.	22,7	23,2	23,3	23,4	23,6	23,8	23,9	24,5	25,1	25,6
Rang	51	52	53	54	55	56	57	58	59	60

Die standardisierte Teststatistik realisiert sich damit zu

$$z_{k,beo} = \frac{w_{beo} - 0,5 - n \cdot (n+m+1)/2}{\sqrt{n \cdot m \cdot (n+m+1)/12}} = \frac{699 - 0,5 - 915}{\sqrt{4575}} = -3,201$$

mit

$$
\begin{aligned}
w_{beo} = \sum_{i=1}^{n} R(x_i) &= 1 + 3 + 4 + 5 + 6 + 8 + 9 + 10 + 12 + 14 + 15 + 17 \\
&\quad + 18 + 19 + 20 + 24 + 26 + 27 + 30 + 33 + 34 + 37 \\
&\quad + 39 + 43 + 45 + 47 + 48 + 51 + 54 \\
&= 699.
\end{aligned}
$$

Zu einem gegebenen Signifikanzniveau $\alpha = 0,05$ wird die Nullhypothese verworfen, falls die Teststatistik Z kleiner oder gleich dem kritischen Wert $z^*_{0,05}$ ist. Der kritische Wert ist $z^*_{0,05} = -1,6449$. Der Wert der Teststatistik $z_{k,beo} = -3,201$ ist kleiner als $-1,6449$. Die Nullhypothese H_0 kann damit verworfen werden. Zu einem Signifikanzniveau $\alpha = 0,05$ kann gefolgert werden, dass eine Aussaat von Kresse auf mit Nährstoffen angereicherter Watte ertragreicher ist als die Aussaat auf handelsüblichem Erdboden.   ◀B

B

Beispiel Hühnereier

Ein Bauer hat sich zu seinen 8 Hühnern noch 11 weitere einer anderen Rasse hinzugekauft. Für den Verkauf der Hühnereier müssen diese gewogen und in Gewichtsklassen S, M, L bzw. XL einsortiert werden. Nun möchte der Bauer feststellen, ob die Hühnerrasse einen Einfluss auf das Gewicht der Eier hat.

Seien X und Y Zufallsvariablen, die das Gewicht (in g) der Eier der beiden Hühnerrassen A und B beschreiben. Sollte es einen Unterschied im Gewicht der Hühnereier geben, so ist von gegeneinander verschobenen Verteilungsfunktionen $G^Y(z)$ und $F^X(z)$ bzw. einer Lageverschiebung der Dichtefunktionen $f^X(z)$ und $g^Y(z)$ auszugehen. Da der Bauer keine Vermutung über die Richtung einer möglichen Verschiebung hat, ist die Alternativhypothese $\delta \neq 0$ zu überprüfen. Es ergibt sich folgendes Testproblem

$$H_0 : \quad \delta = 0 \quad \text{gegen} \quad H_1 : \quad \delta \neq 0.$$

Für die Eier seiner insgesamt 19 Hühner misst der Bauer die folgenden Gewichte (in g)

Hühnerrasse A:

x_1	x_2	x_3	x_4	x_5	x_6	x_7	x_8
60,9	71,6	71,4	66,7	66,1	72,6	66,3	68,1

Hühnerrasse B:

y_1	y_2	y_3	y_4	y_5	y_6	y_7	y_8	y_9	y_{10}	y_{11}
62,6	53,0	59,3	61,1	58,3	53,5	64,3	67,6	70,7	60,9	59,7

Die geordnete Gesamtstichprobe mit zugehörigen Rängen lautet

	y_2	y_6	y_5	y_3	y_{11}	x_1	y_{10}	y_4	y_1	y_7
Beob.	53,0	53,5	58,3	59,3	59,7	60,9	60,9	61,1	62,6	64,3
Rang	1	2	3	4	5	6,5	6,5	8	9	10

	x_5	x_7	x_4	y_8	x_8	y_9	x_3	x_2	x_6
Beob.	66,1	66,3	66,7	67,6	68,1	70,4	71,4	71,6	72,6
Rang	11	12	13	14	15	16	17	18	19

Zur Berechnung der Teststatistik W werden alle Ränge, die zu Beobachtungen der Zufallsvariablen X gehören, aufsummiert. Die Realisierung w_{beo} ergibt sich damit als

$$w_{beo} = \sum_{i=1}^{8} R(x_i) = 6,5 + 11 + 12 + 13 + 15 + 17 + 18 + 19 = 111,5.$$

Die kritischen Werte $w^*_{\alpha/2}$ und $w^*_{1-\alpha/2}$ mit $n = 8$, $m = 11$ und $\alpha = 0,05$ sind $w^*_{\alpha/2} = 55$ und $w^*_{1-\alpha/2} = 105$.

Es ist $w^*_{0,025} = 55 < 111,5 = w_{beo}$ und $w^*_{0,975} = 105 < 111,5 = w_{beo}$. Die Nullhypothese kann damit zu einem Signifikanzniveau von $\alpha = 0,05$ verworfen werden. Der Bauer kann also aufgrund der Daten davon ausgehen, dass die Eier der zwei Hühnerrassen sich in ihrem Gewicht unterscheiden.

◀B

Der Kruskal-Wallis-Test

Im Rahmen einer Studie zur Entwicklung der kognitiven Fähigkeiten von Kindern in verschiedenen Altersgruppen wird unter anderem überprüft, wie schnell Objekte oder Inhalte erfasst und strukturiert wahrgenommen werden können. Den Kindern werden dazu Bilder aus einer Bildergeschichte vorgelegt, die in die richtige Reihenfolge gebracht werden müssen. An einer Grundschule wurden zur Durchführung der Studie fünf sechsjährige, fünf siebenjährige und vier achtjährige Kinder zufällig ausgewählt und gebeten, acht Bilder aus einer Bildergeschichte richtig anzuordnen. Von Interesse ist, ob sich die Kinder unterschiedlichen Alters hinsichtlich der Zeit unterscheiden, die sie zur Bewältigung der gestellten Aufgabe benötigen. Wegen des geringen Stichprobenumfangs ist es schwierig, eine parametrische Verteilung zu unterstellen. Die Anwendung eines nichtparametrischen Entscheidungsverfahrens für mehr als 2 Stichproben erscheint daher geeigneter. Würden nur zwei Stichproben vorliegen, so könnte ein Wilcoxon-Rangsummen-Test durchgeführt werden.

Der Kruskal-Wallis-Test ist ein Rangtest, der untersucht, ob für ein Merkmal Daten aus mehr als zwei unabhängigen Stichproben aus derselben Verteilung stammen können. Dabei geht man davon aus, dass die Form der Verteilung für alle Stichproben gleich ist, es aber Unterschiede in der Lage geben kann. Die Situation stellt eine Erweiterung des Zweistichproben-Problems für unabhängige Zufallsvariablen auf ein k-Stichproben-Problem dar ($k > 2$). Damit kann der Kruskal-Wallis-Test als eine Verallgemeinerung des `Wilcoxon Rangsummentests` ►324 aufgefasst werden. Der Test beruht ebenfalls auf den Rängen der Gesamtstichprobe. Ziel des Tests ist es aufzudecken, ob es in den k Grundgesamtheiten irgendwo Unterschiede in der Lage der Verteilungen gibt. Ein solcher Test, der simultan Unterschiede in k Stichproben überprüft, wird auch als globaler Test bezeichnet. Der Kruskal-Wallis-Test zeigt nur auf, ob irgendwelche Lageunterschiede bestehen. Man kann aus seinem Ergebnis aber nicht schließen, zwischen welchen der untersuchten Grundgesamtheiten es solche Unterschiede gibt. Dazu wären paarweise Vergleiche zwischen je zwei Stichproben erforderlich. Hierzu werden spezielle so genannte multiple Testprozeduren benötigt, um das geforderte Testniveau α einzuhalten und damit den Fehler 1. Art für den Lagevergleich unter Kontrolle zu halten.

Kann den Daten eine Normalverteilung mit gleicher Varianz für die k Stichproben unterstellt werden, so sollte aus statistischer Sichtweise das parametrische Gegenstück des Kruskal-Wallis-Tests, der `F-Test` ►269, verwendet werden, da der F-Test in dieser Situation effizienter ist.

Voraussetzungen

Für die Anwendung des Kruskal-Wallis-Tests müssen folgende Voraussetzungen erfüllt sein:

— Das interessierende Merkmal X ist mindestens ordinal skaliert mit stetiger Verteilungsfunktion $F(x)$.

— Die Zufallsvariablen $X_1, X_2, \ldots, X_k$ der k Grundgesamtheiten sind voneinander stochastisch unabhängig.

— Die Zufallsvariable X_i, $i = 1, \ldots, k$ besitzt die stetige Verteilungsfunktion $F^{X_i}(x)$.

– Die Verteilungsfunktion $F^{X_i}(z)$, $i = 1, \dots, k$, an der Stelle $z \in \mathbb{R}$ ergibt sich aus einer Verschiebung der Verteilungsfunktion F um einen Wert $\delta_i \in \mathbb{R}$

$$F^{X_i}(z) = F(z + \delta_i), \qquad \text{für alle } z \in \mathbb{R}.$$

Damit wird unterstellt, dass die Verteilungen des Merkmals in den k Grundgesamtheiten die gleiche Gestalt und Streuung besitzen, sich aber in ihrer Lage unterscheiden können. Außerdem sind die Stichprobenvariablen $X_{i_1}, X_{i_2}, \dots X_{i_{n_i}}$, $i = 1, \dots, k$, voneinander unabhängig und identisch verteilt gemäß F^{X_i}, wobei n_i den Stichprobenumfang der i-ten Stichprobe bezeichnet.
Die Daten sollten mindestens ordinales Messniveau besitzen.

Hypothesen

Der Kruskal-Wallis Test überprüft global die Hypothese, ob alle Stichproben aus der gleichen Grundgesamtheit stammen und somit ein und derselben Verteilung folgen. Er kann nur aufdecken, ob sich mindestens zwei der Verteilungen in ihrer Lage unterscheiden. Er entscheidet nicht, zwischen welchen Verteilungen und in welche Richtung diese Unterschiede bestehen. Damit sind einseitige Hypothesen ausgeschlossen. Das Testproblem formuliert sich daher wie folgt

$$H_0 : \delta_1 = \delta_2 = \dots = \delta_k = 0 \quad \text{gegen} \quad H_1 : \delta_i \neq 0$$

für mindestens ein i, $i = 1, \dots, k$.
Unter der Nullhypothese haben die Zufallsvariablen $X_1, \dots, X_k$ identische Verteilungsfunktionen. Unter der Alternativhypothese wird angenommen, dass sich für mindestens ein Paar i und j, $1 \leq i, j, \leq k$, die zugehörigen Verteilungsfunktionen bezüglich ihrer Lage unterscheiden, das bedeutet

$$F^{X_i}(z) = F^{X_j}(z - \delta) \text{ mit } \delta \neq 0.$$

Beispiel Hypothesen   B

– Um eine Empfehlung an seine Leser herausgeben zu können, ist ein Gesundheitsmagazin an einem Vergleich unterschiedlicher Fetakäse interessiert. Es ist bekannt, dass sich Kuh-, Ziegen-, bzw. Schafsmilch in ihrer

Zusammensetzung unterscheiden. Daher soll insbesondere untersucht werden, ob damit auch der Kaloriengehalt von Fetakäse aus Kuh-, Ziegen- bzw. Schafsmilch voneinander abweicht.

$$H_0 : \delta_1 = \delta_2 = \delta_3 = 0 \quad \text{gegen} \quad H_1 : \delta_i \neq 0$$

für mindestens ein i, $i = 1, \dots, 3$.

— Es ist von Interesse, ob sich der Ertrag von Erdbeeren durch den Einsatz unterschiedlicher Düngemittel steigern lässt. In einer Studie wurden daher drei verschiedene Düngemittel auf jeweils neun gleichflächigen Erdbeerfeldern mit vergleichbarer Bodenstruktur und auch sonst vergleichbaren Bedingungen eingesetzt. Anschließend soll anhand des Gewichts der pro Feld geernteten Menge an Erdbeeren überprüft werden, ob ein Unterschied zwischen den Erträgen unter den Düngemitteln besteht.

$$H_0 : \delta_1 = \delta_2 = \delta_3 = 0 \quad \text{gegen} \quad H_1 : \delta_i \neq 0$$

für mindestens ein i, $i = 1, \dots, 3$.

— Mehrere Angehörige einer Krankenkasse beschweren sich über zu lange Wartezeiten bei verschiedenen Ärzten. Dabei fällt der Krankenkasse auf, dass es sich bei den eingegangenen Beschwerden relativ häufig um Zahnärzte handelt. Daher möchte die Krankenkasse überprüfen, ob sich die mittlere Wartezeit der Patienten je nach Fachgebiet der Ärzte unterscheidet.

$$H_0 : \delta_1 = \delta_2 = \dots = \delta_k = 0 \quad \text{gegen} \quad H_1 : \delta_i \neq 0$$

für mindestens ein i, $i = 1, \dots, k$, wobei k die Anzahl der von der Krankenkasse untersuchten Fachrichtungen ist.

◀B

B   **Beispiel** (Fortsetzung ▶335) Kognitive Fähigkeiten

Greifen wir zurück auf das **Beispiel** ▶335. Zur Überprüfung der Wahrnehmungs- und Koordinationsfähigkeit in Abhängigkeit vom Alter sollten sechs-, sieben- und achtjährige Kinder einzelne Bilder aus einer Bildergeschichte in der richtigen Reihenfolge anordnen. Das Ziel ist nun, Unterschiede zwischen den verschiedenen Altersgruppen hinsichtlich der für diese Aufgabe benötigten Zeit aufzudecken.

Seien X_1, X_2 und X_3 die Zufallsvariablen, die in den drei Altersgruppen jeweils die Zeit bis zur Bewältigung der gestellten Aufgabe messen. Damit ist zu überprüfen, ob sich die Verteilungsfunktionen der Zufallsvariablen hinsichtlich ihrer Lage unterscheiden. Es ergibt sich damit folgendes Testproblem mit den Hypothesen H_0 und H_1

$$H_0 : \delta_1 = \delta_2 = \delta_3 = 0 \quad \text{gegen} \quad H_1 : \delta_i \neq 0$$

für mindestens ein i, $i = 1, 2, 3$.   ◀B

Zuweisung der Ränge ▶328

Die k Stichproben werden zu einer Gesamtstichprobe vom Umfang $n = \sum_{i=1}^{k} n_i$ vereinigt. Alle Beobachtungen der kombinierten Stichprobe werden der Größe nach geordnet. Den geordneten Werten werden in aufsteigender Reihenfolge die Ränge r_{ij}, $i = 1, \ldots, k$ und $j = 1, \ldots, n_i$ zugewiesen. Mögliche Rangwerte sind die natürlichen Zahlen $1, 2, \ldots, n$. Der Wert r_{ij} bezeichnet den Rang der j-ten Beobachtung der i-ten Stichprobe innerhalb der kombinierten Gesamtstichprobe. Bei gleichen Beobachtungswerten (Bindungen) werden die Durchschnittsränge bestimmt und zugewiesen. Damit ergibt sich

$$r_i = \sum_{j=1}^{n_i} r_{ij}$$

als Rangsumme der i-ten Stichprobe.

Teststatistik

Unter der Nullhypothese gilt für den Erwartungswert der Rangsumme der i-ten Stichprobe

$$E(R_i) = \frac{n_i \cdot (n + 1)}{2}.$$

Zur Überprüfung der Nullhypothese H_0 betrachtet man im Wesentlichen, wie stark die tatsächlich beobachteten Rangsummen von den unter H_0 erwarteten abweichen. Dies geschieht in Form einer gewichteten Summe der quadrierten Abweichungen. Die Teststatistik H wird definiert als

$$H = \frac{12}{n \cdot (n + 1)} \sum_{i=1}^{k} \frac{1}{n_i} \cdot (R_i - E(R_i))^2.$$

Die Verteilung der Teststatistik unter H_0 kann durch kombinatorische Überlegungen bestimmt werden.

Große Abweichungen der beobachteten Rangsummen von den unter H_0 erwarteten sprechen gegen die Nullhypothese. Die Teststatistik nimmt in solchen Fällen große Werte an. Die Nullhypothese H_0 wird zum Signifikanzniveau α abgelehnt, falls

$$H \geq h^*_{1-\alpha}.$$

Der kritische Wert $h^*_{1-\alpha}$ ist das $(1-\alpha)$-Quantil der Verteilung von H.

Für mehr als 3 Stichproben ($k > 3$) und größere Stichprobenumfänge nimmt der Rechenaufwand zur Bestimmung der Verteilung von H schnell zu. In diesen Fällen kann die Verteilung von H unter der Nullhypothese H_0 gut durch die χ^2–Verteilung mit $(k-1)$ Freiheitsgraden approximiert werden. Damit gilt die folgende Entscheidungsregel

Die Nullhypothese wird zum Niveau α verworfen, falls

$$H \geq \chi^2_{k-1;1-\alpha},$$

wobei k der Anzahl der Stichproben entspricht.

Die Testentscheidung basierend auf der χ^2-Verteilung ermöglicht uns wieder die Berechnung des kritischen Werts oder des p-Werts mit dem Programmpaket R ▶294.

B   Beispiel (Fortsetzung ▶335 ▶338) Kognitive Fähigkeiten

Zur Überprüfung der kognitiven Fähigkeiten wurde die Zeit gemessen, die die Kinder zur Anordnung der einzelner Bilder aus der Bildergeschichte benötigten. Dabei konnte die Zeit auf halbe Minuten genau erfasst werden. Zum Niveau von $\alpha = 0,05$ soll nun überprüft werden, ob sich Unterschiede in der Entwicklung zwischen den Kindern nachweisen lassen.
Es wurden folgende Zeiten beobachtet

Alter	6 Jahre					7 Jahre					8 Jahre			
Zeit in min	5	3,5	4	4,5	3,5	4,5	3	3	3,5	3	2	2	3	2

Seien X_1, X_2 und X_3 die Zufallsvariablen, die die Zeit bis zur richtigen Anordnung der Bildergeschichte in den drei Altersgruppen beschreiben. X_1, X_2

und X_3 sind stetige Zufallsvariablen und haben stetige Verteilungsfunktionen $F^{X_1}(x)$, $F^{X_2}(x)$ und $F^{X_3}(x)$. Da die Zeit in der Studie diskret gemessen wurde (auf halbe Minuten genau), liegt ordinales Messniveau vor. Wird von dem unterschiedlichen Alter der Kinder abgesehen, sind die Bedingungen für alle Schüler ansonsten gleich. Daher kann angenommen werden, dass sich die Verteilungsfunktionen $F^{X_1}(x)$, $F^{X_2}(x)$ und $F^{X_3}(x)$ höchstens bezüglich ihrer Lage unterscheiden. Eine Normalverteilung als zugrunde liegende Verteilung ist aufgrund der wenigen Daten und der diskreten Messung problematisch, die Anwendung des Kruskal-Wallis-Tests ist also sinnvoll.

Liegen tatsächlich Unterschiede in den kognitiven Fähigkeiten sechs-, sieben- und achtjähriger Kinder vor, sollte sich dies in signifikant unterschiedlichen Bearbeitungszeiten widerspiegeln. Mindestens eine der Verteilungsfunktionen der Zufallsvariablen X_1, X_2 und X_3 würde also gegenüber den anderen verschoben sein. Das Testproblem lautet damit

$$H_0 : \delta_1 = \delta_2 = \delta_3 = 0 \quad \text{gegen} \quad H_1 : \delta_i \neq 0$$

für mindestens ein i, $i = 1, 2, 3$. Die Nullhypothese impliziert also keinen Unterschied zwischen den unterschiedlichen Altersgruppen, während die Alternativhypothese eine Differenz annimmt.

Die Beobachtungen der kombinierten Stichprobe werden, beginnend mit der kleinsten, der Größe nach geordnet.

Beob.	2	2	2	3	3	3	3	3,5	3,5	3,5	4	4,5	4,5	5
Rang (r_i)	2	2	2	5,5	5,5	5,5	5,5	9	9	9	11	12,5	12,5	14
Altersgruppe	3	3	3	2	2	2	3	1	2	1	1	1	2	1

Zur Berechnung der Teststatistik H werden zunächst die Rangsummen der drei Stichproben bestimmt. Dazu werden die Ränge der Beobachtungen, die zu einer Stichprobe gehören, aufsummiert

$$
\begin{aligned}
r_1 &= 9 + 9 + 11 + 12,5 + 14 = 55,5 \\
r_2 &= 5,5 + 5,5 + 5,5 + 9 + 12,5 = 38 \\
r_3 &= 3 + 3 + 3 + 5,5 = 14,5.
\end{aligned}
$$

Außerdem werden die unter der Nullhypothese H_0 erwarteten Rangsummen bestimmt

$$
\begin{aligned}
E(R_1) &= \frac{n_1 \cdot (n+1)}{2} = \frac{5 \cdot (14+1)}{2} = 37,5 \\
E(R_2) &= \frac{n_2 \cdot (n+1)}{2} = \frac{5 \cdot (14+1)}{2} = 37,5
\end{aligned}
$$

$$E(R_3) \;=\; \frac{n_3 \cdot (n+1)}{2} = \frac{4 \cdot (14+1)}{2} = 30.$$

Die Realisierung h_{beo} der Teststatistik ergibt sich damit als

$$h_{beo} \;=\; \frac{12}{14 \cdot (14+1)} \cdot \left[\frac{(55,5-37,5)^2}{5} + \frac{(38-37,5)^2}{5} + \frac{(14,5-30)^2}{4} \right]$$

$$= \; 7,1379.$$

Der kritische Wert $h_{1-\alpha}^*$ ist mit $n_1 = n_2 = 5, n_3 = 4$ für $\alpha = 0,05$ gegeben als $h_{0,95}^* = 5,6429$. Da der kritische Wert $h_{0,95}^* = 5,6429$ kleiner ist als der Wert der Teststatistik $h_{beo} = 7,1379$, kann die Nullhypothese zum Niveau von $\alpha = 0,05$ verworfen werden. Damit unterscheiden sich die Zeiten, die sechs-, sieben- und achtjährige Schüler für das Ordnen der Bildergeschichte benötigen.   ◀B

B   **Beispiel** (Fortsetzung ▶337) Erdbeeren

Erinnern wir uns an das **Beispiel** zu den Hypothesen ▶337, in dem untersucht werden soll, ob sich der Ertrag von Erdbeeren hinsichtlich des verwendeten Düngemittels unterscheidet.

Seien X_1, X_2 und X_3 die Zufallsvariablen, die den Ertrag der Erdbeeren in Kilogramm pro Feld jeweils für die Düngemittel 1, 2 und 3 beschreiben. Sollten sich die Erträge der Erdbeerfelder bezüglich der Düngung tatsächlich unterscheiden, so ist von gegeneinander verschobenen Lagen der Verteilungsfunktionen $F^{X_1}(x)$, $F^{X_2}(x)$ und $F^{X_3}(x)$ auszugehen. Es ergibt sich folgendes Testproblem

$$H_0 : \delta_1 = \delta_2 = \delta_3 = 0 \quad \text{gegen} \quad H_1 : \delta_i \neq 0$$

für mindestens ein i, $i = 1, 2, 3$.

In der Studie wurden jeweils 9 Felder mit einem Düngemittel behandelt. Für die insgesamt 27 Felder ergaben sich folgende Erträge in Kilogramm

Düngemittel 1	101	72	85	121	100	89	95	80	78
Düngemittel 2	93	67	62	75	79	80	81	86	87
Düngemittel 3	45	44	79	55	61	63	67	51	60

Die geordnete Gesamtstichprobe ist somit wie folgt gegeben

Beobachtungen	44	45	51	55	60	61	62	63	67
Rang	1	2	3	4	5	6	7	8	9,5
Düngemittel	3	3	3	3	3	3	2	3	2
Beobachtungen	67	72	75	78	79	79	80	80	81
Rang	9,5	11	12	13	14,5	14,5	16,5	16,5	18
Düngemittel	3	1	2	1	3	2	2	1	2
Beobachtungen	85	86	87	89	93	95	100	101	121
Rang	19	20	21	22	23	24	25	26	27
Düngemittel	1	2	2	1	2	1	1	1	1

Damit ergeben sich die Rangsummen der drei Stichproben gemäß

$$r_1 = 11 + 13 + 16,5 + 19 + 22 + 24 + 25 + 26 + 27 = 183,5$$
$$r_2 = 7 + 9,5 + 12 + 14,5 + 16,5 + 18 + 20 + 21 + 23 = 141,5$$
$$r_3 = 1 + 2 + 3 + 4 + 5 + 6 + 8 + 9,5 + 14,5 = 53.$$

Die unter der Nullhypothese H_0 erwarteten Rangsummen lauten

$$E(R_i) = \frac{n_i \cdot (n+1)}{2} = \frac{9 \cdot (27+1)}{2} = 126, \quad \text{für } i = 1, 2, 3.$$

Die Realisierung h_{beo} der Teststatistik ergibt sich damit als

$$h_{beo} = \frac{12}{27 \cdot (27+1)} \left[\frac{(183,5 - 126)^2}{9} + \frac{(141,5 - 126)^2}{9} + \frac{(53 - 126)^2}{9} \right]$$
$$= 15,6534.$$

Da die Stichprobenumfänge n_i, $i = 1, 2, 3$ jeweils größer als 5 sind, ist die Teststatistik unter der Nullhypothese H_0 approximativ χ^2-verteilt.

Der Wert der Teststatistik $h_{beo} = 15,6534$ ist größer als der kritische Wert $\chi^2_{2;0,95} = 5,9915$. Die Nullhypothese H_0 kann damit verworfen werden. Zu einem Signifikanzniveau $\alpha = 0,05$ kann geschlossen werden, dass der Ertrag von Erdbeeren sich bei Verwendung der verschiedenen Dünger unterscheidet.

Beispiel (Fortsetzung ▶337) Fetakäse

Ein Gesundheitsmagazin möchte untersuchen, ob sich der Kaloriengehalt von
Fetakäse hergestellt aus Kuh-, Schafs- bzw. Ziegenmilch unterscheidet. Dazu
wurde bei verschiedenen handelsüblichen Produkten der Kaloriengehalt pro
100 g Fetakäse ermittelt.

Seien X_1, X_2 und X_3 die Zufallsvariablen, die den Kaloriengehalt (in kcal)
der Fetakäse aus Kuh-, Schafs- bzw. Ziegenmilch beschreiben. Sollten sich
die Käse aus verschiedenen Milchsorten bezüglich ihres Kaloriengehalts unterscheiden, so ist von gegeneinander verschobenen Lagen der Verteilungsfunktionen $F^{X_1}(x)$, $F^{X_2}(x)$ und $F^{X_3}(x)$ auszugehen. Es ergibt sich folgendes
Testproblem

$$H_0 : \delta_1 = \delta_2 = \delta_3 = 0 \quad \text{gegen} \quad H_1 : \delta_i \neq 0$$

für mindestens ein i, $i = 1, 2, 3$.

In der Studie wurden drei, fünf und vier Fetakäseprodukte der betreffenden
Milchsorten untersucht. Für die insgesamt 12 untersuchten Käse ergaben sich
folgende Messwerte in kcal/100 g

Fetakäse aus Kuhmilch	214	227	268		
Fetakäse aus Schafsmilch	237	242	266	298	251
Fetakäse aus Ziegenmilch	145	207	212	285	

Die geordnete Gesamtstichprobe mit zugewiesenen Rängen ist somit wie folgt
gegeben

Beobachtungen	145	207	212	214	227	237
Rang	1	2	3	4	5	6
Milchsorte	3	3	3	1	1	2
Beobachtungen	242	251	266	268	285	298
Rang	7	8	9	10	11	12
Milchsorte	2	2	2	1	3	2

Zur Berechnung der Teststatistik H werden zunächst die Rangsummen der
drei Stichproben bestimmt, d.h. die Ränge der Beobachtungen, die zu einer
Stichprobe gehören, werden aufsummiert

$$
\begin{aligned}
r_1 &= 4 + 5 + 10 = 19 \\
r_2 &= 6 + 7 + 8 + 9 + 12 = 42 \\
r_3 &= 1 + 2 + 3 + 11 = 17.
\end{aligned}
$$

Außerdem werden die unter der Nullhypothese H_0 erwarteten Rangsummen bestimmt

$$\mathrm{E}(R_1) \;=\; \frac{n_1 \cdot (n+1)}{2} = \frac{3 \cdot (12+1)}{2} = 19,5$$

$$\mathrm{E}(R_2) \;=\; \frac{n_2 \cdot (n+1)}{2} = \frac{5 \cdot (12+1)}{2} = 32,5$$

$$\mathrm{E}(R_3) \;=\; \frac{n_3 \cdot (n+1)}{2} = \frac{4 \cdot (12+1)}{2} = 26.$$

Die Realisierung h_{beo} der Teststatistik ergibt sich damit als

$$h_{beo} \;=\; \frac{12}{12 \cdot (12+1)} \left[\frac{(19-19,5)^2}{3} + \frac{(42-32,5)^2}{5} + \frac{(17-26)^2}{4} \right]$$

$$=\; 2,9526.$$

Der kritische Wert $h^*_{1-\alpha}$ mit $n_1 = 3, n_2 = 5, n_3 = 4$ und $\alpha = 0,05$ ergibt sich zu $h^*_{0,95} = 5,6308$.

Der Wert der Teststatistik $h_{beo} = 2,9526$ ist kleiner als der kritische Wert $h^*_{1-\alpha} = 5,6308$. Die Nullhypothese H_0 kann damit zum Signifikanzniveau $\alpha = 0,05$ nicht verworfen werden. Aufgrund der vorliegenden Daten gibt es also keinen Hinweis darauf, dass sich die Fetakäse der verschiedenen untersuchten Milchsorten bezüglich ihres Kaloriengehalts unterscheiden.

Literaturverzeichnis

Bartlett, M.S. (1967). it Statistical Methods. 6th ed., The Iowa Stats University Press, Ames.

Büning, H., Trenkler G. (1994). *Nichtparametrische statistische Methoden.* 2. Aufl., de Gruyter, Berlin.

Burkschat, M., Cramer, E., Kamps, U. (2004). *Beschreibende Statistik. Grundlegende Methoden.* Springer, Berlin.

Casella, G., Berger, R.L. (1990). *Statistical Inference.* Duxbury Press, Belmont.

Dehling, H., Haupt, B. (2003). *Einführung in die Wahrscheinlichkeitstheorie und Statistik.* Springer, Berlin.

Efron, B., Tibshirani, R.J. (1993). *An Introduction to the Bootstrap.* Chapman & Hall/CRC, Boca Raton.

Evans, M., Hastings, N., Peacock, B. (2000). *Statistical Distributions.* 3rd ed., Wiley, New York.

Fahrmeir, L., Künstler, R., Pigeot, I., Tutz, G. (2003). *Statistik. Der Weg zur Datenanalyse.* 4. Aufl., Springer, Berlin.

Gelman, A., Carlin, J.B., Stern, H.S., Rubin, D.B. (1998). *Bayesian Data Analysis.* Chapman & Hall, London.

Larsen, R.J., Marx, M.L. (1986). *Mathematical Statistics and its Applications.* Prentice-Hall, Englewood Cliffs.

Lehmann, E.L., Casella, G. (1998). *Theory of Point Estimation.* 2nd ed., Springer, New York.

Levy, P.S., Lemeshow, S. (1999). *Sampling of Populations. Methods and Applications.* 3rd ed., Wiley, New York.

Mood, A.M., Graybill, F.A., Boes, D.C. (1974). *Introduction to the Theory of Statistics*, McGraw-Hill, Singapore.

Moore, D.S. (2000). *The Basic Practice of Statistics.* Freeman and Company, New York.

Mosler, K., Schmid, F. (2003). *Beschreibende Statistik und Wirtschaftsstatistik.* Springer, Berlin.

Mosler, K., Schmid, F. (2004). *Wahrscheinlichkeitsrechnung und schließende Statistik.* Springer, Berlin.

Neter, J., Kutner, M.H., Nachtsheim, C.J., Wasserman, W. (1996). *Applied Linear Statistical Models.* 4th ed., Irwin, Chicago.

R Development Core Team (2004). *R: A language and environment for statistical computing.* R Foundation for Statistical Computing, Vienna, Austria. ISBN 3-900051-00-3, URL http://www.R-project.org.

Serfling, R.J. (1980). *Approximation Theorems of Mathematical Statistics.* Wiley, New York.

Index

Akzeptanzbereich, 191
Alternativhypothese, 176
arithmetisches Mittel, 46

Bedingte
  Dichte, 22
  Verteilung, 23
Bedingter Erwartungswert
  Eigenschaften, 30
Bernoulli-Experiment, 38
Bernoulliverteilung, 4, 38
Beste Tests, 198
Bias, 66
Bindungen, 315
Binomialkoeffizient, 38
Binomialtest
  approximativer, 220, 285
  exakter, 220, 278
Binomialverteilung, 39

χ^2-Anpassungstest, 220, 290
χ^2-Unabhängigkeitstest, 221, 300
χ^2-Verteilung, 44
Cauchy-Verteilung, 109
Cramér-Rao-Ungleichung, 82

Dichte
  bedingte, 22
  diskrete, 14
  gemeinsame, 19
  stetige, 14
  Randdichte, 20
  Rechenregeln, 18

effizient, 76
Effizienz, 63, 76
Einflussgröße, 135
Einstichprobenproblem, 217
EMILeA-stat, v
Entscheidungsregel, 192
Erfolgswahrscheinlichkeit, 38
Erwartungstreue, 63, 64
  asymptotisch, 67

Erwartungswert, 24
  bedingter, 29
  Eigenschaften, 25
  Rechenregeln, 25
  Schätzung, 68
Exakter Test, Fisher, 221, 306
Exponentialfamilie
  k-parametrige, 105
  einparametrige, 101
Exponentialverteilung, 47

F-Test, 218, 219, 260
  Lagevergleich, 269
  Varianzvergleich, 260
F-Verteilung, 46
Faktorisierungssatz, 95, 96
  verallgemeinerter, 97
Fehler 1. Art, 182
Fehler 2. Art, 183
Fisher-Information, 81
Fisher-Neyman, Satz von, 95
Freiheitsgrade, 44–46

Gammafunktion, 44
Gammaverteilung, 47
Gauß-Markov, Satz von, 145
Gauß-Test, 208, 217, 218, 222
Geometrische Verteilung, 40
Gleichverteilung, 42
Grundgesamtheit, 9
Güte, 194
Gütefunktion, 194
  Eigenschaften, 195

Hypergeometrische Verteilung, 40
Hypothese, 175
  einfach, 180
  zusammengesetzt, 180

Indikatorfunktion, 102
Intervallschätzer, 148
  Eigenschaften, 150
Intervallschätzung, 53, 147

k-Stichprobenproblem, 219
Kleinste-Quadrate-Schätzer, 138
Klinischer Versuch, 4
Konfidenzintervall, 148
   Übersicht, 151
   approximative für Erwartungswert bei
   beliebigen Verteilungen, 159
   für Erwartungswert bei Normalvertei-
   lung
      bekannte Varianz, 153
      unbekannte Varianz, 155
   für Anteil p, 158
   für Regressionskoeffizienten, 165
   für Varianz bei Normalverteilung, 155
   Eigenschaften, 150
   Herleitung für Normalverteilung, 151
   Simulation, 149
konservativ, 204
Konsistenz, 63, 86
   im quadratischen Mittel, 88
   schwache, 87
   starke, 88
   Zusammenhang Konsistenzarten, 91
Konvergenz
   fast sichere, 88
   in Wahrscheinlichkeit, 87
Korrelation, 32
   Eigenschaften, 33
   Rechenregeln, 33
Korrelationskoeffizient, 32
   Bravais-Pearson, 33
Kovarianz, 32
   Eigenschaften, 33
   Rechenregeln, 33
KQ-Methode, 134
KQ-Schätzung, Prognose, 138
kritischer Bereich, 190
kritischer Wert, 190
Kruskal-Wallis-Test, 219, 335

Lehmann-Scheffé, Satz von, 101
Likelihood-Funktion, 116
   Interpretation, 117
Likelihood-Quotienten-Test, 210

Macht, 194
Maximum, Verteilung, 37
Maximum-Likelihood-Schätzung, 119, 120
Median, 13
Methode der kleinsten Quadrate, 134
Minimum, Verteilung, 36
mittlerer quadratischer Fehler, 63, 71
ML-Schätzer
   Eigenschaften, 122
   Invarianz, 123
Momentenschätzer, 108
MSE, 63, 71
MSE-effizient, 76

Neyman-Pearson-Lemma, 199
Normalverteilung, 42
   asymptotisch, 92
Nullhypothese, 176

Ordnungsstatistik, 36
   Verteilung, 36

p-Wert, 189
Parameter, 12
Poissonverteilung, 41
Prognosen, 138
Punktschätzer, unverzerrt, 64
Punktschätzung, 53, 54

Quantil, 13
Quartil, 13

R, vi, 57, 227, 236, 240, 248, 257, 265,
   288, 294, 304, 340
Ränge
   Zuweisung, 328
Randdichte, 20
Rao-Blackwell, Satz von, 97
Rechteckverteilung, 42
Regressionskoeffizienten, 135
Regressionsmodell
   einfaches lineares, 135
   Prognose, 138
   Tests, 221, 309
Regularitätsbedingungen, 78

Residuen, 138

Satz
  Faktorisierungssatz, 95, 96
    verallgemeinerter, 97
  Fisher-Information bei Unabhängigkeit, 81
  Vollständigkeit und Suffizienz in einparametrigen Exponentialfamilien, 104
Satz von
  Fisher-Neyman, 95
  Gauß-Markov, 145
  Lehmann-Scheffé, 101
  Rao-Blackwell, 97
Schätzer
  gleichmäßig bester erwartungstreuer, 77
  Kleinste-Quadrate, 138
  Maximum-Likelihood, 119
  Momentenmethode, 108
Schätzfunktion, 55
Signifikanzniveau, 187
Störgröße, 135
Standardabweichung, 26
Standardisierung, 43
Statistik, 55
  suffiziente, 94
Stetigkeitskorrektur, 332
Stichprobe, 10
Stichproben
  verbunden, 243
  unverbunden, 244
Stichprobenstandardabweichung, 46
Stichprobenvariablen, 35
stochastisch unabhängig, 31
Suffizienz, 63, 93, 94

t-Test, 217, 218
  Einstichprobenfall, 236
  Zweistichprobenfall, 242
    unverbundene Stichproben, 244
    verbundene Stichproben, 253
t-Verteilung, 45
Test

konservativ, 204
  unverfälscht, 198
  Durchführung, 193
Testentscheidung, 192
Testergebnisse, Interpretation, 186
Testproblem, 177
  einseitig, 180
  linksseitig, 178
  rechtsseitig, 178
  zweiseitig, 178, 180
Tests
  Regressionsmodell, 221, 309
Teststatistik, 180
Trennschärfe, 194

UMVUE, 77
Unabhängigkeit, 31
  Rechenregeln, 31
Untersuchungseinheiten, 9
unverbundene Stichproben, 244
unverfälscht, 198
unverzerrt, 64

Varianz, 26
  Eigenschaften, 27
  Rechenregeln, 27
  Schätzung, 69
verbundene Stichproben, 243
Verschiebungssatz, 33
Verteilung
  bedingte, 23
  Maximum, 37
  Minimum, 36
Verteilungsfunktion, 12
  empirische, 18
  Rechenregeln, 18
Verzerrung, 66
Vollständigkeit, 93, 98
Vorzeichen-Test, 217, 317

Wilcoxon-Rangsummen-Test, 218, 324
wirksam, 76

Zielgröße, 135
Zufallsvariable, 11

    diskrete, 11
    stetige, 11
Zufallsvariablen
    unabhängige, 31
Zusammenhang Konfidenzintervalle, Tests,
    205
Zweistichprobenproblem, 218